注册建筑师考试丛书

一级注册建筑师考试历年真题与解析

# ·3·

# 建筑物理与建筑设备

（第十四版）

《注册建筑师考试教材》编委会 编

曹纬浚 主编

中国建筑工业出版社

图书在版编目（CIP）数据

一级注册建筑师考试历年真题与解析. 3, 建筑物理与建筑设备 /《注册建筑师考试教材》编委会编；曹纬浚主编. — 14 版. — 北京：中国建筑工业出版社，2021.11
（注册建筑师考试丛书）
ISBN 978-7-112-26704-0

Ⅰ. ①—… Ⅱ. ①注… ②曹… Ⅲ. ①建筑物理学—资格考试—题解②房屋建筑设备—资格考试—题解 Ⅳ. ①TU-44

中国版本图书馆 CIP 数据核字(2021)第 208971 号

责任编辑：张　建　刘　静
责任校对：张　颖
封面图片：刘延川　孟义强

注册建筑师考试丛书
**一级注册建筑师考试历年真题与解析**
· 3 ·
**建筑物理与建筑设备**
（第十四版）
《注册建筑师考试教材》编委会　编
曹纬浚　主编

\*

中国建筑工业出版社出版、发行（北京海淀三里河路 9 号）
各地新华书店、建筑书店经销
北京红光制版公司制版
北京君升印刷有限公司印刷

\*

开本：787 毫米×1092 毫米　1/16　印张：28　字数：678 千字
2021 年 11 月第十四版　　2021 年 11 月第一次印刷
定价：**85.00 元**
ISBN 978-7-112-26704-0
(38485)

**版权所有　翻印必究**
如有印装质量问题，可寄本社图书出版中心退换
（邮政编码　100037）

# 《注册建筑师考试教材》编委会

**主任委员** 赵春山

**副主任委员** 于春普 曹纬浚

**主　　编** 曹纬浚

**主编助理** 曹京 陈璐

**编　　委**（以姓氏笔画为序）

于春普　王又佳　王昕禾　尹　桔
叶　飞　冯　东　冯　玲　刘　博
许　萍　李　英　李魁元　何　力
汪琪美　张思浩　陈　岚　陈　璐
陈向东　赵春山　荣玥芳　侯云芬
姜忆南　贾昭凯　晁　军　钱民刚
郭保宁　黄　莉　曹　京　曹纬浚
穆静波　魏　鹏

# 序

## 赵春山
（住房和城乡建设部执业资格注册中心原主任）

我国正在实行注册建筑师执业资格制度，从接受系统建筑教育到成为执业建筑师之前，首先要得到社会的认可，这种社会的认可在当前表现为取得注册建筑师执业注册证书，而建筑师在未来怎样行使执业权力，怎样在社会上进行再塑造和被再评价从而建立良好的社会资源，则是另一个角度对建筑师的要求。因此在如何培养一名合格的注册建筑师的问题上有许多需要思考的地方。

### 一、正确理解注册建筑师的准入标准

我们实行注册建筑师制度始终坚持教育标准、职业实践标准、考试标准并举，三者之间相辅相成、缺一不可。所谓教育标准就是大学专业建筑教育。建筑教育是培养专业建筑师必备的前提。一个建筑师首先必须经过大学的建筑学专业教育，这是基础。职业实践标准是指经过学校专门教育后又经过一段有特定要求的职业实践训练积累。只有这两个前提条件具备后才可报名参加考试。考试实际就是对大学建筑教育的结果和职业实践经验积累结果的综合测试。注册建筑师的产生都要经过建筑教育、实践、综合考试三个过程，而不能用其中任何一个去代替另外两个过程，专业教育是建筑师的基础，实践则是在步入社会以后通过经验积累提高自身能力的必经之路。从本质上说，注册建筑师考试只是一个评价手段，真正要成为一名合格的注册建筑师还必须在教育培养和实践训练上下功夫。

### 二、关注建筑专业教育对职业建筑师的影响

应当看到，我国的建筑教育与现在的人才培养、市场需求尚有脱节的地方，比如在人才知识结构与能力方面的实践性和技术性还有欠缺。目前在建筑教育领域实行了专业教育评估制度，一个很重要的目的是想以评估作为指挥棒，指挥或者引导现在的教育向市场靠拢，围绕着市场需求培养人才。专业教育评估在国际上已成为了一种通行的做法，是一种通过社会或市场评价教育并引导教育围绕市场需求培养合格人才的良好机制。

当然，大学教育本身与社会的具体应用需要之间有所区别，大学教育更侧重于专业理论基础的培养，所以我们就从衡量注册建筑师的第二个标准——实践标准上来解决这个问题。注册建筑师考试前要强调专业教育和三年以上的职业实践。现在专门为报考注册建筑师提供一个职业实践手册，包括设计实践、施工配合、项目管理、学术交流四个方面共十项具体实践内容，并要求申请考试人员在一名注册建筑师指导下完成。

理论和实践是相辅相成的关系，大学的建筑教育是基础理论与专业理论教育，但必须要给学生一定的时间使其把理论知识应用到实践中去，把所学和实践结合起来，提高自身的业务能力和专业水平。

大学专业教育是作为专门人才的必备条件，在国外也是如此。发达国家对一个建筑师的要求是：没有经过专门的建筑学教育是不能称之为建筑师的，而且不能进入该领域从事与其相关的职业。企业招聘人才也首先要看他们是否具备扎实的基本知识和专业本领，所以大学的本科建筑教育是必备条件。

**三、注意发挥在职教育对注册建筑师培养的补充作用**

在职教育在我国有两个含义：一种是后补充学历教育，即本不具备专业学历，但工作后经过在职教育通过社会自学考试，取得从事现职业岗位要求的相应学历；还有一种是继续教育，即原来学的本专业和其他专业学历，随着科技发展和自身业务领域的拓宽，原有的知识结构已不适应了，于是通过在职教育去补充相关知识。由于我国建筑教育在过去一时期底子薄，培养数量与社会需求差距很大。改革开放以后为了满足快速发展的建筑市场需求，一批没有经过规范的建筑教育的人员进入了建筑师队伍。而要解决好这一历史问题，提高建筑师队伍整体职业素质，在职教育有着重要的补充作用。

继续教育是在职教育的一种行之有效的教育形式，它特指具有专业学历背景的在职人员从业后，因社会的发展使得原有知识需要更新，要通过参加新知识、新技术的学习以调整原有知识结构，拓宽知识范围。它在性质上与在职培训相同，但又不能完全画等号。继续教育是有计划性、目标性、提高性的，从整体人才队伍和个人知识总体结构上作调整和补充。当前，社会在职教育在制度上和措施上还不够完善，质量很难保证。有一些人把在职读学历作为"镀金"，把继续教育当作"过关"。虽然最后证明拿到了，但实际的本领和水平并没有相应提高。为此需要我们做两方面的工作：一是要让我们的建筑师充分认识到在职教育是我们执业发展的第一需求；二是我们的教育培训机构要完善制度、改进措施、提高质量，使参加培训的人员有所收获。

**四、为建筑师创造一个良好的职业环境**

要向社会提供高水平、高质量的设计产品，关键还是要靠注册建筑师的自身素质，但也不可忽视社会环境的影响。大众审美的提高可以让建筑师感受到社会的关注，增强自省意识，努力创造出一个经受得住大众评价的作品。但目前实际上建筑师的很多设计思想受开发商与业主方面很大的影响，有时建筑水平并不完全取决于建筑师，而是取决于开发商与业主的喜好。有的业主审美水平不高，很多想法往往只是自己的意愿，这就很难做出跟社会文化、科技、时代融合的建筑产品。要改善这种状态，首先要努力创造尊重知识、尊重人才的社会环境。建筑师要维护自己的职业权力，大众要尊重建筑师的创作成果，业主不要把个人喜好强加于建筑师。同时建筑师自己也要提高自身的素质和修养，增强社会责任感，建立良好的社会信誉。要让创造出的作品得到大众的尊重，首先自己要尊重自己的劳动成果。

**五、认清差距，提高自身能力，迎接挑战**

目前中国的建筑师与国际水平还存在着一定差距，而面对信息化时代，如何缩小差距以适应时代变革和技术进步，成为建筑教育需要探讨解决的问题，并及时调整、制定新的对策。

我们现在的建筑教育不同程度地存在重艺术、轻技术的倾向。在注册建筑师资格考试中明显感觉到建筑师们在相关的技术知识包括结构、设备、材料方面的把握上有所欠缺，这与教育有一定的关系。学校往往比较注重表现能力方面的培养，而技术方面的教育则相对不足。尽管这些年有的学校进行了一些课程调整，加强了技术方面的教育，但从整体来看，现在的建筑师在知识结构上还是存在欠缺。

建筑是时代发展的历史见证，它凝固了一个时期科技、文化发展的印记，建筑师如果不能与时代发展相适应，努力学习和掌握当代社会发展的科学技术与人文知识，提高建筑的科技、文化内涵，就很难创造出高水平的作品。

当前，我们的建筑教育可以利用互联网加强与国外信息的交流，了解和掌握国外在建筑方面的新思路、新理念、新技术。这里想强调的是，我们的建筑教育还是应该注重与社会发展相适应。当今，社会进步速度很快，建筑所蕴含的深厚文化底蕴也在不断地丰富、发展。现代建筑创作不能单一强调传统文化，要充分运用现代科技发展成果，使经济、安全、健康、适用和美观得到全面体现。在人才培养上也要与时俱进。加强建筑师科技能力的培养，让他们学会适应和运用新技术、新材料去进行建筑创作。

一个好的建筑要实现它的内在和外表的统一，必须要做到：建筑的表现、材料的选用、结构的布置以及设备的安装融为一体。但这些在很多建筑中还做不到，这说明我们一些建筑师在对新结构、新设备、新材料的掌握和运用上能力不够，还需要加大学习的力度。只有充分掌握新的结构技术、设备技术和新材料的性能，建筑师才能够更好地发挥创造水平，把技术与艺术很好地融合起来。

中国加入WTO以后面临国外建筑师的大量进入，这对中国建筑设计市场将会有很大的冲击，我们不能期望通过政府设立各种约束限制国外建筑师的进入而自保，关键是要使国内建筑师自身具备与国外建筑师竞争的能力，迎接挑战，参与竞争，通过实践提高我们的设计水平，为社会提供更好的建筑作品。

# 前　言

**一、本套书编写的依据、目的及组织构架**

原建设部和人事部自 1995 年起开始实施注册建筑师执业资格考试制度。

本套书以考试大纲为依据，结合考试参考书目和现行规范、标准进行编写，并结合历年真实考题的知识点作出修改补充。由于多年不断对内容的精益求精，本套书是目前市面上同类书中，出版较早、流传较广、内容严谨、口碑销量俱佳的一套注册建筑师考试用书。

本套书的编写目的是指导复习，因此在保证内容综合全面、考点覆盖面广的基础上，力求重点突出、详略得当；并着重对工程经验的总结、规范的解读和原理、概念的辨析。

为了帮助考生准备注册考试，本书的编写教师自 1995 年起就先后参加了全国一、二级注册建筑师考试辅导班的教学工作。他们都是在本专业领域具有较深造诣的教授、一级注册建筑师、一级注册结构工程师和具有丰富考试培训经验的名师、专家。

本套《注册建筑师考试丛书》自 2001 年出版至今，除 2002、2015、2016 三年停考之外，每年均对教材内容作出修订完善。现全套书包含：《一级注册建筑师考试教材》（简称《一级教材》，共 6 个分册）、《一级注册建筑师考试历年真题与解析》（简称《一级真题与解析》，知识题科目，共 5 个分册）；《二级注册建筑师考试教材》（共 3 个分册）、《二级注册建筑师考试历年真题与解析》（知识题科目，共 2 个分册）。

**二、本书（本版）修订说明**

（1）第十七～第二十一章的真题详解均根据最新规范、标准和近年试题的考点，进行了题干、解析和答案的修订，并对新旧规范的异同作了比较，删除不适用题目，同时补充涉及最新考点的新题。

（2）对真题部分的解析内容进行了较大规模的修订，针对题目选项逐一论述，更有针对性。

（3）在各题答案后统一增加了"考点"项，以关键点的形式提炼题目意图，以便考生在复习时进行归类总结，提高复习效率。

（4）增加了 2021 年、2019 年及 2018 年的成套试题、解析、答案和考点，具有极高的备考价值。

**三、本套书配套使用说明**

考生在学习《一级教材》时，除应阅读相应的标准、规范外，还应多做试题，以便巩固知识，加深理解和记忆。《一级真题与解析》是《一级教材》的配套试题集，收录了 2003 年以来知识题的多年真实试题并附详细的解答提示和参考答案。其 5 个分册分别对应《一级教材》的前5个分册。《一级真题与解析》的每个分册均包含两个部分，即按照《一级教材》章节设置的分散试题和近几年的整套试题。考生可以在考前做几次自测练习。

《一级教材》的第6分册收录了一级注册建筑师资格考试的"建筑方案设计""建筑技术设计"和"场地设计"3个作图考试科目的多年真实试题，并提供了参考答卷，部分试题还附有评分标准；对作图科目考试的复习大有好处。

**四、《一级教材》作者及协助编写人员**

《第1分册　设计前期　场地与建筑设计（知识）》——第一、二章王昕禾；第三、七章晁军、尹桔；第四章何力；第五章王又佳；第六章荣玥芳。

《第2分册　建筑结构》——第八章钱民刚；第九、十章黄莉、王昕禾；第十一章黄莉、冯东；第十二～十四章冯东；第十五、十六章黄莉、叶飞。

《第3分册　建筑物理与建筑设备》——第十七章汪琪美；第十八章刘博；第十九章李英；第二十章许萍；第二十一章贾昭凯、贾岩；第二十二章冯玲。

《第4分册　建筑材料与构造》——第二十三章侯云芬；第二十四章陈岚。

《第5分册　建筑经济　施工与设计业务管理》——第二十五章陈向东；第二十六章穆静波；第二十七章李魁元。

《第6分册　建筑方案　技术与场地设计（作图）》——第二十八、三十章张思浩；第二十九章建筑剖面及建筑构造部分姜忆南，建筑结构部分冯东，建筑设备、电气部分贾昭凯、冯玲。

除上述编写者之外，多年来曾参与或协助本套书编写、修订的人员有：王其明、姜中光、翁如璧、耿长孚、任朝钧、曾俊、林焕枢、张文革、李德富、吕鉴、朋改非、杨金铎、周慧珍、刘宝生、张英、陶维华、郝昱、赵欣然、霍新民、何玉章、颜志敏、曹一兰、周庄、陈庆年、周迎旭、阮广青、张炳珍、杨守俊、王志刚、何承奎、孙国樑、张翠兰、毛元钰、曹欣、楼香林、李广秋、李平、邓华、翟平、曹铎、栾彩虹、徐华萍、樊星。

在此预祝各位考生取得好成绩，考试顺利过关！

《注册建筑师考试教材》编委会

2021年9月

## 本书规范简称一览表

| 规范名称 | 代号 | 书中简称 |
|---|---|---|
| 民用建筑热工设计规范 | GB 50176—2016 | 热工规范 |
| 严寒和寒冷地区居住建筑节能设计标准 | JGJ 26—2018 | 严寒寒冷节能标准 |
| 夏热冬冷地区居住建筑节能设计标准 | JGJ 134—2010 | 夏热冬冷节能标准 |
| 夏热冬暖地区居住建筑节能设计标准 | JGJ 75—2012 | 夏热冬暖节能标准 |
| 温和地区居住建筑节能设计标准 | JGJ 475—2019 | 温和地区节能标准 |
| 公共建筑节能设计标准 | GB 50189—2015 | 公建节能标准 |
| 工业建筑节能设计统一标准 | GB 51245—2017 | 工业节能标准 |
| 建筑采光设计标准 | GB 50033—2013 | 采光标准 |
| 建筑照明设计标准 | GB 50034—2013 | 照明标准 |
| 民用建筑隔声设计规范 | GB 50118—2010 | 隔声规范 |
| 声环境质量标准 | GB 3096—2008 | 声环境标准 |
| 建筑给水排水设计标准 | GB 50015—2019 | 给排水标准 |
| 建筑设计防火规范 | GB 50016—2014（2018年版） | 防火规范 |
| 自动喷水灭火系统设计规范 | GB 50084—2017 | 自动喷水灭火规范 |
| 生活饮用水卫生标准 | GB 5749—2006 | 饮用水标准 |
| 消防给水及消火栓系统技术规范 | GB 50974—2014 | 消防给水及消火栓规范 |
| 建筑中水设计标准 | GB 50336—2018 | 中水标准 |
| 民用建筑供暖通风与空气调节设计规范 | GB 50736—2012 | 暖通规范 |
| 城镇燃气设计规范 | GB 50028—2006（2020年版） | 燃气规范 |
| 锅炉房设计标准 | GB 50041—2020 | 锅炉房标准 |
| 建筑防烟排烟系统技术标准 | GB 51251—2017 | 防排烟标准 |
| 民用建筑电气设计标准 | GB 51348—2019 | 电气标准 |
| 供配电系统设计规范 | GB 50052—2009 | 供配电规范 |
| 低压配电设计规范 | GB 50054—2011 | 低压配电规范 |
| 建筑物防雷设计规范 | GB 50057—2010 | 防雷规范 |

## 本书参考图书简称一览表

| 图书名 | 作者 | 书中简称 |
|---|---|---|
| 建筑物理（第四版） | 刘加平主编 | 建筑物理 |

# 目　录

序 ································································································ 赵春山
前言
十七　建筑热工与节能 ································································ 1
　　（一）传热的基本知识 ······················································· 1
　　（二）热环境 ······································································ 5
　　（三）建筑围护结构的传热原理及计算 ································ 8
　　（四）围护结构的保温设计 ··············································· 15
　　（五）外围护结构的蒸汽渗透和冷凝 ·································· 22
　　（六）建筑日照 ·································································· 26
　　（七）建筑防热设计 ··························································· 27
　　（八）建筑节能 ·································································· 35
十八　建筑光学 ······································································· 44
　　（一）建筑光学的基本知识 ··············································· 44
　　（二）天然采光 ·································································· 50
　　（三）建筑照明 ·································································· 59
十九　建筑声学 ······································································· 71
　　（一）建筑声学基本知识 ··················································· 71
　　（二）室内声学原理 ··························································· 76
　　（三）吸声、隔声材料与结构 ············································ 80
　　（四）室内音质设计 ··························································· 88
　　（五）噪声控制 ·································································· 91
二十　建筑给水排水 ································································ 97
　　（一）建筑给水 ·································································· 97
　　（二）建筑内部热水系统 ·················································· 115
　　（三）水污染的防治及抗震措施 ······································· 120
　　（四）消防给水 ································································ 125
　　（五）建筑排水 ································································ 138
　　（六）建筑节水基础知识 ·················································· 154
二十一　暖通空调 ·································································· 155
　　（一）供暖系统 ································································ 155
　　（二）通风系统 ································································ 165
　　（三）空调系统 ································································ 173
　　（四）建筑设计与供暖空调运行节能 ······························· 194
　　（五）设备机房及主要设备的空间要求 ···························· 204

（六）建筑防烟和排烟 ············································································· 211
　　（七）燃气种类及安全措施 ······································································· 220
　　（八）暖通空调专业常用单位 ··································································· 224
二十二　建筑电气 ································································································ 225
　　（一）供配电系统 ······················································································ 225
　　（二）变配电所和自备电源 ······································································· 228
　　（三）民用建筑的配电系统 ······································································· 236
　　（四）电气照明 ·························································································· 246
　　（五）电气安全和建筑防雷 ······································································· 252
　　（六）火灾自动报警系统 ··········································································· 263
　　（七）电话、有线广播和扩声、同声传译 ··············································· 270
　　（八）共用天线电视系统和闭路应用电视系统 ······································· 272
　　（九）呼应（叫）信号及公共显示装置 ··················································· 273
　　（十）智能建筑及综合布线系统 ······························································· 273
　　（十一）电气设计基础 ·············································································· 277
**2021 年试题、解析、答案及考点** ································································ 281
**2019 年试题、解析及答案** ············································································ 303
**2018 年试题、解析及答案** ············································································ 328
**2014 年试题、解析、答案及考点** ································································ 355
**2012 年试题、解析、答案及考点** ································································ 383
**2011 年试题、解析、答案及考点** ································································ 410

11

# 十七 建筑热工与节能

## (一) 传热的基本知识

**17-1-1 (2010)** 在一个密闭的空间里,下列哪种说法正确?
A 空气温度变化与相对湿度变化无关
B 空气温度降低,相对湿度随之降低
C 空气温度升高,相对湿度随之升高
D 空气温度升高,相对湿度随之降低

解析:在一个密闭的空间里,湿空气中的水蒸气含量保持不变,即水蒸气的分压力 $P$ 不变,当空气温度升高时,该空气的饱和蒸汽压 $P_s$ 随之升高,因此空气的相对湿度 $\varphi = P/P_s$ 随之降低。

答案:D

**17-1-2 (2009)** 热量传播的三种方式是( )。
A 导热、对流、辐射  B 吸热、传热、放热
C 吸热、蓄热、散热  D 蓄热、导热、放热

(注:此题 2003 年、2005 年、2006 年、2007 年均考过)

解析:根据传热机理的不同,热量传递有三种基本方式:导热、对流和辐射。

答案:A

**17-1-3 (2008)** 下列传热体,哪个是以导热为主?
A 钢筋混凝土的墙体  B 加气混凝土的墙体
C 有空气间层的墙体  D 空心砌块砌筑的墙体

解析:导热发生在密实的固体和没有宏观相对运动的流体中。在加气混凝土墙体、有空气间层的墙体和空心砌块砌筑的墙体中,除了组成墙体的固体材料部分外,内部还含有气泡或有限空间的空气,当热量传递时,里面的空气流动将与流过的表面发生对流换热,同时冷热表面间进行辐射换热。因此,只有密实的钢筋混凝土墙体是以导热为主进行传热的。

答案:A

**17-1-4 (2008)** 下列哪种窗户的传热系数是最小的?
A 单层塑框双玻窗  B 单层钢框双玻窗
C 单层塑框单玻窗  D 单层钢框单玻窗

解析:见《热工规范》附录 C 表 C.5.3-1 中窗户的传热系数。

答案:A

**17-1-5 (2007)** 下列哪条可以保证墙面绝对不结露?

A 保持空气干燥
B 墙面材料吸湿
C 墙面温度高于空气的露点温度
D 墙面温度低于空气的露点温度

**解析：** 判断一个表面是否结露的依据是该表面的温度是否低于室内空气的露点温度。

**答案：** C

**17-1-6 (2007)** 关于空气，下列哪条是不正确的？
A 无论室内室外，空气中总是含有一定量的水蒸气
B 空气的相对湿度可以高达100%
C 空气含水蒸气的能力同温度有关
D 空气的绝对湿度同温度有关

**解析：** 空气的绝对湿度是指单位体积的湿空气中所含水蒸气的质量，水蒸气的质量多少与温度无关。

**答案：** D

**17-1-7 (2007)** 一种材料的导热系数的大小，与下列哪一条有关？
A 材料的厚度　　　　　　B 材料的颜色
C 材料的体积　　　　　　D 材料的干密度

**解析：** 材料的导热系数与材料的种类、密度、含湿量、温度有关，对各向异性的材料而言，还与热流的方向有关。

**答案：** D

**17-1-8 (2006)** 墙面上发生了结露现象，下面哪一项准确地解释了原因？
A 空气太潮湿　　　　　　B 空气的温度太低
C 墙面温度低于空气的露点温度　　D 墙面温度高于空气的露点温度

**解析：** 露点温度意味着只要室内空气的温度降低到露点温度，即处于饱和状态。当墙面温度低于室内空气的露点温度时，墙面温度对应的饱和蒸汽压将比露点温度对应的饱和蒸汽压还小，因此接触到该墙面的湿空气就会将不能容纳的水蒸气凝结为液态水。

**答案：** C

**17-1-9 (2006)** 在一个密闭的房间里，以下哪条说法是正确的？
A 空气温度降低，相对湿度随之降低
B 空气温度升高，相对湿度随之降低
C 空气温度降低，相对湿度不变
D 空气的相对湿度与温度无关

**解析：** 在温度和压力一定的条件下，一定容积的干空气所能容纳的水蒸气量是有限度的，温度越高，容纳水蒸气的能力越强，饱和蒸汽压升高，相对湿度降低。

**答案：** B

**17-1-10 (2005)** 在一个密闭的房间里，当空气温度升高时，以下哪一种说法是正确的？

A 相对湿度随之降低

B 相对湿度也随之升高

C 相对湿度保持不变

D 相对湿度随之升高或降低的可能都存在

解析：在密闭的房间里，室内的水蒸气分压力 $P$ 保持不变，当空气温度升高时，该空气温度对应的饱和蒸汽压 $P_s$ 随之升高，室内的相对湿度 $\varphi=P/P_s$，所以相对湿度随之降低。

答案：A

**17-1-11** (2005) 某一层材料的热阻 $R$ 的大小取决于(  )。

A 材料层的厚度　　　　　　B 材料层的面积

C 材料的导热系数和材料层的厚度　D 材料的导热系数和材料层的面积

解析：材料层的导热热阻 $R=\delta/\lambda$，它与材料的厚度 $\delta$、导热系数 $\lambda$ 均有关。

答案：C

**17-1-12** (2004) 热量传递有三种基本方式，它们是导热、对流和辐射。关于热量传递下面哪个说法是不正确的？

A 存在着温差的地方，就发生热量传递

B 两个相互不直接接触的物体间，不可能发生热量传递

C 对流传热发生在流体中

D 密实的固体中的热量传递只有导热一种方式

解析：以辐射方式进行传热的两个物体无须直接接触也能进行热量传递。

答案：B

**17-1-13** (2004) 建筑材料的导热系数与下列哪一条无关？

A 材料的面积　　　　　　B 材料的干密度

C 材料的种类　　　　　　D 材料的含湿量

解析：建筑材料的导热系数与材料的种类、干密度、含湿量、温度有关，少数各向异性材料的导热系数还与热流方向有关。

答案：A

**17-1-14** (2004) 把木材、实心黏土砖和混凝土三种常用建材按导热系数由小到大排列，正确的顺序应该是？

A 木材、实心黏土砖、混凝土　　B 实心黏土砖、木材、混凝土

C 木材、混凝土、实心黏土砖　　D 混凝土、实心黏土砖、木材

解析：见《热工规范》附录B表B.1。

答案：A

**17-1-15** (2004) 冬季墙面上出现结露现象，以下哪一条能够准确地解释发生结露现象的原因？

A 室内的空气太潮湿了　　　　B 墙面不吸水

C 墙面附近的空气不流动　　　D 墙面温度低于室内空气的露点温度

解析：露点温度意味着只要室内空气的温度降低到露点温度，即处于饱和状态，当墙面温度低于室内空气的露点温度时，墙面温度对应的饱和蒸汽压将

比露点温度对应的饱和蒸汽压还小，因此接触到该墙面的湿空气就会将不能容纳的水蒸气凝结为液态水。

**答案：** D

**17-1-16（2004）** 自然界中的空气含水蒸气的能力会因一些条件的变化而变化，以下哪一条说法是不正确的？
A 空气含水蒸气的能力随着温度的降低而减弱
B 空气含水蒸气的能力与大气压有关
C 空气含水蒸气的能力与风速无关
D 空气含水蒸气的能力与温度无关

（此题2003年考过）

**解析：** 空气含水蒸气的能力与大气压有关，同时，空气容纳水蒸气的能力与温度非常有关，温度越高，空气容纳水蒸气的能力越大。

**答案：** D

**17-1-17（2003）** 把实心黏土砖、混凝土、加气混凝土3种材料，按导热系统从小到大排列，正确的顺序应该是：
A 混凝土、实心黏土砖、加气混凝土
B 混凝土、加气混凝土、实心黏土砖
C 实心黏土砖、加气混凝土、混凝土
D 加气混凝土、实心黏土砖、混凝土

**解析：** 导热系数与材料的组成结构、密度、温度等因素有关。密度较低的材料，导热系数较小。材料的湿度、温度较低时，导热系数较小。普通混凝土（密度2500kg/m³）、实心黏土砖、加气混凝土（密度700kg/m³）的导热系数分别是1.74、0.81和0.18W/(m·K)。

**答案：** D

**17-1-18** 下列墙体在其两侧温差作用下，哪一种墙体内部导热传热占主导地位，对流、辐射可忽略？
A 有空气间层的墙体   B 预制岩棉夹芯钢筋混凝土复合外墙板
C 空心砌块砌体       D 框架大孔空心砖填充墙体

**解析：** 由密实材料构成的墙体内部以导热传热为主导，对流、辐射可忽略。凡内部有空心部分的墙体，空心部分壁面间的传热主要是辐射，空心内部的空气与壁面间的传热是对流换热。

**答案：** B

**17-1-19** 下列建筑材料中（　　）的导热系数最大？
A 胶合板                    B 建筑钢材
C 砌筑砂浆砌筑黏土砖砌体    D 碎石混凝土

**解析：** 见《热工规范》附录B表B.1中有关材料的导热系数值。胶合板、建筑钢材的筑砂浆砌筑黏土砖砌体、碎石混凝土的导热系数依次是0.17、58.2、0.81和1.51。

**答案：** B

**17-1-20** 下列材料的导热系数由小至大排列正确的是哪一个？
  A 钢筋混凝土、砌筑砂浆烧结普通砖砌体、水泥砂浆
  B 岩棉板（密度<80kg/m³）、加气混凝土（密度500kg/m³）、水泥砂浆
  C 水泥砂浆、钢筋混凝土、砌筑砂浆烧结普通砖砌体
  D 加气混凝土（密度700kg/m³）、保温砂浆、玻璃棉板（密度80~200kg/m³）
 解析：见《热工规范》附录B表B.1中材料的导热系数值。
 答案：B

**17-1-21** 材料导热系数的法定计量单位是(  )。
  A (m·K)/W      B kcal/(m²·h·K)
  C W/(m²·h·K)     D W/(m·K)
 答案：D

**17-1-22** 判断空气潮湿程度的依据是空气的(  )。
  A 相对湿度      B 绝对湿度
  C 空气温度      D 水蒸气分压力
 解析：空气潮湿程度不仅与所含有的水蒸气数量有关，还与空气的温度有关，因此，其潮湿程度由相对湿度确定。
 答案：A

**17-1-23** 若不改变室内空气中的水蒸气含量，使室内空气温度上升，室内空气的相对湿度(  )。
  A 增加       B 减小
  C 不变       D 可能增加，也可能减小
 解析：根据相对湿度计算公式 $\left(\varphi=\dfrac{P}{P_s}\times100\%\right)$，水蒸气含量不变（即水蒸气分压力$P$不变），温度上升，空气的饱和蒸汽压$P_s$随之上升，所以相对湿度减小。
 答案：B

**17-1-24** 冬天在采暖房间内，下列哪个部位的空气相对湿度最大？
  A 外窗玻璃内表面     B 外墙内表面
  C 室内中部      D 内墙表面
 解析：在采暖房间内，各处空气中的水蒸气含量差别不大（即水蒸气分压力$P$差别不大），因此各部位的相对湿度主要受该处温度的影响。由于外窗玻璃的传热阻最小，它的内表面温度最低，饱和蒸汽压最小，根据相对湿度计算公式判断，外窗玻璃内表面的相对湿度最大。
 答案：A

# （二）热 环 境

**17-2-1** (2010) 除室内空气温度外，下列哪组参数是评价室内热环境的要素？
  A 有效温度、平均辐射温度、露点温度
  B 有效温度、露点温度、空气湿度

C 平均辐射温度、空气湿度、露点温度
D 平均辐射温度、空气湿度、气流速度

解析：评价室内热环境的四要素是室内空气温度、空气湿度、气流速度和平均辐射温度。

答案：D

**17-2-2** (2009) 下列哪组参数是评价室内热环境的四要素？
A 室内空气温度、有效温度、平均辐射温度、露点温度
B 室内空气温度、有效温度、露点温度、空气湿度
C 室内空气温度、平均辐射温度、空气湿度、露点温度
D 室内空气温度、平均辐射温度、空气湿度、气流速度

解析：评价室内热环境的四要素是室内空气温度、空气湿度、气流速度和平均辐射温度。

答案：D

**17-2-3** (2009) 下面哪一项不属于建筑热工设计的重要参数？
A 露点温度                    B 相对湿度
C 绝对湿度                    D 湿球温度

解析：单一的湿球温度必须和相应的干球温度配合才能表示空气的潮湿程度，因此不属于建筑热工设计的重要参数。

答案：D

**17-2-4** (2009) "应满足冬季保温要求，部分地区兼顾夏季防热"，这一规定是下面哪一个气候区的建筑热工设计要求？
A 夏热冬冷地区                B 夏热冬暖地区
C 寒冷地区                    D 温和地区

解析：《热工规范》第4.1.1条规定，寒冷地区的建筑热工设计应满足冬季保温要求，部分地区兼顾夏季防热的要求。

答案：C

**17-2-5** (2008) 风玫瑰图中，风向、风频是指下列哪种情况？
A 风吹去的方向和这一风向的频率  B 风吹来的方向和这一风向的频率
C 风吹来的方向和这一风向的次数  D 风吹去的方向和这一风向的次数

解析："风玫瑰"图也叫风向频率玫瑰图，它是根据某一地区多年平均统计的各个方位风向和风速的百分数值按一定比例绘制的，一般多用八个或十六个罗盘方位表示，由于该图的形状似玫瑰花朵，故名"风玫瑰"。玫瑰图上所表示的风的吹向（即风的来向），是指从外面吹向地区中心的方向。其中，绿线代表夏季，黄线代表冬季。风玫瑰折线上的点离圆心的远近，表示从此点向圆心方向刮风的频率的大小。实线表示常年风，虚线表示夏季风。

答案：B

**17-2-6** 关于我国建筑气候分区，下列哪个说法是正确的？
A 5个一级区划：严寒地区、寒冷地区、夏热冬冷地区、夏热冬暖地区、温和地区

B 3个一级区划：采暖地区、过渡地区、空调地区

C 4个一级区划：寒冷地区、过渡地区、炎热地区、温和地区

D 5个一级区划：严寒地区、寒冷地区、过渡地区、炎热地区、温和地区

**解析**：根据《热工规范》第4.1.1条，我国的建筑热工设计分区为5个一级区划：严寒地区、寒冷地区、夏热冬冷地区、夏热冬暖地区、温和地区。

**答案**：A

**17-2-7** 我国的《民用建筑热工设计规范》将我国分成了5个一级区划，划分的主要依据是(　　)。

A 累年最冷月的最低温度

B 累年最热月的平均温度

C 累年最冷月的平均温度和累年最热月的平均温度

D 累年最冷月的最低温度和累年最热月的最高温度

**解析**：根据《热工规范》第4.1.1条，我国的建筑热工设计一级区划划分的主要依据是累年最冷月的平均温度和累年最热月的平均温度。

**答案**：C

**17-2-8** 按《民用建筑热工设计规范》要求，夏热冬暖地区的热工设计应该满足下列哪一种要求？

A 只满足冬季保温

B 必须满足冬季保温并适当兼顾夏季防热

C 必须满足夏季防热并适当兼顾冬季保温

D 必须满足夏季防热

**解析**：见《热工规范》表4.1.1的建筑热工设计一级区划及设计要求。

**答案**：D

**17-2-9** 《民用建筑热工设计规范》GB 50176—2016将5个一级区划细分为11个二级区划，划分的主要依据是(　　)。

A 累年最冷月的平均温度和累年最热月的平均温度

B 以26℃为基准的空调度日数 $CDD26$

C 以18℃为基准的采暖度日数 $HDD18$

D 采暖度日数 $HDD18$ 和空调度日数 $CDD26$

**解析**：见《热工规范》表4.1.2"建筑热工设计二级区划指标及设计要求"。

**答案**：D

**17-2-10** 关于太阳辐射，下述哪一项不正确？

A 太阳辐射的波长主要是短波辐射

B 到达地面的太阳辐射分为直射辐射和散射辐射

C 同一时刻，建筑物各表面的太阳辐射照度相同

D 太阳辐射在不同的波长下的单色辐射本领各不相同

**解析**：分析太阳辐射光谱可知，太阳的辐射能主要集中在波长小于3μm的紫外线、可见光和红外线的波段范围内，因此属于短波辐射，且各波长下的单色辐射本领各不相同。由于大气层的影响，太阳辐射直接到达地面的部分为

直射辐射,被大气层内空气和悬浮物质散射后到达地面的部分为散射辐射。直射辐射有方向性,因此,建筑物各表面的太阳辐射照度不相同。

答案:C

**17-2-11** 在室内热环境的评价中,根据丹麦学者房格尔的观点,影响人体热舒适的物理量有几个?人体的热感觉分为几个等级?

A 4,7  　　　　　　　　　　B 4,3
C 6,7  　　　　　　　　　　D 6,5

解析:根据丹麦学者房格尔的观点,评价室内热环境的PMV指标中包含6个物理量(室内空气温度、湿度、速度、壁面平均辐射温度、人体活动强度和衣服热阻)和7个等级(+3:热;+2:暖;+1:稍暖;0:舒适;-1:稍凉;-2:凉;-3:冷)。

答案:C

## (三)建筑围护结构的传热原理及计算

**17-3-1** (2010)多层材料组成的复合墙体,其中某一层材料热阻的大小取决于( )。

A 该层材料的容重　　　　　B 该层材料的导热系数和厚度
C 该层材料位于墙体外侧　　D 该层材料位于墙体内侧

解析:材料层的导热热阻 $R=\delta/\lambda$,它与材料层的厚度 $\delta$、导热系数 $\lambda$ 均有关。

答案:B

**17-3-2** (2010)图中多层材料组成的复合墙体,哪种做法传热阻最大?

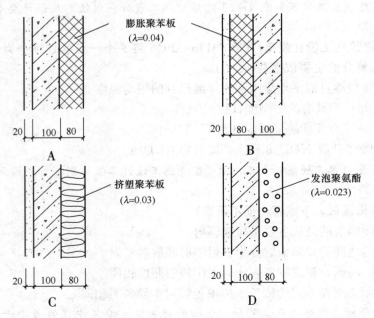

解析:围护结构传热阻的计算公式为 $R_0=R_i+\Sigma R+R_e$。其中 $R_i$、$R_e$ 为内、外表面换热阻,是常数;在本题中,$\Sigma R$ 为组成围护结构各材料层的导热热阻

之和，可用导热热阻计算公式 $R=\delta/\lambda$ 计算各材料层的热阻后相加而成。在所示四种复合墙体中，除了保温材料层外，其余两个材料层的厚度和材料完全相同，因此，保温材料层热阻最大的那种复合墙体的传热阻最大。在保温层厚度相同的情况下，导热系数最小的保温材料层的热阻最大。

答案：D

**17-3-3** (2009) 多层材料组成的复合墙体，其中某一层材料热阻的大小取决于（　　）。

A 该层材料的厚度

B 该层材料的导热系数

C 该层材料的导热系数和厚度

D 该层材料位于墙体的内侧还是外侧

(注：此题2007年考过)

解析：单一材料层的导热热阻 $R=\delta/\lambda$，$\delta$ 为材料层的厚度，$\lambda$ 为材料的导热系数。

答案：C

**17-3-4** (2008) 平壁稳定导热，通过壁体的热流量为 $Q$，下列说法哪个不正确？

A $Q$ 与两壁面之间的温度差成正比　　B $Q$ 与平壁的厚度成正比

C $Q$ 与平壁的面积成正比　　D $Q$ 与平壁材料的导热系数成正比

解析：稳定导热中，通过壁体的导热热流量 $Q=q \cdot F \cdot \tau=[(\theta_i-\theta_e)/\Sigma R] \cdot F \cdot \tau$，而组成平壁任何一材料层的导热热阻 $R=\delta/\lambda$。其中，$\lambda$ 为材料的导热系数，$\delta$ 为材料层的厚度，$F$ 为热流通过平壁的面积，$\tau$ 为热流通过平壁的时间，$(\theta_i-\theta_e)$ 为平壁两侧表面的温差。

答案：B

**17-3-5** (2008) 下列四种不同构造的外墙，哪个热稳定性较差？

A 内侧保温材料，外侧轻质材料

B 内侧实体材料，外侧保温防水材料

C 内侧保温材料，外侧实体材料

D 内侧、外侧均采用实体材料

解析：重质材料热容量大，蓄热系数也大，在受到相同温度波动的作用时，其材料层表面和内部的温度虽然也随着发生波动，但温度波动的幅度较小。而轻质材料的热容量和蓄热系数都小，在受到相同温度波动的作用时，抵抗温度波动的能力较差。实体材料属于重质材料，保温材料属于轻质材料，因此，内侧保温材料、外侧轻质材料的外墙热稳定性较差。

答案：A

**17-3-6** (2008) 封闭空气间层的传热强度主要取决于（　　）。

A 间层中空气的对流换热　　B 间层中空气的导热

C 间层两面之间的辐射　　D 间层中空气的对流和两面之间的辐射

解析：封闭空气间层的传热过程实际上是在一个有限空间内的两个表面之间的热转移过程，包括对流换热和辐射换热，因此封闭空气间层的传热强度既与间层中空气与间层表面之间的对流换热的强弱有关，也与间层两表面之间辐射传热的强弱有关。

答案：D

**17-3-7**（2008）下列围护结构，哪种热惰性指标最小？
A 外窗　　　　　　　　　　B 地面
C 外墙　　　　　　　　　　D 屋顶

解析：围护结构的热惰性指标 $D=R \cdot S$，其中 $R$ 为组成围护结构材料层的热阻，$S$ 为材料的蓄热系数。由于窗户的热阻很小，使得其热惰性指标相比之下最小。

答案：A

**17-3-8**（2007）图示两种构造的外墙，除了材料的内外顺序相反外，其他条件都一样，哪一种外墙的房间热稳定性好？

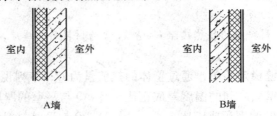

题 17-3-8 图

A A外墙的房间热稳定性好　　　B B外墙的房间热稳定性好
C 冬天A墙好，夏天B墙好　　　D 冬天B墙好，夏天A墙好

解析：B外墙的构造特点是厚重的密实材料位于室内一侧，疏松的绝热材料位于室外一侧。当房间的温度产生波动时，因为位于外墙内侧的重质材料热容量大，蓄热系数也大，其材料层表面和内部的温度虽然也随着发生波动，但温度波动的幅度较小，有利于保持室内温度的稳定。

答案：B

**17-3-9**（2007）多层材料组成的复合墙体，在稳定传热状态下，流经每一层材料的热流大小（　　）。
A 相等
B 不相等，流经热阻大的层的热流小，流经热阻小的层的热流大
C 要视具体情况而定
D 不相等，从里往外热流逐层递减

解析：稳定传热的特点是通过多层材料各点的热流强度处处相等。

答案：A

**17-3-10**（2006）封闭空气间层热阻的大小主要取决于（　　）。
A 间层中空气的温度和湿度
B 间层中空气对流传热的强弱
C 间层两侧内表面之间辐射传热的强弱
D 既取决于间层中对流换热的强弱，又取决于间层两侧内表面之间辐射传热的强弱

解析：封闭空气间层的传热过程实际上是在一个有限空间内的两个表面之间的

热转移过程，包括对流换热和辐射换热，因此封闭空气间层的热阻，与间层中空气与间层表面对流换热的强弱和间层两侧内表面之间辐射传热的强弱都有关。

答案：D

**17-3-11** (2006) 为了增大热阻，决定在图示构造中贴两层铝箔，下列哪种方法最有效？

A 贴在 A 面和 B 面
B 贴在 A 面和 C 面
C 贴在 B 面和 C 面
D 贴在 A 面和 D 面

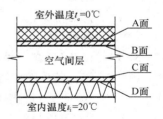

题 17-3-11 图

解析：由于空气间层的辐射换热所占用比例达 70%，因此在封闭空气间层内贴上铝箔可大幅度降低间层表面的黑度，达到有效减少空气间层的辐射换热、增加热阻的目的。鉴于封闭空气间层内的辐射换热发生在 B 面和 C 面之间，所以两层铝箔应该分别贴在 B 面和 C 面上。

答案：C

**17-3-12** (2006) 多层平壁稳定传热如图所示，$t_i > t_e$，以下哪个判断是正确的？

A $t_i - \tau_1 > \tau_1 - t_e$
B $t_i - \tau_1 < \tau_1 - t_e$
C $t_i - \tau_1 = \tau_1 - t_e$
D $t_i - \tau_1$ 和 $\tau_1 - t_e$ 的关系不确定

（注：此题 2005 年考过）

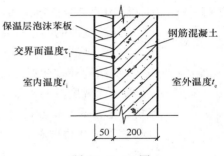

题 17-3-12 图

解析：根据平壁稳定传热计算公式 $q = \Delta t / R$，材料层的导热热阻 $R = \delta / \lambda$，可得出 $q = (t_i - \tau_1)/(R_i + R_1) = (\tau_1 - t_e)/(R_2 + R_e)$，根据钢筋混凝土和保温层泡沫苯板的导热系数和图示尺寸，可得出保温层泡沫苯板热阻 $R_1 >$ 钢筋混凝土热阻 $R_2$，而表面换热阻 $R_i > R_e$，因此 $(R_i + R_1) > (R_2 + R_e)$，即可得出 $t_i - \tau_1 > \tau_1 - t_e$。

答案：A

**17-3-13** (2004) 多层平壁稳定传热，$t_1 > t_2$，下列哪一条温度分布线是正确的？

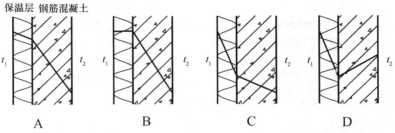

解析：在稳定传热中，多层平壁内每个材料层内的温度分布为直线，直线的斜率与该材料层的导热系数成反比，导热系数越小，温度分布线越倾斜。由

于保温层的导热系数小于钢筋混凝土的导热系数，因此，保温层内的温度分布线应比钢筋混凝土倾斜，所以 A 选项错误，C 选项正确。此外，沿热流通过的方向，温度分布一定是逐渐下降的，不可能出现温度保持不变或温度升高的情况，所以 B、D 选项错误。

答案：C

**17-3-14** (2004) 在《民用建筑热工设计规范》中，有条文提出"连续使用的空调建筑，其外围护结构内侧和内围护结构宜采用重质材料"，主要原因是(　　)。
A 重质材料热惰性大，有利于保持室内温度稳定
B 重质材料热惰性小，有利于保持室内温度稳定
C 重质材料保温隔热性能好
D 重质材料蓄热系数小

解析：在受到相同温度波动的作用时，由于重质材料热容量大，蓄热系数也大，其材料层表面和内部的温度虽然也随着发生波动，但其热惰性大，温度波动的幅度较小，有利于保持室内温度的稳定。

答案：A

**17-3-15** 围护结构的衰减倍数是指(　　)。
A 室外温度波的振幅与室内温度波动的振幅比
B 室外温度波的振幅与由室外温度波引起的围护结构内表面温度波的振幅比
C 围护结构外表面温度波的振幅与围护结构内表面温度波动的振幅比
D 内表面温度波的振幅与室内温度波动的振幅比

解析：根据衰减倍数的定义，衰减倍数是室外温度波的振幅与由室外温度波引起的围护结构内表面温度波的振幅比。

答案：B

**17-3-16** 有关材料层的导热热阻，下列哪一种叙述是正确的？
A 厚度不变，材料层的热阻随导热系数的减小而增大
B 温度升高，材料层的热阻随之增大
C 只有增加材料层的厚度，才能增大其热阻
D 材料层的热阻只与材料的导热系数有关

解析：材料层的导热热阻 $R=\delta/\lambda$，它与材料的厚度 $\delta$、导热系数 $\lambda$ 均有关。材料的导热系数 $\lambda$ 随温度的升高而增加。

答案：A

**17-3-17** 厚度为 200mm 的钢筋混凝土与保温材料层组成的双层平壁，下述条件中哪一种双层平壁的热阻最大？
A $\delta=150, \lambda=0.19$　　　　B $\delta=40, \lambda=0.04$
C $\delta=50, \lambda=0.045$　　　　D $\delta=50, \lambda=0.06$

解析：使用导热热阻计算公式 $R=\delta/\lambda$ 计算。

答案：C

**17-3-18** 下列材料层中，哪一种材料层的热阻大于 $1(m^2 \cdot K)/W$($\delta$ 为材料层厚度，单位 mm，$\lambda$ 为导热系数)？

A $\delta=30$，$\lambda=0.04$　　　　　　B $\delta=200$，$\lambda=0.22$
C $\delta=50$，$\lambda=0.04$　　　　　　D $\delta=100$，$\lambda=0.19$

**解析**：使用导热热阻计算公式 $R=\delta/\lambda$ 计算。

**答案**：C

**17-3-19** 下述围护结构的热工特性，哪一种是不正确的？

A 厚度相同时，钢筋混凝土的热阻比砖砌体小
B 100mm 厚加气混凝土（干密度为 500kg/m³）的热阻比 30mm 厚岩棉（干密度为 70kg/m³）的热阻大
C 20mm 厚水泥砂浆的热阻比 20mm 厚石灰砂浆的热阻大
D 50mm 厚岩棉的热阻比 30mm 厚岩棉的热阻大

**解析**：使用导热热阻计算公式 $R=\delta/\lambda$ 计算，然后进行比较。注意，保温材料的导热系数需要修正。

**答案**：C

**17-3-20** 下述围护结构的传热系数，哪一种最小？

A 250mm 厚加气混凝土（干密度为 500kg/m³）
B 200mm 钢筋混凝土
C 240mm 厚砂浆烧结普通砖砌体
D 40mm 厚岩棉板（干密度<80kg/m³）

**解析**：使用导热热阻计算公式 $R=\delta/\lambda$ 计算，然后计算传热阻 $R_0=R_i+R+R_e$，由于 $R_i$、$R_e$ 为常数，$K_0=1/R_0$，故导热热阻大者传热系数小。

**答案**：A

**17-3-21** 对于一般的封闭空气间层，其厚度在超过以下哪个值后热阻变化不大（　　）。

A 10　　　　B 20　　　　C 50　　　　D 100

**解析**：见《热工规范》表 B.3 的空气间层热阻值。

**答案**：B

**17-3-22** 封闭空气间层的热阻在其间层内贴上铝箔后会大量增加，这是因为（　　）。

A 铝箔减小了空气间层的辐射换热　　B 铝箔减小了空气间层的对流换热
C 铝箔减小了空气间层的导热　　　　D 铝箔增加了空气间层的导热热阻

**解析**：封闭空气间层的传热过程实际上是在一个有限空间内的两个表面之间的热转移过程，包括对流换热和辐射换热，而非纯导热过程，所以封闭空气间层的热阻与间层厚度之间不存在成比例的增长关系。由于空气间层的辐射换热所占用比例达 70%，在其间层内贴上铝箔后大大降低间层表面的黑度，从而减小了空气间层的辐射换热，增加了热阻。

**答案**：A

**17-3-23** 由两层材料(外侧钢筋混凝土、内侧保温材料)构成的墙体，在稳定传热条件下，通过该墙体各材料层出现的传热特征哪一个是正确的？

A 通过钢筋混凝土层的热流强度比通过保温材料层的热流强度大
B 通过钢筋混凝土层的热流强度比通过保温材料层的热流强度小
C 通过两个材料层的热流强度相同

D 通过各材料层的热流强度随时间逐渐减小

解析：稳定传热特征是，围护结构内部的温度不随时间变化，通过各材料层的热流强度处处相等。

答案：C

**17-3-24** 在稳定传热条件下，若室内气温高于室外气温，下列有关围护结构传热特征的叙述哪一项不正确？

A 围护结构内部的温度不随时间变化
B 通过围护结构各材料层的热流强度从内至外逐渐减小
C 围护结构内部的温度从内至外逐渐降低
D 围护结构各材料层内的温度分布为一条直线

解析：稳定传热特征是，围护结构内部的温度不随时间变化，通过各材料层的热流强度处处相等。各材料层内的温度分布为一次函数（直线）。

答案：B

**17-3-25** 在稳定传热中，通过多层平壁各材料层的热流强度（　　）。

A 沿热流方向逐渐增加　　　　B 随时间逐渐减小
C 通过各材料层的热流强度不变　D 沿热流方向逐渐减少

解析：同题17-3-24解析。

答案：C

**17-3-26** 有关围护结构在室外气温周期性变化热作用下的传热特征，下面哪一项不正确？

A 围护结构内、外表面温度波动的周期相同，但与室外气温波动的周期不同
B 围护结构外表面温度波动的振幅比室外气温波动的振幅小
C 围护结构内部温度波动的振幅从外至内逐渐减小
D 外表面温度最高值出现时间比内表面早

解析：在周期性变化热作用下围护结构的传热特征是：室外温度、平壁表面温度和内部任一截面处的温度都是同一周期的简谐波动；从室外空间到平壁内部，温度波动的振幅逐渐减小；温度波动的相位逐渐向后推迟。

答案：A

**17-3-27** 关于简谐热作用下材料和围护结构的热特性指标，下面哪一项是正确的？

A 材料的蓄热系数是材料的热物理性能，与外界热作用性质无关
B 封闭空气间层的热阻较大，它的热惰性指标也较大
C 当材料层的热惰性指标较大时，材料层表面的蓄热系数与材料的蓄热系数近似相等
D 材料层的热惰性指标影响围护结构的衰减倍数，而与延迟时间无关

解析：在由多层材料构成的围护结构中，当某一材料层的热惰性指标 $D \geqslant 1$ 时，可以忽略边界条件（相邻材料层或空气）对其温度波动的影响，此时材料层表面的蓄热系数与材料的蓄热系数近似相等。所以 C 选项正确。根据蓄热系数的公式，蓄热系数 $S = \sqrt{\dfrac{2\pi\lambda c\rho}{3.6T}}$，除了表征材料热物理性能的 $\lambda$（导热系数），$c$（比热），$\rho$（密度）外，还与热作用的周期 $T$ 有关，所以，A 选项错误。

由于封闭空气间层的蓄热系数为0,所以其热惰性指标为0,B选项错误材料层的热惰性指标直接决定围护结构延迟时间,所以D选项错误。

答案:C

**17-3-28** 在相同的简谐热作用下,下述哪一种材料表面的温度波动最大?

A 砖砌体　　　B 加气混凝土　　　C 钢筋混凝土　　　D 水泥砂浆

解析:材料的蓄热系数表示在简谐热作用下,直接受到热作用的一侧表面对谐波热作用的敏感程度。材料的蓄热系数越大,表面温度波动越小,反之波动越大。相比之下,加气混凝土的蓄热系数最小,表面温度波动最大。

答案:B

## (四)围护结构的保温设计

**17-4-1** (2010)指出断热铝合金Low-E玻璃窗未采用下述哪种技术措施?

A 热回收　　　　　　　B 隔热条
C 低辐射　　　　　　　D 惰性气体

解析:断热铝合金Low-E玻璃窗使用了低辐射镀膜中空玻璃和隔热条。隔热条通过增强尼龙隔条将铝合金型材分为内外两部分,阻隔了铝的热传导;中空玻璃充有惰性气体。

答案:A

**17-4-2** (2010)下列描述中,哪一项是外墙内保温方式的特点?

A 房间的热稳定性好　　　　　B 适用于间歇使用的房间
C 可防止热桥部位内表面结露　D 施工作业难度较大

解析:外墙内保温方式是指外墙材料层的排列顺序为保温层位于承重材料层的内侧。在受到相同温度波动的作用时,由于保温材料热容量小,蓄热系数也小,其材料层表面和内部的温度随着室内温度波动的幅度较大。对于间歇使用的房间,往往要求在使用前通过一定时间的供热使室内升温,内保温方式可使墙体的内表面也随之很快升温,以避免对靠近墙体的人产生不舒适的冷辐射。夏季空调降温的道理同样如此。

答案:B

**17-4-3** (2010)预制大板楼节能改造时勒脚部位的节点处理应在保温材料与墙体之间加铺一层防水材料,保温材料应从室内地面向下铺设至(　　)。

A 室内地面以下
B 地面垫层底面
C 地面梁以下
D 散水以下

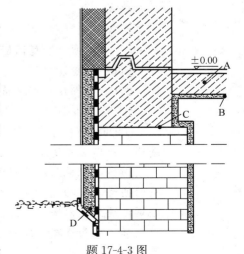

题17-4-3图

解析:根据底层地面的传热并非一维传

热的特点，热量除了从室内向下传递外，还会通过室内地面以下的外墙和地基向侧面散失热量，这使得建筑物的周边地面温度最低，通过周边地面的散热量也最大。将保温层从室内地面向下铺设至散水以下可有效防止室内热量通过周边地面散失，也起到保护防水材料的作用。

**答案：** D

**17-4-4** （2009）下列外墙节点做法中，最有利于保温隔热的是（　　）。

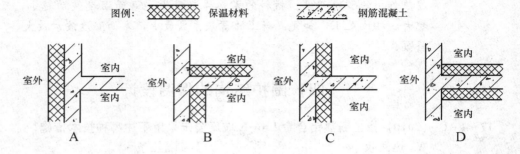

**解析：** 上述墙保温隔热措施中，应优先考虑外墙部分的保温隔热，并且外保温的效果优于内保温，由于方案 A 对全部外墙部分都进行了保温，因此效果最佳。

**答案：** A

**17-4-5** （2009）从适用性、耐久性和经济性等方面综合考虑，下列哪一种屋面做法最适宜我国北方地区居住建筑平屋顶？

A 倒置式屋面　　　　　　　　B 种植屋面
C 架空屋面　　　　　　　　　D 正置屋面

**解析：** 传统的正置屋面是在屋顶保温层的上面做防水层。这种防水层的蒸汽渗透阻很大，容易引起屋顶内部产生冷凝，同时，长期暴露在大气中的防水层受到日晒、交替冻融的作用，极易老化和开裂，丧失其防水功能。倒置式屋面是将防水层做在保温层的下面，保温层在防水层外侧不仅可有效防止内部冷凝，还保护了防水层，从而大大提高其耐久性。但这种做法对保温材料要求要高一些。

**答案：** A

**17-4-6** （2009）下列哪一条是内保温做法的优点？

A 房间的热稳定性好
B 可防止热桥部位内表面结露
C 围护结构整体气密性好
D 对于间歇性使用的电影院等场所可节约能源

**解析：** 内保温做法是将保温材料层置于承重材料层的内侧，由于保温材料是轻质材料，抵抗温度波动的能力较小，使得内表面温度容易随着室内空气温度的波动而波动。对于间歇性使用的电影院等场所，当其在使用前通过采暖空调系统为室内增温或降温时，该场所室内的内表面温度将很快地随之上升或下降，从而可减少采暖空调系统运行的时间，达到节能的目的。

**答案：** D

**17-4-7 (2009)** 下列哪种玻璃的传热系数最小?

  A 夹层玻璃        B 真空玻璃
  C 钢化玻璃        D 单层 Low-E 玻璃

**解析：** 查各种玻璃的传热系数。真空玻璃传热系数小于 $1W/m^2$，其他玻璃均大于 $1W/m^2$。

**答案：** B

**17-4-8 (2008)** 对于建筑节能来讲，为增强北方建筑的保温性能，下列措施中哪个不合理?

  A 采用双层窗       B 增加窗的气密性
  C 增加实体墙厚度      D 增强热桥保温

**解析：** 组成实体墙的材料通常为重质材料，重质材料的导热系数较大，增加实体墙厚度只能很少量地增加墙体热阻，但却大量地增加墙体自重和建筑面积，因此该措施不合理。

**答案：** C

**17-4-9 (2008)** 下列哪种窗户的传热系数是最小的?

  A 单层塑框双玻窗      B 单层钢框双玻窗
  C 单层塑框单玻窗      D 单层钢框单玻窗

**解析：** 由于双玻窗带有封闭的空气间层，会增加窗户的热阻，塑框的导热系数又比钢框小，通过窗框的导热热量少，因此，单层塑框双玻窗的传热阻最大，也就是传热系数最小。

**答案：** A

**17-4-10 (2007)** 图示几种 T 形外墙节点，最不利于保温隔热的是（ ）。

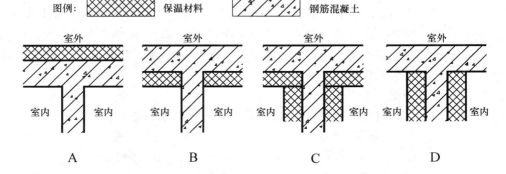

（注：此题 2003 年考过）

**解析：** T 形外墙保温隔热措施中，应优先考虑外墙部分的保温隔热，并且外保温的效果优于内保温，因此，方案 A 最佳，在内保温方案中，方案 B、C 均对外墙部分有保温作用，而方案 D 没有对外墙采取保温隔热措施，因此，方案 D 最不利于保温隔热。

**答案：** D

**17-4-11 (2007)** 孔洞率相同的 4 个混凝土小砌块断面孔形设计，哪一种保温性能最好?

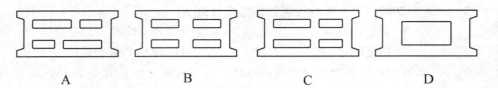

解析：混凝土小砌块断面孔形设计中，双排孔因具有两个空气间层，其保温性能比单排孔好，而在双排孔的排列中，应使孔的位置尽量错开，避免实体部分贯通，形成热桥。因此，A 选项最好。

答案：A

**17-4-12** （2007）薄壁型钢骨架保温板如图所示，比较外表面温度 $\theta_1$ 和 $\theta_2$，哪个结论正确？

A  $\theta_1 = \theta_2$  　　B  $\theta_1 > \theta_2$
C  $\theta_1 < \theta_2$  　　D  $\theta_1$ 和 $\theta_2$ 的关系不确定

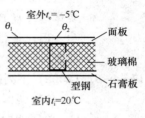

题 17-4-12 图

解析：热桥为围护结构中保温性能远低于平壁部分的嵌入构件，本图所示薄壁型钢骨架保温板中有型钢的部分就属于热桥。热桥的热阻比围护结构平壁部分的热阻小，热量容易通过热桥传递。热桥内表面失去的热量多，使得内表面温度低于室内平壁表面其他部分，而热桥外表面由于传到的热量比平壁部分多，因此热桥外表面温度高于平壁部分外表面的温度。

答案：C

**17-4-13** （2006）以下哪条措施对增强中空玻璃的保温性能基本无作用？

A  增加两层玻璃本身的厚度　　B  在两层玻璃的中间充惰性气体
C  用 Low-E 玻璃代替普通玻璃　　D  在两层玻璃的中间抽真空

解析：玻璃的导热系数为 0.76W/(m·K)，玻璃本身的厚度就小，能够增加的玻璃厚度有限，不能明显增加窗户的热阻，故对增强中空玻璃的保温性能基本无作用。

答案：A

**17-4-14** （2006）多孔材料导热系数的大小与下列哪一条无关？

A  材料层的厚度　　　　　　　B  材料的密度
C  材料的含湿量　　　　　　　D  材料的温度

解析：多孔绝热材料的导热系数与绝热材料的种类、密度、含湿量和温度有关。

答案：A

**17-4-15** （2006）北方某节能住宅外墙构造如图所示，干挂饰面层之间缝的处理及其目的说明，哪条正确？

A  应该密封，避免雨雪进来
B  不应密封，加强空气层的保温作用
C  不应密封，有利于保持保温层的干燥

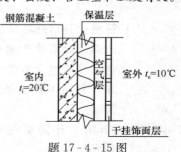

题 17-4-15 图

D 不应密封，有利于饰面层的热胀冷缩

解析：干挂饰面层不应封闭。不封闭石材间的缝隙可使墙体内的空气与室外空气相通，一方面可将从室内渗透到空气层的水蒸气及时被室外空气流带走，另一方面对围护结构的保温层也起到保持干燥、避免结露的作用。

答案：C

17-4-16 (2006) 外墙某局部如图所示，比较内表面温度 $\theta_1$ 和 $\theta_2$，下列哪一个答案正确？

A $\theta_1 > \theta_2$
B $\theta_1 < \theta_2$
C $\theta_1 = \theta_2$
D $\theta_1$ 和 $\theta_2$ 的关系不确定

（注：此题2005年考过）

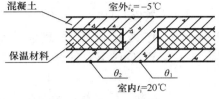

题 17-4-16 图

解析：热桥为围护结构中保温性能远低于平壁部分的嵌入构件，如砖墙中的钢筋混凝土圈梁、门窗过梁等。热桥热阻比围护结构平壁部分的热阻小，热量容易通过热桥传递。热桥内表面失去的热量多，使得热桥内表面温度低于平壁内表面的温度，而热桥外表面由于传到的热量比平壁部分多，因此温度高于平壁外表面的温度。

答案：B

17-4-17 (2004) 外墙的贯通式热桥如图所示，比较外表面温度 $\theta_1$ 和 $\theta_2$，下列哪个答案是正确的？

A $\theta_1 = \theta_2$
B $\theta_1 > \theta_2$
C $\theta_1 < \theta_2$
D $\theta_1 > \theta_2$ 和 $\theta_1 < \theta_2$ 都有可能

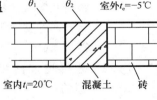

题 17-4-17 图

解析：同题 17-4-16 解析。

答案：C

17-4-18 (2005) 以下哪条措施对增强玻璃的保温性能基本不起作用？

A 在两层玻璃的中间再覆一层透明的塑料薄膜
B 将中空玻璃的间隔从 6mm 增加到 9mm
C 在两层玻璃的中间充惰性气体
D 增加两层玻璃本身的厚度

解析：玻璃的导热系数为 0.76W/(m·K)，玻璃本身的厚度就小，能够增加的玻璃厚度有限，不能明显增加窗户的热阻，故对增强玻璃的保温性能基本无作用。

答案：D

17-4-19 (2005) 居住建筑的窗墙面积比应该得到适当的限制，下列哪项不是主要原因？

A 窗墙比太大不利于降低采暖和空调能耗
B 窗墙比太大影响建筑立面设计

C 窗墙比太大会提高建筑造价
D 玻璃面积太大，不利于安全

解析：由于窗户的传热系数远高于墙体的传热系数，限制窗墙面积比可控制墙体上窗户面积所占的比例，减少窗户面积可有效减少建筑物的总传热量。窗墙面积比对建筑的立面效果和造价也有一定的影响。但无论哪种原因，都需要保证建筑使用的安全，因此，安全不是制约窗墙面积比的主要原因。

答案：D

**17-4-20** 作为建筑工程上用的保温材料，其热工指标导热系数应小于（　　）W/(m·K)。

　　A 0.8　　　　B 0.25　　　　C 0.05　　　　D 0.5

解析：保温材料的导热系数应该小于0.25W/(m·K)。

答案：B

**17-4-21** 下列几种对建筑材料热工特性的叙述，哪一种是正确的？

　　A 保温材料的导热系数随材料厚度的增大而增大
　　B 保温材料导热系数随温度的增大而减小
　　C 保温材料的导热系数随湿度的增大而增大
　　D 保温材料的干密度越小，导热系数越小

解析：保温材料的导热系数随湿度的增加而增大，随温度的增大而增大，保温材料的导热系数随干密度减小先减小，然后会增大。

答案：C

**17-4-22** 若想增加砖墙的保温性能，充分利用太阳能，采取下列哪一措施是不合理的？

　　A 增加砖墙的厚度　　　　　　B 增设一保温材料层
　　C 设置封闭空气间层　　　　　D 砖墙外表面做浅色饰面

解析：太阳辐射的波长主要是短波辐射，浅色外表面对太阳辐射的吸收系数 $\rho_s$ 值小，不利于吸收太阳能。

答案：D

**17-4-23** 在保温设计中评价围护结构保温性能，下列哪一项是主要指标？

　　A 围护结构的厚度　　　　　　B 围护结构的传热阻
　　C 热惰性指标　　　　　　　　D 材料的导热系数

解析：在稳定传热中，通过围护结构的热流强度与室内外温度差成正比，与围护结构的传热阻成反比。当设计条件（室内外温差）相同时，热流强度的大小取决于围护结构的传热阻。

答案：B

**17-4-24** 在建筑保温设计中，下列哪一种是不符合规范要求的？

　　A 围护结构材料层的热阻不小于热阻最小值
　　B 围护结构的密度小于1200kg/m³时，热阻最小值需要用密度修正系数进行修正
　　C 与不采暖楼梯间相邻的隔墙可以不进行保温设计

D 围护结构中的热桥部位应进行表面结露验算

**解析：** 根据《热工规范》第4.2.7条和第4.2.11条要求，外墙、屋面、直接接触室外空气的楼板、分隔采暖房间与非采暖房间的内围护结构等非透光围护结构应按规范第5.1节和第5.2节的要求进行保温设计；围护结构中的热桥部位应进行表面结露验算，并应采取保温措施，确保热桥内表面温度高于房间空气露点温度。

**答案：** C

**17-4-25** 在建筑保温设计中，下列哪一种叙述是不正确的？
A 保温验算要求围护结构的热阻不小于热阻最小值
B 与不采暖楼梯间相邻的隔墙需要进行温差修正
C 基本热舒适要求屋面和墙体的允许温差相同
D 防结露要求屋面和墙体的允许温差相同

**解析：**《热工规范》的保温设计规定，基本热舒适要求外墙的允许温差为≤3℃，屋顶的允许温差为≤4℃。防结露要求屋面和墙体的允许温差均为$(t_i - t_d)$。

**答案：** C

**17-4-26** 地面对人体热舒适感及健康影响最大的部分是(　　)。
A 地面的总厚度　　　　　　　B 地面层的热阻
C 地面的基层材料　　　　　　D 地面的面层材料

**解析：** 人体的足部直接与地面接触，地面上层厚度约3~4mm材料的吸热指数影响足部的热量损失，因此，地面的面层材料对人体热舒适感影响最大。

**答案：** D

**17-4-27** 对地面进行保温处理时，下面哪一种处理比较合理？
A 整个地面的保温层应该厚度相同
B 沿地面的周边作局部保温
C 地面中心部分的保温层应该比其他地方加厚
D 更换地面的面层材料

**解析：** 由于地面以下接触的是土壤层，热量通过地面的传热不属于一维传热，通过周边的土层薄，热阻小，热量损失多。因此，沿地面的周边做局部保温比较合理。

**答案：** B

**17-4-28** 下列窗户保温措施中，哪一种措施效果最差？
A 采用密封条提高窗户气密性　　B 增加玻璃的厚度
C 将钢窗框改为塑料窗框　　　　D 增加玻璃层数

**解析：** 玻璃的导热系数为0.76W/(m·K)，玻璃本身的厚度就小，能够增加的玻璃厚度有限，不能明显增加窗户的热阻，故效果最差。

**答案：** B

**17-4-29** 冬季外围护结构热桥部位两侧的温度状况为(　　)。
A 热桥内表面温度比平壁部分内表面高，热桥外表面温度比平壁部分外表面高

B 热桥内表面温度比平壁部分内表面高，热桥外表面温度比平壁部分外表面低

C 热桥内表面温度比平壁部分内表面低，热桥外表面温度比平壁部分外表面低

D 热桥内表面温度比平壁部分内表面低，热桥外表面温度比平壁部分外表面高

解析：同题 17-4-13 解析。

答案：D

**17-4-30** 冬季墙交角处内表面温度比主体表面温度低，其原因为（　　）。

A 交角处墙体材料的导热系数较大

B 交角处的传热阻较小

C 交角处外表面的散热面积大于内表面的吸热面积

D 交角处外表面的散热面积小于内表面的吸热面积

解析：墙交角处属于二维传热，外表面的散热面积大于内表面的吸热面积，同时墙交角处气流不畅也影响表面吸热，使得墙交角处内表面温度比平壁部分低。

答案：C

## （五）外围护结构的蒸汽渗透和冷凝

**17-5-1** (2009) 南方炎热地区某办公建筑，潮霉季节首层地面冷凝返潮严重，下列哪一种防止返潮的措施是无效的？

A 地面下部进行保温处理　　　　B 地面采用架空做法

C 地面面层采用微孔吸湿材料　　D 地面下部设置隔汽层

解析：地面冷凝返潮有两种原因。一是首层地面由于其热容量大，地表面随着季节的变化温度上升缓慢，常常低于室外空气的露点温度，南方炎热地区潮霉季节通常雨水多、气温高、湿度大，当温度较高的潮湿空气（相对湿度在 90% 以上）流入室内，遇到温度较低而又光滑不吸水的首层地面时，就会产生结露现象。二是对于地下水位较高的地区，地面垫层下地基土壤中的水通过毛细管作用上升，以及气态水向上渗透，也使地面潮湿。

架空地板下有足够的空间进行通风，有利于地面干燥；地面面层采用微孔吸湿材料可吸附地面的冷凝水，减少地面冷凝水分；地面下部设置隔汽层可有效阻隔地下水分的上升和气态水的渗透。对首层地面下部进行保温处理对增加其热阻和提高地表面温度作用很有限，因此这种防止返潮的措施是无效的。

答案：A

**17-5-2** (2007) 墙体构造如图所示，为防止保温层受潮，隔汽层应设在何处？

A 界面 1　　　　　　　　　　　B 界面 2

C 界面 3　　　　　　　　　　　D 界面 4

解析：隔汽层的作用是阻挡水蒸气进入保温层以防止其受潮，因此，隔汽层应放在沿蒸汽流入的一侧、进入保温层以前的材料层交界面上。如图所示，水蒸气渗透的方向为室内流向室外，所以，隔汽层应放在石膏板与保温层的界面1处。

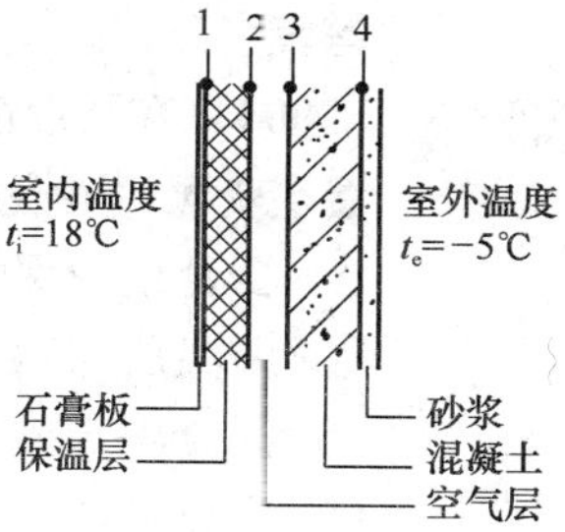

答案：A

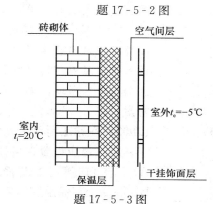

题 17-5-2 图

**17-5-3** (2006) 隔汽层设置在何处，可防止保温层受潮？

  A 砖砌体与保温层的界面
  B 保温层与空气层的界面
  C 空气层与干挂饰面层的界面
  D 在干挂饰面层外表面

解析：隔汽层的作用是阻挡水蒸气进入保温层以防止其受潮，因此，隔汽层应放在沿蒸汽流入的一侧、进入保温层以前的材料层交界面上。如图所示，水蒸气渗透的方向为室内流向室外，所以，隔汽层应放在砖砌体与保温层的界面处。

答案：A

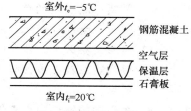

题 17-5-3 图

**17-5-4** (2005) 为防止保温层受潮，隔汽层应设置在何处？

  A 混凝土与空气层的界面
  B 空气层与保温层的界面
  C 保温层与石膏板的界面
  D 上述 3 个界面效果一样

解析：隔汽层的作用是阻挡水蒸气进入保温层以防止其受潮，因此，隔汽层应放在沿蒸汽流入的一侧、进入保温层以前的材料层交界面上。

答案：C

题 17-5-4 图

**17-5-5** (2004) 在北方寒冷地区，某建筑的干挂石材外墙如图所示，设计人员要求将石材和石材之间所有的缝隙都用密封胶堵严，对这种处理方式，下列哪一条评议是正确的？

  A 合理，因为空气层密闭，有利于保温
  B 合理，避免水分从室外侧进入空气层
  C 不合理，因为不利于石材热胀冷缩
  D 不合理，因为会造成空气层湿度增大，容易发生结露现象

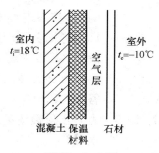

题 17-5-5 图

解析：封闭干挂石材间的缝隙不合理。封闭石材间的缝隙后，从室内渗透到空气层的水蒸气将在空气层内聚集，造成空气层湿度增加，在低温条件下容易产生结露，使保温层受潮导致保温效果降低，甚至被破坏。

答案：D

**17-5-6** （2004）在图示情况下，为了防止保温层受潮，隔汽层应设置在何处？

A 石膏板与保温层的界面
B 保温层与钢筋混凝土的界面
C 混凝土与砂浆的界面
D 上述三个界面效果都一样

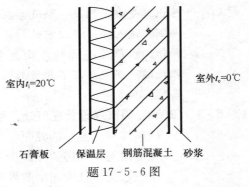

题 17-5-6 图

解析：隔汽层的作用是阻挡水蒸气进入保温层以防止其受潮，因此，隔汽层应放在沿蒸汽流入的一侧、进入保温层以前的材料层交界面上。如题图所示，水蒸气渗透的方向为室内流向室外，所以，隔汽层应放在石膏板与保温层的界面处。

答案：A

**17-5-7** （2003）在题图所示的情况下，为了防止保温层受潮，隔汽层应设置在何处？

A 焦渣和混凝土的界面
B 混凝土与保温层的界面
C 保温层与吊顶层的界面
D 防水层与焦渣层的界面

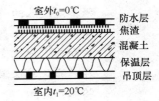

题 17-5-7 图

解析：隔汽层的作用是阻挡水蒸汽进入保温层以防止其受潮，因此，隔汽层应放在沿蒸汽流入的一侧、进入保温层以前的材料层交界面上。按题图所示，冬季水蒸气渗透的方向为室内流向室外，所以，隔汽层应放在吊顶与保温层的界面处。

答案：C

**17-5-8** 关于围护结构中水蒸气渗透和传热，下列叙述中哪条叙述正确？

A 蒸汽渗透和传热都属于能量的传递
B 蒸汽渗透属于能量的传递，传热属于物质的迁移
C 蒸汽渗透和传热都属于物质的迁移
D 蒸汽渗透属于物质的迁移，传热属于能量的传递

解析：蒸汽渗透是水以气态的形式从围护结构一侧迁移到另一侧，因此属于物质的迁移；传热则属于能量的传递。

答案：D

**17-5-9** 为防止采暖建筑外围护结构内部冬季产生冷凝，以下几项措施中哪一项是错误的？

A 在围护结构内设排汽通道通向室外
B 将蒸汽渗透系数大的材料放在靠近室外一侧
C 将隔汽层设在保温层的外侧
D 将隔汽层放在保温材料层内侧

解析：采暖建筑冬季水蒸气从室内向室外渗透，为防止外围护结构内部产生

冷凝，围护结构内部材料的层次应该尽量满足让水蒸气"进难出易"的原则，隔汽层应该放在蒸汽流入的一侧，即保温层的内侧，以防止蒸汽大量渗透进入保温层。

答案：C

**17-5-10** 下列材料的蒸汽渗透系数由大至小排列正确的是哪一个？
A 钢筋混凝土、砌筑砂浆烧结普通砖砌体、水泥砂浆
B 重砂浆烧结普通砖砌体、钢筋混凝土、水泥砂浆
C 水泥砂浆、钢筋混凝土、重砂浆烧结普通砖砌体
D 砌筑砂浆烧结普通砖砌体、水泥砂浆、钢筋混凝土

解析：见《热工规范》附录B表B.1。

答案：D

**17-5-11** 下列材料层中，哪一种材料层的蒸汽渗透阻最小[$\delta$ 为材料层厚度，单位mm，$\mu$ 为材料的蒸汽渗透系数，单位g/(m·h·Pa)]？
A $\delta=200, \mu=0.0000158$   B $\delta=250, \mu=0.0000098$
C $\delta=360, \mu=0.0001050$   D $\delta=50, \mu=0.000488$

解析：使用蒸汽渗透阻计算公式 $H=\delta/\mu$ 计算，然后进行比较。

答案：D

**17-5-12** 下列隔汽材料中，哪一种材料层的蒸汽渗透阻最大？
A 1.5mm厚石油沥青油毡   B 2mm厚热沥青一道
C 4mm厚热沥青二道       D 乳化沥青二道

解析：见《热工规范》附录B表B.6。

答案：A

**17-5-13** 外侧有卷材防水层的平屋顶，在下列哪一个地区应进行屋顶内部冷凝受潮验算？
A 广州    B 长沙    C 杭州    D 长春

解析：《热工规范》第7.1.1条规定，采暖建筑外侧有卷材防水层的平屋面要进行受潮验算。长春地区的建筑需要采暖，因此屋顶要进行受潮验算。

答案：D

**17-5-14** 在围护结构内设置隔汽层的条件是（　　）。
A 围护结构内表面出现结露
B 保温材料层受潮以后的重量湿度增量超过允许湿度增量
C 围护结构内部出现冷凝
D 保温材料层内部温度低于室内空气的露点温度

解析：根据《热工规范》的防潮设计要求，只有在围护结构内部出现冷凝并使得保温材料层的重量湿度增量超过表7.1.2规定的允许湿度增量时才需要设置隔汽层。

答案：B

**17-5-15** 为防止南方地区春夏之交地面结露出现返潮现象，以下措施中不正确的是（　　）。

A 采用导热系数大的地面材料
B 采用导热系数小的地面材料
C 采用蓄热系数小的表层地面材料
D 采用有一定吸湿作用的表层地面材料

**解析**：南方春夏之交时，气温易突然升高，使空气中水蒸气含量大大增加，而地表面温度因土壤的原因升高缓慢，使地表面温度处于空气的露点温度以下，导致空气中的水蒸气在地面凝结出现返潮。若采用导热系数大的地面材料，将使返潮更严重。

**答案**：A

## （六）建 筑 日 照

**17-6-1（2010）** 以下哪条措施对建筑物的夏季防热是不利的？
A 外墙面浅色粉刷　　　　　　B 屋顶大面积绿化
C 加强建筑物的夜间通风　　　D 增大窗墙面积比

**解析**：增大窗墙面积比势必增加一面墙上的窗户面积。而通过窗户进入室内的太阳辐射热已成为夏季室内过热和空调负荷的主要原因，窗户面积的增加必然增加室内的太阳辐射得热；此外，由于窗户的传热系数太大，通过窗户的温差传热数倍于墙体，增大窗墙面积比也会同时增加通过窗户部分的温差传热，从而让整栋建筑物的得热增加，因此，对夏季防热是不利的。

**答案**：D

**17-6-2（2010）** 旧城改造项目中，新建住宅日照标准应符合下列哪项规定？
A 大寒日日照时数≥1h　　　　B 大寒日日照时数≥2h
C 大寒日日照时数≥3h　　　　D 冬至日日照时数≥1h

**解析**：《城市居住区规划设计标准》GB 50180—2018 第 4.0.9 条第 3 款规定，旧区改建项目内新建住宅的日照标准可比规范的要求酌情降低，但不应低于大寒日日照 1h 的标准。

**答案**：A

**17-6-3（2010）** 目前，已有相当数量的工程建设项目采用计算机数值模拟技术进行规划辅助设计，下列哪一项为住宅小区微环境的优化设计？
A 室内风环境模拟　　　　　　B 室内热环境模拟
C 小区风环境模拟　　　　　　D 建筑日照模拟

**解析**：根据建筑日照的基本原理，利用计算机图形技术进行建筑日照环境分析已成为建筑工程辅助设计过程中使用最普遍的数值模拟技术。

**答案**：D

**17-6-4（2007）** 关于太阳的高度角，以下哪条正确？
A 太阳高度角与纬度无关　　　B 纬度越低，太阳高度角越高
C 太阳高度角与季节无关　　　D 冬季太阳高度角高

**解析**：太阳高度角表示太阳光线与当地地平面的夹角，根据太阳高度角计算

公式 $\sinh_s = \sin\Phi \cdot \sin\delta + \cos\Phi \cdot \cos\delta \cdot \cos\Omega$，太阳高度角与地理纬度Φ、赤纬角δ和时角Ω有关，在日期（赤纬角δ）和时刻（时角Ω）相同的前提下，纬度（Φ）越低，太阳高度角越大。

答案：B

**17-6-5** （2005）下列哪个关于太阳高度角和方位角的说法是正确的？
- A 太阳高度角与建筑物的朝向有关
- B 太阳方位角与建筑物的朝向有关
- C 太阳高度角和方位角都与建筑物的朝向有关
- D 太阳高度角和方位角都与建筑物的朝向无关

解析：太阳高度角和方位角表示太阳相对于当地地平面的位置，根据太阳高度角计算公式 $\sinh_s = \sin\varphi \cdot \sin\delta + \cos\varphi \cdot \cos\delta \cdot \cos\Omega$ 和太阳方位角的计算公式 $\cos A_s = (\sinh_s \cdot \sin\varphi - \sin\delta)/(\cosh_s \cdot \cos\varphi)$ 判断，太阳高度角与地理纬度φ、赤纬角δ和时角Ω有关，与建筑物的朝向完全无关。

答案：D

**17-6-6** 在建筑日照设计中，下面哪一组因素全都与太阳高度角的计算有关？
- A 地理经度、地理纬度、时角
- B 赤纬角、时角、墙体方位角
- C 赤纬角、时角、地理纬度
- D 地理经度、时角、赤纬角

解析：根据太阳高度角计算公式 $\sinh_s = \sin\varphi \cdot \sin\delta + \cos\varphi \cdot \cos\delta \cdot \cos\Omega$ 判断。太阳高度角与地理纬度、赤纬角和时角有关。

答案：C

**17-6-7** 夏至日中午12时，太阳的赤纬角和时角分别为（　　）。
- A 0°和90°
- B 0°和180°
- C －23°27′和90°
- D 23°27′和0°

答案：D

**17-6-8** 应用棒影图不能解决下述的哪一个问题？
- A 绘制建筑物的阴影区
- B 确定建筑物窗口的日照时间
- C 确定进入室内的太阳辐射照度
- D 确定遮阳构件的尺寸

解析：棒影图主要是用作图的方法解决指定地区在指定时间时太阳光线相对于地平面的几何位置问题，因此不涉及太阳辐射照度。

答案：C

## （七）建筑防热设计

**17-7-1** （2010）指出下述哪类固定式外遮阳的设置符合"在太阳高度角较大时，能有效遮挡从窗口上前方投射下来的直射阳光，宜布置在北回归线以北地区南向及接近南向的窗口"的要求？
- A 水平式遮阳
- B 垂直式遮阳
- C 横百叶挡板式遮阳
- D 竖百叶挡板式外遮阳

解析：可根据太阳高度角和方位角判断进入窗口的太阳光线。水平式遮阳主要适用于遮挡太阳高度角大、从窗口上方来的阳光。而在北回归线以北地区南向及接近南向的窗口正属于此种情况，因此宜选择水平式固定外遮阳。

答案：A

**17-7-2** (2010) 建筑遮阳有利于提高室内热环境质量和节约能源，下列哪一项不属于上述功能？

  A 提高热舒适度      B 减少太阳辐射热透过量
  C 增加供暖能耗      D 降低空调能耗

解析：建筑遮阳可以大量减少夏季建筑物的太阳辐射热透过量，有利于降低室内温度，提高室内的热舒适度，同时，由于减少了进入室内的太阳得热，可有效地降低空调能耗。

答案：C

**17-7-3** (2009) 室外综合温度最高的外围护结构部位是（  ）。

  A 西墙    B 北墙    C 南墙    D 屋顶

解析：室外综合温度由室外气温、投射到该朝向的太阳辐射强度和表面对太阳辐射的吸收系数所决定。由于屋面受到的太阳辐射强度比墙体强，通常屋面材料对太阳辐射的吸收系数又比墙面大，因此屋顶的室外综合温度最高。

答案：D

**17-7-4** (2009) 下列哪一项不应归类为建筑热工设计中的隔热措施？

  A 外墙和屋顶设置通风间层    B 窗口遮阳
  C 合理的自然通风设计      D 室外绿化

解析：室外绿化和建筑本身的隔热设计无关。

答案：D

**17-7-5** (2009) "卧室和起居室的冬季采暖室内设计温度为18℃，夏季空调室内设计温度为26℃，冬夏季室内换气次数均为1.0次/h"，应为下列哪个气候区对居住建筑室内热环境设计指标的规定？

  A 夏热冬冷地区      B 夏热冬暖地区北区
  C 夏热冬暖地区南区     D 温和地区

解析：《夏热冬冷节能标准》规定，卧室和起居室的冬季采暖室内设计温度为18℃，夏季空调室内设计温度为26℃，冬夏季室内换气次数为1次/h。

答案：A

**17-7-6** (2009) 以下平面示意图中，哪一种开口位置有利于室内的自然通风？

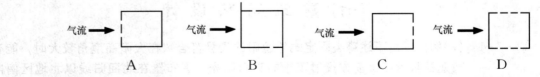

解析：B图两个开口处由于有挡风构造设置，使得下方开口处形成正压，上方开口处为负压，在风压的作用下形成自然通风。

答案：B

**17-7-7** (2009) 某办公建筑内设通风道进行自然通风，下列哪一项不是影响其热压自然通风效果的因素?

A 出风口高度
B 外墙的开窗率
C 通风道面积
D 风压大小

解析：影响热压的因素是室内外的温差和进、出口之间的高度差，与风压无关。

答案：D

**17-7-8** (2008) 在进行外围护结构的隔热设计时，室外热作用温度应为（　　）。

A 室外空气温度
B 室外综合温度
C 室外月空气最高温度
D 太阳辐射的当量温度

解析：根据夏季隔热设计的特点，室外热作用不仅需要考虑室外温度的作用，而且不能忽略太阳辐射的影响，因此应该选择室外综合温度。

答案：B

**17-7-9** (2008) 有关房间的开口与通风构造措施对自然通风的影响，下述哪条不正确?

A 开口大小与通风效率之间成正比
B 开口相对位置直接影响气流路线
C 门窗装置对室内自然通风影响很大
D 窗口遮阳设施在一定程度上阻挡房间通风

解析：开口大小影响开口处的气流流速，开口面积大（小）处流速小（大），但不与通风效率成正比。

答案：A

**17-7-10** (2008) 建筑物须满足以下哪个条件时才能形成热压通风?

A 进风口大于出风口
B 进风口小于出风口
C 进风口高于出风口
D 进风口低于出风口

解析：当室内空气温度高于室外空气温度时，室内空气由于密度小而上升，上升的热空气从上方开口流出，室外温度相对较低、密度较大的空气从下方的开口流入补充，这样形成热压通风。

答案：D

**17-7-11** (2008) 建筑物的夏季防热，采取以下哪条是不正确的?

A 加强窗口遮阳
B 加强自然通风
C 减小屋顶热阻值，加速散热
D 浅色饰面，增强反射

解析：根据《热工规范》GB 50176—2016 第 6.2.1 条，对屋面隔热设计的要求，屋面内表面的最高温度应符合规定的限值。减小屋面的热阻将相应降低屋面的热惰性指标，也就是降低了屋面抵抗夏季室外综合温度作用的能力，增强了屋面内表面的温度波动，使屋面内表面温度最大值升得更高，对隔热不利。同时，减小屋面的热阻还将增加屋面的温差传热量，不利于夏季防热所以 C 选项不正确。加强窗口遮阳，可有效减少室内的太阳辐射得热；加强自然通风，可在夜间及时排除室内热量；浅色饰面可增强外表面对太阳辐射的反射，减少建筑外表面的得热，所以 A、B、D 选项正确。

答案：C

**17-7-12 (2007)** 下列哪一条是造成玻璃幕墙建筑夏季室内过热的最主要原因？
A 自然通风
B 通过玻璃幕墙的温差传热
C 透过玻璃幕墙直接进入房间的太阳辐射
D 玻璃幕墙上可开启的部分太小

解析：虽然夏季室内得热既有通过玻璃幕墙的室内外温差传热，又有进入玻璃幕墙的太阳辐射，但在夏热冬冷和夏热冬暖地区，夏季空调期的太阳辐射得热所引起的负荷已成为主要矛盾，因此对窗和幕墙的玻璃（或其他透明材料）要求较高的遮阳系数，以控制通过玻璃幕墙直接进入房间的太阳辐射。

答案：C

**17-7-13 (2007)** 以下哪条措施对建筑物的夏季防热不利？
A 加强建筑物的夜间通风　　　B 窗户外设置遮阳篷
C 屋面刷浅色涂料　　　　　　D 屋面开设天窗

解析：太阳辐射将通过屋面开设的天窗大量进入室内，并且，由于屋面的天窗全天被太阳照射的时间又长，将导致进入室内的太阳得热很多，对夏季建筑防热不利。

答案：D

**17-7-14 (2006)** 为了防止炎热地区的住宅夏季室内过热，以下哪条措施是不正确的？
A 增加墙面对太阳辐射的反射　　　B 减小屋顶的热阻，以利于散热
C 窗口外设遮阳装置　　　　　　　D 屋顶绿化

解析：根据《热工规范》第6.2.1条，对屋面隔热设计的要求，屋面内表面的最高温度应符合规定的限值。减小屋面的热阻将相应降低屋面的热惰性指标，也就是降低了屋面抵抗夏季室外综合温度作用的能力，增强了屋面内表面的温度波动，使屋面内表面温度最大值升得更高，对隔热不利。同时，减小屋面的热阻还将增加屋面的温差传热量，不利于夏季防热。

答案：B

**17-7-15 (2006)** 关于建筑防热设计中的太阳辐射"等效温度"，下列哪个结论是正确的？
A 与墙面的朝向无关
B 与墙面的朝向和墙面的太阳辐射吸收率有关
C 与墙面的太阳辐射吸收率无关
D 只和太阳辐射强度有关

解析：根据太阳辐射"等效温度"的定义，它与屋顶和墙面所在朝向的太阳辐射强度以及屋顶和墙面材料对太阳辐射的吸收率有关。由于同一时刻屋顶和四面外墙上所受到的太阳辐射强度不同，而不同材料对太阳辐射的吸收率也不相同，因此，太阳辐射的"等效温度"与墙面的朝向和墙面的太阳辐射吸收率均有关。

答案：B

**17-7-16 (2005)** 关于夏季防热设计要考虑的"室外综合温度"，以下哪个说法是正

确的?

A 一栋建筑只有一个室外综合温度
B 屋顶和四面外墙分别有各自的室外综合温度
C 屋顶一个,四面外墙一个,共有两个室外综合温度
D 屋顶一个,东西墙一个,南北墙一个,共有三个室外综合温度

**解析**:根据室外综合温度的定义,它与室外温度、所在朝向的太阳辐射照度以及外饰面材料对太阳辐射吸收率有关。由于同一时刻屋顶和四面外墙上所受到的太阳辐射照度不同,使得屋顶和四面外墙的室外综合温度都不相同,因此,屋顶和四面外墙分别有各自的室外综合温度。

**答案**:B

**17-7-17** (2005) 为使夏季室内少开空调,应该首先抑制( )。

A 屋顶的温差传热　　　　　B 墙体的温差传热
C 通过窗户的太阳辐射　　　D 窗户的温差传热

**解析**:虽然夏季室内得热既有通过玻璃幕墙的室内外温差传热,又有进入玻璃幕墙的太阳辐射,但在夏热冬冷和夏热冬暖地区,夏季空调期的太阳辐射得热所引起的负荷已成为主要矛盾,因此对窗和幕墙的玻璃(或其他透明材料)要求较高的遮阳系数,以控制通过玻璃幕墙直接进入房间的太阳辐射。

**答案**:C

**17-7-18** (2005) 以下哪条措施对建筑物的夏季防热是不利的?

A 外墙面浅色粉刷　　　　　B 屋顶大面积绿化
C 窗户上设遮阳装置　　　　D 增大窗墙面积比

**解析**:增大窗墙面积比势必增加窗户的面积。夏季太阳辐射强烈,并且日照时间长,窗户面积的增加将增加通过窗户射入室内的太阳辐射得热;而且,由于窗户的传热系数远大于墙体结构的传热系数,这样也会增加全天因为温差传入室内的热量;同时,由于窗户的隔热能力差,不能对室外温度波动的作用进行有效的衰减,对抵抗室外温度波动对室内热环境的影响不利。

**答案**:D

**17-7-19** (2005) 为了防止炎热地区的住宅夏季室内过热,一般而言,以下哪项措施是要优先考虑的?

A 加大墙体的热阻　　　　　B 加大屋顶的热阻
C 屋顶上设架空层　　　　　D 窗口外设遮阳装置

**解析**:屋顶的室外综合温度最高,日照时间又长,所以优先考虑屋顶的防热。夏季,影响室内过热的主要原因是太阳辐射得热。屋顶使用架空层后,首先屋顶架空层的上部能够有效遮挡太阳辐射,大量减少架空层下部屋面太阳辐射得热;同时,架空层内被加热的空气和室外冷空气形成流动,可带走架空层内的热量,降低架空层下部屋面的温度,最终达到降低屋面内表面温度的隔热目的。夜间,温差传热的方向和白天相反,架空层内流动的空气又能及时带走从屋面内侧传至架空层下部的热量,具有散热快的优点。因此,应优先考虑设架空层。

答案：C

**17-7-20** (2005) 南方建筑设置哪种形式的外遮阳，能够有效地阻止夏季的阳光通过东向的窗口进入室内？
A 水平式遮阳  B 垂直式遮阳
C 挡板式遮阳  D 水平式+垂直式遮阳

解析：夏季东向窗口的太阳高度角小，并且从窗口的正前方射入，只有使用挡板式遮阳才能有效阻挡阳光通过东向窗口进入室内。

答案：C

**17-7-21** (2004) 在炎热的南方，以下哪条措施对减小房间的空调负荷作用最大？
A 在窗户外面设置有效的遮阳
B 用5mm厚的玻璃代替窗户上原来的3mm玻璃
C 用中空玻璃代替窗户上原来的单层玻璃
D 加大窗户面积

解析：在炎热的南方，通过窗户进入室内的太阳辐射热已成为夏季室内过热和空调负荷的主要原因，因此，在窗户外面设置有效的遮阳以减少进入室内的太阳辐射得热对减小房间的空调负荷作用最大。

答案：A

**17-7-22** (2004) 根据围护结构外表面日照时间的长短和辐射强度的大小，采取隔热措施应考虑的先后顺序是（　　）。
A 屋面、西墙、东墙、南墙和北墙
B 西墙、东墙、屋面、南墙和北墙
C 西墙、屋面、东墙、南墙和北墙
D 西墙、东墙、南墙和北墙、屋面

解析：根据不同朝向的室外综合温度判断，室外综合温度由高至低的排列顺序是：屋面、西墙、东墙、南墙和北墙。

答案：A

**17-7-23** (2004) 广州某建筑的西向窗口上沿设置了水平遮阳板，能否有效地阻止阳光进入室内，其理由是（　　）。
A 能，因为西晒时太阳高度角较小
B 不能，因为西晒时太阳高度角较小
C 不能，因为西晒时太阳高度角较大
D 能，因为西晒时太阳高度角较大

解析：根据太阳高度角和方位角判断进入窗口的太阳光线，水平式遮阳主要适用于遮挡太阳高度角大、从窗口上方来的阳光，而西晒时太阳高度角较小、太阳光又来自西向窗口的前方，因此水平式遮阳无法有效遮挡进入窗口的阳光。

答案：B

**17-7-24** (2003) 为了增强建筑物的夏季防热，以下哪条措施是不正确的？
A 减小外墙的热阻，使室内的热容易散发

B 加强夜间的自然通风
C 屋顶绿化
D 窗户遮阳

解析：根据《热工规范》第 6.1.1 条对墙体隔热设计的要求，外墙内表面的最高温度应符合规定的限值。减小外墙的热阻将相应降低外墙的热惰性指标，也就是降低了外墙抵抗夏季室外综合温度作用的能力，增强了外墙内表面的温度波动，使外墙内表面温度最大值升得更高，不利于夏季防热。

答案：A

17-7-25 (2003) 以自然通风为主的建筑物，确定其方位时，根据主要迎风面和建筑物形式，应按何时的有利风向布置？

A 春季  B 夏季  C 秋季  D 冬季

解析：为了提高居住的舒适度，建筑的主要朝向应迎合当地夏季的主导风向（我国大部分地区以南北向或接近南北向布置为宜），利于自然通风。

答案：B

17-7-26 (2003) 同样大小的建筑物，在平面布置的方位不同其冷负载就不一样，就下图看哪种布置冷负荷最小？

解析：形状相同的建筑物，南北朝向比东西朝向的冷负荷小，如对一个长宽比为 4：1 的建筑物，经测试表明：东西向比南北向的冷负荷约增加 70%，原因主要是东西向建筑物夏季的太阳辐射得热比南北朝向要多很多，增加了冷负荷。因此建筑物应尽量采用南北向。

答案：A

17-7-27 材料表面对太阳辐射吸收系数，下列墙面中哪一种系数最大？

A 青灰色水泥墙面  B 白色大理石墙面
C 红砖墙面  D 灰色水刷石墙面

解析：查《热工规范》附录 B 的表 B.5，红色砖墙对太阳辐射的吸收系数 $\rho_s$ 值最大。

答案：C

17-7-28 关于室外综合温度，下列叙述中不正确的表述为（　　）。

A 夏季室外综合温度以 24h 为周期波动
B 夏季室外综合温度随房屋的不同朝向而不同
C 夏季室外综合温度随建筑物的外饰面材料不同而不同

D 夏季室外综合温度随建筑物的高度不同而不同

解析：根据室外综合温度的定义，它与室外温度、所在朝向的太阳辐射照度以及外饰面材料对太阳辐射吸收率有关。

答案：D

**17-7-29** 在进行外围护结构的隔热设计时，要求自然通风房间（　　）。

  A 围护结构内表面的最高温度不得高于累年日平均温度最高日的最高值
  B 室内空气的最高温度不高于室外空气的最高温度
  C 围护结构内表面的最高温度不高于室外太阳辐射当量温度的最高值
  D 室内空气的最高温度不高于室外空气的平均温度

解析：根据《热工规范》第6.1.1条和第6.2.1条的隔热设计要求，自然通风房间围护结构内表面的最高温度不得高于累年日平均温度最高日的最高值。

答案：A

**17-7-30** 若围护结构的衰减倍数为7.5，当室外综合温度谐波的振幅为26.25℃时，围护结构内表面受该温度谐波的作用而产生的温度波动的振幅为（　　）。

  A 3.5℃   B 2.5℃   C 7.5℃   D 4.5℃

解析：根据衰减倍数的定义式 $\nu = \dfrac{\Theta_e}{\Theta_i}$ 计算。

答案：A

**17-7-31** 当室外综合温度谐波的振幅为20.5℃时，若要求围护结构内表面受该温度谐波的作用而产生的温度波动小于2.5℃，围护结构的衰减倍数至少应为（　　）。

  A 5.6        B 8.2
  C 7.3        D 4.7

解析：根据衰减倍数的定义式 $\nu = \dfrac{\Theta_e}{\Theta_i}$ 计算。

答案：B

**17-7-32** 当风向投射角加大时，建筑物后面的旋涡区（　　）。

  A 加大        B 变小
  C 不变        D 可能加大也可能变小

解析：建筑物后面的旋涡区随风向投射角加大而变小。

答案：B

**17-7-33** 垂直式遮阳主要适用于（　　）窗口。

  A 南向、北向      B 东北向、西北向
  C 东南向、西南向     D 东、西向

解析：根据太阳高度角和方位角判断太阳光线，垂直式遮阳主要适用于遮挡太阳高度角小、从窗口侧方来的阳光，所以适合东北向、西北向窗口。

答案：B

**17-7-34** 夏季挂在西向窗口内侧的合金软百叶可以减少传入室内太阳辐射热的百分比为（　　）。

| | |
|---|---|
| A 10%～20% | B 20%～40% |
| C 40%～60% | D 75%～95% |

解析：根据合金软百叶的遮阳系数判断。减少传入室内太阳辐射热的百分比为1减去遮阳系数的值。遮阳系数越小，减少的百分比越大。

答案：D

**17-7-35** 考虑到反射太阳辐射和避免产生眩光，遮阳构件的颜色应为（　　）。

A 外表面和内表面均宜用浅色

B 外表面颜色宜浅，内表面颜色稍暗

C 外表面和内表面均宜用深色

D 外表面颜色稍暗，内表面颜色宜浅

解析：外表面尽可能多反射太阳辐射，颜色宜浅；内表面避免产生眩光，颜色可稍暗。

答案：B

## （八）建　筑　节　能

**17-8-1** （2010）在我国制定的居住建筑节能设计标准中，未对如下哪一地区外窗的传热系数指标值做出规定？

| | |
|---|---|
| A 夏热冬暖地区 | B 夏热冬暖地区北区 |
| C 夏热冬暖地区南区 | D 夏热冬冷地区 |

解析：见《夏热冬暖节能标准》第4.0.8条表4.0.8-2。

答案：C

**17-8-2** （2008）为了节能，建筑中庭在夏季应采取下列哪项措施降温？

A 自然通风和机械通风，必要时开空调

B 封闭式开空调

C 机械排风，不用空调

D 通风降温，必要时机械排风

解析：建筑中庭空间高大，在炎热夏季中庭内温度很高。《公建节能标准》第3.2.11条规定，建筑中庭应充分利用自然通风降温，可设置排风装置加强自然补风。

答案：D

**17-8-3** （2007）建筑节能设计标准一般都规定建筑物体形系数的上限，其原因是体形系数大会造成（　　）。

A 外立面凹凸过多，相互遮挡阳光

B 建筑物的散热面积大

C 冷风渗透的机会大

D 外墙上窗户多

解析：体形系数是建筑物的外表面积与建筑的体积之比。在建筑体积相同的前提下，体形系数越大，意味着建筑物外表面的散热面积大，导致损失的热量多、能耗大。
答案：B

**17-8-4**（2006）《夏热冬冷地区居住建筑节能设计标准》对建筑物的体形系数有所限制，主要是因为，体形系数越大（　　）。
A 外立面凹凸过多，不利于通风　　B 外围护结构的传热损失就越大
C 室内的自然通风越不易设计　　D 采光设计越困难

解析：建筑物体形系数为建筑物的外表面与建筑体积之比。而热量都是通过建筑物的外表面传递出去的，减小体形系数意味着在保持相同的建筑体积的前提下，建筑物的外表面被减少，即减少了损失热量的传热面，从而达到降低外围护结构传热损失的目的。
答案：B

**17-8-5**（2006）《夏热冬冷地区居住建筑节能设计标准》对窗墙比有所限制，其主要原因是（　　）。
A 窗缝容易产生空气渗透
B 通过窗的传热量远大于通过同面积墙的传热量
C 窗过大不安全
D 窗过大，立面不易设计

解析：鉴于窗户本身的构造特点，窗户的传热系数远高于墙体的传热系数，这使得通过窗户的传热量数倍于同等面积的墙体，限制窗墙面积比可控制墙体上窗户面积所占的比例，减少窗户面积可有效减少建筑物的总传热量。
答案：B

**17-8-6**（2005）《夏热冬冷地区居住建筑节能设计标准》对窗户气密性有一定的要求，主要原因是（　　）。
A 窗缝的空气渗透影响室内温度
B 窗缝的空气渗透会增加采暖空调的能耗
C 窗缝的空气渗透影响室内湿度
D 窗缝的空气渗透会将灰尘带入室内

解析：窗缝的空气渗透会将室外空气带入室内，同时排出相同体积的室内空气。无论是冬季加热带入室内的冷空气，还是夏季为带入室内的热空气降温，都需要消耗采暖或空调的能耗。为此，必须对窗户气密性有一定的要求，以降低空气渗透所引起的能耗。当然，还需要保持一定的空气渗透以维持室内空气的新鲜程度。
答案：B

**17-8-7**（2009）《公共建筑节能设计标准》规定，严寒地区甲类公共建筑一面外墙上透明部分面积不应超过该面外墙总面积的60%，其主要原因是（　　）。
A 玻璃面积过大不安全
B 玻璃反射率高存在光污染问题
C 夏季透过玻璃进入室内的太阳辐射得热造成空调冷负荷高

D 玻璃的保温性能很差

**解析**：窗和透明幕墙对建筑能耗的影响主要有两个方面：一方面是窗和透明幕墙在冬、夏两季由室内外温差传热消耗的采暖、空调能耗；另一方面是夏季透过窗和透明幕墙进入室内的太阳辐射得热造成的空调负荷。从所有气候分区和全年能耗考虑，窗和透明幕墙热工性能很差仍是严寒地区引起建筑能耗高的最主要原因。

**答案**：D

**17-8-8** 目前在下列哪一组地区已经有了适用的居住建筑节能设计标准？

A 夏热冬冷地区、夏热冬暖地区、温和地区
B 夏热冬冷地区、严寒地区
C 寒冷地区、夏热冬暖地区、温和地区
D 夏热冬冷地区，严寒地区、寒冷地区，夏热冬暖地区

**解析**：目前我国已经颁布并实施了《严寒寒冷节能标准》《夏热冬冷节能标准》《夏热冬暖节能标准》和《温和地区节能标准》。

**答案**：本题无答案

**17-8-9** 在《严寒和寒冷地区居住建筑节能设计标准》中，居住建筑体形系数限值是按照建筑层数划分的，下列哪项是正确的划分依据？

A ≤3层，≥4层
B ≤3层，4～6层，≥9层
C ≤3层，4～8层，7～12层，≥13层
D ≤3层，4～6层，7～19层，≥20层

**解析**：《严寒寒冷节能标准》第4.1.3条规定，居住建筑体形系数按照层数划分，划分依据为≤3层，≥4层。

**答案**：A

**17-8-10** 根据《严寒和寒冷地区居住建筑节能设计标准》，在严寒和寒冷地区居住建筑节能设计中，通过建筑热工和暖通设计，要求下列哪一个参数必须满足节能设计标准的要求？

A 全年供暖能耗
B 采暖期的供暖能耗
C 全年供暖、空调能耗
D 全年供暖、照明能耗

**解析**：根据《严寒寒冷节能标准》第3.0.2条的规定，居住建筑节能设计应该使建筑物的供暖年累计热负荷和能耗满足节能设计标准的要求。

**答案**：A

**17-8-11** 根据《严寒和寒冷地区居住建筑节能设计标准》中有关体形系数的规定，严寒地区一栋6层建筑的体形系数应该（　　）。

A ≤0.30
B ≤0.33
C ≤0.45
D ≤0.55

**解析**：根据《严寒寒冷节能标准》第4.1.3条的规定，严寒地区≥4层居住建筑的体形系数应该≤0.30。

**答案**：A

17-8-12 根据《严寒和寒冷地区居住建筑节能设计标准》中有关窗墙面积比的规定，严寒、寒冷地区北向的窗墙面积比不应大于下列哪一组数值的要求？

  A　0.20，0.30       B　0.25，0.30
  C　0.30，0.35       D　0.35，0.45

解析：根据《严寒寒冷节能标准》第4.1.4条的规定，严寒地区北向的窗墙面积比不应大于0.25，寒冷地区北向的窗墙面积比不应大于0.30。

答案：B

17-8-13 《严寒和寒冷地区居住建筑节能设计标准》要求严寒、寒冷地区外窗及敞开式阳台门应具有良好的密闭性能。按照国家标准《建筑外门窗气密、水密、抗风压性能分级及检测方法》GB/T 7016—2008中的分级规定，严寒、寒冷地区外窗及敞开式阳台门应该(　　)。

  A　严寒地区不低于6级、寒冷地区不低于4级
  B　严寒地区、寒冷地区均不低于4级
  C　严寒地区、寒冷地区均不低于6级
  D　严寒地区不低于4级、寒冷地区均不低于6级

解析：根据《严寒寒冷节能标准》第4.2.6条的规定，严寒地区、寒冷地区外窗及敞开式阳台门的气密性均不应低于6级。

答案：C

17-8-14 《严寒和寒冷地区居住建筑节能设计标准》对严寒、寒冷地区屋面天窗的要求以下哪一条是正确的？

  A　严寒地区屋面天窗和该房间面积的比值不应大于10%
  B　寒冷地区屋面天窗和该房间面积的比值不应大于20%
  C　严寒地区屋面天窗和该房间外墙面积的比值不应大于10%
  D　寒冷地区屋面天窗和该外墙面积的比值不应大于15%

解析：根据《严寒寒冷节能标准》第4.1.5条的规定，严寒地区屋面天窗和该房间面积的比值不应大于10%；寒冷地区屋面天窗和该房间面积的比值不应大于15%。

答案：A

17-8-15 在严寒和寒冷地区居住建筑节能设计中，如需要对围护结构热工性能进行权衡判断时，室内计算温度应采用下列哪一个温度值？

  A　16℃       B　18℃
  C　20℃       D　14℃

解析：根据《严寒寒冷节能标准》第4.3.6条的规定，对围护结构热工性能进行权衡判断时，室内计算温度应采用18℃。

答案：B

17-8-16 在严寒和寒冷地区居住建筑节能设计中，有建筑遮阳时，寒冷B区外窗和天窗应考虑遮阳作用，以下哪一条是正确的？

  A　只考虑外窗的建筑遮阳系数，不必考虑外窗的夏季太阳得热系数
  B　外窗太阳得热系数与夏季建筑遮阳系数的乘积应满足标准的要求

  C 夏季天窗的太阳得热系数不应大于 0.50

  D 只要有建筑遮阳即可，对建筑遮阳系数和夏季太阳得热系数没有要求

解析：根据《严寒寒冷节能标准》第 4.2.3 条的规定，透光围护结构太阳得热系数与夏季建筑遮阳系数的乘积应满足标准 4.2.2 条的要求，夏季天窗的太阳得热系数不应大于 0.45。

答案：B

**17-8-17** 夏热冬冷地区居住建筑的建筑热工节能设计中，下列哪一个指标需要符合设计标准的要求？

  A 围护结构传热阻    B 围护结构热惰性指标

  C 采暖和空调年耗电量之和 D 空调年耗电量

解析：根据《夏热冬冷节能标准》第 1.0.3 条的要求，在保证室内热环境的前提下，建筑热工和暖通空调设计应将采暖和空调能耗控制在规定的范围内。

答案：C

**17-8-18** 围护结构的经济传热阻为（　　）。

  A 围护结构单位面积的建造费用最低时的传热阻

  B 围护结构单位面积的建造费用和供暖设备使用费用之和最小时的传热阻

  C 围护结构单位面积供暖设备使用费用最低时的传热阻

  D 围护结构建造和供暖设备的使用费用均最低时的传热阻

解析：外围护结构建造费用随热阻的加大而上升，供暖费用（包括设备）则随热阻的加大而下降，围护结构单位面积两者之和最小时的传热阻为经济传热阻。

答案：B

**17-8-19** 到 2021 年为止，我国已经制定并实施了几个建筑节能设计标准？

  A 6 个       B 3 个

  C 4 个       D 5 个

解析：到 2021 年为止，我国已经制定并实施了针对 5 个不同热工分区的 4 个居住建筑节能设计标准和公共建筑、工业建筑节能设计标准。即：《严寒和寒冷地区居住建筑节能设计标准》JGJ 26—2018、《夏热冬冷地区居住建筑节能设计标准》JGJ 134—2010、《夏热冬暖地区居住建筑节能设计标准》JGJ 75—2012、《温和地区居住建筑节能设计标准》JGJ 475—2019，以及《公共建筑节能设计标准》GB 50189—2015 和《工业建筑节能设计统一标准》GB 51245—2017。

答案：A

**17-8-20** 在《夏热冬暖地区居住建筑节能设计标准》中，将该地区又划分为（　　）。

  A 1 区、2 区     B 北区、南区

  C 东区、西区     D 冷区、热区

解析：根据《夏热冬暖节能标准》，夏热冬暖地区划分为南北两个区：北区内建筑节能设计应主要考虑夏季空调，兼顾冬季采暖；南区内建筑节能设计应考虑夏季空调，可不考虑冬季采暖。

答案：B

**17-8-21** 在《夏热冬冷地区居住建筑节能设计标准》中，要求新建的居住建筑与未采取节能措施前相比，单位建筑面积全年的哪一项总能耗应减少50%？

A 采暖、照明和空调总能耗　　　　B 照明和空调总能耗
C 空调能耗　　　　　　　　　　　D 采暖和空调总能耗

解析：根据《夏热冬冷节能标准》，要求通过采用增强建筑围护结构保温隔热性能和提高采暖、空调设备能效比的节能措施，在保证相同的室内热环境指标的前提下，与未采取节能措施前相比，采暖、空调能耗应节约50%。

答案：D

**17-8-22** 在《夏热冬暖地区居住建筑节能设计标准》中，要求新建的居住建筑与采取节能措施前相比，单位建筑面积全年的采暖和空调总能耗应减少（　　）。

A 30%　　　　　　　　　　　　　B 40%
C 50%　　　　　　　　　　　　　D 60%

解析：根据《夏热冬暖节能标准》，要求居住建筑的建筑热工和空调暖通设计必须采取节能措施，在保证室内热舒适环境的前提下，与采取节能措施前相比，单位建筑面积全年空调和采暖总能耗应减少50%。

答案：C

**17-8-23** 在《夏热冬暖地区居住建筑节能设计标准》中，要求新建的居住建筑与参照建筑相比，以下哪一项不得超过参照建筑的相应指标？

A 空调采暖年耗电指数　　　　　　B 全年的照明、采暖和空调能耗
C 全年空调能耗　　　　　　　　　D 全年采暖能耗

解析：根据《夏热冬暖节能标准》，第5.0.1条要求新建的居住建筑与参照建筑相比，所设计的空调采暖年耗电指数不得超过参照建筑的空调采暖年耗电指数。

答案：A

**17-8-24** 在《夏热冬冷地区居住建筑节能设计标准》中，冬季采暖室内热环境设计指标要求卧室、起居室的室内设计温度为（　　）。

A 18℃　　　　　　　　　　　　　B 16～18℃
C 16℃　　　　　　　　　　　　　D 18～20℃

解析：根据《夏热冬冷节能标准》第3.0.1条规定，冬季采暖室内热环境设计指标要求卧室、起居室室内设计温度取18℃。

答案：A

**17-8-25** 在《夏热冬暖地区居住建筑节能设计标准》中，对该区居住建筑的节能设计提出（　　）的要求。

A 全区仅考虑夏季空调的节能设计
B 全区既考虑夏季空调又考虑冬季采暖的节能设计
C 北区既考虑夏季空调又考虑冬季采暖的节能设计，南区仅考虑夏季空调的节能设计
D 南区仅考虑夏季空调、北区仅考虑冬季采暖的节能设计

解析：根据《夏热冬暖节能标准》第3.0.1条规定，夏热冬暖地区划分为南北

两个区：北区内建筑节能设计应主要考虑夏季空调，兼顾冬季采暖；南区内建筑节能设计应考虑夏季空调，可不考虑冬季采暖。

答案：C

**17-8-26** 在《夏热冬冷地区居住建筑节能设计标准》和《夏热冬暖地区居住建筑节能设计标准》中，室内空气的计算换气次数为( )。

A 0.5次/h  B 1.0次/h
C 1.5次/h  D 2次/h

解析：根据《夏热冬冷节能标准》第3.0.2条和《夏热冬暖节能标准》第3.0.3条，冬季和夏季室内空气的计算换气次数均为1.0次/h。

答案：B

**17-8-27** 在《夏热冬暖地区居住建筑节能设计标准》中规定，南、北向的窗墙面积比和东、西向的窗墙面积比分别不应大于( )。

A 0.40和0.30  B 0.50和0.30
C 0.30和0.40  D 0.45和0.35

解析：根据《夏热冬暖节能标准》第4.0.4条规定，南、北向的窗墙面积比不应大于0.40，东、西向的窗墙面积比不应大于0.30。

答案：A

**17-8-28** 在《夏热冬暖地区居住建筑节能设计标准》中规定，建筑的卧室等主要房间的窗地面积比不应小于( )。

A 1/4  B 1/5
C 1/6  D 1/7

解析：根据《夏热冬暖节能标准》第4.0.5条规定，建筑的卧室、起居室、书房等主要房间的窗地面积比不应小于1/7。

答案：D

**17-8-29** 在《夏热冬暖地区居住建筑节能设计标准》中规定，居住建筑东西向外窗的建筑外遮阳系数不得大于( )。

A 0.6  B 0.7
C 0.8  D 0.9

解析：根据《夏热冬暖节能标准》第4.0.10条规定，居住建筑的东西向外窗必须采取外遮阳措施，建筑外遮阳系数不得大于0.8。

答案：C

**17-8-30** 在《公共建筑节能设计标准》中，将公共建筑分为甲、乙两类，下列哪一种属于甲类公共建筑？

A 单栋建筑面积≤200m²
B 单栋建筑面积≤300m²
C 单栋建筑面积≤300m²，但总建筑面积＞1000m²的建筑群
D 单栋建筑面积≤300m²，但总建筑面积＞900m²的建筑群

解析：《公建节能标准》第3.1.1条将公共建筑分为甲、乙两类，单栋建筑面积大于300m²的建筑，或单栋建筑面积小于或等于300m²，但总建筑面积大于

1000m² 的建筑群属于甲类公共建筑。

答案：C

**17-8-31** 根据《公共建筑节能设计标准》中有关体形系数的规定，严寒地区一单栋建筑面积为 600m² 的公共建筑的体形系数应（　　）。

A ≤0.30　　　　　　　　　　　B ≤0.40
C ≤0.45　　　　　　　　　　　D ≤0.50

解析：根据《公建节能标准》第 3.2.1 条的规定，严寒和寒冷地区单栋公共建筑的面积大于 300m² 且小于 800m² 时，体形系数应≤0.50。

答案：D

**17-8-32** 在《公共建筑节能设计标准》中规定，严寒地区和其他地区甲类公共建筑各单一立面窗墙面积比（包括透光幕墙）均不宜大于以下哪一组数值？

A 0.40，0.50　　　　　　　　B 0.50，0.60
C 0.60，0.70　　　　　　　　D 0.65，0.75

解析：根据《公建节能标准》第 3.2.2 条的规定，严寒地区甲类公共建筑各单一立面窗墙面积比（包括透光幕墙）均不宜大于 0.60；其他地区甲类公共建筑各单一立面窗墙面积比（包括透光幕墙）均不宜大于 0.70。

答案：C

**17-8-33** 为满足自然通风的需要，《公共建筑节能设计标准》中规定甲类公共建筑外窗应设可开启窗扇，其有效通风换气面积（　　）。

A 不宜小于所在房间外墙面积的 10%
B 不宜小于所在房间外墙面积的 30%
C 不宜小于窗面积的 10%
D 不宜小于窗面积的 30%

解析：《公建节能标准》第 3.2.8 条规定，甲类公共建筑的外窗应设可开启窗扇，其有效通风换气面积不宜小于所在房间外墙面积的 10%（乙类为 30%）。

答案：A

**17-8-34** 在《公共建筑节能设计标准》中规定，甲类公共建筑的屋顶透光部分面积不应大于屋顶总面积的（　　）。

A 15%　　　　　　　　　　　　B 20%
C 30%　　　　　　　　　　　　D 40%

解析：《公建节能标准》第 3.2.7 条规定，甲类公共建筑的屋顶透光部分面积不应大于屋顶总面积的 20%。

答案：B

**17-8-35** 根据《工业建筑节能设计统一标准》，工业建筑分为两类，以下哪一种说法是正确的？

A 一类工业建筑冬季以供暖能耗为主，夏季以空调能耗为主
B 二类工业建筑冬季以供暖能耗为主，夏季以通风能耗为主
C 二类工业建筑冬季、夏季均以空调能耗为主
D 一类、二类工业建筑均以通风能耗为主

解析：根据《工业节能标准》3.1.1 条的规定，一类工业建筑冬季以供暖能耗为主，夏季以空调能耗为主，二类工业建筑以通风能耗为主。

答案：A

**17-8-36** 根据《工业建筑节能设计统一标准》，严寒和寒冷地区建筑面积为 **2500m²** 的一类工业建筑的体形系数应符合以下哪一项要求？

A ≤0.2                 B ≤0.3

C ≤0.4                 D ≤0.5

解析：根据《工业节能标准》第 4.1.10 条规定，当 $800 < A \leqslant 3000$（$A$ 为建筑面积，m²）时，一类工业建筑的体形系数应≤0.4。

答案：C

# 十八 建 筑 光 学

## (一) 建筑光学的基本知识

**18-1-1** (2010) 下列哪项对应的单位是错误的?
A 光通量：lm
B 亮度：lm/m²
C 发光强度：cd
D 照度：lx

（注：此题 2007、2009 年考过）

解析：亮度的单位是 cd/m²。

答案：B

**18-1-2** (2010) 下列哪种电磁辐射波长最长？
A 紫外线
B 红外线
C 可见光
D X 射线

解析：波长为 380nm 至 780nm 的辐射是可见光，如 700nm 的单色光是红色光，400nm 的单色光呈紫色；波长大于 780nm 的有红外线、无线电波；波长小于 380nm 的有紫外线、X 射线。

答案：B

**18-1-3** (2010) 以下哪种光源应用色温来表示其颜色特性？
A 荧光灯
B 高压钠灯
C 金属卤化物灯
D 白炽灯

（注：此题 2005 年考过）

解析：热辐射光源以色温来表示其颜色特性，气体放电光源、电致发光光源等其他光源，均用相关色温来表示。选项中只有白炽灯为热辐射光源，其他光源为气体放电光源。

答案：D

**18-1-4** (2009) 在明视觉条件下，人眼对下列哪种颜色光最敏感？
A 红色光
B 橙色光
C 黄绿色光
D 蓝色光

解析：根据光谱光视效率 $V_{(\lambda)}$ 曲线，明视觉条件下，人眼对 555nm 的黄绿光最敏感。

答案：C

**18-1-5** (2009) 当光投射到均匀扩散表面上时，下列哪种反射比表面给人的亮度感觉为最低？
A 60
B 70

C 80 　　　　　　　　　　D 90

解析：经均匀扩散表面反射产生的亮度为：
$$L(\text{cd/m}^2) = E(\text{lx}) \times \rho/\pi$$
光投射到均匀扩散反射表面的照度相同，则其亮度和均匀扩散表面的反射比成正比，反射比越低，亮度感觉越低。

答案：A

**18-1-6** (2008) 下列哪项指标不属于孟塞尔颜色体系的三属性指标？
A 色调　　　　　　　　B 明度
C 亮度　　　　　　　　D 彩度

解析：孟塞尔颜色体系的三属性为色调（色相）、明度、彩度（饱和度），亮度是基本光度量。

答案：C

**18-1-7** (2008) 显色指数的单位是（　　）。
A ％　　　　　　　　　B 无量纲
C $R_a$　　　　　　　　D 度

解析：显色指数的单位无量纲。

答案：B

**18-1-8** (2008) 当光投射到漫反射表面的照度相同时，下列哪个反射比的亮度最高？
A 70　　　　　　　　　B 60
C 50　　　　　　　　　D 40

解析：经漫反射（均匀扩散反射）表面的亮度为：$L(\text{cd/m}^2) = E(\text{lx}) \times \rho/\pi$，如果光投射到漫反射表面的照度相同，则其亮度和漫射表面的反射比成正比。此题考点与 18-1-5 相同。

答案：A

**18-1-9** (2007) 下列哪个颜色的波长为最长？
A 紫色　　　　　　　　B 黄色
C 红色　　　　　　　　D 绿色

解析：根据本套教材第 3 分册《建筑物理与建筑设备》图 18-1 光的基本性质图，可见光范围内，紫色光波长最短，红色光波长最长。

答案：C

**18-1-10** (2007) 明视觉的光谱视效率最大值在下列哪个波长处？
A 455nm　　　　　　　B 555nm
C 655nm　　　　　　　D 755nm

解析：明视觉黄绿色光光谱光视效率最高，该波段光谱波长为 555nm。

答案：B

**18-1-11** (2006) 均匀扩散材料的最大发光强度与材料表面法线所成的角度为（　　）。
A 0°　　　　　　　　　B 30°
C 60°　　　　　　　　D 90°

解析：均匀扩散材料（漫反射或漫透射）的最大发光强度与材料表面法线方

向一致。见本套教材第 3 分册《建筑物理与建筑设备》公式（18-19）。

答案：A

**18-1-12 (2005)** 下列哪种白色饰面材料的光反射比为最大？
A 大理石　　　　　　　　　B 石膏
C 调和漆　　　　　　　　　D 陶瓷锦砖

解析：根据《采光标准》表 D.0.5 饰面材料的反射比 $\rho$ 值：石膏，0.91；调和漆，白色和米黄色 0.70；大理石，白色 0.60，黑色 0.08；陶瓷锦砖，白色 0.59，深咖啡色 0.20。

答案：B

**18-1-13 (2005)** 将一个灯由桌面竖直向上移动，在移动过程中，不发生变化的量是（　　）。
A 灯的光通量　　　　　　　B 桌面上的发光强度
C 桌面的水平面照度　　　　D 桌子表面亮度

解析：灯的光通量不变。灯垂直向上移动，灯与桌面的距离增加，桌面的水平面照度值降低，亮度 $L(cd/m^2) = E(lx) \times \rho/\pi$ 也随着降低，桌面本身反射光的发光强度也随着降低。灯的光通量大小只与灯自身有关。

答案：A

**18-1-14 (2004)** 在下面的几种材料中，哪种是漫透射材料？
A 毛玻璃　　　　　　　　　B 乳白玻璃
C 压花玻璃　　　　　　　　D 平玻璃

解析：光线经物体透射后，物体表面各个方向上亮度相同，看不到光源的影像，这样的材料叫漫透射（均匀扩散透射材料），乳白玻璃、乳白有机玻璃、乳白塑料属于这种材料。毛玻璃选项易混淆，其属于混合透射材料。

答案：B

**18-1-15 (2004)** 建筑照明一般属于以下哪种视觉？
A 暗视觉　　　　　　　　　B 明视觉
C 中间视觉　　　　　　　　D 介于暗视觉和明视觉之间

解析：建筑照明目的旨在提供近似于白天明亮程度的夜间光环境，属于明视觉。

答案：B

**18-1-16 (2004)** 发光强度是指发光体射向（　　）。
A 被照面上的光通量密度
B 被照空间内的光通量密度
C 被照空间内光通量的量
D 被照面上的单位面积的光通量

解析：光源在给定方向上的发光强度是光源在这一方向立体角内传输的光通量与该立体角之比，是被照空间内光通量的密度。被照面上光通量密度是照度，被照面上单位面积的光通量是亮度。

答案：B

**18-1-17** (2003、2004) 当点光源垂直照射在 1m 距离的被照面时的照度为 $E_1$ 时,若至被照面的距离增加到 3m 时的照度 $E_2$ 为原照度 $E_1$ 的多少?

A 1/3  B 1/6
C 1/9  D 1/12

**解析**:同样点光源照射情况下,受照面照度,和其与光源距离的平方成反比。

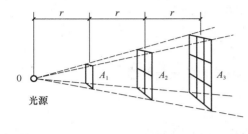 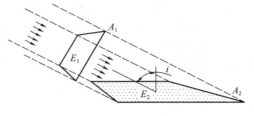

题 18-1-17 解图

**答案**:C

**18-1-18** (2003) 可见光的波长范围为(    )。

A 380~780mm  B 480~980mm
C 380~880mm  D 280~780mm

**解析**:《建筑物理》教材中定义,可见光的波长范围为 380~780mm。

**答案**:A

**18-1-19** (2003) 下列哪种光源的色温为冷色?

A 6000K  B 5000K
C 4000K  D 3000K

**解析**:参见《照明标准》第 4.4.1 条,室内照明光源色表特征及适用场所宜符合表 4.4.1(见题 18-1-19 解表)的规定。

光源色表特征及适用场所　　题 18-1-19 解表

| 相关色温/K | 色表特征 | 适　用　场　所 |
| --- | --- | --- |
| <3300 | 暖 | 客房、卧室、病房、酒吧 |
| 3300~5300 | 中间 | 办公室、教室、阅览室、商场、诊室、检验室、实验室、控制室、机加工车间、仪表装配 |
| >5300 | 冷 | 热加工车间、高照度场所 |

**答案**:A

**18-1-20** (2003) 以下哪种材料的透射比为最高?

A 乳白玻璃  B 有机玻璃
C 压光玻璃  D 磨砂玻璃

**解析**:透射比是指经过被照面(物)透射的光通量与入射光通量之比。普通玻璃的透射比为 0.78~0.82;磨砂玻璃的透射比为 0.55~0.60;乳白玻璃的透射比为 0.60;无色有机玻璃的透射比为 0.85。

答案：B

**18-1-21** (2003) 亮度是指(　　)。
A 发光体射向被照面上的光通量密度
B 发光体射向被照空间内的光通量密度
C 发光体射向被照空间的光通量的量
D 发光体在视线方向上单位面积的发光强度
解析：此题考的是亮度的基本概念。
答案：D

**18-1-22** 在较暗的环境中，人眼对（　　）nm 波长的光最敏感。
A 380　　　　　　　　　　　B 507
C 555　　　　　　　　　　　D 780
解析：根据光谱光视效率（$V_{(\lambda)}$）曲线，明视觉条件下，人眼对 555nm 的黄绿光最敏感，暗视觉条件下，对 507nm 的蓝绿色光最敏感。
答案：B

**18-1-23** 离光源 3m 处的发光强度是 100cd，在同一方向，离光源 6m 处的发光强度是（　　）cd。
A 50　　　　　　　　　　　B 100
C 150　　　　　　　　　　　D 200
解析：发光强度是光源光通量在空间的分布密度，即在一个立体角内光源发出多少光通量，它与观测点的距离无关，是描述发光体的物理量。
答案：B

**18-1-24** 如果在 100W 白炽灯下 1m 处的照度为 120lx，那么灯下 2m 处的照度为（　　）lx。
A 240　　　　　　　　　　　B 120
C 60　　　　　　　　　　　D 30
解析：根据距离平方反比定律 $E = \frac{1}{r^2} \cos i$，灯下 2m 处的照度是灯下 1m 处照度的 1/4，所以照度值应为 30lx。
答案：D

**18-1-25** 6mm 单层普通玻璃的可见光透射比约为(　　)。
A 0.9　　　　　　　　　　　B 0.7
C 0.82　　　　　　　　　　D 0.6
解析：根据《采光标准》表 D.0.1，6mm 单层普通玻璃的可见光透射比约为 0.9，太阳光直接透射比为 0.80，太阳光总透射比 0.84。请注意同种材料上述三种透射比是不同的概念。材料的可见光透射比与其太阳能总透射比的比值叫作材料的光热比。如 6mm 单层普通玻璃的光热比为 1.06。
答案：A

**18-1-26** 在下面的几种材料中，哪种是漫反射材料？
A 粉刷　　　　　　　　　　B 油漆表面

C 玻璃镜 D 粗糙金属表面

解析：光线照射到物体上，物体表面各个方向上亮度相同，看不到光源的影像，这样的材料叫漫反射（均匀扩散反射）材料。粉刷、绘图纸、烧结普通砖表面属于这种材料。B、C选项为规则反射材料，D选项为混合反射材料。

答案：A

**18-1-27** 解图图形，属于（　　）材料。

A 规则反射　　　　　　　　B 规则漫反射
C 漫反射　　　　　　　　　D 混合反射

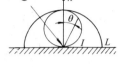

题18-1-27图

解析：光线经物体反射后，物体表面各个方向上亮度L相同，发光强度I在法线方向最大，这样的材料叫漫反射材料。

答案：C

**18-1-28** 影响识别物体的清晰程度在下列各种因素中，与哪种因素无关？

A 物体的亮度　　　　　　　B 物体所形成的视角
C 物体的形状　　　　　　　D 物体与背景的亮度对比

解析：影响可见度的主要因素有：识别物体上的照度或亮度；识别物体的相对尺寸大小，物体的相对尺寸大小用视角$\alpha$表示；识别物体的亮度与其背景亮度（或颜色）的对比；识别时间的长短。物体是"圆"是"方"，与识别其的清晰程度没有直接关系。

答案：C

**18-1-29** 人们观看工件时在视线周围（　　）范围内看起来比较清楚。

A 60°　　　　　　　　　　B 45°
C 30°　　　　　　　　　　D 15°

解析：由于人眼锥状细胞的分布特点，从中心视场往外直到30°范围内是视觉清楚区域。

答案：C

**18-1-30** 人眼的明适应时间比暗适应时间（　　）。

A 长　　　　　　　　　　　B 一样
C 短　　　　　　　　　　　D 相差很小

解析：人眼的明适应（从暗处到亮处）的时间需要3~6s，暗适应（从亮处到暗处）的时间需要10~35min，所以人眼的明适应时间比暗适应时间短。

答案：C

**18-1-31** 色温的单位是（　　）。

A 度　　　　　　　　　　　B K
C ％　　　　　　　　　　　D 无量纲

解析：光源色温是以绝对温度标量的，其单位是开尔文（K）。

答案：B

**18-1-32** 在孟塞尔表色系统，颜色的三属性是（　　）。

A 色调、明度、彩度　　　　B 色调、色相、明度

C 色调、饱和度、色相　　　　　　D 色调、彩度、饱和度

解析：在孟塞尔表色系统，色调、明度、彩度称为颜色三属性，或称颜色的三要素。

答案：A

**18-1-33** 红（R）、绿（G）、蓝（B）三种光色等量混合，其合成的光色为（　　）。

A 黑色　　　　B 杂色　　　　C 白色　　　　D 混合色

解析：光色的三原色红（R）、绿（G）、蓝（B）等量相加，其合成的光色为白色；物色的三原色靛蓝（C）、黄（Y）、品红（M）等量相加，其合成的颜色为黑色。

答案：C

**18-1-34** 5R4/13 所表示的颜色是（　　）。

A 彩度为 5 明度为 4 的红色　　　　B 彩度为 4 明度为 13 的红色
C 彩度为 5 明度为 13 的红色　　　　D 明度为 4 彩度为 13 的红色

解析：在孟塞尔系统中，有彩色的表色方法是色调、明度/彩度。5R 是色调，4 是明度，13 是彩度。

答案：D

**18-1-35** N7.5/ 所表示的颜色是（　　）。

A 色调为 7.5 的无彩色　　　　B 明度为 7.5 的无彩色
C 彩度为 7.5 的无彩色　　　　D 表示方法不正确

解析：在孟塞尔系统中，无彩色的表色方法是 N 明度/。N 表示无彩色，或灰色，7.5 是明度。

答案：B

## （二）天 然 采 光

**18-2-1** （2010）在我国Ⅰ、Ⅱ、Ⅲ类光气候区进行晴天采光设计时，需考虑晴天方向系数，下列哪种窗的晴天方向系数最大？

A 垂直侧窗南向　　　　B 垂直侧窗北向
C 垂直侧窗东（西）向　　　　D 水平天窗

解析：根据 2013 年版的《采光标准》已无晴天方向系数的概念。此题仍按照旧标准作答。从《建筑采光设计标准》GB/T 50033—2001 附录 D 表 D-3 中可知，垂直侧窗南向晴天方向系数最大，垂直侧窗北向晴天方向系数最小。

答案：A

**18-2-2** （2010）全云天时，下列哪个因素对侧面采光建筑的室内照度影响最小？

A 太阳高度角　　　　B 天空云状
C 采光窗朝向　　　　D 天空的大气透明度

解析：全云天时，天顶最亮，接近地平线处天空最暗，窗口朝南朝北无区别；影响天然光的因素有太阳高度角、云状、地面反射能力、大气透明度。

答案：C

**18-2-3** (2010) 侧面采光时,为提高室内的采光效果,采取下列哪项措施是不利的?

  A 加大采光口面积      B 降低室内反射光
  C 减少窗结构挡光      D 缩短建筑室内进深

  解析:侧面采光时,降低室内反射光,会降低照度水平和采光均匀性,对提高室内的采光效果是不利的。

  答案:B

**18-2-4** (2010) 为满足学校教室侧面采光达到标准规定的采光系数为3%的效果,不宜采取下列哪项措施?

  A 不改变窗高提高窗高度     B 增加窗高尺寸
  C 降低窗高尺寸       D 减少窗间墙宽度

  解析:降低窗高尺寸,采光口变小,进光量减少,不利达到标准规定的采光系数为3%的效果。

  答案:C

**18-2-5** (2010) 下列哪种类型窗的采光效率最高?

  A 木窗     B 钢窗     C 铝窗     D 塑料窗

  解析:从《采光标准》附录D表D.0.6中可知,窗结构挡光折减系数:单层窗木窗、塑料窗为0.70,铝窗为0.75,钢窗为0.80。所以钢窗的采光效率高。

  答案:B

**18-2-6** (2010) 我国分几个光气候区?

  A 4个区     B 5个区     C 6个区     D 7个区

  解析:《采光标准》根据室外天然光年平均总照度值(从日出后半小时到日落前半小时全年日平均值),将全国分为Ⅰ~Ⅴ类共5个光气候区。

  答案:B

**18-2-7** (2009) 下列哪个城市属于Ⅴ类光气候区?

  A 哈尔滨     B 乌鲁木齐     C 重庆     D 广州

  解析:根据《采光标准》附录A,重庆属于Ⅴ类光气候区,哈尔滨、广州属于Ⅳ类光气候区,乌鲁木齐属于Ⅲ类光气候区。

  答案:C

**18-2-8** (2009) 全云天时,下列哪项因素对建筑室内采光所产生的天然光照度无影响?

  A 太阳高度角    B 天空云状    C 大气透明度    D 太阳直射光

  解析:全云天时,太阳高度角、天空云状、大气透明度和地面反射能力对建筑室内采光所产生的天然光照度有影响;全云天时没有太阳直射光,所以太阳直射光对建筑室内采光所产生的天然光照度无影响。

  答案:D

**18-2-9** (2009) 在侧窗采光口面积相等和窗底标高相同的条件下,下列表述错误的是(  )。

  A 正方形采光口的采光量最高

B 竖长方形采光口在房间进深方向采光均匀度好
C 横长方形采光口的采光量最少
D 横长方形采光口在房间宽度方向采光均匀度差

解析：假设窗底标高相同，窗口面积相等，则：

题 18-2-9 解表

| 窗的形式 | 正方形窗 | 竖长方形窗 | 横向带窗 |
|---|---|---|---|
| 进光量 | 多 | 中 | 少 |
| 纵向均匀性 | 中 | 好 | 差 |
| 横向均匀性 | 中 | 差 | 好 |

答案：D

**18-2-10** (2009) 下列关于矩形天窗采光特性的描述，哪项是错误的？
A 采光系数越接近跨中处越大
B 天窗宽度越大，采光均匀度越好
C 天窗位置高度越高，采光均匀度越差
D 相邻天窗轴线间距离越小，采光均匀度越好

解析：天窗位置高度越高，好比光源离被照面越远，采光均匀度越好，照度平均值下降，C 选项错误。D 选项易混淆，相邻天窗间距越小，相当于光源（天窗）越连贯，越密集，更易形成均匀照射，所以 D 选项是正确的，本题应选 C。

答案：C

**18-2-11** (2009) 下列哪种房间的采光系数标准值最高？
A 教室　　　　B 绘图室　　　　C 会议室　　　　D 办公室

解析：见《采光标准》表 4.0.5、表 4.0.8，教室、会议室、办公室采光系数标准值为 3%，绘图室为 4%。

答案：B

**18-2-12** (2009) 在相同采光口面积条件下，下列哪种天窗的采光效率最高？
A 矩形天窗　　　B 平天窗　　　C 锯齿形天窗　　　D 梯形天窗
（注：此题 2003 年、2007 年考过）

解析：在相同采光口面积条件下，平天窗的采光效率最大，其次为梯形天窗、锯齿形天窗，矩形天窗最差。

答案：B

**18-2-13** (2008) 全云天时，下列哪个天空部位的亮度最低？
A 在太阳位置附近处　　　　B 在天空 90°仰角处
C 在天空 45°仰角处　　　　D 在天空地平线附近处

解析：当天空全部被云遮挡，看不清太阳位置，天空的亮度分布符合：

$$L_\theta = \frac{1+2\sin\theta}{3} \cdot L_z$$

这样的天空叫 CIE 全云天空。

根据上式得出全云天时天顶亮度是接近地平线附近天空亮度的3倍；接近地平线附近天空亮度是天顶亮度的1/3倍。在天空的地平线附近处亮度最低。

答案：D

**18-2-14** (2008) 全云天时，下列哪项不是侧窗采光提高采光效率的措施？

A 窗台高度不变，提高窗上沿高度
B 窗上沿高度不变，降低窗台高度
C 窗台和窗上沿的高度不变，增加窗宽
D 窗台和窗上沿的高度不变，减少窗宽

解析：窗台和窗上沿高度不变，减少窗宽，室内进光量减少，不是侧窗采光提高采光效率的措施。

答案：D

**18-2-15** (2008) 关于矩形天窗采光特性的描述，下列哪项是错误的？

A 天窗位置高度增高，其照度平均值降低
B 天窗宽度增大，其照度均匀度变好
C 相邻天窗轴线间距减小，其照度均匀度变差
D 窗地比增大，其采光系数增大

解析：天窗高度增高，离被照面更远，光线铺得更广，更均匀；天窗宽度增大，等于发光面增大，均匀度也会提升。相邻天窗轴线间距减小，相当于缩小相邻天窗的间距，增大天窗密度，使得照射更均匀，其照度均匀度变好。窗地比增大，室内得光变多，照度变高，采光系数也增大。

答案：C

**18-2-16** (2008) 博物馆采光设计不宜采取下列哪种措施？

A 限制天然光照度                B 消除紫外线辐射
C 防止产生反射眩光和映像        D 采用改变天然光光色的采光材料

解析：采用改变天然光光色的采光材料会使展品颜色失真，是不应用在博物馆采光中的。见《采光标准》第5.0.7条。

答案：D

**18-2-17** (2007) 全云天时，下列哪个天空部位的亮度为最亮？

A 在天空90°仰角处              B 在天空45°仰角处
C 在天空的地平线附近处          D 在太阳位置附近处

解析：全云天时，天顶部位亮度最亮，地平线附近最暗；全晴天时，太阳附近最亮。见本套教材第3分册《建筑物理与建筑设备》公式 (18-21)。

答案：A

**18-2-18** (2007) 在房间采光系数相同条件下，下列哪种天窗的开窗面积为最小？

A 矩形天窗        B 平天窗        C 锯齿形天窗        D 梯形天窗

解析：采光系数相同的条件下，采光效率最高的天窗，其面积最小。各类型天窗中，平天窗采光效率最高，矩形天窗相对最低。

答案：B

**18-2-19** (2007) 下列哪个房间的采光系数标准最低值为最大？

A 工程设计室　　　　B 起居室　　　　C 教室　　　　D 病房

解析：根据《采光标准》的侧窗采光要求：
采光系数最低值为2%的功能空间有：住宅的卧室、起居室和厨房，综合医院的医生办公室、病房，图书馆的目录室；采光系数最低值为3%的功能空间有：学校的普通教室，办公建筑的办公室、会议室，综合医院的诊室、药房，图书馆的阅览室、开架书库；采光系数最低值为4%的功能空间有：办公建筑的设计室、绘图室。

答案：A

**18-2-20** (2007) 晴天时降低侧窗采光直接眩光的错误措施是：
A 降低窗间墙与采光窗的亮度对比　　　B 提高窗间墙与采光窗的亮度对比
C 设置遮阳窗帘　　　　　　　　　　　D 采用北向采光窗

解析：降低眩光方法中包括：弱化亮度对比、遮挡眩光来源等。采光窗与窗间墙紧邻，为降低眩光，需要弱化两者间明暗对比效果。

答案：B

**18-2-21** 在采光系数相同的情况下，下列哪项是不正确的？
A 锯齿形天窗比矩形天窗的采光量提高50%
B 梯形天窗比矩形天窗的采光量提高60%
C 平天窗比矩形天窗的采光量提高200%～300%
D 横向天窗与矩形天窗的采光量几乎相同

解析：根据《建筑物理》第223页：锯齿形天窗……采光效率比纵向矩形天窗高，当采光系数相同时，锯齿形天窗的玻璃面积比纵向矩形天窗少15%～20%，并未说明锯齿形天窗比矩形天窗的采光量提高50%，所以A选项不正确。再根据第227页图8-41，平天窗采光效率相对最高，然后是梯形天窗、锯齿形天窗、矩形天窗，B、C选项所述大致正确。横向天窗也是矩形天窗的一种，只是设置在屋架上的不同位置。

答案：A

**18-2-22** (2006) 博物馆展厅的侧面采光系数标准值为（　　）。
A 0.5%　　　　B 1%　　　　C 2%　　　　D 3%

解析：根据《采光标准》第4.0.11条，博物馆展厅侧面采光系数标准值为2%。

答案：C

**18-2-23** (2006) 标准的采光系数计算，采用的是哪种光？
A 直射光　　　　　　　　　　B 扩散光
C 主要是直射光+少量扩散光　　D 主要扩散光+少量直射光

解析：采光系数标准值规定的前提是在全云天条件的环境下，全云天天空光均为扩散光。

答案：B

**18-2-24** (2006) 在窄而深的房间中，采用下列哪种侧窗时采光均匀性最好？
A 正方形窗　　　B 竖长方形窗　　　C 横长方形窗　　　D 圆形窗

解析：窄而深的房间采用竖长方形窗均匀性最好，宽而浅的房间采用横长方形窗均匀性最好。同样面积情况下，正方形窗采光量最多。

答案：B

**18-2-25** （2005）全云天空天顶亮度为地平线附近天空亮度的几倍？

A 1倍　　　　　　B 2倍　　　　　　C 3倍　　　　　　D 4倍

解析：全云天情况下，亮度计算依据下式：

$$L_\theta = \frac{1+2\sin\theta}{3} \cdot L_z$$

式中　$L_z$——天顶亮度，$cd/cm^2$；

　　　$L_\theta$——与地面呈 $\theta$ 角处的天空亮度，$cd/cm^2$。

推知天顶亮度是接近地平线处天空亮度的3倍。

答案：C

**18-2-26** （2005）医院病房的采光系数标准值为（　　）。

A 0.5%　　　　　B 1.0%　　　　　C 2.0%　　　　　D 3.0%

解析：根据《采光标准》：住宅的卧室、起居室和厨房的窗地面积比为1/6（采光系数标准值2%，照度标准值300lx）。综合医院的医生办公室、病房的窗地面积比为1/6（采光系数标准值2%，照度标准值300lx）。

答案：C

**18-2-27** （2005）在宽而浅的房间中，采用下列哪种侧窗的采光均匀性好？

A 正方形窗　　　B 竖长方形窗　　　C 横向带窗　　　D 圆形窗

解析：假设窗底标高相同，窗口面积相等，则：

题 18-2-27 解表

| 窗的形式 | 正方形窗 | 竖长方形窗 | 横向带窗 |
| --- | --- | --- | --- |
| 进光量 | 多 | 中 | 少 |
| 纵向均匀性 | 中 | 好 | 差 |
| 横向均匀性 | 中 | 差 | 好 |

答案：C

**18-2-28** （2005）下列天窗在采光系数相同条件下，天窗的开窗面积从低到高的排序，以下哪项正确？

A 矩形天窗、平天窗、梯形天窗、锯齿形天窗
B 梯形天窗、锯齿形天窗、平天窗、矩形天窗
C 平天窗、锯齿形天窗、矩形天窗、梯形天窗
D 平天窗、梯形天窗、锯齿形天窗、矩形天窗

解析：根据《建筑物理》第227页图8-41：在 $c=5\%$ 时，平天窗的窗地面积比为11.5%；梯形天窗的窗地面积比为16%；锯齿形天窗的窗地面积比为20%；矩形天窗的窗地面积比为30%。

即在平、剖面相同时，天窗的采光效率平天窗最大，其次为梯形天窗，锯齿形天窗、矩形天窗最小。

答案：D

**18-2-29** 16500lx 是我国下列哪类光气候区的室外天然光设计照度？
A Ⅰ类　　　B Ⅱ类　　　C Ⅲ类　　　D Ⅳ类

解析：根据《采光标准》，我国光气候分为五区。如北京市处于Ⅲ类光气候区，室外天然光设计照度值为 15000lx；呼和浩特市处于Ⅱ类光气候区，室外天然光设计照度值为 16500lx。详见下表。

光气候系数 $K$ 与室外天然光设计照度值 $E_s$　题 18-2-29 解表

| 光气候区 | Ⅰ | Ⅱ | Ⅲ | Ⅳ | Ⅴ |
| --- | --- | --- | --- | --- | --- |
| $K$ 值 | 0.85 | 0.90 | 1.00 | 1.10 | 1.20 |
| 室外天然光设计照度值 $E_s$ (lx) | 18000 | 16500 | 15000 | 13500 | 12000 |

答案：B

**18-2-30** (2005) 下列哪种减少窗眩光措施是不正确的？
A 工作的视觉不是窗口　　　B 采用室内外遮挡设施
C 减少作业区直射阳光　　　D 窗周围墙面采用深色饰面

解析：将眩光源方向远离工作视觉方向，采用室内外遮挡设施，减少作业区直射阳光，窗周围墙面（窗间墙）采用浅色饰面均为减少窗眩光的措施。D 选项做法会导致窗口亮处与深色窗边墙形成过大对比，不利于减少眩光。
答案：D

**18-2-31** (2004) 乌鲁木齐地区（Ⅲ类光气候区）的光气候系数为（　　）。
A 0.9　　　B 1.00　　　C 1.10　　　D 1.20
（此题 2003 年考过）

解析：乌鲁木齐（Ⅲ类光气候区）光气候系数为 1.00。
答案：B

**18-2-32** (2004) 住宅起居室的采光系数标准值为（　　）。
A 0.5%　　　B 1.0%　　　C 1.5%　　　D 2.0%

解析：《采光标准》中规定，住宅起居室的采光系数标准值为 2.0%
答案：D

**18-2-33** (2004) 在高侧窗采光的展室中，当展品的上边沿与窗口的下边沿与眼睛所形成的下列哪种角度可避免窗对观众的直接眩光？
A ＞10°时　　　B ＞14°时
C ＜14°时　　　D ＜10°时

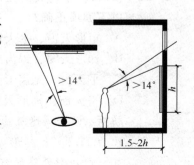

题 18-2-33 解图

解析：《建筑物理》教材中指出，为避免直接眩光，展品时，窗口应处在视野范围之外，从参观者的眼睛到画框边缘和窗口边缘的夹角要大于 14°。
答案：B

18-2-34 全云天空亮度分布的特点，在下列各种叙述中，哪个正确？
A 太阳所在位置天空最亮
B 天顶亮度是接近地平线处天空亮度的3倍
C 高度角为42°处天空最亮
D 天顶亮度是接近地平线处天空亮度的1/3倍

解析：天空全部被云所遮挡，看不清太阳位置，并且天空的亮度分布满足 $L_\theta = \dfrac{1+2\sin\theta}{3} \cdot L_z$，这样的天空叫全云天空。从公式能推导出B选项正确。

答案：B

18-2-35 北京所在的光气候区是（　）区。
A Ⅴ　　　　　B Ⅲ　　　　　C Ⅳ　　　　　D Ⅰ

解析：《采光标准》附录A中国光气候分区，北京为Ⅲ区。

答案：B

18-2-36 在重庆修建一栋机加工车间，其窗口面积要比北京（　）。
A 增加120%　　B 增加20%　　C 相等　　D 减少20%

解析：《采光标准》表3.0.4光气候系数K，北京为Ⅲ区，光气候系数K值为1.00，重庆为Ⅴ区，光气候系数K值为1.20，所以在重庆修建一栋建筑其窗口面积要比北京增加20%。

答案：B

18-2-37 我国制定的《建筑采光设计标准》中采光设计计算使用的是（　）模型。
A 晴天天空　　B 均匀天空　　C 平均天空　　D 全云天空

解析：《采光标准》采光设计计算采用的是全云天空，也叫全阴天空。

答案：D

18-2-38 计划兴建一纺织厂的织布车间，采光设计时，宜选用采光窗的形式为（　）。
A 侧窗　　B 矩形天窗　　C 横向天窗　　D 锯齿形天窗

解析：锯齿形天窗窗玻璃一般朝北，防止直射阳光进入室内，室内温度和湿度容易调节，另外光线均匀，方向性强，在纺织厂和轻工业厂房大量使用这种天窗。

答案：D

18-2-39 在下列各种天窗采光中，在采光系数相同的条件下，（　）的开窗面积最小。
A 矩形天窗　　B 锯齿形天窗　　C 横向天窗　　D 平天窗

解析：从照度和亮度公式 $E = L \cdot \Omega \cdot \cos i$ 看出，计算点处于相同位置的矩形天窗和平天窗，如开窗面积相等，平天窗对计算点形成的立体角大，采光效率高，所以照度值就高。如工作面的采光系数相同，平天窗的开窗面积最小。

答案：D

18-2-40 位于北京的教室，如果用单侧窗采光，其最小开窗面积应是教室地板面积的（　）。
A 1/12　　B 1/7　　C 1/5　　D 1/2.5

解析：《采光标准》表4.0.5教育建筑的采光系数标准值，北京属Ⅲ类光气候区，教室用侧面采光，采光等级为Ⅲ级。再从表6.0.1窗地面积比 $A_c/A_d$ 得出，采光等级为Ⅲ级时，民用建筑侧面采光窗地面积比为1/5。

答案：C

**18-2-41** 纺织厂印染车间用锯齿形天窗，其窗地面积比为（　　）。

A　1/5　　　　　　B　1/7　　　　　　C　1/6　　　　　　D　1/8

解析：见《采光标准》表4.0.15工业建筑的采光系数标准值，纺织品精纺、织造、印染车间采光等级为Ⅱ级，查表6.0.1，使用平天窗情况下，窗地比1/8，锯齿形天窗需乘1.5的系数。用锯齿形天窗窗地面积比约为1/5。

答案：A

**18-2-42** 展览馆布置展品时，为了避免直接眩光，观看位置到窗口连线与到展品边缘连线的夹角应该大于（　　）。

A　14°　　　　　　B　20°　　　　　　C　40°　　　　　　D　60°

解析：明亮的窗口和较暗的展品之间亮度差别很大，易形成眩光。当眩光源处于视线30°以外时，眩光影响就迅速减弱到可以忍受的程度。当眼睛和窗口下沿、画框边沿所形成的角度超过14°时就能满足这一要求。《建筑物理》教材在展览馆采光防眩章节中也明确提出14°这个的数值。

答案：A

**18-2-43** 为防止外面镶有玻璃的展品呈现参观者的影像，应采取下述哪一条措施？

A　展品照度高于参观者照度

B　展品照度低于参观者照度

C　展品照度大大低于参观者照度

D　展品照度低于参观者照度时调整两者相互位置

解析：玻璃呈现参观者的影像叫二次反射眩光，消除办法是降低参观者所在处的亮度（照度），提高展品的亮度（照度）。

答案：A

**18-2-44** 侧面采光口的总透光系数与下列哪个系数无关？

A　采光材料的透光系数　　　　B　室内构件的挡光折减系数

C　窗结构的挡光折减系数　　　D　窗玻璃的污染折减系数

解析：《采光标准》第6.0.2条。侧面采光的总透光系数与采光材料、窗结构、玻璃污染有关，和室内构件的挡光折减系数无关，室内构件的挡光折减系数会影响顶部采光的总透光系数。

答案：B

**18-2-45** 在侧面采光计算中，采光系数与下列哪项因素无关？

A　房间尺寸　　　　　　　　　B　建筑物长度

C　窗口透光材料　　　　　　　D　窗口外建筑物的距离和高度

解析：《采光标准》第6.0.2条，侧面采光计算与房间尺寸、透光材料、窗外遮挡物有关，建筑物的长度与采光系数的计算无关。

答案：B

## （三）建 筑 照 明

**18-3-1 (2010)** 下列哪项关于灯具特性的描述是错误的？
A 灯具的配光曲线是按光源发出的光通量为1000lm绘制的
B 灯具的遮光角是灯罩边沿和发光体边沿的连线与水平线的夹角
C 灯具效率是从灯具内发射出的光通量与在灯具内的全部光源发射出的总光通量之比
D 灯具产生的眩光与灯具的出光口亮度有关

解析：灯具特性由题中A、B、C选项表征，D选项描述不准确。灯具形成的眩光应与灯具出光口亮度及其与视看方向所成的角度共同作用结果有关。

答案：D

**18-3-2 (2010)** 按统一眩光值（UGR）计算公式计算的不舒适眩光与下列哪项参数无直接关系？
A 背影亮度                B 灯具亮度
C 灯具的位置指数          D 灯具的遮光角

解析：UGR值按下式计算：

$$UGR = 8\lg \frac{0.25}{L_b} \Sigma \frac{L_a^2 \cdot \omega}{P^2}$$

式中 　$L_b$——背景亮度，$cd/m^2$；
　　　$L_a$——观察者方向每个灯具发光部分的亮度，$cd/m^2$；
　　　$\omega$——每个灯具发光部分对观察者眼睛所形成的立体角，(sr)；
　　　$P$——每个单独灯具的古斯位置指数。

答案：D

**18-3-3 (2010)** 下列哪一项里采用的照明方式不适宜？
A 学校教室：一般照明
B 候车（机）大厅：分区一般照明
C 商店营业厅：混合照明
D 宾馆客房：局部照明

解析：根据《建筑物理》教材描述，一般照明，用于对光的投射方向没有特殊要求的空间，如候车（机、船）室，工作面上没有特别需要提高照度的工作点如教室、办公室；工作地点很密或不固定的场所如超级市场营业厅、仓库等，层高较低（4.5m以下）的工业车间等；分区一般照明，用于同一房间照度水平不一样的一般照明，如车间的工作区、过道、半成品区，开敞式办公室的办公区和休息区等；局部照明，用于照度要求高和对光线方向性有特殊要求的作业，除宾馆客房外，局部照明不单独使用；混合照明，既设有一般照明，又设有满足工作点高照度和光方向要求所用的一般照明加局部照明，如阅览室、商店营业厅、车床等。在高照度时，这种照明是最经济的。

答案：B

**18-3-4** (2010) 用流明法计算房间照度时，下列哪项参数与照度计算无直接关系？
A 灯的数量　　　　　　　　　B 房间的维护系数
C 灯具效率　　　　　　　　　D 房间面积

解析：用流明法计算房间照度：

$$E_{av} = \frac{N \cdot \Phi \cdot U \cdot K}{A} \text{ (lx)}$$

式中　$E_{av}$——照明设计标准规定的照度标准值（参考平面上的平均照度值），lx；
　　　$N$——照明装置（灯具）数量；
　　　$\Phi$——一个照明设施（灯具）内光源发出的光通量，lm；
　　　$U$——利用系数，无量纲，查选用的灯具光度数据表；
　　　$K$——维护系数，查《照明标准》中的表4.1.6；如白炽灯、荧光灯用于卧室、办公室、餐厅、阅览室、绘图室时，$K=0.80$；
　　　$A$——工作面面积，m²，$A=L \cdot W$，其中 $L$ 为房间的长度，$W$ 为房间的宽度。

答案：C

**18-3-5** (2010) 下列哪种光源的发光效率最高且寿命最长？
A 普通高压钠灯　　　　　　　B 金属卤化物灯
C 荧光高压汞灯　　　　　　　D 荧光灯

解析：根据本套教材第3分册《建筑物理与建筑设备》表18-6常用光源的特性参数和使用场所，普通高压钠灯发光效率最高且寿命最长。

答案：A

**18-3-6** (2010) 下列场所所采用的照明技术措施，哪项是最节能的？
A 办公室采用普通荧光灯　　　B 车站大厅采用间接型灯具
C 商店大厅采用直接型灯具　　D 宾馆客房采用普通照明白炽灯

解析：直接型灯具效率高，设备投资少，维护使用费少，最节能；间接型灯具光通量利用率低，设备投资多，维护费用高；普通照明白炽灯发光效率低；普通荧光灯发光效率低，已被三基色荧光灯和紧凑型荧光灯取代。

答案：C

**18-3-7** (2010) 下列哪类房间的照明功率密度的现行值最大？
A 一般超市营业厅　　　　　　B 旅馆的多功能厅
C 学校教室　　　　　　　　　D 医院病房

解析：根据《照明标准》对照明功率密度现行值的规定，旅馆的多功能厅为13.5（照度值300），一般超市营业厅为11（照度值300），学校教室为9（照度值300），医院病房为5（照度值100）。

答案：B

**18-3-8** (2009) 下列减少室内人工照明所产生的反射眩光的做法，哪条不正确？
A 降低光源的亮度　　　　　　B 改变灯具或工作面的位置
C 单灯功率不变，增加光源数量　D 减少灯具反射比解析：单灯功率不变，增加光源数量不能减少反射眩光，降低灯具出光口的亮度才能减少眩光产生的可能。

答案：C

**18-3-9 (2009)** 下列哪种照明方式既可获高照度和均匀的照明，又最经济？

A 一般照明　　　　B 分区照明　　　　C 局部照明　　　　D 混合照明

解析：根据《建筑物理》教材描述，局部照明与一般照明共同组成的混合照明用在照度要求高、光线方向性强的场所。在高照度时，这种照明方式是最经济的。

答案：D

**18-3-10 (2009)** 下列哪种房间的照度标准值最高？

A 多功能厅　　　　B 中餐厅　　　　C 咖啡厅　　　　D 西餐厅

解析：《照明标准》第5.3.5条表5.3.5要求：多功能厅的照度标准值为300lx，中餐厅200lx，咖啡厅75lx，西餐厅150lx。

答案：A

**18-3-11 (2009)** 用流明法计算房间照度时，下列哪项参数与照度计算无直接关系？

A 灯的数量　　　　　　　　　B 房间的维护系数
C 灯具效率　　　　　　　　　D 房间面积

（注：此题2007年、2008年均考过）

解析：
$$E_{av} = \frac{N \cdot \Phi \cdot U \cdot K}{A} \text{(lm)}$$

式中　$\Phi$——一个照明设施（灯具）内光源发出的光通量，lm；

　　　$E_{av}$——《照明标准》规定的照度标准值（参考平面上的平均照度），lx；

　　　$A$——工作面面积，m²，$A=L \cdot W$，其中$L$为房间的长度，$W$为宽度；

　　　$N$——照明装置（灯具）数量；

　　　$U$——利用系数，无量纲，查选用的灯具光度数据表；

　　　$K$——维护系数，查《照明标准》中的表4.1.6。

答案：C

**18-3-12 (2009)** 下列哪个房间的照明功率密度最大？

A 医院化验室　　　B 学校教室　　　C 宾馆客房　　　D 普通办公室

解析：照明功率密度现行值医院化验室为15W/m²，宾馆客房7W/m²，学校教室、普通办公室9W/m²。

答案：A

**18-3-13 (2009)** 下列哪种光源的光效最高？

A 金属卤化物灯　　　　　　　B 荧光灯
C 高压钠灯　　　　　　　　　D 荧光高压汞灯

解析：根据《建筑物理》教材，高压钠灯光效为44～120lm/W，金属卤化物灯为70～110lm/W，荧光灯为32～90lm/W，荧光高压汞灯为31～52lm/W。

答案：C

**18-3-14 (2008)** 下列哪种光源的寿命最长？

A 高压钠灯 B 金属卤化物灯
C 白炽灯 D 荧光灯

（注：此题2004年考过）

解析：参看《建筑物理》表18-6，常见照明电光源的基本参数和使用场所，高压钠灯为8000～24000h，寿命很长；白炽灯为1000h，寿命最短。在选项之外，LED光源的寿命比高压钠灯寿命更长。

答案：A

**18-3-15** (2008) 关于灯具特性的描述，下列哪项是错误的？
A 直接型灯具效率高 B 直接型灯具产生照度高
C 间接型灯具维护使用费少 D 间接型灯具的光线柔和

解析：间接型灯具室内亮度分布均匀，光线柔和，基本无阴影。常用作医院、餐厅和一些公共建筑的照明，但间接型灯具维护使用费高。

答案：C

**18-3-16** (2008) 下列哪种场所的照明宜采用中间色表（3300～5300K）的光源？
A 办公室 B 宾馆客房
C 酒吧间 D 热加工车间

解析：《照明标准》第4.4.1条表4.4.1光源的色表分组，相关色温3300～5300K属于中间色调，适用于办公室、阅览室等场所。

答案：A

**18-3-17** (2008) 下列哪种照度是现行《建筑照明设计标准》中规定的参考平面上的照度？
A 平均照度 B 维持平均照度
C 最小照度 D 最大照度

（注：此题2005年考过）

解析：《照明标准》第5.1.1条规定的参考平面上的照度指维持平均照度（指照明装置必须进行维护的时刻，在规定表面上的平均照度）。

答案：B

**18-3-18** (2008) 如点光源在某一方向的发光强度不变，则某表面上的照度与光源距此表面的垂直距离的几次方成反比？
A 一次方 B 二次方
C 三次方 D 四次方

解析：根据距离平方反比定律 $E = \dfrac{I}{r^2} \cos i$，某表面上的照度与光源距此表面的垂直距离的二次方成反比。

答案：B

**18-3-19** (2008) 下列哪种光源的光效最高？
A 白炽灯 B 荧光灯
C 卤钨灯 D 白光发光二极管

解析：白炽灯光效为7～21lm/W，卤钨灯光效为15～20lm/W，荧光灯光效为32～70lm/W，根据《新型LED城市道路照明系统》（作者：钱可元，罗毅），目前商业化的白光LED光效已达到90～100lm/W，预计两年内能达到150lm/W以上，而这并非LED光效的上限，各国的专家都把光效的目标定在200lm/W左右，所以白光发光二极管光效最高。

答案：D

**18-3-20 (2007)** 下列哪种荧光灯灯具效率为最高？

A 开敞式灯具　　　　　　　　B 带透明保护罩灯具
C 格栅灯具　　　　　　　　　D 带棱镜保护罩灯具

解析：《照明标准》第3.3.2条表3.3.2-1，在满足眩光限制和配光要求的条件下，应选用效率高的灯具：荧光灯开敞式灯具的效率不应低于75%；带有保护罩的透明灯具，灯具效率不应低于70%；棱镜灯具的效率不应低于55%；带格栅灯具的效率不应低于65%。

答案：A

**18-3-21 (2007)** 高度较低的办公房间宜采用下列哪种光源？

A 粗管径直管形荧光灯　　　　B 细管径直管形荧光灯
C 紧凑型荧光灯　　　　　　　D 小功率金属卤化物灯

解析：《照明标准》第3.2.2条第1款，灯具安装高度较低房间宜采用细管直管形三基色荧光灯。

答案：B

**18-3-22 (2007)** 下列哪种措施会造成更强烈的室内照明直接眩光？

A 采用遮光角大的灯具　　　　B 提高灯具反射面的反射比
C 采用低亮度的光源　　　　　D 提高灯具的悬挂高度

解析：根据《照明标准》第4.3条眩光限制，采用遮光角大的灯具，采用低亮度的光源的方法可减少眩光，本套教材第3分册《建筑物理与建筑设备》图18-6光源位置的眩光效应，表明提高灯具悬挂高度的方法也能减少眩光。

答案：B

**18-3-23 (2007)** 一般商店营业厅的照明功率密度的现行值是（　　）。

A $10W/m^2$　　　　　　　　　B $13W/m^2$
C $19W/m^2$　　　　　　　　　D $20W/m^2$

解析：根据《照明标准》对于照明节能的规定，不同空间的照明功率密度均有现行值和目标值的规定。一般商店营业厅的照明功率密度现行值$10W/m^2$，目标值$9W/m^2$。

答案：A

**18-3-24 (2007)** 在下列哪种房间宜采用中间色温的荧光灯？

A 卧室　　　　　　　　　　　B 宾馆客房
C 起居室　　　　　　　　　　D 办公室

解析：卧室、宾馆客房、起居室、酒吧、餐厅等宜采用暖色温（<3300K）光源，办公室等大多数工作空间宜采用中间色（3300～5300K）光源，热加工车间、高照度场所宜采用冷光色（>5300K）光源。

答案：D

**18-3-25** (2007) 下列哪种灯的显色性为最佳？

A 白炽灯　　　　　　　　　　B 三基色荧光灯
C 荧光高压汞灯　　　　　　　D 金属卤化物灯

解析：白炽灯的显色指数为95～99，三基色荧光灯50～93，荧光高压汞灯40～50，金属卤化物灯60～95。显色指数越高，表示显色性越好。

答案：A

**18-3-26** (2006) 国家标准中规定的荧光灯格栅灯具的灯具效率不应低于(　　)。

A 55%　　　　　　　　　　　B 60%
C 65%　　　　　　　　　　　D 70%

解析：《照明标准》第3.3.2条表3.3.2-1（题18-3-26解表）中关于直管型荧光灯灯具的规定如下（%）：

题18-3-26解表

| 灯具出光口形式 | 开敞式 | 保护罩（玻璃或塑料） | | 格栅 |
| --- | --- | --- | --- | --- |
| | | 透明 | 棱镜 | |
| 灯具效率 | 75 | 70 | 55 | 65 |

答案：C

**18-3-27** (2006) 下列哪种光源的色表用相关色温表征？

A 白炽灯　　　B 碘钨灯　　　C 溴钨灯　　　D 荧光灯

解析：热辐射光源（以白炽灯为主）的色表均可用色温概念来表征，气体放电光源（荧光灯、高压钠灯、金卤灯等）的色表均以相关色温概念来表征。A、B、C选项均为热辐射光源，D选项为气体放电光源。

答案：D

**18-3-28** (2006) 在工作场所内不应只采用下列哪种照明方式？

A 一般照明　　B 分区一般照明　　C 局部照明　　D 混合照明

解析：《照明标准》第3.1.1条4款规定，在一个工作场所内不应只采用局部照明。

答案：C

**18-3-29** (2006) 学校教室的照度标准值是(　　)。

A 150lx　　　　B 200lx　　　　C 300lx　　　　D 500lx

解析：本题题干没有明确提出是天然采光的照度标准还是人工照明的照度标准。根据现行的《采光标准》第4.0.5条表4.0.5规定，教育建筑的普通教室的室内天然光照度不应低于450lx；根据《照明标准》第5.3.7条表5.3.7规定，学校建筑教室照明照度标准值为300lx。根据答案设置，本题意为照明照度标准。

答案：C

**18-3-30** (2006) 下列哪个参数与眩光值（UGR）计算无关？

A 由灯具发出的直接射向眼睛所产生的光幕亮度

B 由环境所引起直接入射到眼睛的光所产生的光幕亮度
C 所采用灯具的效率
D 观察者眼睛上的亮度

**解析**：见《照明标准》附录B第B.0.1条，眩光的产生与眩光源产生的直射光的亮度、眩光源与观察者的相对位置有关，与灯具效率无关。

**答案**：C

**18-3-31** (2006) 医院病房用照明光源的一般显色指数不应低于(    )。

A 90　　　　　　B 80　　　　　　C 70　　　　　　D 60

**解析**：《照明标准》第5.3.6条表5.3.6中规定：医院建筑病房的照明显色指数（$R_a$）值不应低于80。

**答案**：B

**18-3-32** (2006) 标准规定的普通办公室的照明功率密度的现行值是(    )。

A 14W/m²　　　B 13W/m²　　　C 12W/m²　　　D 9W/m²

**解析**：《照明标准》第6.3.3条表6.3.3中规定，办公建筑的普通办公室照明功率密度现行值为9W/m²。

**答案**：D

**18-3-33** (2005) 下列哪个参数与统一眩光值（UGR）的计算式无关？

A 观察者方向每个灯具的亮度
B 背景亮度
C 观察者方向每个灯具中光源的发光强度
D 每个灯具的位置指数

**解析**：从《照明标准》附录A，CIE统一眩光值UGR值按下式计算：

$$UGR = 8\lg\frac{0.25}{L_b}\sum\frac{L_a^2 \cdot \omega}{P^2}$$ （照明设计标准A.0.1-1）

式中　$L_b$——背景亮度（cd/m²）；

　　　$L_a$——观察者方向每个灯具发光部分的亮度（cd/m²）；

　　　$\omega$——每个灯具发光部分对观察者眼睛形成的立体角（sr）；

　　　$P$——每个单独灯具的古斯位置指数。

**答案**：C

**18-3-34** (2005) 商店营业厅用光源的一般显色指数不应低于(    )。

A 90　　　　　　B 80　　　　　　C 70　　　　　　D 60

**解析**：根据《照明标准》中第5.3.3条表5.3.3，商店营业厅用光源的一般显色指数$R_a$不应低于80。

**答案**：B

**18-3-35** (2005) 标准中规定的学校教室的照明功率密度现行值是(    )。

A 14W/m²　　　B 13W/m²　　　C 9W/m²　　　D 9W/m²

**解析**：《照明标准》中第6.3.7条表6.3.7规定，学校建筑教室、阅览室的照明功率密度现行值为9W/m²。

**答案**：D

18-3-36 (2004) 下列哪种光源的色温为暖色?
A 3000K    B 4000K    C 5000K    D 6000K

解析：《照明标准》第4.4.1条表4.4.1（题18-3-36解表）如下：

光源色表特征及适用场所　　　　题18-3-36解表

| 相关色温(K) | 色表特征 | 适用场所举例 |
| --- | --- | --- |
| <3300 | 暖 | 客房、卧室、病房、酒吧 |
| 3300～5300 | 中间 | 办公室、教室、阅览室、商场、诊室、检验室、实验室、控制室、机加工车间、仪表装配 |
| >5300 | 冷 | 热加工车间、高照度场所 |

答案：A

18-3-37 (2004) 下列哪种教室照明布灯方法可减少眩光效应?
A 灯管轴平行于黑板面　　　　B 灯管轴与黑板面成45°角
C 灯管轴与黑板面成30°角　　D 灯管轴垂直于黑板面

解析：灯管灯具发光方向主要为垂直于灯管轴向四周照射，为了减弱看黑板时附近灯管产生的反射眩光影响，应尽量降低灯管朝向观测者方向发出眩光光线。同时，灯管垂直于黑板布置时，左右发光更能满足课桌面对于斜射光的需求，不会因头部形成课桌阴影遮挡。

答案：D

18-3-38 (2004) 下列哪种灯具的下半球的光通量百分比值（所占光通量的百分比）为间接型灯具?
A 60%～90%    B 40%～60%    C 10%～40%    D 0～10%

解析：根据光通量在灯具上下半球的分布，将灯具分为五类：直接型（下半球占90%～100%）、半直接型（下半球占60%～90%）、漫射型（下半球占40%～60%）、半间接型（下半球占10%～40%）、间接型（下半球占0～10%）。

答案：D

18-3-39 (2004) 下列哪种管径（φ）的荧光灯最不节能?
A T12（φ38）灯　　　　B T10（φ32）灯
C T8（φ26）灯　　　　　D T5（φ16）灯
（此题2003年考过）

解析：理论上讲，管径越细，光效越高。其中，T5荧光灯管节能性明显比T8、T10、T12高，T8光效普遍高于T10和T12。

答案：A

18-3-40 (2004) 在工作面上具有相同照度条件下，用下列哪种类型的灯具最不节能?
A 直接型灯具　　　　B 半直接型灯具
C 扩散型灯具　　　　D 间接型灯具

解析：直接型灯具主要以直射光进行照明，相比较下最节能；以间接照射方式为主的间接型灯具向下发射光通量仅占总光通量的0～10%，最不节能。

答案：D

**18-3-41 (2003)** 在住宅起居室照明中，宜采用下列哪种照明方式为宜？
A 一般照明　　　　　　　　　　B 局部照明
C 局部照明加一般照明　　　　　D 分区一般照明

解析：住宅起居室需满足使用者一般起居活动，兼顾会客与休息。所以需要能提供大面积均匀光的一般照明与能提供局部区域光的局部照明，称为混合照明。

答案：C

**18-3-42 (2003)** 下列哪种灯具的下半球光通量比值（所占总光通量的百分比）为直接型灯具？
A 90%～100%　　　　　　　　B 60%～90%
C 40%～60%　　　　　　　　　D 10%～40%

解析：直接型灯具是能向灯具下部发射90%～100%直接光通量的灯具。

答案：A

**18-3-43 (2003)** 下列哪种光源为热辐射光源？
A 高压钠灯　　B 荧光灯　　C 金属卤化物灯　　D 卤钨灯

解析：热辐射光源是发光物体在热平衡状态下，使热能转变为光能的光源，如白炽灯、卤钨灯等。其他选项光源均属于气体放电光源。

答案：D

**18-3-44** 白炽灯的显色指数 $R_a$ 为（　　）。
A 95～99　　　B 60～80　　　C 40～60　　　D 20～40

解析：参看《建筑物理》表9-9常见照明电光源的主要特性比较。

答案：A

**18-3-45** 在教室照明中，采用下列哪种光源最节能？
A 白炽灯　　　　　　　　　　　B 卤钨灯
C 粗管径（38mm）荧光灯　　　　D 细管径（26mm）荧光灯

解析：从题中所列的光源中荧光灯发光效率高，两种荧光灯中细管径荧光灯发光效率最高，显色性能好，是粗管径荧光灯的换代产品，所以采用细管径荧光灯最节能。《照明标准》第3.2.2条也建议高度较低房间采用细管直管形三基色荧光灯。

答案：D

**18-3-46** 在下列几种灯具中，如图所示的为哪种类型的灯具？
A 直接型灯具　　　　　　　　　B 半直接型灯具
C 间接型灯具　　　　　　　　　D 半间接型灯具

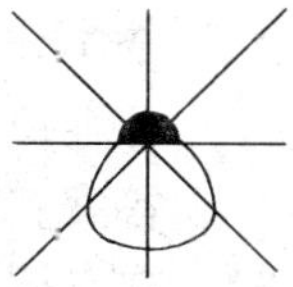

解析：从CIE灯具的分类得知，直接型灯具下半球的光通量为10%～90%，上半球为0～10%，图中光通量100%照射到下面，所以是直接型灯具。

题18-3-46图

答案：A

**18-3-47** 在医院病房中，宜采用（　　）型灯具。

A 直接 　　　　B 间接 　　　　C 漫射 　　　　D 半直接

解析：间接型灯具室内亮度分布均匀，光线柔和，无直射光干扰，基本无阴影。可用作医院病房、餐厅和住宅建筑的照明。

答案：B

**18-3-48** 光源平均亮度为 600kcd/m² 的直接型灯具，其遮光角不应小于(　　)。

A 10°　　　　B 15°　　　　C 20°　　　　D 30°

解析：根据《照明标准》表 4.3.1，直接型灯具光源平均亮度不小于 500kcd/m²，其遮光角不应小于 30°。

答案：D

**18-3-49** 在一个车间内布置几台车床，照度要求很高，宜采用下述哪种照明方式?

A 一般照明
B 分区一般照明
C 局部照明
D 局部照明与一般照明共同组成的混合照明

解析：局部照明与一般照明共同组成的混合照明用在照度要求高、光线方向性强的场所。车床照度要求高，在车间内布置间隔较远，宜选用混合照明。

答案：D

**18-3-50** 在自选商场的营业大厅中，采用下列哪种照明方式最适宜?

A 一般照明
B 分区一般照明
C 局部照明
D 局部照明与一般照明共同组成的混合照明

解析：一般照明用于工作地点很多或工作地点不固定的场所如超级市场营业厅、仓库等。

答案：A

**18-3-51** 图示图形，属于下述几种照明中的哪种照明?

A 一般照明
B 分区一般照明
C 局部照明
D 局部照明与一般照明共同组成的混合照明

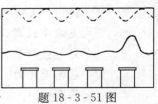

题 18-3-51 图

解析：图中顶棚均匀布置灯具作一般照明，其中一个工作面放置台灯作局部照明，所以图中表示的是局部照明与一般照明共同组成的混合照明。

答案：D

**18-3-52** 在《照明标准》中规定的照度是指参考平面上的(　　)。

A 房间各点的最小照度值　　　　B 房间各点的维持平均照度值
C 房间各点的最大照度值　　　　D 房间最差区域各点的平均照度值

解析：《照明标准》第 5.1.1 条，照度标准值是指作业面或参考平面上的维持平均照度值。

答案：B

**18-3-53** 学校建筑教室、阅览室的照明功率密度现行值为（ ）W/m²。
A 8
B 9
C 11
D 15

解析：《照明标准》表6.3.7，教室、阅览室、实验室、多媒体教室的照明功率密度现行值为9W/m²，对应照度值为300lx。

答案：B

**18-3-54** 在住宅建筑中，卧室常选用暖色调，下面的几种色温中，哪种属于暖色调？
A ＜3300K
B 4000K
C ＞5300K
D 6000K

解析：《照明标准》表4.4.1光源的色表分组，相关色温＜3300K属于暖色调，适用于客房、卧室等场所。

答案：A

**18-3-55** 办公室、阅览室宜选择光源的色温范围应该为（ ）。
A ＜3300K
B 3300～5300K
C ＞5300～6000K
D ＞6000K

解析：《照明标准》表4.4.1光源的色表分组，相关色温3300～5300K属于中间色调，适用于办公室、阅览室等场所。

答案：B

**18-3-56** 对辨色要求高的设计室，要求照明光源的一般显色指数 $R_a$ 是（ ）。
A 80以上
B 60以上
C 40以上
D 20以上

解析：《照明标准》表5.3.2光源的显色指数，对于设计室等辨色要求较高的场所，一般显色指数 $R_a$ 大于80。

答案：A

**18-3-57** 对于转播彩色电视的体育馆，其照明光源的一般显色指数 $R_a$ 不应小于：
A 60
B 65
C 70
D 80

解析：见《照明标准》表5.3.12-2，体育馆内，有彩电转播时 $R_a \geq 80$。

答案：D

**18-3-58** 眩光光源或灯具偏离视线（ ）就无眩光影响。
A 15°
B 30°
C 45°
D 60°

解析：从光源位置的眩光效应，眩光光源或灯具的位置偏离视线的角度越大，眩光越小，超过60°后就无眩光作用。见本套教材第3分册《建筑物理与建筑设备》图18-6。

答案：D

**18-3-59** 博物馆珍品陈列室照明宜采用的光源是（ ）。
A 白炽灯
B 普通管型荧光灯

C 金属卤化物灯 　　　　　　　　D 无紫外线管型荧光灯

解析：根据《博物馆建筑设计规范》JGJ 66—91 第 4.4.2 条，陈列室的一般照明宜用紫外线少的光源。又根据《照明标准》第 3.2.2 条，提出灯具安装高度较低的房间宜采用细管直管形三基色荧光灯。白炽灯已禁止作为普通照明光源，而金属卤化物灯因功率大，用在大净高厂房中更适合。

答案：D

**18-3-60** 在利用系数法照明计算中，灯具的利用系数与下列各项中哪一项无关？
A 灯具的类型 　　　　　　　　B 灯具的悬挂高度
C 工作面的布置 　　　　　　　D 室内表面材料的反光系数

解析：在利用系数法照明计算中，灯具的利用系数要按照灯具类型、与灯具悬挂高度相关的室空间比和顶棚空间比以及室内表面材料的反光系数查找相应的表格得到。

答案：C

**18-3-61** 采用利用系数法公式计算照度与下列哪个参数直接无关？
A 光源的光通量 　　　　　　　B 灯具效率
C 房间面积 　　　　　　　　　D 灯具的数量

解析：同题 18-3-4 的解析。

答案：B

**18-3-62** 下列哪一项不属于建筑化大面积照明艺术处理？
A 光梁、光带 　　　　　　　　B 光檐
C 水晶吊灯 　　　　　　　　　D 格片式发光顶棚

解析：建筑化大面积艺术照明有发光顶棚、光梁、光带、格片式发光顶棚、光檐、光龛、反光假梁等。水晶吊灯无法完成大面积均匀照明。

答案：C

# 十九 建 筑 声 学

## （一）建筑声学基本知识

**19-1-1** （2010）声波入射到无限大墙板时，不会出现以下哪种现象？
　　　A 反射　　　　　B 透射　　　　　C 衍射　　　　　D 吸收
　　**解析**：声波入射到无限大墙板时，会发生反射，不会出现衍射即绕射现象。
　　**答案**：C

**19-1-2** （2010）反射声比直达声最少延时多长时间就可听出回声？
　　　A 40ms　　　　B 50ms　　　　C 60ms　　　　D 70ms
　　**解析**：人耳的听觉暂留是50ms，所以反射声比直达声最少延时50ms就可听出回声。
　　**答案**：B

**19-1-3** （2009）声音的三要素是指什么？
　　　A 层次、立体感、方向感　　　　　B 频谱、时差、丰满
　　　C 强弱、音调、音色　　　　　　　D 音调、音度、层次
　　**解析**：声音三要素：声音的强弱（声压级，声强级，响度级）、音调的高低（声音的频率）、音色的好坏（复合声的频率成分及强度；乐器发出的复合声的基音、泛音的频率和强度）。
　　**答案**：C

**19-1-4** （2009）人耳对声音响度变化程度的感觉，更接近于以下哪个量值的变化程度？
　　　A 声压值　　　B 声强值　　　C 声强的对数值　　　D 声功率值
　　**解析**：从声强级的定义：$L_I = 10\lg\dfrac{I}{I_0}$（dB），单位是分贝；人耳对声音响度变化程度的感觉更接近声强级的变化程度。
　　**答案**：C

**19-1-5** （2009）有两台空调室外机，每台空调室外机单独运行时，在空间某位置产生的声压级均为45dB，若这两台空调室外机同时运行，在该位置的总声压级是：
　　　A 48dB　　　　B 51dB　　　　C 54dB　　　　D 90dB
　　**解析**：几个声压级相等声音的叠加，其总声压级为：
$$L_p = 20\lg\dfrac{P}{P_0} + 10\lg n = L_{p1} + 10\lg n \text{（dB）}$$
两个声压级相等的声音叠加时，总声压级比一个声音的声压级增加3dB，

所以两个45dB的声音叠加后，其总声压级为48dB。

答案：A

**19-1-6** （2008）声波在下列哪种介质中传播速度最快？

A 空气　　　　　B 水　　　　　　C 钢　　　　　　D 松木

（注：此题2003年考过）

解析：介质的密度越大，声音的传播速度越快。上列介质中，钢的密度最大，空气的密度最小。

答案：C

**19-1-7** （2008）声波传播中遇到比其波长相对尺寸较小的障板时，会出现下列哪种情况？

A 反射　　　　　B 绕射　　　　　C 干涉　　　　　D 扩散

解析：声音在传播过程中，如果遇到比波长大得多的障板时，声波将被反射；如果遇到比波长小得很多的障板，声音会发生绕射。

答案：B

**19-1-8** （2008）室内有两个声压级相等的噪声源，室内总声压级与单个声源声压级相比较应增加(　　)。

A 1dB　　　　　B 3dB　　　　　C 6dB　　　　　D 1倍

解析：几个声压级相等声音的叠加其总声压级为：

$$L_p = 20\lg\frac{P}{P_0} + 10\lg n = L_{p1} + 10\lg n \text{ (dB)}$$

两个声压级相等的声音叠加时，总声压级比一个声音的声压级增加3dB。

答案：B

**19-1-9** （2008）等响度曲线反映了人耳对哪种频段的声音感受不太敏感？

A 低频　　　　　B 中频　　　　　C 中、高频　　　　D 高频

解析：等响度曲线反映了人耳对2000~4000Hz的声音最敏感，1000Hz以下，人耳的灵敏度随频率的降低而减少。

答案：A

**19-1-10** （2007）常用的dB（A）声学计量单位反应下列人耳对声音的哪种特性？

A 时间计权　　　B 频率计权　　　C 最大声级　　　D 平均声级

解析：dB（A）是A声级的声学计量单位，人耳对低频不敏感，对高频敏感，A声级正是反映了声音的这种特性按频率计权得出的总声级。

答案：B

**19-1-11** （2007）机房内有两台同型号的噪声源，室内总噪声级为90dB，单台噪声源的声级应为多少？

A 84dB　　　　　B 85dB　　　　　C 86dB　　　　　D 87dB

解析：几个声压级相等声音的叠加其总声压级为：$L_p = 20\lg\frac{P}{P_0} + 10\lg n$ (dB)，两个声压级相等的声音叠加时，总声压级比一个声音的声压级增加3dB。

答案：D

**19-1-12** (2007) 尺度较大的障板，对中、高频声波有下列哪种影响？

  A 无影响    B 反射    C 绕射    D 透射

  解析：声音在传播过程中，如果遇到比波长大得多的障板时声波将被反射，如果遇到比波长小得多的障板，声音会发生绕射。

  答案：B

**19-1-13** (2006) 高频声波在传播途径上，遇到相对尺寸较大的障板时，会产生哪种声学现象？

  A 反射    B 干涉    C 扩散    D 绕射

  解析：声音在传播过程中，如果遇到比波长大得多的障板时声波将被反射，如果遇到比波长小得很多的障板，声音会发生绕射，高频声波波长较短。

  答案：A

**19-1-14** (2006) 声波遇到哪种较大面积的界面，会产生声扩散现象？

  A 凸曲面    B 凹曲面    C 平面    D 软界面

  解析：声音遇到凸曲面扩散，遇到凹曲面聚焦，遇平面反射，遇软界面多被吸收。

  答案：A

**19-1-15** (2006) 两个声音传至人耳的时间差为多少毫秒（ms）时，人们就会分辨出他们是断续的？

  A 25ms    B 35ms    C 45ms    D 50ms

  （注：此题2005年考过）

  解析：根据哈斯效应，两个声音传到人耳的时间差如果大于50ms就可能分辨出他们是断续的。

  答案：D

**19-1-16** (2005) 低频声波在传播途径上遇到相对尺寸较小的障板时，会产生下列哪种声现象？

  A 反射    B 干涉    C 扩散    D 绕射

  解析：声音在传播过程中，如果遇到比波长大得多的障板时声波将被反射，如果遇到比波长小得多的障板，声音会发生绕射，低频声波波长较长。

  答案：D

**19-1-17** (2005) 声波遇到下列哪种形状的界面会产生声聚焦现象？

  A 凸曲面    B 凹曲面    C 平面    D 不规则曲面

  （注：此题2003年、2004年考过）

  解析：凹曲面使声音聚集，凸曲面使声音扩散，平面使声音反射，不规则曲面多使声音扩散。

  答案：B

**19-1-18** (2005) 噪声对人影响的常用计量单位是（　　）。

  A 分贝（dB）      B 帕（Pa）

  C 分贝（A）[dB（A）]    D 牛顿/平方米（N/m²）

  解析：常用A声级评价噪声对人的影响，计量单位为dB（A）。

答案：C

**19-1-19** （2004）声波传至比其波长大很多的坚实障板时，产生下列哪种情况？
A 反射　　　　　B 透射　　　　　C 扩散　　　　　D 绕射
解析：声音在传播过程中，如果遇到比波长大得多的障板时声波将被反射，如果遇到比波长小得多的障板，声音会发生绕射。
答案：A

**19-1-20** （2004）声音的产生来源于物体的何种状态？
A 受热　　　　　B 受冷　　　　　C 振动　　　　　D 静止
解析：声音来源于振动的物体。
答案：C

**19-1-21** （2004）单一频率的声音称之为什么？
A 噪声　　　　　B 纯音　　　　　C 白噪声　　　　D 粉红噪声
解析：噪声是一类引起人烦躁，或音量过强而危害人体健康的声音；白噪声是指在较宽的频率范围内，各等带宽的频带所含的噪声能量相等的噪声；粉红噪声是在与频带中心频率成正比的带宽（如倍频程带宽）内具有相等功率的噪声或振动。纯音是具有单一频率的声音。
答案：B

**19-1-22** 人耳所能听到的波长范围是（　　）。
A　20cm～20000m　　　　　　　　B　1.7cm～340m
C　1.7cm～17m　　　　　　　　　D　1.7cm～20m
解析：人耳的可听频率范围是20～20000Hz，常温下声速为340m/s，由于$\lambda = c/f$，因此人耳可以听到的波长范围是1.7cm～17m。
答案：C

**19-1-23** 关于声源指向性，哪一项不正确？
A　点声源无方向性
B　声源方向性是与声源大小有关
C　频率越高，声源指向性越强
D　声源尺寸比波长越大，指向性越强
解析：声源指向性取决于声源尺寸和声波波长的相对大小，与声源的绝对大小无关。声源尺寸比波长小得多，可看成无指向性点声源；反之声源尺寸比波长大得多时，指向性就强。
答案：B

**19-1-24** 常温下，声音在空气中的传播速度是(　　)m/s。
A　5000　　　　　B　1450　　　　　C　500　　　　　D　340
解析：介质的密度越大，声音的传播速度越快。声音在空气中的传播速度是340m/s，在真空中的传播速度为0。
答案：D

**19-1-25** 在下列介质中，声波在（　　）中传播速度最大。
A　钢　　　　　B　松木　　　　　C　空气　　　　　D　真空

解析：介质的密度越大，声音的传播速度越快。上列物体中，钢的密度最大，真空的密度最小。

答案：A

**19-1-26** 声压级的单位是（ ）。

A 贝尔　　　　B dB　　　　C N/m²　　　　D W/m²

解析：从声压级的定义：$L_p = 20\lg\dfrac{p}{p_0}$ （dB），声压级的单位是分贝。

答案：B

**19-1-27** 人耳能感觉的最低声压为 $P_0 = 2\times 10^{-5}$ （N/m²），这时的声压级为（ ）dB。

A 0　　　　B 1　　　　C 2　　　　D 20

解析：从声压级的定义：$L_p = 20\lg\dfrac{p}{p_0}$（dB），$p_0/p_0 = 1$，所以声压级是 0dB。

答案：A

**19-1-28** 第一个声音的声压是第二个声音声压的 2 倍，如果第二个声音的声压级是 70dB，第一个声音的声压级是（ ）dB。

A 70　　　　B 73　　　　C 76　　　　D 140

解析：如果一个声音的声压（$p_1$）是第二个声音声压（$p_2$）的 2 倍，从声压级的定义：$L_{p_1} = 20\lg\dfrac{p_1}{p_0} = 20\lg\dfrac{2p_2}{p_0} = 20\lg\dfrac{p_2}{p_0} + 20\lg 2 = L_{p_2} + 6$，可以推导出 $L_{p_1} = L_{p_2} + 6$（dB），如果第二个声音的声压级是 70dB，那么第一个声音的声压级比第二个声音的声压级多 6dB，为 76dB。

答案：C

**19-1-29** 将两个 0dB 的声音叠加，其叠加后的总声压级为（ ）dB。

A 6　　　　B 3　　　　C 1　　　　D 0

解析：因 $n$ 个声压级相等声音的叠加基总声压级为：$l_p = l_{p_1} + 10\lg n$，$l_{p_1} = 0$，$n = 2$，故 $l_p = 0 + 10\lg 2 = 3$dB。

答案：B

**19-1-30** 一只扬声器发出声音的声压级为 60dB，如果将 4 只扬声器放在一起同时发声，这时的声压级为（ ）dB。

A 60　　　　B 63　　　　C 66　　　　D 120

解析：同题 19-1-28 解析，4 个扬声器可以先两两相加，得到两个 63dB，再将两个 63dB 相加，得到总声压级为 66dB。

答案：C

**19-1-31** 一台机器发出声音的声压级为 70dB，如果 10 台机器在一起同时发声，这时的声压级为（ ）dB。

A 70　　　　B 73　　　　C 76　　　　D 80

解析：几个声压级相等声音的叠加其总声压级为：

$$L_p = 20\lg\dfrac{P}{P_0} + 10\lg n = L_{p_1} + 10\lg n \text{ （dB）}$$

得出 10 个声压级相等的声音叠加时，总声压级比一个声音的声压级增加 10dB，所以 10 个 70dB 的声音叠加后，其总声压级为 80dB。

答案：D

**19-1-32** 有两个机器发出声音的声压级分别为 **85dB** 和 **67dB**，如果这两个机器同时工作，这时的声压级为（　　）dB。

A　70　　　　　B　85　　　　　C　88　　　　　D　152

解析：同题 19-1-30 解析第一式，如果两个声音的声压级差超过 10dB，附加值（上式中的第二项）很小，可以略去不计，其总声压级等于最大声音的声压级，85dB－67dB＝18dB＞10dB，所以这时的总声压级为 85dB。

答案：B

**19-1-33** 要使人耳主观听闻的响度增加一倍，声压级要增加（　　）dB。

A　2　　　　　B　3　　　　　C　6　　　　　D　10

解析：根据人耳的听音特性，声压级每增加 10dB，人耳主观听闻的响度大约增加 1 倍。

答案：D

**19-1-34** 声音的音色主要由声音的（　　）决定。

A　声压级　　　B　频谱　　　C　频率　　　D　波长

解析：音色反映复音的一种特性，它主要是由复音中各种频率成分及其强度，即频谱决定的。

答案：B

## （二）室 内 声 学 原 理

**19-2-1** (2010) 有四台同型号冷却塔按正方形布置。仅一台冷却塔运行时，在正方形中心、距地面 **1.5m** 处的声压级为 **70dB**，问四台冷却塔同时运行该处的声压级是多少？

A　73dB　　　　B　76dB　　　　C　79dB　　　　D　82dB

解析：几个声压级相等声音的叠加其总声压级为：

$$L_P = 20\lg\frac{p}{p_0} + 10\lg n = L_{P_1} + 10\lg n \text{ (dB)}$$

由此可得，两个声压级相等的声音叠加时，总声压级比一个声音的声压级增加 3dB。因此，两个 70dB 的声音叠加后，其总声压级为 73dB；两个 73dB 的声音叠加后，其总声压级为 76dB。

答案：B

**19-2-2** (2010) 室内表面为坚硬材料的大空间，有时需要进行吸声降噪处理。对于吸声降噪的作用，以下哪种说法是正确的？

A　仅能减弱直达声
B　仅能减弱混响声
C　既能减弱直达声，也能减弱混响声

D 既不能减弱直达声,也不能减弱混响声

解析:吸声降噪不能降低直达声,只能降低混响声(反射声)。通过吸声降噪处理可以使房间室内平均声压级降低6~10dB。

答案:B

19-2-3 (2010) 在房间内某点测得连续声源稳态声的声压级为90dB。关断声源后该点上声压级的变化过程为:0.5秒时75dB,1.0秒时68dB,1.5秒时45dB,2.0秒时30dB。该点上的混响时间是多少?

A 0.5秒　　　　B 1.0秒　　　　C 1.5秒　　　　D 2.0秒

解析:根据混响时间的定义,当室内声场达到稳态,声源停止发声后,声音衰减60分贝所经历的时间是混响时间。从90dB衰减60分贝是30dB。

答案:D

19-2-4 (2010) 某房间的容积为10000m³,房间内表面吸声较少,有一点声源在房间中部连续稳定地发声。在室内常温条件下,房间内某处的声压级与以下哪项无关?

A 声源的声功率　　　　　　　　B 离开声源的距离
C 房间常数　　　　　　　　　　D 声速

解析:室内计算点的声压级:

$$L_\mathrm{p} = 10\lg W + 10\lg\left(\frac{Q}{4\pi r^2} + \frac{4}{R}\right) + 120\,(\mathrm{dB})$$

式中　$W$——声源的声功率,W;
　　　$r$——测点和声源间的距离,m;

$$R = \frac{S \cdot \bar{\alpha}}{1-\bar{\alpha}}$$

$R$——房间常数,m²;
$\bar{\alpha}$——室内平均吸声系数;
$S$——室内总表面积,m²;
$Q$——声源的指向性因数,见本套教材第3分册《建筑物理与建筑设备》表19-3。

答案:D

19-2-5 (2010) 用赛宾公式计算混响时间是有限制条件的。当室内平均吸声系数小于多少时,计算结果才与实际情况比较接近?

A 0.1　　　　B 0.2　　　　C 0.3　　　　D 0.4

解析:赛宾公式:

$$T_{60} = \frac{0.161V}{A}\,(\mathrm{s})\quad(\bar{\alpha} < 0.2)$$

用赛宾公式计算混响时间,室内平均吸收系数$\bar{\alpha}<0.2$时,计算结果才与实际情况比较接近。

答案:B

19-2-6 (2009) 在某一机房内,混响半径(直达声压与混响声压相等的点到声源的声中心的距离)为8m。通过在机房内表面采取吸声措施后,以下哪个距离(距声源）处的降噪效果最小？

  A　16m    B　12m    C　8m    D　4m

  解析：在混响半径处直达声和反射声的声能相等，小于混响半径处直达声的声能强，吸声处理对该处的降噪效果小。用吸声降噪的方法只能降低反射声（混响声），不能降低直达声。

  答案：D

**19-2-7**　(2009) 当室内声场达到稳态，声源停止发声后，声音衰减多少分贝所经历的时间是混响时间？

  A　30dB    B　40dB    C　50dB    D　60dB

  解析：根据混响时间的定义，当室内声场达到稳态，声源停止发声后，声音衰减60分贝所经历的时间是混响时间。

  答案：D

**19-2-8**　(2009) 用赛宾公式计算某大厅的混响时间时，用不到以下哪个参数？

  A　大厅的体积      B　大厅的内表面积

  C　大厅内表面的平均吸声系数  D　大厅地面坡度

  解析：赛宾公式：

$$T_{60} = \frac{0.161V}{A} \text{(s)} \ (\bar{\alpha} < 0.2)$$

  式中　$V$——房间容积，$m^3$；

     $A$——室内总吸声量，$m^2$。

$$A = S \cdot \bar{\alpha}$$

  式中　$S$——室内总表面积，$m^2$；

     $\bar{\alpha}$——室内平均吸声系数。

  答案：D

**19-2-9**　(2008) 在计算室内混响时间时，应在下列哪种频段考虑空气的吸收？

  A　低频    B　中频    C　中、低频    D　高频

（注：此题2004年、2006年均考过）

  解析：计算混响时间时，一般对2000Hz以上即高频段的声音，需要考虑空气吸收的影响。

  答案：D

**19-2-10**　(2006) 为了克服"简并"现象，使其共振频率分布尽可能均匀，房间的几何尺寸应选取哪种比例合适？

  A　7×7×7  B　6×6×9  C　6×7×8  D　8×8×9

  解析：为避免共振频率重叠的"简并"现象，房间尺寸应尽量避免形成简单的整数比。

  答案：C

**19-2-11**　(2004) 混响时间是指室内声波自稳态级衰减多少分贝（dB）所需时间？

  A　30    B　40    C　50    D　60

  解析：混响时间是指室内声波自稳态级衰减60分贝所需的时间。

答案：D

**19-2-12** 要使观众席上某计算点没有回声，此点的直达声和反射声的声程差不能大于（　　）m。

A 10　　　　　B 17　　　　　C 20　　　　　D 34

解析：人耳的听觉暂留为50ms，即直达声和反射声的声程差大于50ms人耳就可能区分开，形成回声。声音在空气中的传播速度是340m/s，所以要使观众席某计算点上没有回声，直达声和反射声的声程差不能大于17m。

答案：B

**19-2-13** 要使观众席上某计算点没有回声，此点的直达声和反射声的时差不能大于（　　）s。

A 1　　　　　B 1/10　　　　　C 1/20　　　　　D 1/50

解析：人耳的听觉暂留为50ms，即直达声和反射声的声程差大于50ms人耳就可能区分开，形成回声，所以要使观众席某计算点上没有回声，直达声和反射声的时差不能大于50ms，即1/20s。

答案：C

**19-2-14** 测量一个厅堂的混响时间，声压级衰减30dB用了0.7s，这个厅堂的混响时间为（　　）s。

A 0.35　　　　　B 0.7　　　　　C 1.4　　　　　D 2.1

解析：混响时间是指室内声波自稳态级衰减60分贝所需的时间。30dB是60dB的一半，所以声音衰减60dB应该用1.4s。

答案：C

**19-2-15** 在室外点声源的情况下，接受点与声源的距离增加一倍，声压级大约降低（　　）dB。

A 1　　　　　B 2　　　　　C 3　　　　　D 6

解析：在室外点声源的情况下：$L_p = L_W - 11 - 20\lg r$（dB），如果$r_1$处的声压级为$L_{p_1}$，$r_2 = nr_1$处的声压级为$L_{p_2}$，$n$为距离的倍数，$r_2$点处的声压级$L_{p_2} = L_{p_1} - 20\lg n$（dB）。从上式得出，观测点与声源的距离增加一倍，声压级降低6dB。

答案：D

**19-2-16** 在交通噪声的影响下，接受点与声源的距离增加一倍，声压级大约降低（　　）dB。

A 3　　　　　B 4　　　　　C 6　　　　　D 10

解析：对于交通噪声，接收点与声源的距离增加1倍，声压级降低约4dB。

答案：B

**19-2-17** 下面四个房间，哪个房间的音质最好？

A 6×5×3.6　　　　　B 6×3.6×3.6
C 5×5×3.6　　　　　D 3.6×3.6×3.6

解析：房间的三个尺度不相等或不成整数倍，能减少房间的共振，减少"简并"的发生。

答案：A

# （三）吸声、隔声材料与结构

**19-3-1** （2010）对中、高频声有良好的吸收，背后留有空气层时还能吸收低频声。以下哪种类型的吸声材料或吸声结构具备上述特点？

A 多孔吸声材料　　　　　　　　B 薄板吸声结构
C 穿孔板吸声结构　　　　　　　D 薄膜吸声结构

解析：多孔吸声材料的吸声特性是对中、高频声有良好的吸收，背后留有空气层时还能吸收低频声。

答案：A

**19-3-2** （2010）以下哪项措施不能降低楼板撞击声的声级？

A 采用较厚的楼板
B 在楼板表面铺设柔软材料
C 在楼板结构层与面层之间做弹性垫层
D 在楼板下做隔声吊顶

解析：撞击声的隔绝措施有：弹性面层处理，如B选项；弹性垫层处理，如C选项；做隔声吊顶，如D选项。

答案：A

**19-3-3** （2010）各种建筑构件空气声隔声性能的单值评价量是（　　）。

A 计权隔声量　　　　　　　　　B 平均隔声量
C 1000Hz的隔声量　　　　　　　D A声级的隔声量

解析：建筑构件空气声隔声性能的单值评价量是以频率计权的隔声量。

答案：A

**19-3-4** （2010）吻合效应会使双层中空玻璃隔声能力下降，为减小该效应应采取以下哪项措施？

A 加大两层玻璃之间的距离　　　B 在两层玻璃之间充注惰性气体
C 使两层玻璃的厚度明显不同　　D 使两层玻璃的厚度相同

解析：吻合效应会使双层中空玻璃隔声能力下降，为减少该效应，应使两层玻璃的厚度明显不同，或两层玻璃不平行，质量不同。

答案：C

**19-3-5** （2010）多孔吸声材料最基本的吸声机理特征是（　　）。

A 纤维细密　　　　　　　　　　B 适宜的容重
C 良好的通气性　　　　　　　　D 互不相通的多孔性

解析：多孔性吸声材料最基本的吸声机理特征是良好的通气性。

答案：C

**19-3-6** （2010）如何使穿孔板吸声结构在很宽的频率范围内有较大的吸声系数？

A 加大孔径
B 加大穿孔率
C 加大穿孔板背后的空气层厚度

D 在穿孔板背后加多孔吸声材料

解析：穿孔板吸声结构吸收中频，加大孔径，加大穿孔率，加大穿孔板背后的空气层厚度只能改变吸收的频率即共振频率，在穿孔板背后加多孔吸声材料能增加中高频的吸收，其共振频率向低频转移。

答案：D

**19-3-7**（2009）某50mm厚的单层匀质密实墙板对100Hz声音的隔声量为20dB。根据隔声的"质量定律"，若单层匀质密实墙板的厚度变为100mm，其对100Hz声音的隔声量是（　　）。

A 20dB　　　　　B 26dB　　　　　C 32dB　　　　　D 40dB

解析：根据质量定律，$R=20\lg M_0+20\lg f-48$（dB），当墙体单位面积质量增加一倍，隔声量增加6dB。单层匀质密实墙板厚度增加一倍，即相当于墙体单位面积质量增加一倍。

答案：B

**19-3-8**（2009）下面4种楼板构造中混凝土楼板厚度相同，哪种构造隔绝撞击声的能力最差？

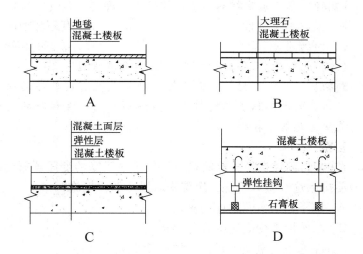

解析：撞击声的隔绝方法有：弹性面层处理，如A选项；弹性垫层处理，如C选项；做吊顶，如D选项；B选项未做处理，所以隔绝撞击声能力最差。

答案：B

**19-3-9**（2009）各种建筑构件空气声隔声性能的单值评价量是（　　）。

A 平均隔声量　　　　　　　　B 计权隔声量
C 1000Hz的隔声量　　　　　　D A声级的隔声量

（注：此题2007年、2008年、2012年均考过）

解析：各种建筑构件空气声隔声性能的单值评价量是频率计权隔声量。

答案：B

**19-3-10**（2009）由相同密度的玻璃棉构成的下面4种吸声构造中，哪种构造对125Hz的声音吸收最大？

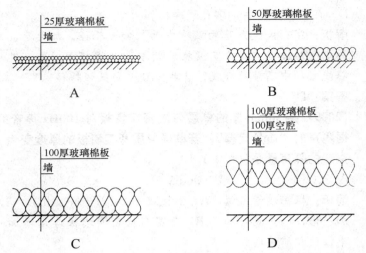

解析：多孔吸声材料的厚度增加，对低频声音的吸声系数增加；多孔吸声材料后面有空气层，其吸声特性相当于铺设同等厚度的吸声材料。

答案：D

**19-3-11** (2009) 多孔吸声材料最基本的吸声机理特征是（　　）。

　　A 良好的通气性　　　　　　B 互不相通的多孔性
　　C 纤维细密　　　　　　　　D 适宜的容重

（注：此题 2007 年、2008 年、2010 年均考过）

解析：多孔吸声材料的吸声机理特征是具有内外连通的微孔，有良好的通气性，声波入射到多孔材料上，声波顺着微孔在材料的空隙中向前传播，由声能变为热能消耗掉。

答案：A

**19-3-12** (2009) 某住宅楼三层的住户受位于地下室的变压器振动产生的噪声干扰，若要排除这一噪声干扰，应该采取以下哪项措施？

　　A 加厚三层房间的地面楼板
　　B 加厚地下变电室的顶部楼板
　　C 在地下变电室的顶面、墙面装设吸声材料
　　D 在变压器与基座之间加橡胶垫

解析：根据《住宅建筑规范》GB 50368—2005 第 7.1.6 条，水泵、风机应采取减振措施，在变压器与基座之间加橡胶垫是有效的减振方法之一。

答案：D

**19-3-13** (2009) 墙板产生吻合效应时，将使隔声量（　　）。

　　A 大幅度上升　　B 轻微上升　　C 保持不变　　D 大幅度下降

解析：墙板产生吻合效应时其隔声性能变坏，隔声量大幅度下降。

答案：D

**19-3-14** (2009) 为减少建筑设备噪声的影响，应首先考虑采取下列哪项措施？

　　A 加强设备机房围护结构的隔声能力
　　B 在设备机房的顶面、墙面设置吸声材料

C 选用低噪声建筑设备
D 加强受干扰房间围护结构的隔声能力

解析：噪声控制的原则是首先从声源处控制，其次是在声源的传播途径中控制，最后是个人防护。

答案：C

**19-3-15** （2008）一般厚 50mm 的多孔吸声材料，它的主要吸声频段在（　　）。
A 低频　　　　B 中频　　　　C 中、高频　　　　D 高频

解析：多孔吸声材料的吸声特性是吸收中、高频声音。

答案：C

**19-3-16** （2008）匀质墙体，其隔声量与其单位面积的重量（面密度）呈什么关系？
A 线性　　　　B 指数　　　　C 对数　　　　D 三角函数

解析：根据质量定律，$R=20\lg M_0+20\lg f-48$（dB）看出，其隔声量与其单位面积的重量（面密度）呈对数关系。

答案：C

**19-3-17** （2008）声闸的内表面应（　　）。
A 抹灰　　　　B 贴墙纸　　　　C 贴瓷砖　　　　D 贴吸声材料
（注：此题2004年考过）

解析：声闸的内表面应做成强吸声处理。声闸内表面的吸声量越大，隔声效果越好，所以应该贴吸声材料。

答案：D

**19-3-18** （2008）在住宅建筑设计中，面临楼梯间或公共走廊的户门，其隔声量不应小于多少？
A 15dB　　　　B 20dB　　　　C 25dB　　　　D 30dB
（注：此题2005年考过）

解析：《住宅建筑规范》GB 50368—2005 规定，户门的空气声计权隔声量不应小于25dB。另《隔声规范》表4.2.6规定，外墙、户门和户内分室墙的空气声隔声标准，户门的空气声计权隔声量+粉红噪声频谱修正量≥25dB。

答案：C

**19-3-19** （2007）决定穿孔板吸声结构共振频率的主要参数是（　　）。
A 板厚　　　　　　　　　　　　B 孔径
C 穿孔率和板后空气层厚度　　　D 孔的排列形式

解析：穿孔板的共振频率由下式计算：

$$f_0=\left(\frac{c}{2\pi}\right)\sqrt{\frac{P}{L(t+\delta)}}(\text{Hz})$$

式中 $c$ 为声速，$P$ 为穿孔率，$L$ 为板后空气层厚度，$t$ 为板厚，$\delta$ 为空口末端修正量。$L$ 从几厘米到几十厘米不等，板厚 $t$ 一般只有几毫米，变化量小，影响较小。

答案：C

**19-3-20** （2007）薄板吸声构造的共振频率一般在下列哪个频段？

A 高频段     B 中频段     C 低频段     D 全频段

解析：薄板吸声构造的共振频率一般在低频段。

答案：C

**19-3-21** (2007) 为避免双层隔声窗产生共振与吻合效应，两扇窗玻璃在安装与选材上应注意（   ）。

A 平行安装、厚度相同      B 平行安装、厚度不等
C 不平行安装、厚度相同      D 不平行安装、厚度不等

解析：声波入射到第一层玻璃窗上，会产生吻合效应，导致隔声量下降，再经过平行且厚度相同的第二层玻璃又会产生同频率的吻合效应导致隔声量的进一步下降。为避免这种吻合效应叠加的现象，应使两层窗不等厚、两层窗质量不同或两层窗不平行。

答案：D

**19-3-22** (2006) 改善楼板隔绝撞击声性能的措施之一是在楼板表面铺设面层（如地毯类），它对降低哪类频率的声波尤为有效？

A 高频     B 中频     C 中、低频     D 低频

解析：在楼板表面铺设弹性面层（如地毯）可使撞击能量减弱，尤其对中高频的撞击声级有较大的改善，对高频声尤为有效。

答案：A

**19-3-23** (2006) 采取哪种措施，可有效降低穿孔板吸声结构的共振频率？

A 增大穿孔率      B 增加板后空气层厚度
C 增大板厚      D 板材硬度

解析：穿孔板的共振频率由下式计算：

$$f_0 = \left(\frac{c}{2\pi}\right)\sqrt{\frac{P}{L(t+\delta)}}$$

式中 $c$ 为声速，$P$ 为穿孔率，$L$ 为板后空气层厚度，$t$ 为板厚，$\delta$ 为空口末端修正量。一般穿孔板后空气层的厚度可在几厘米到几十厘米之间变化，而穿孔板厚仅几毫米，可变化量很小，因此增加板后空气层厚度才能有效降低共振频率。

答案：B

**19-3-24** (2006) 微穿孔板吸声构造在较宽的频率范围内有较高的吸声系数，其孔径应控制在多大范围？

A 5mm     B 3mm     C 2mm     D 小于1mm

解析：小于1mm 的穿孔板称为微穿孔板。孔小则周边与截面之比大，孔内空气与孔颈壁摩擦阻力大，消耗的声能多，吸声效果好。

答案：D

**19-3-25** (2006) 下列哪种板材隔绝空气声的隔声量最大？

A 140 陶粒混凝土板（238kg/m²）     B 70 加气混凝土砌块（70kg/m²）
C 20 刨花板（13.8kg/m²）     D 12 厚石膏板（8.8kg/m²）

（注：此题 2003 年、2005 年考过）

解析：根据质量定律，构件单位面积质量越大，其隔声量越大。

答案：A

**19-3-26** (2006) 在多孔性吸声材料外包一层塑料薄膜，膜厚多少才不会影响它的吸声性能？

A  0.2mm              B  0.15mm
C  0.1mm              D  小于 0.05mm

（注：此题 2004 年考过）

解析：多孔材料需要具有内外连通的空隙才能很好地吸声，因此饰面应具有良好的通气性，厚度小于 0.05mm 的极薄柔软塑料薄膜对声波的传播几乎无影响，声波的振动通过薄膜的振动很容易传入多孔材料内部。

答案：D

**19-3-27** (2006) 建筑物内设备隔振不仅有效地降低振动干扰，而且对降低哪种声波也有明显效果？

A  固体声        B  纯音        C  空气声        D  复合声

解析：建筑物内的设备振动通过地面、墙体、楼板等固体传向四面八方，设备隔振不仅有效地降低振动干扰，而且能有效地降低这些固体传声。

答案：A

**19-3-28** (2005) 建筑中使用的薄板构造，其共振频率主要在下列哪种频率范围？

A  高频        B  中、高频        C  中频        D  低频

解析：薄板构造的共振频率主要在低频范围。

答案：D

**19-3-29** (2005) 双层墙能提高隔声能力主要是下列哪项措施起作用？

A  表面积增加    B  体积增加    C  空气间层    D  墙厚度增加

解析：双层墙主要是利用空气间层的弹性减振作用提高隔声能力。

答案：C

**19-3-30** (2005) 采取下列哪种措施，可有效提高穿孔板吸声结构的共振频率？

A  减少穿孔率              B  减少板后空气层厚度
C  减少板厚                D  较少板材硬度

解析：根据穿孔板共振频率公式：

$$f_0 = \left(\frac{c}{2\pi}\right)\sqrt{\frac{P}{L(t+\delta)}}$$

式中 $c$ 为声速，$P$ 为穿孔率，$L$ 为板后空气层厚度，$t$ 为板厚，$\delta$ 为空口末端修正量。减少板后空气层厚度和减少板厚都能提高穿孔板吸声结构的共振频率，但穿孔板本身厚度只有几毫米，减少厚度的幅度很小，而空气层厚度至少有几厘米，因此减少空气间层厚度能有效提高其共振频率。

答案：B

**19-3-31** (2005) 均质隔墙的重量与其隔声量之间的关系是(        )。

A  线性关系    B  非线性关系    C  对数关系    D  指数关系

解析：根据隔墙隔声量的质量定律 $R=20\lg m+20\lg f-48$，重量和隔声量之间是对数关系。

答案：C

**19-3-32** (2005) 下列哪种罩面材料对多孔材料的吸声能力影响为最小？

　　A　0.5mm 薄膜　　　　　　　　B　钢板网
　　C　穿孔率 10% 的穿孔板　　　　D　三合板

解析：为了尽可能地保持多孔材料的吸声特性，材料必须具有良好的透气性。上述材料中的钢板网对多孔材料的通气性影响最小。

答案：B

**19-3-33** (2005) 隔振系统的干扰力频率 ($f$) 与固有频率 ($f_0$) 之比，必须满足多大，才能取得有效的隔振效果？

　　A　0.2　　　　B　0.5　　　　C　1.0　　　　D　$\sqrt{2}$

解析：当隔振系统的干扰力频率 ($f$) 与固有频率 ($f_0$) 之比大于 $\sqrt{2}$ 时，才能取得有效的隔振效果。

答案：D

**19-3-34** (2004) 隔墙的重量与其隔声量之间符合什么规律？

　　A　线性　　　　B　对数　　　　C　指数　　　　D　双曲函数

解析：隔墙的重量与其隔声量之间符合质量定律，即 $R=20\lg m+20\lg f-48$，因此隔墙的重量与其隔声量之间是一个对数关系。

答案：B

**19-3-35** (2004) 楼板表面铺设柔软材料，对降低哪些频段的撞击声效果最显著？

　　A　低频　　　　B　中频　　　　C　高频　　　　D　中低频

解析：在楼板表面铺设弹性面层（如地毯、橡胶板等）可使撞击能量减弱，通常对中高频的撞击声级有较大的改善，尤其对高频声的隔绝效果最好，对低频要差些。

答案：C

**19-3-36** (2004) 吸声尖劈构造最常用于下列哪种场所？

　　A　录音室　　　　B　消声室　　　　C　音乐厅　　　　D　电影院

解析：吸声尖劈是消声室中常用强吸声结构。

答案：B

**19-3-37** (2004) 机器设备采用隔振机座，对建筑物内防止下列哪种频率的噪声干扰较为有效？

　　A　高频　　　　B　中高频　　　　C　中频　　　　D　低频

解析：机器设备振动频率主要是低频，采取隔振机座，对建筑物内防止低频的噪声干扰较为有效。

答案：D

**19-3-38** 为了不影响多孔吸声材料的吸声特性，宜选用哪种罩面材料？

　　A　厚度为 0.5mm 的塑料薄膜　　　　B　钢板网
　　C　穿孔率=10% 的穿孔板　　　　　　D　穿孔率=1% 的穿孔板

解析：多孔吸声材料的罩面常用金属网，窗纱，纺织品，厚度小于0.05mm的塑料薄膜，穿孔率大于20%的穿孔板。从题中看出，钢板网能用于多孔吸声材料的罩面。

答案：B

**19-3-39** 穿孔板的穿孔率为（　　）时才不影响其后面多孔材料的吸声特性。

A 1%　　　　B 3%　　　　C 10%　　　　D >20%

解析：当穿孔板的穿孔率大于20%时，穿孔板作为多孔吸声材料的罩面层起保护作用，它不再具有穿孔板的吸声特性，也不影响多孔材料的吸声特性。

答案：D

**19-3-40** 在穿孔板吸声结构内填充多孔吸声材料会使共振频率向（　　）段方向移动。

A 低频　　　　B 中频　　　　C 中、高频　　　　D 高频

解析：穿孔板吸声结构所吸收的频率是在中频段，在穿孔吸声结构内填充多孔吸声材料使空腔内的阻尼加大，从而使共振频率向低频段方向移动。

答案：A

**19-3-41** 薄板吸声结构主要吸收（　　）。

A 低频　　　　B 中频　　　　C 中、高频　　　　D 高频

解析：薄板吸声结构由于板刚度的影响，主要吸收低频。

答案：A

**19-3-42** 在噪声比较大的工业厂房作吸声减噪处理，在哪些地方作处理效果较好？

A 墙面　　　　　　　　　　B 地面
C 顶棚　　　　　　　　　　D 悬挂空间吸声体

解析：在噪声比较大的工业厂房中，由于墙面、顶棚常常安装采暖、空调和车间设备，使布置吸声减噪材料受到限制。采用空间吸声体的吸声效果好，它的安装位置灵活，能结合室内装修进行设计，是比较好的处理方法。

答案：D

**19-3-43** 消声室（无回声室）内使用的吸声尖劈其吸声系数为（　　）。

A 1.0　　　　B >0.99　　　　C >0.80　　　　D >0.50

解析：在消声室内没有回声时测量结果才准确，所以消声室内使用的吸声尖劈的吸声系数要大于0.99。

答案：B

**19-3-44** 朝向自由声场的洞口其吸声系数为（　　）。

A 0　　　　B 0.4　　　　C 0.5　　　　D 1.0

解析：在自由声场中声音向四周传播而没有反射声。声音从朝向自由声场的洞口传播出去后，声音没有反射回来，所以它的吸声系数为1。

答案：D

**19-3-45** 根据质量定律，当墙体质量增加一倍时，隔声量增加（　　）dB。

A 3　　　　B 6　　　　C 10　　　　D 20

解析：根据质量定律，$R = 20\lg M_0 + 20\lg f - 48 \text{(dB)}$，当墙体质量增加一倍，上式变为：$R' = (20\lg 2M_0 + 20\lg f - 48) = (20\lg M_0 + 20\lg f - 48) + 20\lg 2 =$

$R+6$，即墙体质量增加一倍，隔声量增加 6dB。

答案：B

**19-3-46** 根据质量定律，当频率增加一倍时，隔声量增加( )dB。

A 20  B 10  C 6  D 3

解析：同题 19-3-39 解析的推导，频率增加一倍，隔声量增加 6dB。

答案：C

**19-3-47** 为了提高双层墙的隔声能力，空气间层的厚度应为( )cm。

A 2  B 4  C 6  D >8

解析：双层匀质密实墙中间的空气间层厚度从 0 增加到 8cm 时，附加隔声量也随之增加，空气间层大于 9cm 时，附加隔声量为 8~12dB，但随空气间层的厚度增加，附加隔声量增加很少，在本题，要提高双层墙的隔声能力，空气间层的厚度应该选大于 8cm。

答案：D

**19-3-48** 在轻型墙体中，用松散的材料填充空气层，其隔声量能提高( )dB。

A 3~8  B 15  C 20  D 30

解析：根据实际测试数据，在轻型墙体的空气间层内填充松散材料，隔声量能增加 3~8dB。

答案：A

**19-3-49** 为了增加隔声效果，声闸的顶棚和墙面应如何处理？

A 抹灰  B 贴墙纸
C 水泥拉毛  D 作强吸声处理

解析：声闸的内表面应做成强吸声处理，声闸内表面的吸声量越大，隔声效果越好。

答案：D

**19-3-50** 在民用建筑中，对水泵和风机应采取下列哪种声学措施？

A 吸声  B 消声  C 减振  D 隔声

解析：根据《住宅建筑规范》GB 50368—2005 第 7.1.6 条，管道井、水泵房、风机房应采取有效的隔声措施，水泵、风机应采取减振措施。

答案：C

## （四）室内音质设计

**19-4-1** (2010) 为了比较全面地进行厅堂音质设计，根据厅堂的使用功能，应按以下哪一组要求做？

A 确定厅堂的容积、设计厅堂的体形、设计厅堂的混响、配置电声系统
B 设计厅堂的体形、设计厅堂的混响、选择吸声材料与设计声学构造、配置电声系数
C 确定厅堂的容积、设计厅堂的混响、选择吸声材料与设计声学构造、配置电声系统

D 设计厅堂的体形、设计厅堂的混响、选择吸声材料与设计声学构造

解析：确定厅堂的容积、设计厅堂的体形、设计厅堂的混响、选择吸声材料与设计声学构造是进行厅堂音质设计的常规做法。

答案：D

**19-4-2** （2009）下述哪条不是厅堂体形设计的基本设计原则？

A 保证每位观众都能得到来自声源的直达声
B 保证前次反射声的良好分布
C 保证室内背景噪声低于相关规范的规定值
D 争取充分的声扩散反射

解析：保证室内背景噪声低于相关规范的规定值要从墙体构造和平面布局解决，与厅堂体形设计无关。

答案：C

**19-4-3** （2008）剧院内的允许噪声级一般采用哪类噪声评价指数（$N$）？

A $N=15\sim20$  B $N=20\sim25$  C $N=25\sim30$  D $N=30\sim35$

解析：参见《建筑物理》第四版（刘加平主编）第437页，剧院的允许噪声级可采用$N=20\sim25$。

答案：B

**19-4-4** （2007）室内音质的主要客观评价量是（　　）。

A 丰满度和亲切感
B 清晰度和可懂度
C 立体感
D 声压级、混响时间和反射声的时空分布

解析：丰满度和亲切感、清晰度和可懂度、立体感基本都是主观评价量。声压级、混响时间和反射声的时空分布都是客观评价量。

答案：D

**19-4-5** （2007）从建筑声学设计角度考虑，厅堂容积的主要确定原则是（　　）。

A 声场分布                B 舞台大小
C 合适的响度和混响时间    D 直达声和反射声

解析：容积大小直接影响声音的响度和混响时间，与声场分布、直达声和反射声、舞台大小没有直接关系。

答案：C

**19-4-6** （2007）在一个1/20的厅堂音质模型实验中，对**500Hz**的声音，模型实验时应采取多少**Hz**的声源？

A 500Hz    B 1000Hz    C 5000Hz    D 10000Hz

解析：厅堂音质模型实验，如果几何相似比即模型尺寸$l'$与实物的尺寸$l$比为$1:n$，即$l'=l/n$，则模型实验时的频率$f'$是实际频率$f$的$n$倍，即$f'=nf$。

答案：D

**19-4-7** （2007）为使厅堂内声音尽可能扩散，在设计扩散体的尺寸时，应考虑的主要因素是（　　）。

A 它应小于入射声波的波长　　　　B 它与入射声波波长相当
C 它与两侧墙的间距相当　　　　　D 它与舞台口大小有关

解析：当声波波长与扩散体尺寸相近时，扩散体就能起有效地扩散作用。

答案：B

**19-4-8** (2005) 体育馆比赛大厅的混响时间应控制在多大范围合适？

A 4s　　　　B 3s　　　　C 2s　　　　D 1s

解析：具体的混响时间应根据比赛大厅的容积大小来决定，按《体育场馆声学设计及测量规程》JGJ/T 131—2012 第2.2.1条、第2.2.2条的规定，混响时间不小于1.3秒，不大于3秒。

答案：C

**19-4-9** (2005) 计算剧场混响时间时，舞台开口的吸声系数应取多大值较为合适？

A 1.0　　　　B 0.3～0.5　　　　C 0.2　　　　D 0.1

解析：舞台开口的吸声系数一般应取0.3～0.5。

答案：B

**19-4-10** 下列室内声学现象中，不属于声学缺陷的是（　　）。

A 回声　　　　B 声聚焦　　　　C 声扩散　　　　D 声影

解析：回声、声聚焦和声影都属于声学缺陷，在室内音质设计时应加以防止，声扩散能使室内声场均匀。

答案：C

**19-4-11** 为了给观众厅的前、中部提供前次反射声，侧墙的倾角不宜大于（　　）。

A 8°～10°　　　　B 20°　　　　C 25°　　　　D 30°

解析：在厅堂的平面上，从舞台的声源位置用作图法画反射的声线可以看出，侧墙的倾角小于8°～10°时，声音能反射到观众厅的前部和中部；侧墙的倾角大于10°时，声音大部分都反射到观众席的后部。

答案：A

**19-4-12** 电影院的每座容积为（　　）m³/座。

A 3.5～5.0　　　　B 4.0～6.0　　　　C 4.5～7.5　　　　D 6.0～8.0

解析：根据《剧场、电影院和多用途厅堂建筑声学设计规范》GB/T 50356—2005，每座容积应为：歌舞剧院，4.5～7.5m³/座；戏曲、话剧，4.0～6.0m³/座；多用途厅堂，3.5～5.0m³/座；电影院，6.0～8.0m³/座。

答案：D

**19-4-13** 要使声音充分扩散，扩散体的尺寸与扩散反射声波的波长相比，扩散体尺寸应（　　）。

A 比波长大　　　　B 比波长小　　　　C 与波长相近　　　　D 与波长无关

解析：要使声音充分扩散，扩散体的尺寸应该与扩散反射声波的波长相近。

答案：C

**19-4-14** 大型音乐厅的最佳混响时间为（　　）。

A 0.7～1.0s　　　　B 1.1～1.6s　　　　C 1.7～2.1s　　　　D >2.5s

解析：大型音乐厅由于乐队（和合唱队）的演员多，发出的功率大，厅堂的容积也大，有时其容积达 10000～20000m³，混响时间一般为 1.7～2.1s。

答案：C

**19-4-15** 普通电影院的最佳混响时间为（    ）。

  A 0.3～0.4s   B 0.7～1.0s   C 1.1～1.6s   D 1.7～2.1s

解析：根据《剧场、电影院和多用途厅堂建筑声学设计规范》GB/T 50356—2005，容积为 5000～10000m³ 的普通电影院，混响时间为 0.7～1.0s。

答案：B

**19-4-16** 在观演建筑的观众厅中，观众的吸声量一般占总吸声量的（    ）。

  A 1/3～1/2   B 1/3～2/3   C 1/2～2/3   D 2/3～3/4

解析：在观演建筑中，观众的吸声量一般占总吸声量的 1/2～2/3。

答案：C

**19-4-17** 在室内布置电声系统时，要使各座位的声压级差（    ）。

  A ≤1～3dB   B ≤3～5dB   C ≤6～8dB   D ≤10dB

解析：在观众厅布置电声系统时，为了使室内声场比较均匀，避免过响或听不见，各座位的声压级差高标准要不大于 6dB，最低标准要不大于 8dB。

答案：C

**19-4-18** 语言播音室的最佳混响时间为（    ）。

  A 0.3～0.4s   B 1s   C 1.3～1.4s   D >1.6～2.1s

解析：语言播音室的最佳混响时间，一般取 0.3～0.4s，以满足清晰度的要求。

答案：A

**19-4-19** 语言播音室房间的高：宽：长的最佳比例为（    ）。

  A 1：1：1          B 1：1：2

  C 1：1.5：1.5        D 1：1.25：1.6

解析：语言播音室房间的高：宽：长的最佳比例为 1：1.25：1.6 或 2：3：5，避免采用简单的整数比。

答案：D

## （五）噪 声 控 制

**19-5-1** (2010) 以下哪项措施不能提高石膏板轻钢龙骨隔墙的隔声能力？

 A 增加石膏板的面密度

 B 增加石膏板之间空气层的厚度

 C 增加石膏板之间的刚性连接

 D 在石膏板之间的空腔内填充松软的吸声材料

解析：A 选项，根据质量定律，增加石膏板的面密度，可提高隔墙的隔声能力；B 选项，增加石膏板之间空气层的厚度，空气间层≥9cm，隔声量提高 8～12dB；D 选项，在石膏板之间的空腔内填充松软的吸声材料，隔声量能增加 2～8dB。为提高轻质墙体的隔声量，构件之间应避免刚性连接。

答案：C

**19-5-2 (2010)** 住宅楼三层住户听到的以下噪声中，哪个噪声不是空气声？
  A 窗外的交通噪声      B 邻居家的电视声
  C 地下室的水泵噪声      D 室内的电脑噪声
解析：地下室的水泵噪声是通过楼板和墙体振动传到三层住户的，不是空气声，是固体声。
答案：C

**19-5-3 (2009)** 在《民用建筑隔声设计规范》中规定的住宅分户墙空气声隔声性能（隔声量）的低限值是多少？
  A 35dB      B 40dB      C 45dB      D 50dB
解析：根据《隔声规范》表4.2.1，参照本套教材第3分册《建筑物理与建筑设备》表19-9民用建筑构件各部位的空气声隔声标准，住宅分户墙空气声隔声性能的低限值是45dB。
答案：C

**19-5-4 (2008)** 噪声控制的原则，主要是对下列哪个环节进行控制？
  A 在声源处控制      B 在声音的传播途径中控制
  C 个人防护      D A、B、C全部
解析：噪声控制的原则，主要是控制声源的输出和声的传播途径，以及对接收者进行保护。
答案：D

**19-5-5 (2008)** 我国城市扰民公害诉讼率占首位的是什么？
  A 水污染    B 空气污染    C 城市垃圾    D 噪声污染
解析：在我国城市扰民公害诉讼率中占首位的是交通噪声。
答案：D

**19-5-6 (2007)** 在民用建筑中，对固定在墙体上的管路系统等设施，应采取下列哪种声学措施？
  A 吸声    B 消声    C 隔振    D 隔声
解析：根据《住宅建筑规范》GB 50368—2005第7.1.4条，水、暖、电、气管线穿过楼板和墙体时，空洞周边应采取密封隔声措施。
答案：D

**19-5-7 (2007)** 我国城市区域环境振动标准所采取的评价量是（  ）。
  A 水平振动加速度级      B 垂直振动加速度级
  C 振动速度级      D 铅锤向z计权振动加速度
解析：我国城市区域环境振动标准所采取的评价量是铅锤向z计权振动加速度级。
答案：D

**19-5-8 (2006)** 我国工业企业生产车间内的噪声限值为（  ）。
  A 75dB（A）    B 80dB（A）    C 85dB（A）    D 90dB（A）
解析：《工作场所有害因素职业接触限值 第2部分：物理因素》GB/T 50087—2013规定：工作场所噪声职业接触限值为85dB（A）。

答案：C

**19-5-9** (2006) 在《民用建筑隔声设计规范》中，旅馆客房室内允许噪声级分为几个等级？

A 5　　　　B 4　　　　C 3　　　　D 2

解析：根据《隔声规范》，旅馆客房室内允许噪声级分为：特级、一级、二级3个等级。

答案：C

**19-5-10** (2006) 旅馆客房之间的送、排风管道，必须采取消声降噪措施，其消声量的选取原则为（　　）。

A 大于客房间隔墙的隔声量　　　　B 小于客房间隔墙的隔声量
C 相当于客房间隔墙的隔声量　　　　D 任意选取

（注：此题2003年考过）

解析：根据《隔声规范》第7.3.2条第1款的规定，客房之间的送风和排气管道，应采取消声处理措施，根据声学原理，消声量应相当于毗邻客房间隔墙的隔声量。

答案：C

**19-5-11** (2006) 组合墙（即带有门或窗的隔墙）中，墙的隔声量应比门或窗的隔声量高多少才能有效隔声？

A 3dB　　　　B 6dB　　　　C 8dB　　　　D 10dB

解析：门窗是隔声的薄弱环节，组合墙的隔声设计通常采用"等透射量"原理，即使门、窗、墙的声透射量 $S \cdot \tau$（声透射量等于构件面积 $S$ 乘以声透射系数 $\tau$）大致相等，通常门的面积大致为墙面积 $1/5 \sim 1/10$，墙的隔声量只要比门或窗高出10dB即可。

答案：D

**19-5-12** (2005) 用隔声屏障的方法控制城市噪声，对降低下列哪种频段的噪声较为有效？

A 低频　　　　B 中、低频　　　　C 中频　　　　D 高频

解析：隔声屏障可以将声音波长短的高频声吸收或反射回去，使屏障后面形成"声影区"，在声影区内感到噪声明显下降。对波长较长的低频声，由于容易绕射过去，因此隔声效果较差。

答案：D

**19-5-13** (2005) 我国城市居民、文教区的昼间环境噪声等效声级的限值标准为（　　）。

A 50dB（A）　　　　B 55dB（A）　　　　C 60dB（A）　　　　D 65dB（A）

（注：此题2003年考过）

解析：《声环境标准》规定我国城市居民、文教区昼间环境噪声等效声级的限值标准为55dB（A），夜间为45dB（A）。

答案：B

**19-5-14** (2004) 机房内铺设吸声材料，其主要目的是减少哪类声波的强度，从而降低

机房的噪声级?

A 直达声　　　　B 反射声　　　　C 透射声　　　　D 绕射声

解析：房间的噪声由直达声和反射声组成，吸声材料吸掉的是反射声。

答案：B

**19-5-15** (2004) 噪声评价曲线（NR 曲线）中所标出的数字（如 NR40）是表示下列哪个中心频率（Hz）倍频带的声压级值?

A 250　　　　B 500　　　　C 1000　　　　D 2000

解析：从噪声评价曲线（NR 曲线）来看，在每一条曲线上中心频率为 1000Hz 的倍频带声压级值等于噪声评价指数 $N$。

答案：C

**19-5-16** (2004) 目前，对我国城市区域环境噪声影响大、范围最广的噪声源来自哪里?

A 生活噪声　　　B 施工噪声　　　C 工业噪声　　　D 交通噪声

解析：城市区域环境主要有交通噪声、生活噪声、施工噪声、工业噪声，影响大、范围最广的噪声源为交通噪声。

答案：D

**19-5-17** (2004) 组合墙（即带有门或窗的隔墙）中，墙的隔声量应选择哪种方法合理?

A 低于门或窗的隔声量　　　　B 等于门或窗的隔声量
C 可不考虑门或窗的隔声量　　D 大于门或窗的隔声量

解析：组合墙的隔声设计通常采用"等透射量"原理，即使门、窗、墙的声透射量 $S \cdot \tau$（声透射量等于构件面积 $S$ 乘以声透射系数 $\tau$）大致相等，通常门的面积大致为墙面积 $1/5 \sim 1/10$，墙的隔声量只要比门或窗高出 10dB 即可。

答案：D

**19-5-18** 测量四个地点的累计分布声级（统计百分数声级）如下，哪个地点比较安静?

A $L_{90}=70$dB　　　　B $L_{50}=70$dB
C $L_{10}=70$dB　　　　D $L_{10}=80$dB

解析：累计分布声级（统计百分数声级）用声级出现的累积概率表示随时间起伏的随机噪声的大小。$L_n$ 表示测量的时间内有百分之几的时间噪声值超过 $L_n$ 声级。$L_{10}$ 是起伏噪声的峰值，$L_{50}$ 是噪声平均值，$L_{90}$ 是背景噪声。如果三个数值都相同，$L_{10}=70$dB 处最安静。

答案：C

**19-5-19** 《声环境标准》中给出了城市六类区域的环境噪声限值，该标准所用的评价量为（　　）。

A $L_{PA}$　　　　B $L_{Aeq}$　　　　C $L_{dn}$　　　　D $L_n$

解析：《声环境标准》中所用的噪声评价量是等效 A 声级 $L_{Aeq}$，单位是 dB(A)。

答案：B

**19-5-20** 以居住、文教机关为主的区域，其昼、夜间环境噪声限值分别为（　　）dB（A）。

A　50，40　　　　　　B　55，45　　　　　　C　60，50　　　　　　D　65，55

解析：《声环境标准》中规定，以居住、文教机关为主的区域属于1类区域，其昼间噪声限值为55dB（A），夜间噪声限值为45dB（A）。

答案：B

**19-5-21** 住宅建筑室内允许噪声限值，昼间应低于所在区域的环境噪声标准值多少分贝？

A　3dB　　　　　　　B　5dB　　　　　　　C　10dB　　　　　　　D　15dB

解析：根据《声环境标准》，居住、文教机关为主的区域其环境噪声[$L_{eq}$dB（A）]昼间不大于55dB，夜间不大于45dB；根据《隔声规范》表4.1.1，室内允许噪声级dB（A）：住宅昼间不大于45dB，夜间不大于37dB。所以住宅建筑室内允许噪声限值，应低于所在区域的环境噪声标准值10dB。

答案：C

**19-5-22** 城市噪声的主要来源是（　　）噪声。

A　交通　　　　　　　B　工业　　　　　　　C　建筑施工　　　　　D　社会生活

解析：城市噪声的来源，主要是交通噪声。

答案：A

**19-5-23** 用吸声减噪的方法一般可以降低噪声（　　）。

A　1～4dB　　　　　　　　　　　　　　　　B　6～10dB
C　>20dB　　　　　　　　　　　　　　　　D　>30dB

解析：用吸声减噪的方法降低噪声低于5dB不值得做；降低噪声10dB以上几乎不可能实现，吸声减噪量一般为6～10dB。

答案：B

**19-5-24** 如果直管式阻性消声器其他条件不变，直管式阻性消声器的截面积越大，其消声效果（　　）。

A　越好　　　　　　　B　越差　　　　　　　C　不变　　　　　　　D　不确定

解析：直管式阻性消声器气流通道的断面面积越大，气流噪声中高频声可能直接通过消声器而不与吸声材料接触，起不到消声作用，这种现象叫高频失效；另外，从直管式阻性消声器消声量的计算公式 $\Delta L = \phi(\alpha) \cdot \dfrac{Pl}{S}$（dB）看出，直管式阻性消声器的消声量与消声系数、消声器的有效长度、气流通道的有效断面周长呈正比，而与气流通道的断面面积呈反比。所以直管式阻性消声器的截面积越大，其消声效果越差。

答案：B

**19-5-25** 要隔绝高频声，选用哪种消声器较好？

A　阻性消声器　　　　　　　　　　　　　　B　干涉式消声器
C　共振式消声器　　　　　　　　　　　　　D　膨胀式消声器

解析：阻性消声器主要吸收高频声，抗性消声器是选择性吸收。所以要隔绝高频声。在本题中选择阻性消声器。

**答案**：A

**19-5-26** 房间的噪声降低值与（　　）无关。

    A　隔墙的隔声量　　　　　　　　B　接收室的吸声量

    C　发声室的吸声量　　　　　　　　D　隔墙的面积

**解析**：根据房间的噪声降低值公式，$D = R + 10\lg\dfrac{A}{S_{隔}}$，$R$ 为两房间隔墙的隔声量，单位：dB；$A$ 为接收室吸声量，单位：m²；$S_{隔}$ 为隔墙面积，单位：m²。

**答案**：C

**19-5-27** 用隔声屏障隔声，对（　　）频率声音的隔声效果最有效。

    A　高频　　　　　　　　　　　　　B　中频

    C　低频　　　　　　　　　　　　　D　中、低频

**解析**：隔声屏障可以将声音波长短的高频声吸收或反射回去，使屏障后面形成"声影区"，在声影区内感到噪声明显下降。对波长较长的低频声，由于容易绕射过去，因此隔声效果较差。

**答案**：A

# 二十 建筑给水排水

## (一) 建筑给水

**20-1-1** (2010) 不允许给水管道穿越的设备用房是( )。
A 消防泵房　　　B 排水泵房　　　C 变配电房　　　D 空调机房
解析：根据《给排水标准》第3.6.2条，室内给水管道不应穿越变配电房、电梯机房……
答案：C

**20-1-2** (2010) 下列哪项措施不符合建筑给水系统的节水节能要求？
A 住宅卫生间选用9升的坐便器
B 利用城市给水管网的水压直接供水
C 公共场所设置小便器时，采用自动冲洗装置
D 工业企业设置小便槽时，采用自动冲洗水箱
解析：住宅卫生间选用9升坐便器不符合现行行业标准《节水型生活用水器具》CJ/T 164—2014的节水要求。
答案：A

**20-1-3** (2010) 关于冷却塔的设置规定，下列做法中错误的是( )。
A 远离对噪声敏感的区域
B 远离热源、废气和烟气排放口区域
C 布置在建筑物的最小频率风向的上风侧
D 可不设置在专用的基础上而直接设置在屋面上
解析：根据《给排水标准》第3.11.3条，冷却塔应布置在建筑物的最小频率风向的上风侧，不应布置在热源、废气和烟气排放口附近。

第3.11.7条，冷却塔应安装在专用的基础上，不得直接设置在楼板或屋面上。

第3.11.8条，冷却塔宜远离对噪声敏感的区域。
答案：D

**20-1-4** (2010) 某生活加压给水系统，设有三台供水能力分别为 $15m^3/h$、$25m^3/h$、$50m^3/h$ 的运行水泵，则备用水泵的供水能力最小值不应小于( )。
A $15m^3/h$　　　B $25m^3/h$　　　C $30m^3/h$　　　D $50m^3/h$
解析：根据《给排水标准》第3.9.1条第4款，生活加压给水系统的备用泵，供水能力不应小于最大一台运行水泵的供水能力。
答案：D

**20-1-5** （2010）儿童游泳池的水深最大值为（　　）。

A　0.4m　　　　　　B　0.6m　　　　　　C　0.8m　　　　　　D　1.0m

解析：根据已废止的《建筑给水排水设计规范》GB 50015—2003 第 3.9.27 条，儿童游泳池的水深应为 0.6m。现行《给排水标准》已删除了该条款。

答案：B

**20-1-6** （2010）以下饮用水箱配管示意图哪个正确？

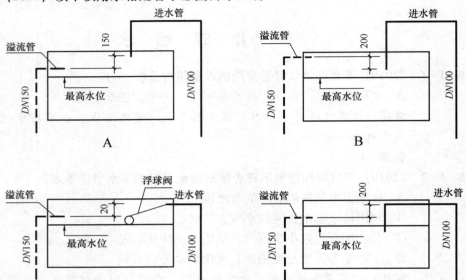

解析：根据《给排水标准》第 3.3.5 条，生活饮用水水箱进水管口的最低点高出溢流边缘的空气间隙应等于进水管管径，但最小不应小于 25mm，最大可不大于 150mm。

答案：A

**20-1-7** （2010）饮用净水系统宜以市政给水为水源，其水质标准应符合现行的（　　）。

A　《瓶装饮用纯净水》　　　　　　B　《饮用净水水质标准》
C　《地表水环境质量标准》　　　　D　《生活饮用水水源水质标准》

解析：根据《给排水标准》第 6.9.3 条第 1 款，饮用净水系统应对原水进行深度净化处理，水质应符合国家现行标准《饮用净水水质标准》CJ 94 的规定。

答案：B

**20-1-8** （2009）影响住宅用水定额的因素，以下哪条错误？

A　净菜上市，食品洗涤用水略有下降
B　使用节水型卫生器具使家庭用水减少
C　小区分质供水不会影响用水定额
D　人口老龄化会少用水

解析：根据已废止的《建筑给水排水设计规范》GB 50015—2003（2009 版）第 3.1.9 条条文说明，净菜上市会使食品洗涤用水略有减少；小区分质供水对住户的用水定额没有影响；人口老龄化，老人在家时间多，会多用水。

现行《给排水标准》已没有相关内容。

答案：D

**20-1-9** (2009) 工业企业建筑生活用水定额的确定，以下哪条错误？

A 车间工人的用水定额比管理人员的高
B 根据车间的卫生特征分级确定
C 根据车间的性质确定
D 设计时与兴建单位充分协商

解析：根据《给排水标准》第3.2.11条，工业企业建筑管理人员的最高日生活用水定额可取30～50L/(人·班)；车间工人的生活用水定额应根据车间性质确定，宜采用30～50L/(人·班)；工业企业建筑淋浴最高日用水定额，应根据现行国家标准《工业企业设计卫生标准》GBZ 1中的车间卫生特征分级确定，可采用40～60L/(人·次)。

答案：A

**20-1-10** (2009) 下列生活饮用水的表述，哪条错误？

A 符合现行的国家标准《生活饮用水卫生标准》要求的水
B 只要通过消毒就可以直接饮用的水
C 是指供生食品的洗涤、烹饪用水
D 供盥洗、沐浴、洗涤衣物用水

解析：根据《给排水标准》第3.3.1条，生活饮用水系统的水质，应符合现行国家标准《饮用水标准》的要求。生活饮用水是指用于盥洗、沐浴、洗涤衣物、食品洗涤、烹饪等生活的用水。

答案：B

**20-1-11** (2009) 符合国标的《生活杂用水水质标准》的水，不可用于（　　）。

A 冲洗便器　　　　　　　　B 绿化浇水
C 擦洗家具　　　　　　　　D 室内车库地面冲洗

解析：根据《生活杂用水水质标准》范围，该标准适用于冲厕、车辆冲洗、城市绿化、道路清扫、建筑施工等杂用的再生水，不适用于与人体直接接触的生活用水。

答案：C

**20-1-12** (2009) 建筑内生活饮用水低位水池（箱）的外壁与建筑物本体结构墙面或其他池壁之间的净距，应满足施工或装配的要求，无管道的侧面，净距不宜小于（　　）。

A 0.5m　　　　B 0.7m　　　　C 0.9m　　　　D 1.0m

解析：根据《给排水标准》第3.8.1条，无管道的侧面，净距不宜小于0.7m；有管道的侧面，净距不宜小于1.0m。

答案：B

**20-1-13** (2009) 以下哪项不是影响居住小区给水加压站数量、规模和水压的因素？

A 小区的规模　　　　　　　　B 建筑造价

C 建筑高度　　　　　　　　　　D 建筑物分布

解析：根据《给排水标准》第 3.13.2 条，小区的加压给水系统，应根据小区的规模、建筑高度和建筑物的分布等因素确定加压站的数量、规模和水压。

答案：B

**20-1-14** (2009) 小区的室外和室内给水管网设置，以下哪条错误？

A 一般室外生活与消防给水管合用给水管网
B 室内生活与消防给水管网要求分开设置
C 发生火灾时小区室外消火栓能够给消防车供水
D 室外管网应满足小区部分用水量

解析：根据《给排水标准》第 3.13.1 条，小区室外给水系统，其水量应满足小区内全部用水量的要求，其水压应满足最不利配水点的水压要求。

答案：D

**20-1-15** (2009) 饮用净水的有关要求，以下哪条错误？

A 水质应符合《饮用净水水质标准》
B 一般均以市政给水为原水
C 对市政给水进行深度处理后达到《生活饮用水卫生标准》
D 管道应符合食品级卫生要求

解析：根据《给排水标准》第 6.9.3 条第 1 款，管道直饮水应对原水进行深度净化处理，其水质应符合国家现行标准《饮用净水水质标准》CJ 94 的规定。

答案：C

**20-1-16** (2009) 屋顶水箱的设置条件，以下哪条正确？

A 非结冻地区宜设在室外
B 设于室外，通气管所处环境空气质量较好
C 设于室外，可省去水箱间以节省造价
D 水箱设于室外必须保温

解析：根据《给排水标准》第 3.8.1 条，建筑物内的水池（箱）应设置在专用房间内，房间应无污染、不结冻、通风良好并应维修方便；室外设置的水池（箱）及管道应采取防冻、隔热措施。

答案：D

**20-1-17** (2008) 别墅的最高日生活用水定额中不包含下面哪一种用水量？

A 庭院绿化用水　　　　　　　　B 洗车抹布用水
C 室内消防用水　　　　　　　　D 家用热水机组用水

解析：根据《给排水标准》第 3.2.1 条，别墅用水中包括庭院绿化用水、汽车抹车用水及家用热水机组用水，不包括室内消防用水。

答案：C

**20-1-18** (2008) 下面哪一种公共建筑的生活用水定额中不含食堂用水？

A 托儿所　　　B 招待所　　　C 养老院　　　D 幼儿园

（注：此题 2007 年考过）

解析：根据已废止的《建筑给水排水设计规范》GB 50015—2003（2009版）第3.1.10条注，除养老院、托儿所、幼儿园的用水定额中含食堂用水，其他均不含食堂用水。

现行《给排水标准》已没有上述条款。

答案：B

**20-1-19** （2008）高层建筑生活给水系统的竖向分区与以下哪一个因素有关？
A 建筑物的体积　　　　　　　　B 建筑物的面积
C 建筑物的层数　　　　　　　　D 建筑内部活动的人数

解析：根据《给排水标准》第3.4.1条第4款，给水系统的分区应根据建筑物用途、层数、使用要求、材料设备性能、维护管理、节约供水、能耗等因素综合确定。

答案：C

**20-1-20** （2008）下面哪一种阀的前面不得设置控制阀门？
A 减压阀　　　B 泄压阀　　　C 排气阀　　　D 安全阀

解析：根据《给排水标准》第3.5.13条，安全阀前不得设置阀门。

答案：D

**20-1-21** （2008）多台水泵从吸水总管上自灌吸水时，水泵吸水管与吸水总管的连接应采用（　　）。
A 管顶平接　　　　　　　　　　B 管底平接
C 管中心平接　　　　　　　　　D 低于吸水总管管底连接

解析：根据《给排水标准》第3.9.6条第4款，水泵吸水管与吸水总管的连接应采用管顶平接。

答案：A

**20-1-22** （2008修）建筑物屋顶生活饮用水水箱的设计规定中，以下哪一条是正确的？
A 可接纳消防管道试压水
B 可与消防水箱合并共用一个水箱
C 可与消防水箱并列设置并共用一幅分隔墙
D 应设置消毒装置

解析：根据《给排水标准》第3.3.15条，供单体建筑的生活饮用水池（箱）与消防用水的水池（箱）应分开设置。

第3.3.16条，建筑物内的生活饮用水水池（箱）体，应采用独立结构形式，不得利用建筑物的本体结构作为水池（箱）的壁板、底板及顶盖。生活饮用水水池（箱）与消防用水水池（箱）并列设置时，应有各自独立的池（箱）壁。

第3.3.18条，生活饮用水水池（箱）的构造和配管，应符合下列规定：
1 人孔、通气管、溢流管应有防止生物进入水池（箱）的措施；
2 进水管宜在水池（箱）的溢流水位以上接入；
3 进出水管布置不得产生水流短路，必要时应设导流装置；
4 不得接纳消防管道试压水、泄压水等回流水或溢流水；

  5 泄水管和溢流管的排水应间接排水，并应符合本标准第 4.4.13 条、第 4.4.14 条的规定；

  6 水池（箱）材质、衬砌材料和内壁涂料，不得影响水质。

  第 3.3.20 条，生活饮用水水池（箱）应设置消毒装置。

  **答案**：D

**20-1-23** **(2008 修)** 下面哪一条不符合饮水供应的有关设计规定？

  A 饮水管道的材质应符合食品级卫生要求

  B 饮用净水的水质仅需符合现行的《生活饮用水卫生标准》的要求

  C 饮用净水应设循环管道，循环管网内水的停留时间不宜超过 12h

  D 开水管道应选用许可工作温度大于 100℃ 的金属管道

  **解析**：根据《给排水标准》第 6.9.3 条第 1 款，管道直饮水应对原水进行深度净化处理，水质应符合现行行业标准《饮用净水水质标准》CJ 94 的规定；

  第 6.9.3 条第 6 款，管道直饮水系统循环管网内的水停留时间不应超过 12h。

  第 6.9.6 条，管道直饮水系统管道应选用耐腐蚀，内表面光滑，符合食品级卫生、温度要求的薄壁不锈钢管、薄壁铜管、优质塑料管。开水管道金属管材的许用工作温度应大于 100℃。

  **答案**：B

**20-1-24** **(2007 修)** 生活饮用水水箱与消防水箱分开设置的原因，以下哪条错误？

  A 有关规范的规定

  B 消防用水存量很大，时间一长使生活饮用水达不到卫生标准

  C 消防管网若发生回流将污染生活饮用水水质

  D 分开设置经济，管理方便

  **解析**：根据《给排水标准》第 3.3.15 条，供单体建筑的生活饮用水池（箱）应与其他用水的水池（箱）分开设置。这是从水质和防水质污染的角度制定的。

  **答案**：D

**20-1-25** **(2007)** 以下关于水质标准的叙述，哪条正确？

  A 生活给水系统的水质应符合《饮用净水水质标准》

  B 生活给水系统的水质应符合《生活饮用水卫生标准》

  C 符合《生活杂用水水质标准》的水只能用于便器冲洗

  D 符合《海水水质标准》的水可以冲洗地面

  **解析**：根据《给排水标准》第 3.3.1 条，生活给水系统的水质应符合国家现行的《饮用水标准》。《生活杂用水水质标准》主要规范了两类杂用水的水质标准，一类为冲厕、车辆冲洗的用水，另一类为城市绿化、道路清扫、消防、建筑施工的用水。

  **答案**：B

**20-1-26** **(2007)** 饮用净水系统应满足的要求，以下哪条错误？

  A 饮用净水宜用市政给水为水源

B 饮用净水应用河水或湖泊水为水源
C 饮用净水需经深度处理方法制备
D 处理后的水应符合《饮用净水水质标准》

**解析**：根据《给排水标准》第6.9.3条及其条文说明，直饮水一般均以市政给水为水源；管道直饮水应对原水进行深度净化处理，水质应符合现行行业标准《饮用净水水质标准》CJ 94的规定。

**答案**：B

**20-1-27** （2007修）以下哪条不属于建筑日常用水量？
A 居民生活用水量
B 公共建筑用水量
C 未预见用水量及管网漏失水量
D 消防用水量

**解析**：根据《给排水标准》第3.7.1条，建筑给水设计用水量应根据下列各项确定：

  1 居民生活用水量；
  2 公共建筑用水量；
  3 绿化用水量；
  4 水景、娱乐设施用水量；
  5 道路、广场用水量；
  6 公用设施用水量；
  7 未预见用水量及管网漏失水量；
  8 消防用水量；
  9 其他用水量。

第3.7.1条的条文说明，消防用水量仅用于校核管网计算，不计入日常用水量。

**答案**：D

**20-1-28** （2007）关于城市给水管道与用户给水管道连接的表述中，以下哪条错误？
A 严禁与用户自备水源给水管道直接连接
B 城市给水只能送水入蓄水池再加压进入自备水源管道
C 自备水源水质高于城市水源水质，可直接连接
D 严禁二者直接连接是国际通用规定

**解析**：根据《给排水标准》第3.1.2条及其条文说明，城镇给水管道严禁与自备水源的供水管道直接连接。

**答案**：C

**20-1-29** （2006）建筑物内不同使用性质或计费的给水系统，在引入管后的给水管网的设置，下述哪项是正确的？
A 分成各自独立的给水管网
B 采用统一的给水管网
C 由设计人员决定给水管网的形式

D 由建设单位决定给水管网的形式

解析：根据《给排水标准》第3.4.1条，建筑物内不同使用性质或计费的给水系统，应在引入管后分成各自独立的给水管网。

答案：A

**20-1-30 (2006)** 建筑物内的生活给水系统，当卫生器具配水点处的静水压力超过规定值时，应采取下述哪项措施？

A 设减压阀
B 设排气阀
C 设水锤吸纳器
D 设水泵多功能控制阀

解析：根据《给排水标准》第3.5.10条，给水管网的压力高于配水点允许的最高使用压力时，应设置减压阀。

答案：A

**20-1-31 (2006)** 关于给水管道的布置，下列哪项是错误的？

A 给水管道不得布置在遇水会引起燃烧、爆炸的原料、产品和设备上面
B 给水管道不得敷设在烟道、风道、电梯井内、排水沟内
C 给水管道不得穿过大便槽和小便槽
D 给水管道不得穿越橱窗、壁柜

解析：根据《给排水标准》第3.6.5条，给水管道不宜穿越橱窗、壁柜，不是不得穿越。

答案：D

**20-1-32 (2006修)** 生活饮用水水池的设置，下述哪项是错误的？

A 建筑物内的生活饮用水水池体，不得利用建筑物的本体结构作为水池的壁板、底板及顶盖
B 生活饮用水水池与消防水池并列设置时，应有各自独立的分隔墙，隔墙与隔墙之间考虑排水措施
C 埋地式生活饮用水水池周围8m以内，不得有化粪池
D 建筑物内生活饮用水水池上方的房间不应有厕所、浴室、厨房、污水处理间等

解析：根据《给排水标准》第3.3.16条，建筑物内的生活饮用水水池（箱）体，应采用独立结构形式，不得利用建筑物的本体结构作为水池（箱）的壁板、底板及顶盖。生活饮用水水池（箱）与消防用水水池（箱）并列设置时，应有各自独立的池（箱）壁。

第3.3.17条，建筑物内的生活饮用水水池（箱）及生活给水设施，不应设置于与厕所、垃圾间、污（废）水泵房、污（废）水处理机房及其他污染源毗邻的房间内；其上层不应有上述用房及浴室、盥洗室、厨房、洗衣房和其他产生污染源的房间。

第3.13.11条，埋地式生活饮用水贮水池周围10m以内，不得有化粪池、污水处理建筑物、渗水井、垃圾堆放点等污染源。

答案：C

**20-1-33** （2006）给水管道穿过承重墙处应预留洞口，为保护管道，管顶上部净空一般不小于（　）。

A　0.10m　　　　　　　　　　B　0.20m
C　0.30m　　　　　　　　　　D　0.40m

解析：根据《建筑给水排水工程设计手册》，给水管道穿过承重墙处，管顶上部净空不得小于建筑物的沉降量，以保护管道不致因建筑的沉降而损坏，一般按0.1m计。

答案：A

**20-1-34** （2006修）住宅分户水表的设置，下述哪项是错误的？

A　水表宜相对集中读数，且宜设置于户外
B　水表应安装在观察方便、不冻结、不易受损坏的地方
C　对设在户内的水表，应采用普通水表
D　水表规格应满足当地主管部门的要求

解析：《给排水标准》第3.5.17条，住宅的分户水表宜相对集中读数，且宜设置于户外；对设置在户内的水表，宜采用远传水表或IC卡水表等智能化水表。第3.5.18条，水表应装设在观察方便、不冻结、不被任何液体及杂质所淹没和不易受损处。

第3.5.19条第4款，水表规格应满足当地供水主管部门的要求。

答案：C

**20-1-35** （2006修）生活给水管道的连接，下述哪项是错误的？

A　城市给水管道严禁与自备水源的供水管道直接连接
B　严禁生活饮用水管道与大便器采用普通阀门直接连接
C　从小区生活饮用水管道上单独接出消防用水管道时，不需设置管道倒流防止器
D　从城市给水管道上直接吸水的水泵，在其吸水管的起端应设置管道倒流防止器

解析：根据《给排水标准》第3.1.2条，自备水源的供水管道严禁与城镇给水管道直接连接。

第3.3.7条，从城镇生活给水管网直接抽水的生活供水加压设备进水管上，应设置倒流防止器。

第3.3.8条，从小区或建筑物内的生活饮用水管道系统上，单独接出消防用水管道时，在消防用水管道的起端应设置倒流防止器。

第3.3.13条，严禁生活饮用水管道与大便器（槽）、小便斗（槽）采用非专用冲洗阀直接连接。

答案：C

**20-1-36** （2006）建筑物内的给水泵房，下列哪项减震措施是错误的？

A　应选用低噪声的水泵机组
B　水泵机组的基础应设置减振装置

C 吸水管和出水管上应设置减振装置
D 管道支架、吊架的设置无特殊要求

解析：根据《给排水标准》第3.9.10条，A、B、C选项正确，但D选项中管道支架、吊架和管道穿墙、楼板处，应采取防止固体传声措施。

答案：D

**20-1-37** (2006) 管道井的设置，下述哪项是错误的？

A 需进入维修管道的管道井，其维修人员的工作通道净宽度不宜小于0.6m
B 管道井应隔层设外开检修门
C 管道井检修门的耐火极限应符合消防规范的规定
D 管道井井壁及竖向防火隔断应符合消防规范的规定

解析：《给排水标准》第3.6.14条，A、C、D选项正确，但B选项中的管道井应每层设外开检修门。

答案：B

**20-1-38** (2005) 用水定额确定的用水对象，以下叙述哪条正确？

A 生活用水定额包括空调用水
B 商场生活用水定额，不包括员工用水
C 宾馆客房旅客生活用水定额，不包括员工用水
D 宾馆生活用水定额，不包括员工用水

解析：根据《给排水标准》第3.2.2条表3.2.2注，应选C。

答案：C

**20-1-39** (2005) 生活饮用水水质要求，以下叙述哪条正确？

A 生活饮用水就是指可以直接饮用的水
B 生活饮用水的水质应符合现行国家《生活饮用水卫生标准》的要求
C 《生活饮用水卫生标准》与《饮用净水水质标准》CJ 94是同一标准
D 凡符合现行《生活饮用水卫生标准》的水可直接饮用

解析：根据《给排水标准》第6.9.3条第1款，饮用净水宜以市政给水为原水，经过深度处理方法制备，其水质应符合现行国家《饮用净水水质标准》CJ 94的规定。《饮用水标准》与《饮用净水水质标准》不同。

答案：B

**20-1-40** (2005) 水箱与建筑本体的关系，以下图示哪个错误？

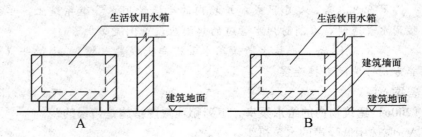

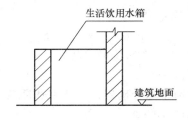
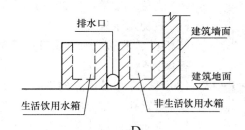

$\qquad$ C $\qquad\qquad\qquad$ D

解析：根据《给排水标准》第 3.3.16 条，建筑物内的生活饮用水水池（箱）体，应采用独立结构形式，不得利用建筑物的本体结构作为水池（箱）的壁板、底板及顶盖。

答案：C

**20-1-41** （2005）给水系统划分的原则，以下叙述哪条错误？

A 给水系统应尽量利用外部管网水压直接供水

B 一般消防给水宜与生产、生活给水合并为一个系统

C 给水系统的管道、配件和附件所承受的水压，均不得大于产品的允许工作压力

D 高层建筑消防给水系统，不得与生活给水系统合并为一个系统

解析：根据《给排水标准》第 3.4.1 条，建筑物内的给水系统应符合下列规定：

1 应充分利用城镇给水管网的水压直接供水；

2 当城镇给水管网的水压和（或）水量不足时，应根据卫生安全、经济节能的原则选用贮水调节和加压供水方式；

3 当城镇给水管网水压不足，采用叠压供水系统时，应经当地供水行政主管部门及供水部门批准认可；

4 给水系统的分区应根据建筑物用途、层数、使用要求、材料设备性能、维护管理、节约供水、能耗等因素综合确定；

5 不同使用性质或计费的给水系统，应在引入管后分成各自独立的给水管网。

第 3.5.1 条，给水系统采用的管材和管件及连接方式，应符合国家现行标准的有关规定。管材和管件及连接方式的工作压力不得大于国家现行标准中公称压力或标称的允许工作压力。

根据《消防给水及消火栓规范》第 6.1.8 条，室内应采用高压或临时高压消防给水系统，且不应与生产生活给水系统合用；但当自动喷水灭火系统局部应用系统和仅设有消防软管卷盘或轻便水龙的室内消防给水系统时，可与生产生活给水系统合用。

答案：B

**20-1-42** （2005）水泵隔震的目的，以下各条中哪条错误？

A 避免水泵运行振动，对工作环境和人的身体健康造成影响

B 避免对建筑物造成危害

C 避免对设备、仪器仪表正常工作造成影响
D 避免水泵发热

解析：水泵隔震的主要目的是降低噪声以及对设备的危害。

答案：D

**20-1-43**（2005）冷却塔位置的选择，根据多种因素综合确定，以下叙述哪条错误？
A 布置在气流通畅、湿热空气回流影响小的地方
B 应布置在最小频率风向的下风侧
C 不应布置在热源、废气、烟气排放口附近和高大建筑物间的狭长地带
D 与相邻建筑保持不受到飘水、噪声影响的距离

解析：根据《给排水标准》第 3.11.3 条，冷却塔设置位置应根据下列因素综合确定：

  1 气流应通畅，湿热空气回流影响小，且应布置在建筑物的最小频率风向的上风侧；
  2 冷却塔不应布置在热源、废气和烟气排放口附近，不宜布置在高大建筑物中间的狭长地带上；
  3 冷却塔与相邻建筑物之间的距离，除满足塔的通风要求外，还应考虑噪声、飘水等对建筑物的影响。

答案：B

**20-1-44**（2005）设置水箱的原则，以下哪条有错？
A 为保持给水系统的恒压条件
B 系统中需要一定调节水量或要求贮存消防水量
C 室外供水周期性不足或经常不足
D 可节约用水、节省经常维护费用

解析：水箱需要定期清洗消毒等，会浪费部分水量，而且水箱需要经常性维护，需要一定的维修费用，故设置水箱不满足节约用水和节约维护费用的原则。

答案：D

**20-1-45**（2005）地下管线埋设深度的要求，以下图示哪个错误？

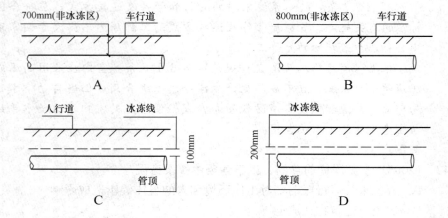

解析：根据《给排水标准》第 3.13.19 条，管顶最小覆土深度不得小于土壤冰冻线以下 0.15m。

答案：C

**20-1-46** (2005) 游泳池设计要求，以下哪条错误？

A 成人戏水池水深宜为 1.5m

B 儿童游泳池水深不得大于 0.6m

C 进入公共游泳池、游乐池的通道应设浸脚消毒池

D 比赛用跳水池必须设置水面制波装置

解析：根据已废止的《建筑给水排水设计规范》GB 50015—2003（2009 版）第 3.9.22 条、第 3.9.24 条、第 3.9.26 条，B、C、D 选项正确，但 A 选项中成人戏水池的水深宜为 1.0m。

现行《给排水标准》已删除了上述条款。

答案：A

**20-1-47** (2004) 有关旅馆和公共建筑生活用水定额确定的依据，以下哪条是正确的？

A 有无空调、采暖设施

B 有无水景设施

C 卫生器具的完善程度和地区条件

D 有无场地和道路洒水设施

解析：根据《给排水标准》第 3.2.2 条，宿舍、旅馆等公共建筑的生活用水定额及小时变化系数，根据卫生器具完善程度、区域条件和使用要求，按规范表 3.2.2 确定。

答案：C

**20-1-48** (2004) 有关生活饮用水水质的要求，以下叙述哪条正确？

A 生活饮用水不得含有任何细菌

B 生活饮用水应当是纯净水

C 生活饮用水的水质应符合现行"生活饮用水卫生标准"的要求

D 生活饮用水不得含有任何化学物质

解析：根据《给排水标准》第 3.3.1 条，生活给水系统的水质，应符合现行的国家标准《饮用水标准》的要求。

答案：C

**20-1-49** (2004) 生产给水系统应优先设置循环或重复利用给水系统，并应利用其余压。关于此规定的目的，以下哪条有错？

A 减少一次用水的消耗量，节约用水

B 减少水泵的扬程，省电、节能

C 减少排污量对环境的污染

D 减少一次性建设投资

解析：设置循环或重复利用给水系统可能会增加一次性投资，但有利于节水节能。

答案：D

20-1-50 (2004 修) 以下叙述哪条正确？

　　A　卫生间、厨房用水量较大，应靠近生活用水贮水池设置

　　B　贮水池进出水管的布置没有任何规定和要求

　　C　贮水池的进水管和溢流管的口径应当一致

　　D　生活用水贮水池的有效容积大于 $50m^3$ 时，宜分成基本相等、能独立运行的两格。

**解析**：根据《给排水标准》第 3.3.17 条，建筑物内的生活饮用水水池（箱）及生活给水设施，不应设置于与厕所、垃圾间、污（废）水泵房、污（废）水处理机房及其他污染源毗邻的房间内。

　　第 3.8.1 条，生活用水贮水池的有效容积大于 $50m^3$ 时，宜分成基本相等、能独立运行的两格。

　　第 3.8.6 条第 2 款，进、出水管应分别设置，进、出水管上应设置阀门。

　　第 3.8.6 条第 4 款、第 5 款溢流管宜采用水平喇叭口集水，喇叭口下的垂直管段长度不宜小于 4 倍溢流管管径；溢流管的管径应按能排泄水池（箱）的最大入流量确定，并宜比进水管管径大一级；溢流管出口端应设置防护措施。

**答案**：D

20-1-51 (2004) 作为人们长期生活饮用的水，从卫生、经济、安全方面比较，以下哪种应优先选择？

　　A　达到《生活饮用水卫生标准》的自来水煮沸

　　B　蒸馏水

　　C　纯净水

　　D　人工矿泉水

**解析**：B、C、D 选项均不适宜长期饮用。

**答案**：A

20-1-52 (2004) 循环冷却水系统的控制系统最常用的防腐蚀方法是以下哪种？

　　A　阳极或阴极保护　　　　　　B　药剂法
　　C　表面涂耐腐蚀层　　　　　　D　改进设备材质防腐

**解析**：最常用的防腐蚀方法是向循环冷却水中投加缓蚀剂、阻垢剂。

**答案**：B

20-1-53 (2004) 有关游泳池水质标准，以下叙述哪条错误？

　　A　一次充水和试用过程中补充水的水质标准应符合《生活饮用水卫生标准》

　　B　应符合《游泳比赛规则》要求

　　C　应符合《人工游泳池水质卫生标准》

　　D　应符合《游泳场所卫生标准》

**解析**：游泳池水质应符合《饮用水标准》以及国际游泳协会（FINA）关于游泳池池水水质卫生标准的规定，与比赛规则无关。

**答案**：B

**20-1-54** (2004) 以下图示哪个不宜?

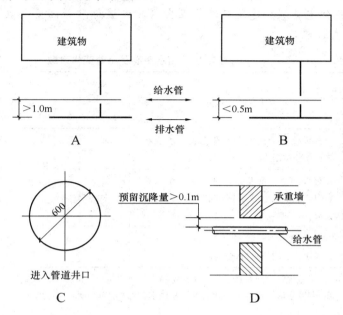

解析：根据《给排水标准》第 3.6.10 条，建筑物内埋地敷设的生活给水管与排水管之间的最小净距，平行埋设时不宜小于 0.5m。交叉埋设时不应小于 0.15m，且给水管应在排水管的上面。给水引入管与排水排出管的净距不得小于 1m。

第 3.6.14 条，管道井尺寸应根据管道数量、管径、间距、排列方式、维修条件，结合建筑平面和结构形式等确定。需进人维修管道的管井，维修人员的工作通道净宽度不宜小于 0.6m。管道井应每层设外开检修门。管道井的井壁和检修门的耐火极限和管道井的竖向防火隔断应符合现行国家标准《建筑设计防火规范》GB 50016 的规定。

答案：B

**20-1-55** 影响住宅生活用水定额的因素以下哪条是错误的?
A 卫生器具的完善程度
B 住宅的管理水平
C 卫生器具类型及负荷人数
D 地区、气温、居民生活习惯、气象条件的影响

解析：根据《给排水标准》条文说明第 3.2.1 条，住宅生活用水定额受卫生设备的普及率、卫生器具的设置标准、居住地区所处省份及当地气温、居民生活习惯、气象条件的影响。

答案：B

**20-1-56** 影响生活用水定额的首要因素是(　　)。
A 气候条件　　　　　　　　B 生活习惯
C 卫生器具完善程度　　　　D 建筑投资大小

解析：根据《给排水标准》第3.2.1条，住宅生活用水定额及小时变化系数，可根据住宅类别、建筑标准、卫生器具设置标准等因素按表3.2.1（题20-1-56解表）确定。

住宅生活用水定额及小时变化系数　　题20-1-56解表

| 住宅类别 | 卫生器具设置标准 | 最高日用水定额 [L/(人·d)] | 平均日用水定额 [L/(人·d)] | 最高日小时变化系数 $K_h$ |
|---|---|---|---|---|
| 普通住宅 | 有大便器、洗脸盆、洗涤盆、洗衣机、热水器和沐浴设备 | 130～300 | 50～200 | 2.8～2.3 |
| 普通住宅 | 有大便器、洗脸盆、洗涤盆、洗衣机、集中热水供应（或家用热水机组）和沐浴设备 | 180～320 | 60～230 | 2.5～2.0 |
| 别墅 | 有大便器、洗脸盆、洗涤盆、洗衣机、洒水栓、家用热水机组和沐浴设备 | 200～350 | 70～250 | 2.3～1.8 |

注：1. 当地主管部门对住宅生活用水定额有具体规定时，应按当地规定执行。
　　2. 别墅生活用水定额中含庭院绿化用水和汽车抹车用水，不含游泳池补充水。

答案：C

**20-1-57** 在建筑物内下列几种场所中，哪种场所允许敷设生活给水管道？
A　生产设备基础下面　　　　　　B　烟道、风道内
C　排水沟内　　　　　　　　　　D　吊顶内

解析：根据《给排水标准》第3.6.4条，埋地敷设的给水管道不应布置在可能受重物压坏处。管道不得穿越生产设备基础，在特殊情况下必须穿越时，应采取有效的保护措施。

第3.6.5条，给水管道不得敷设在烟道、风道、电梯井、排水沟内。给水管道不得穿过大便槽和小便槽，且立管离大、小便槽端部不得小于0.5m。给水管道不宜穿越橱窗、壁柜。

答案：D

**20-1-58** 贮水池有效容积的确定因素有多种，以下哪一条是错误的？
A　调节水量　　　　　　　　　　B　消防贮备水量
C　生产事故备用水量　　　　　　D　绿化、洒水、洗车用水量

解析：贮水池有效容积由三部分组成：调节容积、消防水储备容积和生产事故备用水容积。

答案：D

**20-1-59** 给水管道布置和敷设应满足以下要求，哪一项是错误的？
A　满足最佳水力条件　　　　　　B　满足建设方的要求
C　满足维修及美观要求　　　　　D　保证生产及使用安全

解析：A、C、D选项是给水管道布置和敷设的客观技术要求。

答案：B

**20-1-60** 管道井尺寸应根据管道数量、管径大小、排列方式、维修条件，结合建筑平

面和结构形式等合理确定,当需要进入检修时,通道最小宽度是( )m。
A 0.5　　　　B 0.6　　　　C 0.7　　　　D 0.8
解析:根据《给排水标准》第3.6.14条,管道井的尺寸,应根据管道数量、管径、间距、排列方式、维修条件,结合建筑平面和结构形式等合理确定,管道井当需进入检修时,其通道宽度不宜小于0.6m。
答案:B

**20-1-61** 以下关于水箱容积的叙述哪条是正确的?
A 生产和生活专用高位水箱容积不能按经验公式确定
B 生产和生活专用高位水箱调节容积,理论上是根据用水和进水流量变化曲线确定
C 经验公式计算确定水箱有效容积误差较小
D 由于外部管网的供水能力相差很大,水箱有效容积不能确定
解析:水箱的有效容积应根据调节水量、生活和消防储备水量和生产事故备用水量确定。调节水量应根据用水量和流入量的变化曲线确定,如无上述资料时,可根据用水储备量确定。生产事故的备用水量,应按工艺要求确定。消防的储备水量,应按现行的有关《防火规范》确定。
答案:B

**20-1-62** 生活饮用水管配水件出口高出承接用水容器溢流边缘的最小空气间隙,不得小于出水口管径的( )倍。
A 2　　　　B 2.5　　　　C 3　　　　D 3.5
解析:根据《给排水标准》第3.3.4条,卫生器具和用水设备等的生活饮用水管配水件出水口应符合下列规定:
1 出水口不得被任何液体或杂质所淹没;
2 出水口高出承接用水容器溢流边缘的最小空气间隙,不得小于出水口直径的2.5倍。
答案:B

**20-1-63** 室外生活给水引入管与污水排出管管外壁的水平净距不应小于( )m。
A 0.5　　　　B 0.7　　　　C 0.8　　　　D 1
解析:根据《给排水标准》第3.6.10条,给水引入管与排水排出管的净距不得小于1m。建筑物内埋地敷设的生活给水管与排水管之间的最小净距,平行埋设时不宜小于0.50m;交叉埋设时不应小于0.15m,且给水管应在排水管的上面。
答案:D

**20-1-64** 以下关于生活饮用水的叙述哪条是正确的?
A 水质透明无异味的水即可用于生活饮用
B 满足毒理学指标的水即可饮用
C 满足放射性指标的水即可饮用
D 符合现行《生活饮用水卫生标准》的水可作为生活饮用水
解析:根据《给排水标准》第3.3.1条,生活饮用水系统的水质,应符合现

行国家标准《生活饮用水卫生标准》GB 5749 的规定。

答案：D

**20-1-65** 敷设在室外综合管廊（沟）内的给水管道宜( )。
A 敷设在排水管下面，热水管下面
B 敷设在排水管上面，热水管下面
C 敷设在排水管下面，热水管上面
D 敷设在排水管上面，热水管上面

解析：根据《给排水标准》第3.13.20条，敷设在室外综合管廊（沟）内的给水管道，宜在热水、热力管道下方，冷冻管和排水管的上方。给水管道与各种管道之间的净距，应满足安装操作的需要，且不宜小于0.3m。

答案：B

**20-1-66** 给水横管宜设( )的坡度坡向泄水装置。
A 0.01    B 0.006    C 0.004    D 0.008

解析：根据《给排水标准》第3.6.16条，需要泄空的给水管道，其横管宜设有0.002～0.005的坡度坡向泄水装置。

答案：C

**20-1-67** 在体育场中，运动员休息室的洗手盆同时给水的百分数为( )。
A 50%    B 60%    C 70%    D 100%

解析：根据《给排水标准》第3.7.8条，体育场洗手盆的同时给水百分率为70%。体育场馆的运动员休息室取50%。

答案：A

**20-1-68** 水泵吸水总管内水流速度不应大于( )m/s。
A 1.2    B 1.5    C 2.0    D 2.5

解析：根据《给排水标准》第3.9.6条，当每台水泵单独从水池（箱）吸水有困难时，可采用单独从吸水总管上自灌吸水，吸水总管应符合下列规定：
1 吸水总管伸入水池（箱）的引水管不宜少于2条，当1条引水管发生故障时，其余引水管应能通过全部设计流量；每条引水管上都应设阀门；
2 引水管宜设向下的喇叭口，喇叭口的设置应符合本标准第3.9.5条中吸水管喇叭口的相应规定；
3 吸水总管内的流速不应大于1.2m/s；
4 水泵吸水管与吸水总管的连接应采用管顶平接，或高出管顶连接。

答案：A

**20-1-69** 室内采用有水箱给水系统时，水泵的出水量应该按照( )流量确定。
A 最大时    B 设计秒    C 平均时    D 最高日

解析：根据《给排水标准》第3.9.2条，建筑物内采用高位水箱调节的生活给水系统时，水泵的供水能力不应小于最大时用水量。

答案：A

**20-1-70** 一般高层民用建筑给水系统中，各分区的静水压力不宜大于( )。

A 0.20MPa　　　B 0.35MPa　　　C 0.45MPa　　　D 0.55MPa

**解析**：根据《给排水标准》第3.4.3条，当生活给水系统分区供水时，各分区的静水压力不宜大于0.45MPa；当设有集中热水系统时，分区静水压力不宜大于0.55MPa。

**答案**：C

**20-1-71** 水箱上的哪种管不得装阀门？

A 进水管　　　B 出水管　　　C 泄水管　　　D 溢流管

**解析**：溢流管是在水箱（池）水位控制器出现故障时的排水管，此处不能安装阀门，否则在故障发生时将无法排水，其他管道因运行、维修需要应该安装阀门。

**答案**：D

**20-1-72** 一个给水当量等于(　　)L/s。

A 0.1　　　B 0.2　　　C 0.3　　　D 0.4

**答案**：B

## （二）建筑内部热水系统

**20-2-1** (2010) 宾馆客房的最高日生活用水定额中已包含了下列哪一种用水量？

A 热水　　　B 洗车　　　C 消防　　　D 空调

**解析**：根据《给排水标准》表6.2.1-1的表注，热水用水定额均已包括在生活给水用水定额中。

**答案**：A

**20-2-2** (2010) 热水横干管的敷设坡度下行上给式系统不宜小于(　　)。

A 0.001　　　B 0.002　　　C 0.003　　　D 0.004

**解析**：根据《给排水标准》第6.8.12条，热水横干管的敷设坡度下行上给式系统不宜小于0.003。

**答案**：C

**20-2-3** (2010) 以下哪项不是集中热水供应宜首先选用的热源？

A 工业余热、废热　　　　　　　　B 地热

C 太阳能　　　　　　　　　　　　D 电能、燃油热水锅炉

**解析**：根据《给排水标准》第6.3.1条，集中热水供应系统的热源应通过技术经济比较，并应按下列顺序选择：

1 采用具有稳定、可靠的余热、废热、地热，当以地热为热源时，应按地热水的水温、水质和水压，采取相应的技术措施处理满足使用要求；

2 当日照时数大于1400h/a且年太阳辐射量大于4200MJ/$m^2$及年极端最低气温不低于-45℃的地区，采用太阳能，全国各地日照时数及年太阳能辐照量应按本标准附录H取值；

3 在夏热冬暖、夏热冬冷地区采用空气源热泵；

4 在地下水源充沛、水文地质条件适宜，并能保证回灌的地区，采用地

下水源热泵；

5 在沿江、沿海、沿湖，地表水源充足、水文地质条件适宜，以及有条件利用城市污水、再生水的地区，采用地表水源热泵；当采用地下水源和地表水源时，应经当地水务、交通航运等部门审批，必要时应进行生态环境、水质卫生方面的评估；

6 采用能保证全年供热的热力管网热水；

7 采用区域性锅炉房或附近的锅炉房供给蒸汽或高温水；

8 采用燃油、燃气热水机组、低谷电蓄热设备制备的热水。

**答案：D**

**20-2-4 (2009)** 下列有关集中热水供应系统的叙述，哪一项是错误的？
A 集中热水供应系统应设循环管道
B 集中热水供应循环系统应设循环泵，并应采用机械循环
C 建筑物内的集中热水供应系统的循环管道宜采用同程式布置
D 建筑物内的集中热水供应系统的管道应布置成环状

**解析：** 根据已废止的《建筑给水排水设计规范》GB 50015—2003（2009版）第5.2.10条和第5.2.11条，A、B、C选项正确。第5.2.10条，集中热水供应系统应设热水循环管道，A选项正确。循环系统应设循环泵，并应采取机械循环，B选项正确。第5.2.11条，建筑物内集中热水供应系统的热水循环管道宜采用同程布置，C选项正确，D选项错误。

现行《给排水标准》已修改了上述条款的表达方式与要求。

**答案：D**

**20-2-5 (2009修)** 热水系统立管的最高点宜设（   ）。
A 排气装置    B 泄水装置    C 疏水装置    D 消声装置

**解析：** 根据《给排水标准》第6.8.4条，为了使热水供应系统正常运行，应在热水管道积聚空气的地方装自动排气装置，故热水系统配水干管和立管的最高点宜设排气装置。

**答案：A**

**20-2-6 (2008)** 以下哪项不是集中热水供应宜首先选用的热源？
A 工业余热、废热              B 地热
C 太阳能                      D 电能、燃油热水锅炉

（注：此题2007年考过）

**解析：** 节约能源是我国的基本国策，集中热水供应系统宜优先选用工业余热、废热、地热及太阳能。

《给排水标准》第6.3.1条，集中热水供应系统的热源应通过技术经济比较，并应按下列顺序选择：

1 采用具有稳定、可靠的余热、废热、地热，当以地热为热源时，应按地热水的水温、水质和水压，采取相应的技术措施处理满足使用要求；

2 当日照时数大于1400h/a且年太阳辐射量大于4200MJ/m²及年极端最低气温不低于−45℃的地区，采用太阳能，全国各地日照时数及年

太阳能辐照量应按本标准附录 H 取值;
3 在夏热冬暖、夏热冬冷地区采用空气源热泵;
4 在地下水源充沛、水文地质条件适宜,并能保证回灌的地区,采用地下水源热泵;
5 在沿江、沿海、沿湖,地表水源充足、水文地质条件适宜,以及有条件利用城市污水、再生水的地区,采用地表水源热泵;当采用地下水源和地表水源时,应经当地水务、交通航运等部门审批,必要时应进行生态环境、水质卫生方面的评估;
6 采用能保证全年供热的热力管网热水;
7 采用区域性锅炉房或附近的锅炉房供给蒸汽或高温水;
8 采用燃油、燃气热水机组、低谷电蓄热设备制备的热水。

**答案:** D

**20-2-7** (2008) 幼儿园卫生器具热水使用水温,以下哪条错误?
A 淋浴器 37℃
B 浴盆 35℃
C 盥洗槽水嘴 30℃
D 洗涤盆 50℃

(注:此题 2007 年考过)

**解析:** 根据《给排水标准》表 6.2.1 条第 2 款,幼儿园淋浴器热水使用温度应为 35℃。

**答案:** A

**20-2-8** (2006) 补偿热水管道热胀冷缩的措施,下列哪条不正确?
A 设波纹管伸缩器
B 设套管伸缩器
C 管道自然补偿
D 设活动支、吊架

**解析:** 活动支架吊架不能起到补偿作用。

**答案:** D

**20-2-9** (2006) 集中热水供应系统的热水,下列哪项是错误的?
A 热水循环采用自然循环方式
B 热水循环回水管道应保证干管和立管中的热水循环
C 要求随时取得不低于规定温度的热水的建筑物,热水循环回水管道应保证支管中的热水循环
D 循环管道应采用同程式布置方式

**解析:** 根据已废止的《建筑给水排水设计规范》GB 50015—2003 (2009 版) 第 5.2.11 条,B、C、D 选项正确,A 选项错误。现行《给排水标准》已修改了上述条款的表达方式与要求。

**答案:** A

**20-2-10** (2005) 集中热水供应系统的热源选择,以下哪条错误?
A 宜首先利用工业余热
B 宜首先利用废热
C 宜首先利用地热和太阳能
D 宜首先利用电能

**解析:** 同题 20-2-6 解析。

**答案:** D

**20-2-11** (2005 修) 建筑热水供应的有关规定以下哪条错误？
   A 升温后的冷却水均不得作为生活用热水
   B 水质符合《生活热水水质标准》CJ/T 521 的升温后的冷却水，可作为生活用热水
   C 太阳能宜作为局部热水供应系统的首选热源
   D 生活热水水质的卫生指标，与《生活饮用水卫生标准》不相同

解析：根据《给排水标准》第 6.3.3 条、第 6.2.2 条，升温后的冷却水，当其水质符合现行行业标准《生活热水水质标准》CJ/T 521 的规定要求时，可作为生活用热水。

第 6.3.2 条，局部热水供应系统的热源宜按下列顺序选择：
   1 符合本标准第 6.3.1 条第 2 款条件的地区宜采用太阳能；
   2 在夏热冬暖、夏热冬冷地区宜采用空气源热泵；
   3 采用燃气、电能作为热源或作为辅助热源；
   4 在有蒸汽供给的地方，可采用蒸汽作为热源。

《饮用水标准》与《生活热水水质标准》CJ/T 521 是两个不同的标准，卫生指标不相同。

答案：A

**20-2-12** (2004) 有关生活热水用水定额确定依据，以下哪条错误？
   A 地区条件                B 建筑性质
   C 卫生器具完善程度        D 物业管理水平

解析：根据《给排水标准》第 6.2.1 条，热水用水定额根据卫生器具完善程度和地区条件按规范给出的定额确定。

答案：D

**20-2-13** (2004) 有关生产用热水水量、水温、水质的确定，以下哪条正确？
   A 按车间大小            B 按工艺要求
   C 按气候条件            D 按地区环境条件

解析：有关生产用热水水量、水温、水质应按工艺要求确定。

答案：B

**20-2-14** (2004) 按规定，在浴室内严禁设置直排式燃气热水器。其主要目的，以下哪条正确？
   A 为了安全              B 为了加热器不受腐蚀损坏
   C 燃气供应限制          D 燃气质量较差，热交换效果较差

解析：直排式燃气热水器在使用过程中容易造成因燃气燃烧不充分，废气排放到室内引起的中毒、窒息事件发生，存在重大安全隐患。

答案：A

**20-2-15** 生活用热水包括洗浴、饮食加工等使用的热水，下面几种热水，哪一种可直接用作生活热水？
   A 升温后的冷却水
   B 利用废气直接加热生成的热水

C 地热热水

D 符合《生活热水水质标准》的水

**解析**：根据《给排水标准》第6.2.2条，生活用热水的水质应符合现行行业标准《生活热水水质标准》CJ/T 521的规定。

第6.3.1条第1款，当以地热为热源时，应按地热水的水温、水质和水压，采取相应的技术措施处理满足使用要求。

第6.3.3条，升温后的冷却水，当其水质符合本标准第6.2.2条规定的要求时，可作为生活用热水。

**答案**：D

**20-2-16** 幼儿园、托儿所的浴盆、淋浴器要求热水的温度是( )℃。

A 30　　　　　　B 35　　　　　　C 37　　　　　　D 40

**解析**：根据《给排水标准》第6.2.1条，卫生器具的一次和小时热水用水定额及水温应按表6.2.1-2（题20-2-16解表）确定。

卫生器具的一次和小时热水用水定额及水温　　　　题20-2-16解表

| 序号 | 卫生器具名称 | | 一次用水量(L) | 小时用水量(L) | 使用水温(℃) |
|---|---|---|---|---|---|
| 1 | 住宅、旅馆、别墅、宾馆、酒店式公寓 | 带有淋浴器的浴盆 | 150 | 300 | 40 |
| | | 无淋浴器的浴盆 | 125 | 250 | |
| | | 淋浴器 | 70～100 | 140～200 | 37～40 |
| | | 洗脸盆、盥洗槽水嘴 | 3 | 30 | 30 |
| | | 洗涤盆（池） | — | 180 | 50 |
| 2 | 宿舍、招待所、培训中心 | 淋浴器　有淋浴小间 | 70～100 | 210～300 | 37～40 |
| | | 　　　　无淋浴小间 | — | 450 | |
| | | 盥洗槽水嘴 | 3～5 | 50～80 | 30 |
| 3 | 餐饮业 | 洗涤盆（池） | | 250 | 50 |
| | | 洗脸盆　工作人员用 | 3 | 60 | 30 |
| | | 　　　　顾客用 | — | 120 | |
| | | 淋浴器 | 40 | 400 | 37～40 |
| 4 | 幼儿园、托儿所 | 浴盆　幼儿园 | 100 | 400 | 35 |
| | | 　　　托儿所 | 30 | 120 | |
| | | 淋浴器　幼儿园 | 30 | 180 | |
| | | 　　　　托儿所 | 15 | 90 | |
| | | 盥洗槽水嘴 | 15 | 25 | 30 |
| | | 洗涤盆（池） | — | 180 | 50 |
| 5 | 医院、疗养院、休养所 | 洗手盆 | | 15～25 | 35 |
| | | 洗涤盆（池） | — | 300 | 50 |
| | | 淋浴器 | | 200～300 | 37～40 |
| | | 浴盆 | 125～150 | 250～300 | 40 |

续表

| 序号 | 卫生器具名称 | | | 一次用水量（L） | 小时用水量（L） | 使用水温（℃） |
|---|---|---|---|---|---|---|
| 6 | 公共浴室 | 浴盆 | | 125 | 250 | 40 |
| | | 淋浴器 | 有淋浴小间 | 100～150 | 200～300 | 37～40 |
| | | | 无淋浴小间 | — | 450～540 | |
| | | 洗脸盆 | | 5 | 50～80 | 35 |
| 7 | 办公楼 | 洗手盆 | | — | 50～100 | 35 |
| 8 | 理发室、美容院 | 洗脸盆 | | — | 35 | 35 |
| 9 | 实验室 | 洗脸盆 | | — | 60 | 50 |
| | | 洗手盆 | | — | 15～25 | 30 |
| 10 | 剧场 | 淋浴器 | | 60 | 200～400 | 37～40 |
| | | 演员用洗脸盆 | | 5 | 80 | 35 |
| 11 | 体育场馆 | 淋浴器 | | 30 | 300 | 35 |
| 12 | 工业企业生活间 | 淋浴器 | 一般车间 | 40 | 360～540 | 37～40 |
| | | | 脏车间 | 60 | 180～480 | 40 |
| | | 洗脸盆 | 一般车间 | 3 | 90～120 | 30 |
| | | 盥洗槽水嘴 | 脏车间 | 5 | 100～150 | 35 |
| 13 | 净身器 | | | 10～15 | 120～180 | 30 |

注：1. 一般车间指现行国家标准《工业企业设计卫生标准》GBZ 1 中规定的 3、4 级卫生特征的车间，脏车间指该标准中规定的 1、2 级卫生特征的车间。
2. 学生宿舍等建筑的淋浴间，当使用 IC 卡计费用水时，其一次用水量和小时用水量可按表中数值的 25%～40%取值。

答案：B

**20-2-17** 当没有条件利用工业余热、废热以及太阳能和热泵时，宜优先选用以下哪种热源作为集中热水供应的热源？

A 区域性锅炉房　　　　　　　　B 燃油、燃气热水机组
C 电蓄热设备　　　　　　　　　D 能保证全年供热的热力管网

解析：同题 20-2-6 解析。
答案：D

## （三）水污染的防治及抗震措施

**20-3-1** (2010) 在不设置有效的防止倒流污染装置情况下，生活给水管道可直接与下列设施连接的是(　　)。

A 大便器　　　　　　　　　　　B 小便器
C 室外消水栓　　　　　　　　　D 喷头为地下式的绿地自动喷灌系统

解析：根据《给排水标准》第 3.3.13 条，严禁生活饮用水管道与大便器、小便斗采用非专用冲洗阀直接连接。第 3.3.10 条第 4 款，地下式的绿地喷灌系统容易因喷头被淹没造成污染，因此在管道起端应设置真空破坏器等防回流

污染设施。

第3.3.8条及其条文说明，从小区或建筑物内的生活饮用水管道系统上接出消防管道应设置倒流防止设施，但不含室外生活饮用水给水管道接出的接驳室外消火栓的短管。

答案：C

**20-3-2** （2009）生活污水处理构筑物设置的有关环保要求，以下哪条不当？
A 防止空气污染　　　　　　　　B 避免污水渗透污染地下水
C 不宜靠近接入市政管道的排放点　　D 避免噪声污染

解析：根据《给排水标准》第4.10.19条，生活污水处理设施的设置，宜靠近接入市政管道的排放点。

答案：C

**20-3-3** （2008）下面哪一类设备间的地面排水不得直接接入污水管道系统？
A 开水房　　　　　　　　　　　B 医疗灭菌消毒设备间
C 贮存食品的冷藏库房　　　　　D 生活饮用水贮水箱间

解析：根据《给排水标准》第4.4.12条，下列构筑物和设备的排水管道不得与污废水管道系统直接连接，应采用间接排水方式：
1 生活饮用水贮水箱的泄水管和溢流管；
2 开水器、热水器排水；
3 医疗灭菌消毒设备的排水；
4 蒸发式冷却器、空调设备冷凝水的排水；
5 贮存食品或饮料的冷藏库房的地面排水和冷风机溶霜水盘的排水。

答案：C

**20-3-4** （2008）生活污水处理设施的设置要求，以下哪条正确？
A 宜远离市政管道排放点
B 建筑小区处理站宜设在常年最小频率的下风向
C 不宜设在绿地、停车坪及室外空地的地下
D 处理站如果布置在建筑地下室时，应有专用隔间

解析：根据《给排水标准》第4.10.19条，生活污水处理设施的设置应符合下列要求：
1 宜靠近接入市政管道的排放点；
2 建筑小区处理站的位置宜在常年最小频率的上风向，且应用绿化带与建筑物隔开；
3 处理站宜设置在绿地、停车坪及室外空地的地下。

第4.9.4条第1款，处理站如布置在建筑地下室时，应有专用隔间。

答案：D

**20-3-5** （2007）为防止埋地生活饮用贮水池不受污染，以下哪条错误？
A 10m以内不得有化粪池
B 满足不了间距要求时，可提高水池底标高使其高于化粪池顶标高
C 周围2m以内不得有污水管和污染物

D 采用双层水池池壁结构时也必须满足与化粪池的间距要求

解析：根据《给排水标准》第 3.13.11 条，埋地式生活饮用水贮水池周围 10m 内，不得有化粪池、污水处理构筑物、渗水井、垃圾堆放点等污染源。生活饮用水水池（箱）周围 2m 内不得有污水管和污染物。

条文说明第 3.13.11 条，本条为强制性条文，必须严格执行。

答案：B

**20-3-6 (2007)** 有关医院污水处理问题，以下叙述哪条错误？

A 医院污水必须进行消毒处理
B 处理后的水质按排放条件应符合《医疗机构污水排放要求》
C 传染病房与普通病房的污水不得合并处理
D 医院污水处理构筑物与住宅、病房、医疗室等宜有卫生防护隔离带

解析：根据已废止的《建筑给水排水设计规范》GB 50015—2003（2009 版）第 4.8.8 条、第 4.8.10 条，A、B、D 选项正确；第 4.8.11 条，C 选项错误，即传染病房的污水，如经技术经济比较认为合理时，可与普通病房污水分别进行处理。

现行《给排水标准》已无医院污水处理的相关条款。

答案：C

**20-3-7 (2005)** 以下排水管与污废水管道系统的排水连接方式哪条错误？

A 生活饮用水贮水箱（池）的泄水管和溢流管间接连接
B 蒸发式冷却器、空调设备冷凝水的排水直接连接
C 开水、热水器排水间接连接
D 医疗灭菌消毒设备的排水间接连接

解析：根据《给排水标准》第 4.4.12 条，下列构筑物和设备的排水管与生活排水管道系统应采取间接排水的方式：

1 生活饮用水贮水箱（池）的泄水管和溢流管；
2 开水器、热水器排水；
3 医疗灭菌消毒设备的排水；
4 蒸发式冷却器、空调设备冷凝水的排水；
5 贮存食品或饮料的冷藏库房的地面排水和冷风机溶霜水盘的排水。

答案：B

**20-3-8 (2005 修)** 以下叙述哪条错误？

A 生活污水处理设施，宜远离接入市政管道的排放点
B 化粪池距地下水取水构筑物不得小于 30m
C 高于 40℃的排水需经降温处理后，才能排入城镇下水道
D 生活污水处理间应设置除臭装置。

解析：根据《给排水标准》第 4.10.19 条，小区生活污水处理设施的设置应符合下列规定：

1 宜靠近接入市政管道的排放点；
2 建筑小区处理站的位置宜在常年最小频率的上风向，且应用绿化带与

建筑物隔开；
3　处理站宜设置在绿地、停车坪及室外空地的地下。

第4.10.13条，化粪池与地下取水构筑物的净距不得小于30m。

第4.2.4条，下列建筑排水应单独排水至水处理或回收构筑物：
1　职工食堂、营业餐厅的厨房含有油脂的废水；
2　洗车冲洗水；
3　含有致病菌、放射性元素等超过排放标准的医疗、科研机构的污水；
4　水温超过40℃的锅炉排污水；
5　用作中水水源的生活排水；
6　实验室有害有毒废水。

第4.9.4条，生活污水处理设施的设置应符合下列规定：
1　当处理站布置在建筑地下室时，应有专用隔间；
2　设置生活污水处理设施的房间或地下室应有良好的通风系统，当处理构筑物为敞开式时，每小时换气次数不宜小于15次；当处理设施有盖板时，每小时换气次数不宜小于8次；
3　生活污水处理间应设置除臭装置，其排放口位置应避免对周围人、畜、植物造成危害和影响。

答案：A

**20-3-9**　(2004) 化粪池距地下水取水的构筑物不得小于以下哪个数据？

A　5m　　　　　B　10m　　　　　C　20m　　　　　D　30m

解析：根据《给排水标准》第4.10.13条，化粪池距离地下水取水构筑物不得小于30m。

答案：D

**20-3-10**　温度高于(　　)的污、废水，排入城镇排水管道前应采取降温措施。

A　30℃　　　　B　35℃　　　　C　38℃　　　　D　40℃

解析：根据《给排水标准》第4.2.4条第4款，水温超过40℃的锅炉排污水应单独排水至水处理或回收构筑物。

答案：D

**20-3-11**　为了防止生活饮用水被污染，以下哪一条是错误的？

A　生活饮用水池设在室外地下时，距化粪池不应小于10m
B　生活饮用水池设在室内时，不应在污染源房间的下面
C　在同一设置点，重复设置防回流设施
D　饮用水管道不得与非饮用水（如中水）管道连接

解析：根据《给排水标准》第3.1.13条，埋地式生活饮用水贮水池周围10m内，不得有化粪池、污水处理构筑物、渗水井、垃圾堆放点等污染源。生活饮用水水池（箱）周围2m内不得有污水管和污染物。

第3.3.17条，建筑物内的生活饮用水水池（箱）及生活给水设施，不应设置于与厕所、垃圾间、污（废）水泵房、污（废）水处理机房及其他污染源毗邻的房间内；其上层不应有上述用房及浴室、盥洗室、厨房、洗衣房和

其他产生污染源的房间。

第3.1.3条，中水、回用雨水等非生活饮用水管道严禁与生活饮用水管道连接。

第3.3.12条，在给水管道防回流设施的同一设置点处，不应重复设置防回流设施。

答案：C

**20-3-12** 含有大量油脂的生活废水应采用下述哪种方式排出？
A 将含有大量油脂的生活废水与生活粪便水采用一条排水管道直接排出
B 将含有大量油脂的生活废水用管道汇集起来直接排出
C 将含有大量油脂的生活废水与洗涤废水混合稀释后排出
D 将含有大量油脂的生活废水经除油处理后排出

解析：根据《给排水标准》第4.2.4条，下列建筑排水应单独排水至水处理或回收构筑物：

1 职工食堂、营业餐厅的厨房含有油脂的废水；
2 洗车冲洗水；
3 含有致病菌、放射性元素等超过排放标准的医疗、科研机构的污水；
4 水温超过40℃的锅炉排污水；
5 用作中水水源的生活排水；
6 实验室有害有毒废水。

4.9.1条，职工食堂、营业餐厅的厨房含有油脂的废水，应单独排至隔油装置，经隔油处理后方许排入室外污水管道。

答案：D

**20-3-13** 一些大城市为节约用水，要求设置中水系统，中水水源要求首先采用优质杂排水，下列哪种属于优质杂排水？
A 大便器排水　　B 厨房排水　　C 小便器排水　　D 沐浴排水

解析：优质杂排水是指污染浓度较低的排水，如冷却排水、盥洗排水、沐浴排水。

答案：D

**20-3-14** 医院污物洗涤间内的洗涤盆（池）和污水盆（池）排水管管径，不得小于(　　)mm。
A 70　　B 75　　C 80　　D 85

解析：根据《给排水标准》第4.5.12条第2款，医院污物洗涤间内洗涤盆（池）和污水盆（池）的排水管管径不得小于75mm。

答案：B

**20-3-15** 埋地生活饮用水池与化粪池之间的最小水平距离为(　　)m。
A 5　　B 10　　C 15　　D 20

解析：《给排水标准》3.13.11中规定。埋地式生活饮用水池周围10m以内，不得有化粪池。

答案：B

20-3-16 造成贮水池（箱）中的水被污染的原因有很多，下述哪一条不会造成贮水池（箱）中的水被污染？

A 水池（箱）中加入适量消毒剂　　　B 管理不当
C 非饮用水回流　　　　　　　　　　D 箱体材料选择不当

解析：造成贮水池（箱）中的水被污染的原因有三条，即箱体材料选择不当、非饮用水回流和管理不当。

答案：A

## （四）消　防　给　水

20-4-1 (2010) 关于高层民用建筑中容量大于 $1000m^3$ 的消防水池的设计规定，以下哪项是正确的？

A 可与生活饮用水池合并成一个水池
B 可以不分设两个能独立使用的消防水池
C 补水时间不超过 48 小时，可以不分设两个能独立使用的消防水池
D 均应分设两个能独立使用的消防水池

解析：依据《消防给水及消火栓规范》第 4.3.6 条，消防水池的总蓄水有效容积大于 $1000m^3$ 时，应设能独立使用的两座消防水池。

答案：D

20-4-2 (2010) 下列占地面积大于 $300m^2$ 的仓库中，应设置室内消火栓的仓库是（　　）。

A 金库　　　B 粮食仓库　　　C 中药材仓库　　　D 金属钾仓库

解析：依据《防火规范》第 8.2.2 条，下列建筑或场所，可不设置室内消火栓系统，但宜设置消防软管卷盘或轻便消防水龙：

1 耐火等级为一、二级且可燃物较少的单、多层丁、戊类厂房（仓库）；
2 耐火等级为三、四级且建筑体积不大于 $3000m^3$ 的丁类厂房；耐火等级为三、四级且建筑体积不大于 $5000m^3$ 的戊类厂房（仓库）；
3 粮食仓库、金库、远离城镇且无人值班的独立建筑；
4 存有与水接触能引起燃烧爆炸的物品的建筑；
5 室内无生产、生活给水管道，室外消防用水取自储水池且建筑体积不大于 $5000m^3$ 的其他建筑。

答案：C

20-4-3 (2010) 关于甲、乙、丙类液体储罐区室外消火栓的布置规定，以下哪项是正确的？

A 应设置在防火堤内
B 应设置在防护墙外
C 距罐壁 15m 范围内的消火栓，应计算在该罐可使用的数量内
D 因火灾危险性大，每个室外消火栓的用水量应按 5L/S 计算

解析：依据《消防给水及消火栓规范》第 7.3.6 条规定：甲、乙、丙类液体

储罐区和液化烃罐罐区等构筑物的室外消火栓,应设在防火堤或防护墙外,数量应根据每个罐的设计流量经计算确定,但距罐壁15m范围内的消火栓,不应计算在该罐可使用的数量内。

答案:B

**20-4-4** (2010)关于室外消火栓布置的规定,以下哪项是错误的?

A 间距不应大于120m  B 保护半径不应大于150m
C 距房屋外墙不宜大于5m  D 地下式应有明显的永久性标识

解析:依据《消防给水及消火栓规范》第7.2.5、第7.2.6、第7.3.1条,市政消火栓距建筑外墙或外墙边缘不宜小于5m。

答案:C

**20-4-5** (2010)防火分隔水幕用于开口部位,除舞台口外,开口部位的最大尺寸(宽×高)不宜超过(    )。

A 10m×6m   B 15m×8m   C 20m×10m   D 25m×12m

解析:依据《自动喷水灭火规范》第4.3.3条,防护冷却水幕应直接将水喷向被保护对象;防火分隔水幕不宜用于尺寸超过15m(宽)×8m(高)的开口部位(舞台口除外)。

答案:B

**20-4-6** (2010)下列建筑或场所中,宜设消防排水设施的是(    )。

A 仓库  B 宾馆地上客房
C 住宅一层公共区域  D 游泳池

解析:依据《消防给水及消火栓规范》第9.2.1条,下列建筑物内应采取消防排水措施:

　　1 消防水泵房;
　　2 设有消防给水系统的地下室;
　　3 消防电梯的井底;
　　4 仓库。

答案:A

**20-4-7** (2009)消防电梯井的设置要求,以下哪条错误?

A 井底应设置排水设施

B 排水井容量不小于$2m^3$

C 消防电梯与普通电梯梯井之间应用耐火极限≥1.5h的隔墙隔开

D 排水泵的排水量不应小于10L/s

解析:根据《防火规范》第7.3.6条:消防电梯井、机房与相邻电梯井、机房之间应设置耐火极限不低于2.0h的防火隔墙,隔墙上的门应采用甲级防火门。第7.3.7条规定:消防电梯的井底应设置排水设施,排水井的容量不应小于$2m^3$,排水泵的排水量不应小于10L/s。消防电梯间前室的门口宜设置挡水设施。

答案:C

**20-4-8 (2009) 目前国内外广泛使用的主要灭火剂是以下哪种?**
A 水　　　　　B 泡沫　　　　　C 干粉　　　　　D 二氧化碳

(注：此题2007年考过)

解析：根据已经废止的《高层民用建筑设计防火规范》GB 50045—95（2005版）条文说明第7.1.1条，在用于灭火的灭火剂中，水和泡沫、卤代烷、二氧化碳、干粉等比较，具有使用方便、灭火效果好、价格便宜、器材简单等优点，目前水仍是国内外使用的主要灭火剂。

现行《消防给水及消火栓规范》条文说明第1.0.1条也指出，水是火灾扑救过程中的主要灭火剂。目前国内外广泛使用的消火栓灭火系统、自动喷水灭火系统的灭火剂均为水。

答案：A

**20-4-9 (2009) 应设置自动喷水灭火系统的场所，以下哪条错误?**
A 特等、甲等剧院
B 超过1500座位的非特等、非甲等剧院
C 超过2000个座位的会堂
D 3000个座位以内的体育馆

解析：根据《防火规范》第8.3.4条，除本规范另有规定和不宜用水保护或灭火的场所外，下列单、多层民用建筑或场所应设置自动灭火系统，并宜采用自动喷水灭火系统：特等、甲等剧场，超过1500个座位的其他等级的剧场，超过2000个座位的会堂或礼堂，超过3000个座位的体育馆，超过5000人的体育场的室内人员休息室与器材间等。

答案：D

**20-4-10 (2009) 建筑物内消火栓设计流量的相关因素，以下哪条错误?**
A 与建筑物的高度有关　　　　B 与建筑物的体积无关
C 与建筑物的耐火等级有关　　D 与建筑物的用途有关

解析：根据《消防给水及消火栓规范》第3.5.1条，建筑物室内消火栓设计流量应根据建筑物的用途功能、体积高度、耐火等级、火灾危险性等因素综合确定。

答案：B

**20-4-11 (2009) 高层建筑采用的主要灭火系统，以下哪条正确?**
A 自动喷水灭火系统　　　　B 二氧化碳灭火系统
C 干粉灭火系统　　　　　　D 消火栓给水灭火系统

解析：根据已经废止的《高层民用建筑设计防火规范》GB 50045—95（2005版）第7.1.1条，高层建筑必须设置室内、室外消火栓给水系统。第7.1.1条条文说明，从目前我国经济、技术条件为出发点，消火栓系统是高层民用建筑最基本的灭火设备。

现行《消防给水及消火栓规范》没有对应的条款及说明。

答案：D

**20-4-12 (2009) 为确保消防给水安全，以下哪条对水源的要求是错误的?**

A 保证水量 B 保证水质
C 便于取水 D 主要由消防车提供水源

解析：根据《消防给水及消火栓规范》第4.1.2条，消防水源水质应满足灭火设施的功能要求。第4.1.3条，消防水源应符合下列规定：

1. 市政给水、消防水池、天然水源等可作为消防水源，并宜采用市政给水管网供水；
2. 雨水清水池、中水清水池、水景和游泳池宜作为备用消防水源。

消防车装载水量有限，不能确保消防用水量。

答案：D

**20-4-13** (2008) 自动喷水灭火系统的报警阀安装在下面哪一个位置是错误的？
A 不易被非管理人员接触的位置 B 便于操作的位置
C 无排水设施的位置 D 距地面宜为1.2米高的位置

解析：根据《自动喷水灭火规范》第6.2.6条，报警阀组宜设在安全及易于操作的地点，报警阀距地面高度宜为1.2m。设置报警阀组的部位应设有排水设施。

答案：C

**20-4-14** (2008) 自动灭火系统设置场所的火灾危险等级划分术语中，以下哪一条是正确的？
A 易燃烧体 B 耐火等级为一级
C 严重危险级Ⅰ级 D 火灾危险性为甲类

解析：根据《自动喷水灭火规范》第3.0.1条，设置场所火灾危险等级划分为：轻危险级；中危险级Ⅰ级、Ⅱ级；严重危险级Ⅰ级、Ⅱ级；仓库危险级Ⅰ级、Ⅱ级、Ⅲ级。

答案：C

**20-4-15** (2008) 有关消防软管卷盘设计及使用的规定，以下哪一条是正确的？
A 只能由专业消防人员使用
B 消防软管卷盘用水量可不计入消防用水总量
C 消防软管卷盘喷嘴口径不应小于19.00mm
D 安装高度无任何要求

解析：《消防给水及消火栓规范》第7.4.2条第3款，宜配置当量喷嘴直径16mm或19mm的消防水枪；

第7.4.11条规定，消防软管卷盘和轻便水龙的用水量可不计入消防用水总量。

《防火规范》条文说明第8.2.4条，消防软管卷盘的设置是为了方便建筑物内的人员扑灭初起火时使用，有关要求见公共安全标准《轻便消防水龙》GA 180。

答案：B

**20-4-16** (2008) 消防电梯井底应设排水设施，排水井的最小容量应为（　　）。
A 2m³　　B 5m³　　C 8m³　　D 10m³

解析：《防火规范》第7.3.7条规定，消防电梯的井底应设置排水设施，排水井的容量不应小于2m³，排水泵的排水量不应小于10L/s。消防电梯间前室的门口宜设置挡水设施。

答案：A

**20-4-17** （2007）对消防用水水质的要求，以下哪条错误？

A 无特殊要求

B 水中杂质悬浮物不致堵塞自动喷水灭火喷头的出口

C 必须符合《生活饮用水卫生标准》

D 不得有油污、易燃、可燃液体污染的天然水源

解析：根据《消防给水及消火栓规范》条文说明第4.1.2条，消防水源水质应满足水灭火设施本身，及其灭火、控火、抑制、降温和冷却等功能的要求。室外消防给水其水质可以差一些，如河水、海水、池塘等，并允许一定的颗粒物存在，但室内消防给水如消火栓、自动喷水等对水质要求较严，颗粒物不能堵塞喷头和消火栓水枪等，平时水质不能有腐蚀性，要保护管道。

答案：C

**20-4-18** （2007）高层建筑的火灾扑救，以下叙述哪条错误？

A 应立足于自救

B 以室内消防给水系统为主

C 以现代化的室外登高消防车为主

D 应有满足消防水量、水压并始终保持临战状态的消防给水管网

解析：根据已经废止的《高层民用建筑设计防火规范》GB 50045—95（2005版）条文说明第7.1.3条，高层建筑的火灾扑救应立足于自救，且以室内消防给水系统为主，应保证室内消防给水管网有满足消防需要的流量和水压，并应始终处于临战状态。

现行《消防给水及消火栓规范》没有对应的条款及说明。

答案：C

**20-4-19** （2006）消防给水的水源选择，下述哪项是错误的？

A 城市给水管网

B 枯水期最低水位时保证消防用水，并设置有可靠的取水设施的天然水源

C 消防水池

D 生活专用水池

解析：根据已经废止的《高层民用建筑设计防火规范》GB 50045—95（2005版）第7.1.2条，消防用水可由给水管网、消防水池或天然水源供给。利用天然水源应确保枯水期最低水位时的消防用水量，并应设置可靠的取水设施。

现行《消防给水及消火栓规范》的类似条款第4.1.3条规定，消防水源应符合下列规定：

1 市政给水、消防水池、天然水源等可作为消防水源，宜采用市政给水管网供水；

2 雨水清水池、中水清水池、水景和游泳池宜作为备用消防水源。

答案：D

**20-4-20** （2006）不超过100m的高层建筑内的消防水池，其总蓄水有效容积超过多少

时，应分成两个能独立使用的消防水池？

A 500m³　　　　B 1000m³　　　　C 1500m³　　　　D 2000m³

解析：根据《消防给水及消火栓规范》第4.3.6条，消防水池的总蓄水有效容量超过1000m³时，应分成两个能独立使用的消防水池。

答案：B

**20-4-21** (2006) 水泵接合器应设在室外便于消防车使用的地点，距室外消火栓或消防水池的距离宜为（　　）。

A 50m　　　　B 15～40m　　　　C 10m　　　　D 5m

解析：《消防给水及消火栓规范》第5.4.7条，水泵接合器应设在室外便于消防车使用的地点，其距室外消火栓或消防水池的距离不宜小于15m，且不宜大于40m。

答案：B

**20-4-22** (2006) 高位消防水箱的设置高度应保证最不利点消火栓的静水压力。当住宅建筑高度不超过100m时，该高层建筑最不利点消火栓静水压力不应低于（　　）。

A 0.07MPa　　　　B 0.09MPa　　　　C 0.10MPa　　　　D 0.15MPa

解析：根据《消防给水及消火栓规范》第5.2.2条，高位消防水箱的设置位置应高于其所服务的水灭火设施，且最低有效水位应满足水灭火设施最不利点处的静水压力，并应符合下列规定，如不能满足下列规定的静压要求时，应设稳压泵。

1 一类高层民用公共建筑不应低于0.10MPa，但当建筑高度超过100m时不应低于0.15MPa；

2 高层住宅、二类高层公共建筑、多层民用建筑不应低于0.07MPa，多层住宅不宜低于0.07MPa。

答案：A

**20-4-23** (2006) 室外消火栓的设置，下列哪一个示意图是正确的？

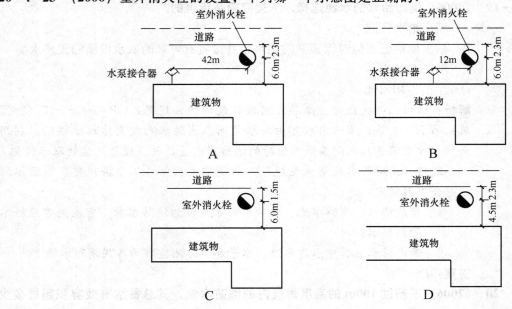

解析：《消防给水及消火栓规范》第7.2.6条：市政消火栓应布置在消防车易于接近的人行道和绿地等地点，且不应妨碍交通，并应符合下列规定：
  1 市政消火栓距路边不宜小于0.5m，并不应大于2m；
  2 市政消火栓距建筑外墙或外墙边缘不宜小于5m；
  3 市政消火栓应避免设置在机械易撞击的地点，当确有困难时应采取防撞措施。

答案：C

20-4-24 (2005) 当市政给水管网能保证室外消防给水设计流量时，消防水池的有效容积确定，以下叙述哪条正确？
  A 应满足在火灾延续时间内室内外消防水量的总和
  B 应满足在火灾延续时间内室外消防水量的总和
  C 应满足在火灾延续时间内室内消防水量的要求
  D 应满足在火灾延续时间内自动消防水量的总和

解析：根据《消防给水及消火栓规范》第4.3.2条，当市政给水管网能保证室外消防给水设计流量时，消防水池的有效容积应满足在火灾延续时间内室内消防用水量的要求；否则，应满足火灾延续时间内室内消防用水量和室外消防用水量不足部分之和的要求。

答案：C

20-4-25 (2005) 高层建筑内设置消防水泵房，以下要求哪条有错？
  A 应采用耐火极限不低于2.0h的隔墙与其他部位隔开
  B 应采用耐火极限不低于1.5h的楼板与其他部位隔开
  C 开向疏散走道的门应设置乙级防火门
  D 疏散门应直通安全出口

解析：《消防给水及消火栓规范》第5.5.12条，消防水泵房应符合下列规定：
  1 独立建造的消防水泵房耐火等级不应低于二级；
  2 附设在建筑物内的消防水泵房，不应设置在地下三层及以下，或室内地面与室外出入口地坪高差大于10m的地下楼层；
  3 附设在建筑物内的消防水泵房，应采用耐火极限不低于2.0h的隔墙和1.5h的楼板与其他部位隔开，其疏散门应直通安全出口，且开向疏散走道的门应采用甲级防火门。

答案：C

20-4-26 (2005) 自动喷水灭火系统水质要求，以下哪条错误？
  A 无污染      B 无细菌
  C 无腐蚀      D 无悬浮物

解析：根据《自动喷水灭火规范》第10.1.1条规定，系统用水应无污染、无腐蚀、无悬浮物。

答案：B

20-4-27 (2004) 有关自动喷水灭火系统不适用场所，以下哪条错误？
  A 遇水发生爆炸或加速燃烧的物品场所

B 遇水发生剧烈化学反应或产生有毒有害物质的物品场所
C 人员密集不易疏散的场所
D 洒水将导致喷溅或沸溢的液体场所

解析：根据《自动喷水灭火规范》第4.1.2条自动喷水灭火系统不适用于存在较多下列物品的场所：

1 遇水发生爆炸或加速燃烧的物品；
2 遇水发生剧烈化学反应或产生有毒有害物质的物品；
3 洒水将导致喷溅或沸溢的液体。

答案：C

**20-4-28** (2004) 有关自动喷水灭火系统对水源的要求，以下哪条错误？
A 系统用水应无污染、无腐蚀、无悬浮物
B 可由市政消防给水管道供给，也可由消防水池或天然水源供给
C 在严寒和寒冷地区对系统遭受冰冻影响的部分应采取防冻措施
D 与生产用水合用的消防水箱和消防水池，其储水水质应符合饮用水标准

解析：根据《自动喷水灭火规范》第10.1.1条规定：系统用水应无污染、无腐蚀、无悬浮物。可由市政或企业的生产、消防给水管道供给，也可由消防水池或天然水源供给，并应确保持续喷水时间内的用水量；第10.1.2条规定：与生活用水合用的消防水箱和消防水池，其储水的水质，应符合饮用水标准；第10.1.3条规定：严寒与寒冷地区，对系统中遭受冰冻影响的部分，应采取防冻措施。

答案：D

**20-4-29** (2004) 以下叙述哪条错误？
A 室内消火栓应设在建筑物内明显易取的地方
B 室内消火栓应有明显的标志
C 消防前室不应设置消火栓
D 消火栓应涂成红色

解析：根据《消防给水及消火栓规范》第7.4.7条第1款，室内消火栓应设置在楼梯间及其休息平台和前室、走道等明显易于取用，以及便于火灾扑救的位置。

第8.3.7条，消防给水系统的室内外消火栓、阀门等设置位置，应设置永久性固定标识。

第7.4.5条，消防电梯前室应设置室内消火栓，并应计入消火栓使用数量。

答案：C

**20-4-30** (2004) 我国于2005年停产卤代烷1211灭火剂，2010年停产卤代烷1301灭火剂，其原因以下哪条正确？
A 环保　　　B 毒性　　　C 试用效果　　　D 价格昂贵

解析：卤代烷灭火剂（如哈龙1301、1211、2402等）被发现对大气臭氧层具有明显的破坏作用。

答案：A

**20-4-31** 室内消火栓的间距应由计算确定，消火栓按 1 支消防水枪的 1 股充实水柱布置的建筑物室内消火栓的最大间距是（　　）m。
A 40　　　　　B 45　　　　　C 50　　　　　D 55
解析：根据《消防给水及消火栓规范》第 7.4.10 条规定，室内消火栓宜按直线距离计算其布置间距，并应符合下列规定：
1 消火栓按 2 支消防水枪的 2 股充实水柱布置的建筑物，消火栓的布置间距不应大于 30.0m；
2 消火栓按 1 支消防水枪的 1 股充实水柱布置的建筑物，消火栓的布置间距不应大于 50.0m。
答案：C

**20-4-32** 民用建筑的耐火等级分为（　　）级。
A 1　　　　　B 2　　　　　C 3　　　　　D 4
解析：根据《防火规范》第 5.1.2 条，民用建筑的耐火等级可分为一、二、三、四共 4 个级别。
答案：D

**20-4-33** 以下关于消防水泵出水管连接的叙述哪条正确？
A 一组消防水泵应设不少于两条输水干管与消防给水枝状管网连接
B 一组消防水泵应设不少于三条输水干管与消防给水枝状管网连接
C 一组消防水泵应设不少于三条输水干管与消防给水环状管网连接
D 一组消防水泵应设不少于两条输水干管与消防给水环状管网连接
解析：根据《消防给水及消火栓规范》第 5.1.13 条第 3 款，一组消防水泵应设不少于两条的输水干管与消防给水环状管网连接；当其中一条输水管检修时，其余输水管应仍能供应全部消防给水设计流量。
答案：D

**20-4-34** 民用建筑的室外消防设计流量应按下述哪一条确定？
A 同一时间内的火灾次数和一次灭火设计流量
B 同一时间内的火灾次数
C 一次灭火设计流量
D 同一时间内的火灾次数和总的灭火设计流量
解析：根据《消防给水及消火栓规范》第 3.2.2 条，城镇市政消防给水设计流量，应按同一时间内的火灾起数和一起火灾灭火设计流量经计算确定。
答案：A

**20-4-35** 《建筑设计防火规范》要求，根据剧院的座位数，规定在剧院的观众厅、舞台上部（屋顶采用金属构件时）、化妆室、道具室、贵宾室等处设闭式自动喷水灭火设备。剧院观众厅设置喷水灭火设备的座位数最低限额为（　　）座。
A 1001　　　B 1501　　　C 2001　　　D 2501
解析：根据《防火规范》第 8.3.4 条，除本规范另有规定和不宜用水保护或灭火的场所外，下列单、多层民用建筑或场所应设置自动灭火系统，并宜采用自动喷水灭火系统：特等、甲等剧场，超过 1500 个座位的其他等级的剧场，超过 2000 个座位的会堂或礼堂，超过 3000 个座位的体育馆，超过 5000 人的体育场的室内人员休息室与器材间等。

答案：B

**20-4-36** 以下消火栓的布置示意图哪一个是错误的?

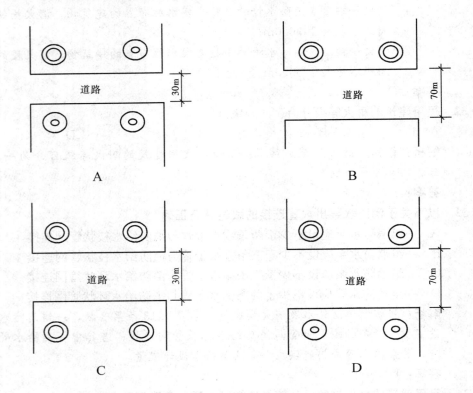

解析：根据《消防给水及消火栓规范》第 7.2.3 条规定，市政消火栓宜在道路的一侧设置，并宜靠近十字路口，但当市政道路宽度超过 60m 时，应在道路的两侧交叉错落设置市政消火栓。

答案：B

**20-4-37** 消防用水的储水量应满足在火灾延续时间内，室内外消防用水总量的要求；居住区的火灾延续时间规范要求为（　　）h。
　　A 0.5　　　　B 1.0　　　　C 1.5　　　　D 2.0

解析：根据《消防给水及消火栓规范》第 3.6.2 条，住宅的火灾延续时间为 2.0h。

答案：D

**20-4-38** 室外消火栓布置距房屋外墙不宜小于（　　）m。
　　A 2　　　　B 4　　　　C 5　　　　D 10

解析：根据《消防给水及消火栓规范》第 7.2.6 条、第 7.3.1 条，市政消火栓和室外消火栓距建筑外墙或外墙边缘不宜小于5.0m。
答案：C

**20-4-39** 室内消防给水管网应该布置成环状，当室外消火栓用水量不超过（    ）且室内消火栓不超过10个时，可以布置成枝状管网。
A 5L/s　　　　B 10L/s　　　　C 15L/s　　　　D 20L/s
解析：根据《消防给水及消火栓规范》第8.1.5条第1款规定，室内消防给水管网应符合下列规定：
　　室内消火栓系统管网应布置成环状，当室外消火栓设计流量不大于20L/s，且室内消火栓不超过10个时，除本规范第8.1.2条外，可布置成枝状。第8.1.2条，下列消防给水应采用环状给水管网：①向两栋及以上建筑供水时；②向两种及以上水灭火系统供水时；③采用设有高位消防水箱的临时高压消防给水系统时；④向两个及以上报警阀控制的自动水灭火系统供水时）
答案：D

**20-4-40** 二类高层住宅设高位消防水箱，水箱的消防贮水量最小不应小于(    )m³。
A 18　　　　B 12　　　　C 8　　　　D 6
解析：根据《消防给水及消火栓规范》第5.2.1条规定，临时高压消防给水系统的高位消防水箱的有效容积应满足初期火灾消防用水量的要求，并应符合下列规定：

　　1　一类高层公共建筑不应小于36m³，但当建筑高度大于100m时不应小于50m³，当建筑高度大于150m时不应小于100m³；
　　2　多层公共建筑、二类高层公共建筑和一类高层居住建筑不应小于18m³，当一类住宅建筑高度超过100m时不应小于36m³；
　　3　二类高层住宅不应小于12m³；
　　4　建筑高度大于21m的多层住宅建筑不应小于6m³；
　　5　工业建筑室内消防给水设计流量当小于等于25L/s时不应小于12m³，大于25L/s时不应小于18m³；
　　6　总建筑面积大于10000m²且小于30000m²的商店建筑不应小于36m³，总建筑面积大于30000m²的商店不应小于50m³，当与本条第1款规定不一致时应取其较大值。
答案：B

**20-4-41** 高层建筑室外消火栓布置，距高层建筑外墙距离不宜小于(    )m。
A 10　　　　B 2　　　　C 5　　　　D 4
解析：根据《消防给水及消火栓规范》条文说明第7.2.6条、第7.3.1条，消火栓距建筑外墙不宜小于5.0m。
答案：C

**20-4-42** 以下关于消防水泵房的叙述哪条有错？
　　A 独立设置的消防水泵房，其耐火等级必须是一级
　　B 高层建筑内设置消防水泵房时应采用耐火极限不小于2.0h的隔墙
　　C 独立建造的消防水泵房，耐火等级不应低于二级

D 消防水泵房设在地下室或其他楼层时，其出口应直通安全出口

**解析：** 根据《消防给水及消火栓规范》第5.5.12条，消防水泵房应符合下列规定：

1. 独立建造的消防水泵房耐火等级不应低于二级；
2. 附设在建筑物内的消防水泵房，不应设置在地下三层及以下，或室内地面与室外出入口地坪高差大于10m的地下楼层；
3. 附设在建筑物内的消防水泵房，应采用耐火极限不低于2.0h的隔墙和1.5h的楼板与其他部位隔开，其疏散门应直通安全出口，且开向疏散走道的门应采用甲级防火门。

**答案：** A

**20-4-43** 关于同一建筑物内选择消火栓的规格，下面四条规定哪条是正确的？

A 采用多种规格的消火栓
B 不必采用相同规格的消火栓
C 许可采用口径65mm和口径50mm两种规格的消火栓
D 采用统一规格的消火栓

**解析：** 根据《消防给水及消火栓规范》第12.3.9条规定，同一建筑物内设置的消火栓、消防软管卷盘和轻便水龙应采用统一规格的栓口、消防水枪和水带及配件。

**答案：** D

**20-4-44** 市政消火栓距路边不应超过（　　）m。

A 1　　　　B 2　　　　C 3　　　　D 4

**解析：** 根据《消防给水及消火栓规范》第7.2.6条，市政消火栓距路边不宜小于0.5m，并不应大于2.0m。

**答案：** B

**20-4-45** 室内消火栓竖管管径不应小于（　　）mm。

A 100　　　B 150　　　C 200　　　D 300

**解析：** 根据《消防给水及消火栓规范》第8.1.5条规定，室内消防管道管径应根据系统设计流量、流速和压力要求经计算确定；室内消火栓竖管管径应根据竖管最低流量经计算确定，但不应小于$DN100$。

**答案：** A

**20-4-46** 消火栓给水管道的设计流速不宜超过（　　）m/s。

A 1.5　　　B 2　　　　C 2.5　　　D 5

**解析：** 根据《消防给水及消火栓规范》第8.1.8条规定：消防给水管道的设计流速不宜大于2.5m/s。

**答案：** C

**20-4-47** 以下关于消火栓的叙述哪一条是错误的？

A 消防电梯前室应该设置室内消火栓
B 室内消火栓应该设置在明显易取的地方
C 室内消火栓的间距可以不必计算，但不能大于30m

D 多层和高层建筑，如果设有室内消火栓，应在屋顶设置试验消火栓

**解析**：根据《消防给水及消火栓规范》规定：

第7.4.5条，消防电梯前室应设置室内消火栓，并应计入消火栓使用数量。

第7.4.7条，室内消火栓应设置在楼梯间及其休息平台和前室、走道等明显易于取用，以及便于火灾扑救的位置。

第7.4.9条，设有室内消火栓的建筑应设置带有压力表的试验消火栓，其设置位置应符合下列规定：

1 多层和高层建筑应在其屋顶设置，严寒、寒冷等冬季结冰地区可设置在顶层出口处或水箱间内等便于操作和防冻的位置；

2 单层建筑宜设置在水力最不利处，且应靠近出入口。

第7.4.10条，室内消火栓宜按直线距离计算其布置间距，并应符合下列规定：

1 消火栓按2支消防水枪的2股充实水柱布置的建筑物，消火栓的布置间距不应大于30.0m；

2 消火栓按1支消防水枪的1股充实水柱布置的建筑物，消火栓的布置间距不应大于50.0m。

**答案**：C

**20-4-48** 二类高层住宅室内高位消防水箱的有效容积，不应小于( )$m^3$。
A 6　　　　　B 10　　　　　C 12　　　　　D 18

**解析**：根据《消防给水及消火栓规范》第5.2.1条，临时高压消防给水系统的高位消防水箱的有效容积应满足初期火灾消防用水量的要求，并应符合下列规定：

1 一类高层公共建筑，不应小于$36m^3$；但当建筑高度大于100m时，不应小于$50m^3$；当建筑高度大于150m时，不应小于$100m^3$；

2 多层公共建筑、二类高层公共建筑和一类高层住宅，不应小于$18m^3$；当一类高层住宅建筑高度超过100m时，不应小于$36m^3$；

3 二类高层住宅，不应小于$12 m^3$；

4 建筑高度大于21m的多层住宅，不应小于$6m^3$；

5 工业建筑室内消防给水设计流量当小于或等于25L/s时，不应小于$12m^3$；大于25L/s时，不应小于$18 m^3$；

6 总建筑面积大于$10000m^2$且小于$30000m^2$的商店建筑，不应小于$36m^3$；总建筑面积大于$30000m^2$的商店，不应小于$50m^3$；当与本条第1款规定不一致时，应取其较大值。

**答案**：C

## (五) 建 筑 排 水

**20-5-1 (2010)** 新建居住小区的排水系统应采用( )。
A 生活排水与雨水合流系统
B 生活排水与雨水分流系统
C 生活污水与雨水合流系统
D 生活废水与雨水合流并与生活污水分流系统

解析：根据已废止的《建筑给水排水设计规范》GB 50015—2003（2009版）第4.1.1条，小区排水系统应采用生活排水与雨水分流系统。

现行《给排水标准》的类似条款第5.1.3条规定，小区雨水排水系统应与生活污水系统分流。

答案：B

**20-5-2 (2010)** 公共场所设置无水封构造的小便器时，不宜采用( )。
A 手动冲洗阀
B 延时自闭式冲洗阀
C 红外感应自动冲洗装置
D 水封深度等于或大于50mm的存水弯

解析：根据《给排水标准》第3.2.14条第2款，公共场所卫生间的小便器应采用感应式或延时自闭式冲洗阀。

第4.3.10条，下列设施与生活污水管道或其他可能产生有害气体的排水管道连接时，必须在排水口以下设存水弯：
1 构造内无存水弯的卫生器具或无水封的地漏；
2 其他设备的排水口或排水沟的排水口。

第4.3.11条，水封装置的水封深度不得小于50mm。

答案：A

**20-5-3 (2010修)** 下列哪一类排水管可以直接接入生活排水管道系统？
A 阳台雨水排水          B 淋浴排水
C 生活饮用水箱的溢流排水  D 贮存饮料的冷藏库房的地面排水

解析：根据《给排水标准》第4.4.12条，下列构筑物和设备的排水管与生活排水管道系统应采取间接排水的方式：
1 生活饮用水贮水箱（池）的泄水管和溢流管；
2 开水器、热水器排水；
3 医疗灭菌消毒设备的排水；
4 蒸发式冷却器、空调设备冷凝水的排水；
5 贮存食品或饮料的冷藏库房的地面排水和冷风机溶霜水盘的排水。

第4.9.12条，阳台雨水立管底部应间接排水。

答案：B

**20-5-4 (2010)** 以下存水弯的设置说法哪条错误？

A 构造内无存水弯的卫生器具与生活污水管道连接时，必须在排水口下设存水弯

B 医院门诊、病房不在同一房间内的卫生器具不得共用存水弯

C 医院化验室、试验室不在同一房间内的卫生器具可共用存水弯

D 存水弯水封深度不得小于50mm

**解析**：根据《给排水标准》第4.3.10条，下列设施与生活污水管道或其他可能产生有害气体的排水管道连接时，必须在排水口以下设存水弯：

  1 构造内无存水弯的卫生器具或无水封的地漏；

  2 其他设备的排水口或排水沟的排水口。

 第4.3.11条，水封装置的水封深度不得小于50mm。

 第4.3.12条，医疗卫生机构内门诊、病房、化验室、试验室等不在同一房间内的卫生器具不得共用存水弯。

**答案**：C

**20-5-5** (2010) 下列哪一种室内排水管道敷设方式是正确的？

A 排水横管直接布置在食堂备餐的上方

B 穿越生活饮用水池部分的上方

C 穿越生产设备基础

D 塑料排水立管与家用灶具边净距大于0.4m

**解析**：根据《给排水标准》第4.4.1条第5款，室内排水埋地管道不得布置在可能受重物压坏处或穿越生产设备基础。

 第4.4.1条第9款，塑料排水管不应布置在热源附近；当不能避免，并导致管道表面受热温度大于60℃时，应采取隔热措施；塑料排水立管与家用灶具边净距不得小于0.4m。

 第4.4.2条，排水管道不得穿越下列场所：

  1 卧室、客房、病房和宿舍等人员居住的房间；

  2 生活饮用水池（箱）上方；

  3 遇水会引起燃烧、爆炸的原料、产品和设备的上面；

  4 食堂厨房和饮食业厨房的主副食操作、烹调和备餐的上方。

**答案**：D

**20-5-6** (2010) 下列哪一项不符合建筑物室内地下室污水集水池的设计规定？

A 设计最低水位应满足水泵的吸水要求

B 池盖密封后，可不设通气管

C 池底应有不小于0.05坡度坡向泵位

D 应设置水位指示装置

**解析**：根据《给排水标准》第4.8.3条，当生活污水集水池设置在室内地下室时，池盖应密封，且应设置在独立设备间内并设通风、通气管道系统。成品污水提升装置可设置在卫生间或敞开室间内，地面宜考虑排水措施。

 第4.8.4条第3款，集水池设计最低水位，应满足水泵吸水要求。

 第4.8.4条第5款，集水池底宜有不小于0.05坡度坡向泵位；集水坑的

深度及平面尺寸，应按水泵类型而定。

第4.8.4条第7款，集水池应设置水位指示装置，必要时应设置超警戒水位报警装置，并将信号引至物业管理中心。

答案：B

**20-5-7** （2010）建筑屋面雨水排水工程的溢流设施中不应设置（　　）。
　　A 溢流堰　　　　B 溢流口　　　　C 溢流管系　　　　D 溢流阀门

解析：屋面雨水溢流设施应保持通畅，不应设置溢流阀门。

答案：D

**20-5-8** （2009修）以下关于地漏的设置要求，哪条错误？
　　A 设备应优先采用直通式地漏
　　B 设置在需经常地面排水的房间
　　C 地漏水封深度不得小于50mm
　　D 设置在任何房间的地漏都不得密闭

解析：根据《给排水标准》第4.3.5条，地漏应设置在有设备和地面排水的场所。

第4.3.6条第4款，设备排水应采用直通式地漏。

第4.3.6条第2款，不经常排水的场所设置地漏时，应采用密闭地漏。

第4.3.10条第1款，构造内无存水弯的卫生器具或无水封的地漏，必须在排水口以下设存水弯。

第4.3.11条，水封装置的水封深度不得小于50mm。

答案：D

**20-5-9** （2009）关于伸顶通气管的作用和设置要求，以下哪条错误？
　　A 排除排水管中的有害气体至屋顶释放
　　B 平衡室内排水管中的压力波动
　　C 通气管可用于雨水排放
　　D 生活排水管立管顶端应设伸顶通气管

解析：根据《给排水标准》第4.7.6条，通气立管不得接纳器具污水、废水和雨水，不得与风道和烟道连接。

答案：C

**20-5-10** （2009）关于居住小区排水管的布置原则，以下哪条错误？
　　A 应根据小区规划　　　　　B 尽可能机械排放
　　C 按管线短、埋深小　　　　D 根据地形标高、排水流向

解析：根据《给排水标准》第4.1.6条，小区排水生活管道的布置应根据小区规划、地形标高、排水流向、接管线短、埋深小、尽可能自流排出的原则确定。

答案：B

**20-5-11** （2009）关于排水管的布置，以下哪条错误？
　　A 不得穿越沉降缝　　　　　B 可穿越风道
　　C 不得穿越卧室　　　　　　D 不宜穿越橱窗

解析：根据《给排水标准》第 4.4.1 条第 4 款，排水管道不得穿过变形缝、烟道和风道；当排水管道必须穿过变形缝时，应采取相应技术措施。

第 4.4.1 条第 7 款，排水管道不宜穿越橱窗、壁柜，不得穿越贮藏室。

第 4.4.2 条第 1 款，排水管道不得穿越卧室、客房、病房和宿舍等人员居住的房间。

答案：B

**20-5-12** （2009）在建筑物内优先采用的排水管是( )。

A 塑料排水管      B 普通排水铸铁管
C 混凝土管       D 钢管

解析：排水塑料管具有耐腐蚀、重量轻、施工方便等优点。根据《给排水标准》第 4.6.1 条第 1 款，室内生活排水管道应采用建筑排水塑料管材、柔性接口机制排水铸铁管及相应管件；通气管材宜与排水管管材一致。

答案：A

**20-5-13** （2009）关于屋面雨水排水管系，以下叙述哪条错误？

A 排水立管不宜少于两根
B 大型屋面应采用压力排水
C 高层建筑裙房屋面排水管系应单独设置
D 阳台排水管系统可与雨水管合并设置

解析：根据《给排水标准》第 5.2.27 条，建筑屋面各汇水范围内，雨水排水立管不宜少于 2 根。

第 5.2.13 条第 4 款，工业厂房、库房、公共建筑的大型屋面雨水排水宜按满管压力流设计。

第 5.2.22 条，裙房屋面的雨水应单独排放，不得汇入高层建筑屋面排水管道系统。

第 5.2.24 条第 1 款，高层建筑阳台、露台雨水系统应单独设置。

第 5.2.24 条第 2 款，多层建筑阳台、露台雨水宜单独设置。

答案：D

**20-5-14** （2008 修）关于地漏的选择，以下哪条错误？

A 设备应优先采用直通式地漏
B 不经常排水的场所应采用密闭式地漏
C 公共浴室不宜采用网筐式地漏
D 食堂、厨房宜采用网筐式地漏

解析：根据《给排水标准》第 4.3.6 条第 1 款，食堂、厨房和公共浴室等排水宜设置网筐式地漏。

第 4.3.6 条第 2 款，不经常排水的场所设置地漏时，应采用密闭地漏。

第 4.3.6 条第 4 款，设备排水应采用直通式地漏。

答案：C

**20-5-15** （2008）以下关于几种管径的描述，哪条错误？

A 医院污物洗涤盆排水管管径不得小于 75mm

B 公共食堂排水干管管径不得小于 100mm
C 大便器排水管管径不得小于 100mm
D 浴池的泄水管管径宜采用 50mm

**解析**：根据《给排水标准》第 4.5.8 条，大便器排水管最小管径不得小于 100mm。

第 4.5.12 条第 1 款，当公共食堂厨房内的污水采用管道排除时，其管径应比计算管径大一级，且干管管径不得小于 100mm，支管管径不得小于 75mm。

第 4.5.12 条第 2 款，医疗机构污物洗涤盆（池）和污水盆（池）的排水管管径不得小于 75mm。

第 4.5.12 条第 4 款，公共浴池的泄水管不宜小于 100mm。

**答案**：D

**20-5-16** (2008) 居住小区排水管道的最小覆土深度与下面哪一个因素无关？
A 管径大小　　　　　　　　B 管材受压强度
C 道路行车等级　　　　　　D 土壤冰冻深度

**解析**：覆土深度是指埋地管道管顶至地表面的垂直距离。根据《给排水标准》第 4.10.2 条，小区排水管道的最小覆土深度应根据道路的行车等级、管材受压强度、地基承载力等因素经计算确定，与管径大小无关。

**答案**：A

**20-5-17** (2008) 在以下哪个区域的上方可穿越排水横管？
A 卫生间　　　B 备餐区　　　C 卧室　　　D 壁柜

**解析**：根据《给排水标准》第 4.4.1 条第 7 款，排水管道不宜穿越橱窗、壁柜，不得穿越贮藏室。

第 4.4.2 条第 1 款，排水管道不得穿越卧室、客房、病房和宿舍等人员居住的房间。

第 4.4.2 条第 4 款，排水管道不得穿越食堂厨房和饮食业厨房的主副食操作、烹调和备餐的上方。

**答案**：A

**20-5-18** (2008) 不得与排水通气立管相连接的管道是（　　）。
A 风道　　　　　　　　　　B 器具通气管
C 生活废水立管　　　　　　D 生活污水立管

**解析**：根据《给排水标准》第 4.4.1 条第 4 款，排水管道不得穿过变形缝、烟道和风道。

**答案**：A

**20-5-19** (2008 修) 有埋地排出管的屋面雨水排出管系，其立管底部应设（　　）。
A 排气口　　　B 泄压口　　　C 溢流口　　　D 检查口

**解析**：根据《给排水标准》第 5.2.25 条，为使管道堵塞时能得到清通，有埋地排出管的屋面雨水排出管系，其立管底部应设检查口。

**答案**：D

**20-5-20** (2007修) 建筑物内宜采用生活污水与生活废水分流排水系统的条件，以下哪条正确？

A 任何建筑均宜采用分流系统
B 排入市政排水管时要求经化粪池处理的生活污水
C 生活废水需回收利用时
D 当政府有关部门要求污水、废水分流且生活污水需经化粪池处理后才能排入城镇排水管道时

解析：根据《给排水标准》第4.2.2条，下列情况宜采用生活污水与生活废水分流的排水系统：

1 当政府有关部门要求污水、废水分流且生活污水需经化粪池处理后才能排入城镇排水管道时；
2 生活废水需回收利用时。

答案：A

**20-5-21** (2007) 居住小区的生活排水系统排水定额与生活给水系统用水定额为下列何者关系？

A 前者比后者小      B 前者比后者大
C 两者相等          D 两者不可比

解析：根据《给排水标准》第4.10.5条，小区室外生活排水管道系统的设计流量应按最大小时排水流量计算；同时根据第4.10.5条第1款，生活排水最大小时排水流量应按住宅生活给水最大小时流量与公共建筑生活给水最大小时流量之和的85%～95%确定。

答案：A

**20-5-22** (2007) 以下排水管选用管径哪项正确？

A 大便器排水管最小管径不得小于50mm
B 建筑物内排出管最小管径不得小于100mm
C 公共食堂厨房污水排出干管管径不得小于100mm
D 医院污物洗涤盆排水管最小管径不得小于100mm

解析：根据《给排水标准》第4.5.8条，大便器排水管最小管径不得小于100mm。第4.5.9条，建筑物内排出管最小管径不得小于50mm。第4.5.12条：公共食堂污水干管管径不得小于100mm；医院污物洗涤盆（池）和污水盆（池）的排水管管径，不得小于75mm。

答案：C

**20-5-23** (2007) 有关雨水系统的设置，以下哪项正确？

A 雨水汇水面积应按地面、屋面水平投影面积计算
B 高层建筑裙房屋面的雨水应合并排放
C 阳台雨水立管底部应直接排入雨水道
D 天沟布置不应以伸缩缝、沉降缝、变形缝为分界

解析：根据《给排水标准》第5.2.7条，屋面的汇水面积应按屋面水平投影面积计算；同时根据第5.3.14条，地面的雨水汇水面积应按水平投影面积

计算。

第 5.2.8 条，天沟、檐沟排水不得流经变形缝和防火墙。

第 5.2.22 条，裙房屋面的雨水应单独排放，不得汇入高层建筑屋面排水管道系统。

第 5.2.24 条第 4 款，当住宅阳台、露台雨水排入室外地面或雨水控制利用设施时，雨落水管应采取断接方式。

答案：A

**20-5-24 (2007)** 关于雨水系统的设置，以下哪条错误？

A 屋面排水立管不宜小于 2 根　　B 雨水立管均应布置在室外
C 屋面排水系统应设置雨水斗　　D 阳台排水系统应单独设置

解析：根据《给排水标准》第 5.2.16 条，屋面排水系统应设置雨水斗。不同排水特征的屋面雨水排水系统应选用相应的雨水斗。

第 5.2.27 条，建筑屋面各汇水范围内，雨水排水立管不宜少于 2 根。

第 5.2.33 条，寒冷地区，雨水斗和天沟宜采用融冰措施，雨水立管宜布置在室内。

第 5.2.24 条，高层建筑阳台、露台雨水系统应单独设置；多层建筑阳台、露台雨水宜单独设置。

答案：B

**20-5-25 (2006)** 建筑内排水管道的设置，下述哪项是错误的？

A 排水管道不得穿过变形缝、烟道和风道
B 排水立管不得穿越卧室、病房
C 排水管道不需采取防结露措施
D 排水立管宜靠近排水量最大的排水点

解析：根据《给排水标准》第 4.4.1 条第 4 款，排水管道不得穿过变形缝、烟道和风道。

第 4.4.1 条第 2 款，排水立管宜靠近排水量最大或水质最差的排水点。

第 4.4.1 条第 10 款，当排水管道外表面可能结露时，应根据建筑物性质和使用要求，采取防结露措施。

第 4.4.2 条第 1 款，排水管道不得穿越卧室、客房、病房和宿舍等人员居住的房间。

答案：C

**20-5-26 (2006)** 下述哪项排水系统的选择是错误的？

A 新建居住小区应采用生活排水与雨水分流排水系统
B 公共饮食业厨房含有大量油脂的洗涤废水应处理后再排放
C 洗车台冲洗水直接排入市政排水管道
D 医院污水应排至专用的污水处理构筑物

解析：根据《给排水标准》第 4.1.5 条，小区生活排水与雨水排水系统应采用分流制。

第 4.2.4 条，下列建筑排水应单独排水至水处理或回收构筑物：

1 职工食堂、营业餐厅的厨房含有油脂的废水；
2 洗车冲洗水；
3 含有致病菌、放射性元素等超过排放标准的医疗、科研机构的污水；
4 水温超过 40℃ 的锅炉排污水；
5 用作中水水源的生活排水；
6 实验室有害有毒废水。

答案：C

**20-5-27** （2006）水封通常采用存水弯来实现，下列哪种卫生设备不需要另行安装存水弯？

A 坐便器　　　　　　　　　B 洗脸盆
C 洗涤盆　　　　　　　　　D 浴盆

解析：坐便器属于构造内有存水弯的卫生器具，根据《给排水标准》第 4.3.10 条，可以不设存水弯。

答案：A

**20-5-28** （2006）伸顶通气管的设置，下列哪项做法是错误的？

A 通气管高出屋面 0.25m，其顶端装设网罩
B 在距通气管 3.5m 的地方有一窗户，通气管口引向无窗一侧
C 屋顶为休息场所，通气管口高出屋面 2m
D 伸顶通气管的管径与排水立管管径相同

解析：根据《给排水标准》第 4.7.12 条第 1 款，通气管高出屋面不得小于 0.3m，且应大于最大积雪厚度，通气管顶端应装设风帽或网罩。

第 4.7.12 条第 2 款，在经常有人停留的平屋面上，通气管口应高出屋面 2m。

答案：A

**20-5-29** （2006 修）通气管道的设置，下列哪项做法是错误的？

A 通气立管不得接纳器具污水、废水和雨水
B 通气立管可与风道和烟道连接
C 伸顶通气管不允许或不可能单独伸出屋面时，可设置汇合通气管
D 生活排水管道的立管顶端，当置伸顶通气管无法伸出屋面时，可设置侧墙通气

解析：根据《给排水标准》第 4.7.6 条，通气立管不得接纳器具污水、废水和雨水，不得与风道和烟道连接。

第 4.7.2 条第 1 款，生活排水管道的立管顶端应设置伸顶通气管。当伸顶通气管无法伸出屋面时，宜设置侧墙通气。

第 4.7.18 条提出了汇合通气管断面积的计算方法，说明可以设置汇合通气管。

答案：B

**20-5-30** （2006 修）建筑内塑料排水管道的设置，下述哪项做法是错误的？

A 塑料排水立管应避免设置在易受机械撞击处，如不能避免时，应采取保护措施
B 塑料排水立管与家用灶具边净距不得小于 0.4m
C 塑料排水管穿越楼层、防火墙、管道井井壁时，应根据建筑物性质、管径

和设置条件等要求设置阻火装置

D 室内粘接的塑料排水管道可不设置伸缩节

**解析**：根据《给排水标准》第4.4.1条第9款，塑料排水管不应布置在热源附近；当不能避免，并导致管道表面受热温度大于60℃时，应采取隔热措施；塑料排水立管与家用灶具边净距不得小于0.4m。

第4.4.9条，粘接或热熔连接的塑料排水立管应根据其管道的伸缩量设置伸缩节，伸缩节宜设置在汇合配件处。排水横管应设置专用伸缩节。

第4.4.10条，金属排水管道穿楼板和防火墙的洞口间隙、套管间隙应采用防火材料封堵。塑料排水管设置阻火装置应符合下列规定：

1 当管道穿越防火墙时应在墙两侧管道上设置；

2 高层建筑中明设管径大于或等于DN110排水立管穿越楼板时，应在楼板下侧管道上设置；

3 当排水管道穿管道井壁时，应在井壁外侧管道上设置。

**答案**：D

**20-5-31** (2006) 建筑屋面雨水排水工程的溢流设施，下述哪项是错误的？

A 溢流口 B 溢流堰

C 溢流管系统 D 雨水斗

**解析**：根据已废止的《建筑给水排水设计规范》GB 50015—2003（2009版）第4.9.8条，建筑屋面雨水排水工程应设置溢流口、溢流堰、溢流管系等溢流设施。溢流排水不得危害建筑设施和行人安全，因此A、B、C选项正确。

现行的《给排水标准》已修改了上述条款，相关内容体现为第5.2.11条：建筑屋面雨水排水工程应设置溢流孔口或溢流管系等溢流设施，且溢流排水不得危害建筑设施和行人安全。下列情况下可不设溢流设施：

1 外檐天沟排水、可直接散水的屋面雨水排水；

2 民用建筑雨水管道单斗内排水系统、重力流多斗内排水系统按重现期P大于或等于100a设计时。

**答案**：D

**20-5-32** (2005) 宜采用生活污水与生活废水分流的排水系统，以下哪条正确？

A 宾馆排水系统

B 生活废水需回收利用的排水系统

C 生活污水不需经化粪处理即可排入城镇排水系统

D 建筑工地的排水系统

**解析**：根据《给排水标准》第4.2.2条，下列情况宜采用生活污水与生活废水分流的排水系统：

1 当政府有关部门要求污水、废水分流且生活污水需经化粪池处理后才能排入城镇排水管道时；

2 生活废水需回收利用时。

**答案**：B

**20-5-33** (2005) 建筑屋面雨水管道设计流态，以下哪条错误？

A 高层建筑屋面雨水排水宜按重力流设计

B 公共建筑的大型屋面雨水宜按重力流设计

C 库房大型屋面雨水排水宜按压力流设计

D 工业厂房大型屋面雨水排水宜按压力流设计

解析：根据《给排水标准》第 5.2.13 条，工业厂房、库房、公共建筑的大型屋面雨水排水宜按压力流设计。

答案：B

**20-5-34 (2004)** 关于地漏的顶面标高和水封深度，以下哪条正确？

A 顶面在易溅水器具附近地面的最低处，水封不得小于 50mm

B 顶面 5～10mm，水封不得小于 30mm

C 顶面 5～8mm，水封不得小于 50mm

D 顶面 3～6mm，水封不得小于 40mm

解析：根据《给排水标准》第 4.3.7 条，地漏应设置在易溅水的器具或冲洗水嘴附近，且应在地面的最低处；同时根据第 4.3.10 条，地漏的构造和性能应符合现行行业标准《地漏》CJ/T 186 的规定；且《地漏》CJ/T 186—2018 第 6.2.1 条规定，有水封地漏的水封深度不应低于 50mm。

答案：A

**20-5-35 (2004)** 以下叙述哪条错误？

A 生活污水管道应设伸顶通气管

B 散发有害气体的生产污水管道应设伸顶通气管

C 通气主管也可接纳器具污水、废水和雨水

D 通气立管出屋面不得小于 0.3m，且必须大于积雪厚度

解析：根据《给排水标准》第 4.7.6 条，通气立管不得接纳器具污水、废水和雨水，不得与风道和烟道连接。

答案：C

**20-5-36 (2004)** 关于建筑排水系统选择的依据，以下哪条错误？

A 根据污水性质、污染程度　　B 结合室外排水系统体制

C 只要能方便排放　　　　　　D 有利于综合利用和处理

解析：根据《给排水标准》关于排水系统设计的指导思想，应选 C。

答案：C

**20-5-37 (2004)** 天沟排水有关溢流口的叙述，以下哪条错误？

A 可不设溢流口　　　　　　　B 应在女儿墙上设溢流口

C 应在天沟末端设溢流口　　　D 应在山墙上设溢流口

解析：根据已废止的《建筑给水排水设计规范》GB 50015—2003（2009 版）第 4.9.8 条，建筑屋面雨水排水工程应设置溢流口、溢流堰、溢流管系等溢流设施。溢流排水不得危害建筑设施和行人安全，因此 B、C、D 选项正确。

现行的《给排水标准》已修改了上述条款，相关内容体现为第 5.2.11 条，建筑屋面雨水排水工程应设置溢流孔口或溢流管系等溢流设施，且溢流排水不得危害建筑设施和行人安全。下列情况下可不设溢流设施：

1　外檐天沟排水、可直接散水的屋面雨水排水；

　　2　民用建筑雨水管道单斗内排水系统、重力流多斗内排水系统按重现期 $P$ 大于或等于100a 设计时。

答案：A

**20-5-38**　(2004修) 以下叙述哪条错误？

A　屋面雨水系统雨水量应以当地暴雨强度公式按降雨历时5min计算

B　屋面雨水系统雨水管道设计重现期，应根据建筑物的重要程度、气象特征等因素确定

C　屋面汇水面积应按屋面实际面积计算

D　屋面汇水面积应按屋面投影面积计算

解析：根据《给排水标准》第5.2.3条，屋面雨水排水设计降雨历时应按5min计算。

第5.2.4条，屋面雨水排水管道工程设计重现期应根据建筑物的重要程度、气象特征等因素确定，各种屋面雨水排水管道工程的设计重现期不宜小于表5.2.4（题20-5-38解表）中的规定值。

**各类建筑屋面雨水排水管道工程的设计重现期 (a)**　　题20-5-38解表

| 建筑物性质 | 设计重现期 |
| --- | --- |
| 一般性建筑物屋面 | 5 |
| 重要公共建筑屋面 | ≥10 |

注：工业厂房屋面雨水排水管道工程设计重现期应根据生产工艺、重要程度等因素确定。

第5.2.7条，屋面的汇水面积应按屋面水平投影面积计算。

答案：C

**20-5-39**　(2004) 以下生活废水哪一条不是优质杂排水？

A　厨房排水　　　　　　　　B　冷却排水

C　沐浴、盥洗排水　　　　　D　洗衣排水

解析：优质杂排水是指污染浓度较低的排水，如冷却排水、沐浴排水、盥洗排水、洗衣排水。

答案：A

**20-5-40**　居住和公共建筑中，挂式小便器受水部分上边缘离地面的高度是（　　）mm。

A　400　　　　B　500　　　　C　600　　　　D　800

解析：

题20-5-40解表

| 序号 | 卫生器具名称 | 卫生器具边缘离地高度 (mm) | |
| --- | --- | --- | --- |
| | | 居住和公共建筑 | 幼儿园 |
| ⋮ | ⋮ | ⋮ | ⋮ |
| 11 | 坐式大便器（从台阶面至上边缘）<br>外露排出管式<br>虹吸喷射式 | 400<br>380 | —<br>— |

续表

| 序号 | 卫生器具名称 | 卫生器具边缘离地高度（mm） | |
|---|---|---|---|
| | | 居住和公共建筑 | 幼儿园 |
| 12 | 大便槽（从台阶面至冲洗水箱底） | 不低于2000 | — |
| 13 | 立式小便器（至受水部分上边缘） | 100 | — |
| 14 | 挂式小便器（至受水部分上边缘） | 600 | 450 |
| 15 | 小便槽（至台阶面） | 200 | 150 |
| 16 | 化验盆（至上边缘） | 800 | — |

答案：C

**20-5-41** 雨水量应以当地降雨强度公式按降雨历时( )min 计算。
A 5　　　　　B 10　　　　　C 20　　　　　D 30

解析：根据《给排水标准》第5.2.3条，雨水量应以当地降雨强度公式按降雨历时5min计算。

答案：A

**20-5-42** 当两根或两根以上污水立管的通气管汇合连接时，汇合通气管的断面面积应为最大一根通气管的断面面积加其余通气管断面面积之和的( )倍。
A 0.2　　　　B 0.25　　　　C 0.3　　　　D 0.35

解析：根据《给排水标准》第4.7.18条，当两根或两根以上污水立管的通气管汇合连接时，汇合通气管的断面面积应为最大一根通气管的断面面积加其余通气管断面面积之和的1/4。

答案：B

**20-5-43** 幼儿园安装挂式小便器（至受水部分上边缘）离地高度为( )mm。
A 350　　　　B 400　　　　C 450　　　　D 500

解析：

题 20-5-43 解表

| 序号 | 卫生器具名称 | 卫生器具边缘离地高度 | |
|---|---|---|---|
| | | 居住和公共建筑 | 幼儿园 |
| 1 | 架空式污水盆（池）（至上边缘） | 800 | 800 |
| 2 | 落地式污水盆（池）（至上边缘） | 500 | 500 |
| 3 | 洗涤盆（池）（至上边缘） | 800 | 800 |
| 4 | 洗手盆（至上边缘） | 800 | 500 |
| 5 | 洗脸盆（至上边缘） | 800 | 500 |
| 6 | 盥洗室和浴室 | 800 | 500 |
| 7 | 浴盆（至上边缘） | 480 | — |
| 8 | 蹲、坐式大便器（从台阶面至高水箱底） | 1800 | 1800 |
| 9 | 蹲式大便器（从台阶面至低水箱底） | 900 | 900 |
| 10 | 坐式大便器（从台阶面至低水箱底）<br>外露排出管式<br>虹吸喷射式 | 510<br>470 | —<br>370 |

续表

| 序号 | 卫生器具名称 | 卫生器具边缘离地高度 | |
|---|---|---|---|
| | | 居住和公共建筑 | 幼儿园 |
| 11 | 坐式大便器（从台阶面至上边缘）<br>外露排出管式<br>虹吸喷射式 | 400<br>380 | —<br>— |
| 12 | 大便槽（从台阶面至冲洗水箱底） | 不低于2000 | |
| 13 | 立式小便器（至受水部分上边缘） | 100 | |
| 14 | 挂式小便器（至受水部分上边缘） | 600 | 450 |
| 15 | 小便槽（至台阶面） | 200 | 150 |
| 16 | 化验盆（至上边缘） | 800 | |
| 17 | 净身器（至上边缘） | 360 | |
| 18 | 饮水器（至上边缘） | 1000 | — |

答案：C

**20-5-44** 设置地漏的房间，关于地漏的顶面标高，以下哪条是正确的？

A 设在该房间最低标高处　　　B 与地面持平
C 低于地面10~15mm　　　　　D 低于地面5~10mm

解析：根据《给排水标准》第4.3.1条，地漏应设置在易溅水的器具附近及地面最低处。

答案：D

**20-5-45** 排水立管与排出管端部的连接，宜采用两个45°弯头或弯曲半径不小于（　　）管径的90°弯头。

A 1倍　　　　B 2倍　　　　C 3倍　　　　D 4倍

解析：根据《给排水标准》第4.4.8条，排水立管与排出管端部的连接，宜采用两个45°弯头或弯曲半径不小于4倍管径的90°弯头。

答案：D

**20-5-46** 为防止卫生器具水封被破坏和增加污水立管通水能力，应设置通气管。对不上人屋面下列通气管出口的做法，哪一种不符合要求？

A 通气管顶端应装设风帽或网罩
B 通气管出口不能设置在屋檐檐口、阳台和雨篷下面
C 通气管高出屋面不得小于0.3m，且必须大于最大积雪厚度
D 通气管出口可插在建筑物的通风管道内

解析：根据《给排水标准》第4.7.12条第1款，通气管高出屋面不得小于0.3m，且应大于最大积雪厚度，通气管顶端应装设风帽或网罩。

第4.7.12条第4款，通气管口不宜设在建筑物挑出部分的下面。

第4.7.6条，通气立管不得接纳器具污水、废水和雨水，不得与风道和烟道连接。

答案：D

**20-5-47** 我国北方某地，冬季最大积雪厚度为500mm，夏季时屋面经常有人停留，其通气管以下图示哪个正确？

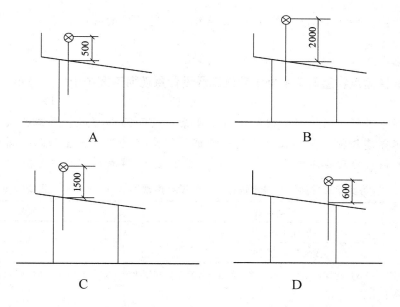

解析：根据《给排水标准》第 4.7.12 条第 1 款，通气管高出屋面不得小于 0.3m，且应大于最大积雪厚度，通气管顶端应装设风帽或网罩。

第 4.7.12 条第 4 款，通气管口不宜设在建筑物挑出部分的下面。

第 4.7.6 条，通气立管不得接纳器具污水、废水和雨水，不得与风道和烟道连接。

答案：B

**20-5-48** 关于化粪池距离地下取水构筑物和距离建筑物的净距，以下哪一条正确？
A 距地下取水构筑物不得小于 20m，距建筑物净距不宜小于 5m
B 距地下取水构筑物不得小于 30m，距建筑物净距不宜小于 10m
C 距地下取水构筑物不得小于 30m，距建筑物净距不宜小于 5m
D 距地下取水构筑物不得小于 40m，距建筑物净距不宜小于 10m

解析：根据《给排水标准》第 4.10.13 条，化粪池与地下取水构筑物的净距不得小于 30m。

第 4.10.14 条第 2 款，化粪池池外壁距建筑物外墙不宜小于 5m，并不得影响建筑物基础。化粪池距离地下取水构筑物不得小于 30m，离建筑物净距不宜小于 5m。化粪池设置的位置应便于清掏。

答案：C

**20-5-49** 室内压力排水管道一般不采用（　　）。
A 铸铁管　　　B 钢塑复合管　　C 陶土管　　　D 耐压塑料管

解析：根据《给排水标准》第 4.6.1 条第 3 款，压力排水管道可采用耐压塑料管、金属管或钢塑复合管。

答案：C

**20-5-50** 通气管的管径一般不宜小于污水管管径的（　　）倍。
A 1/4　　　　B 1/3　　　　C 1/2　　　　D 1

解析：《给排水标准》第4.7.13条规定：通气管的管径，不宜小于排水管管径的1/2。

答案：C

**20-5-51** 一般性建筑物屋面雨水排水管道工程设计重现期不宜小于(　　)年。
A　3　　　　　B　5　　　　　C　10　　　　　D　15

解析：根据《给排水标准》第5.2.4条，屋面雨水排水管道工程设计重现期应根据建筑物的重要程度、气象特征等因素确定，各种屋面雨水排水管道工程的设计重现期不宜小于表5.2.4（题20-5-51解表）中的规定值。

各类建筑屋面雨水排水管道工程的设计重现期（a）　　　题20-5-51解表

| 建筑物性质 | 设计重现期 |
| --- | --- |
| 一般性建筑物屋面 | 5 |
| 重要公共建筑屋面 | ≥10 |

注：工业厂房屋面雨水排水管道工程设计重现期应根据生产工艺、重要程度等因素确定。

答案：B

**20-5-52** 化粪池的有效容积按污水在化粪池中停留时间计算，宜采用(　　)h。
A　6～8　　　　B　12～24　　　　C　36～48　　　　D　>50

解析：根据《给排水标准》第4.10.15条，污水在化粪池内的停留时间，宜采用12～24h。

答案：B

**20-5-53** 下列排水通气管安装示意图哪个不正确？

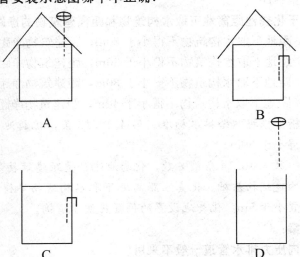

解析：根据《给排水标准》第4.7.12条第4款，通气管口不宜设在建筑物挑出部分的下面。

答案：B

**20-5-54** 公共食堂厨房内的污水采用管道排放时，其干管管径不得小于(　　)mm。
A　50　　　　　B　75　　　　　C　100　　　　　D　150

解析：根据《给排水标准》第4.5.12条第1款，当公共食堂厨房内的污水采用管道排除时，其管径应比计算管径大一级，且干管管径不得小于100mm，支管管径不得小于75mm。

答案：C

**20-5-55** 雨水立管的设置要求，以下哪一条是错误的？
A 在室内多数安装在结构柱中
B 民用建筑常设于管井中
C 民用建筑常设于楼梯间
D 不得设置在居室内

解析：雨水立管一般沿墙柱边或在管井中、楼梯间设置，不能在居室内设置。
　　　根据《给排水标准》第5.2.21条，除土建专业允许外，雨水管道不得敷设在结构层或结构柱内。

答案：A

**20-5-56** 排除生产和生活污水可采用有盖或无盖的排水沟，下列几种排水条件中，请指出哪种情况是不能用排水沟排水的？
A 生产设备排水支管很多，用管道连接困难
B 生产设备排水点的位置不固定
C 地面需要经常冲洗
D 污水中含有大量悬浮物并散发有害气体

解析：根据《给排水标准》第4.4.15条，室内生活废水在下列情况下，宜采用有盖的排水沟排除：
　　1 废水中含有大量悬浮物或沉淀物需经常冲洗；
　　2 设备排水支管很多，用管道连接有困难；
　　3 设备排水点的位置不固定；
　　4 地面需要经常冲洗。
　　污水中含有悬浮物并散发有害气体，如果有害气体进入室内，将污染环境，所以不能采用排水沟排水。

答案：D

**20-5-57** 为了保护居住房间环境卫生，防止下水道的臭气溢出，凡有污水排除的卫生器具均应有水封设施与下水道隔开，下列哪种卫生器具自带水封装置？
A 洗面器
B 洗涤盆
C 坐式大便器
D 蹲式大便器

解析：坐式大便器的构造为大便器与水封装置一体化制作，其他三种卫生器具与水封装置是分开制作的。

答案：C

**20-5-58** 一个排水当量等于（　　）L/s。
A 0.22　　　　B 0.33　　　　C 0.44　　　　D 0.55

解析：一个给水当量为0.2L/s，一个排水当量为0.33L/s。

答案：B

## （六）建筑节水基础知识

**20-6-1** 建筑节约用水的方法除防止渗漏、限定水量和定时控制等方式外，采用（　　），也有利于节约用水。
A　高压供水　　　　　　　　　　B　减压供水
C　水箱供水　　　　　　　　　　D　水车流动供水
解析：减压供水可避免供水压力过高造成水的浪费。
答案：B

**20-6-2** 处理后的建筑中水除了可用于冲洗厕所、城市绿化用水、扫除用水等外，还可用于（　　）。
A　养殖用水　　　　　　　　　　B　洗衣房用水
C　景观用水　　　　　　　　　　D　地下水补水
解析：《中水标准》第4.1.2条，建筑中水应主要用于城市污水再生分类中的城市杂用水和景观环境用水。
答案：C

**20-6-3** 选择中水水源以下哪条不宜？
A　生活污水　　　　　　　　　　B　医疗污水
C　生活废水　　　　　　　　　　D　冷却水
解析：根据《中水标准》第3.1.6条，下列排水严禁作为中水水源：医疗污水、放射性废水、生物污染废水、重金属及其他有毒有害物质超标的排水。
答案：B

# 二十一 暖 通 空 调

## （一）供 暖 系 统

**21-1-1** （2010）城市供热管网应尽可能加大热水供回水温差，其主要目的是（　　）。
A 降低管网散热损失　　　　　　B 降低管网水力失调度
C 降低管网输配能耗　　　　　　D 降低管网热力失调度
**解析**：加大热水供回水温差、减小热水流量、减小管径、减小管网外表面、降低管网散热损失，是目的之一但不是主要目的，A选项不正确；加大热水供回水温差与管网水力失调度关系不大，B选项不正确；加大热水供回水温差、减小热水流量、减小循环水泵功率、降低输配（循环水泵）能耗，C选项正确；加大热水供回水温差与管网热力失调度关系不大，D选项不正确。
**答案**：C

**21-1-2** （2009）当民用建筑的供暖热源采用热媒为蒸汽的城市热力时，其供暖系统的热媒应选用（　　）。
A 高压蒸汽　　　　　　　　　　B 低压热水
C 低温热水　　　　　　　　　　D 高温热水
**解析**：《供暖规范》第5.3.1条："散热器供暖系统应采用热水作为热媒；散热器集中供暖系统宜按75/50℃连续功能进行设计"。供暖热水100℃以下为低温，C选项正确。
**答案**：C

**21-1-3** （2009）散热器放置在以下哪个位置最好？
A 靠外墙对面的内墙　　　　　　B 靠与外墙相连的内墙
C 靠外墙　　　　　　　　　　　D 靠外墙窗台下
**解析**：根据《暖通规范》第5.3.7条第1款："散热器宜安装在外墙窗台下，当安装或布置管道有困难时，也可靠内墙安装。"A、B、C选项不是"最好"，不正确；D选项，正确。
**答案**：D

**21-1-4** （2009）有集中热源的住宅选用以下哪种供暖方式，最能满足节能、舒适及卫生要求？
A 热风供暖　　　　　　　　　　B 热水吊顶辐射板供暖
C 低温热水地面辐射供暖　　　　D 电供暖
**解析**：《暖通规范》第3.0.5条："辐射供暖室内设计温度宜降低2℃"。意味着辐射供暖热负荷小，节能，B选项热水吊顶辐射板供暖热媒为高温水，不节能、不舒适。C选项正确。

答案：C

**21-1-5 (2008)** 供暖地区宿舍建筑的供暖系统设计，以下哪一项不正确？
A 供暖热媒应采用热水
B 可采用地面辐射供暖系统
C 可采用散热器供暖系统
D 应采用分散供暖方式

解析：供暖热媒采用热水适合宿舍，A选项正确；采用地面辐射供暖系统适合宿舍，B选项正确；采用散热器供暖系统适合宿舍，C选项正确；采用分散供暖方式，不适合宿舍，D选项不正确。

答案：D

**21-1-6 (2007)** 散热器的选择，以下哪种说法是错误的？
A 散热器的工作压力应满足系统的工作压力
B 相对湿度较大的空间应采用耐腐蚀的散热器
C 蒸汽供暖系统应采用钢制柱形、板形等散热器
D 采用钢制散热器时应采用闭式供暖系统

解析：散热器的工作压力不能超过工作压力，A选项正确；相对湿度较大容易腐蚀，应采用耐腐蚀的散热器，B选项正确；蒸汽供暖腐蚀严重，钢制柱形、板形等散热器属于钢制不防腐，不得已采用蒸汽供暖时应采用铜制、铝制（内防腐）散热器，C选项不正确；闭式供暖系统没有空气进入，没有氧化就没有腐蚀，可防止管道、散热器腐蚀，D选项正确。

答案：C

**21-1-7 (2007)** 供暖系统设置时，以下哪种说法是错误的？
A 有条件时，供暖系统应按南北朝向分环设置
B 垂直单、双管供暖系统，同一房间的两组散热器可串联连接
C 有冻结危险的楼梯间设置的散热器立管与其他房间合设
D 热水供暖系统高度超过100m，宜竖向分区设置

解析：供暖系统应按南北朝向分环设置，便于调节利于节能，A选项正确；根据《供暖规范》第5.3.13条："垂直单、双管供暖系统，同一房间的两组散热器可采用异侧连接的水平串联连接"，B选项正确；第5.3.5条："管道有冻结危险的场所，散热器的供暖立管或支管应单独设置"，C选项不正确；第5.1.10条："建筑物的热水供暖系统应按设备、管道及部件所能承受的最低工作压力和水力平衡要求进行竖向分区设置"，D选项正确。

答案：C

**21-1-8 (2007)** 关于低温热水地面辐射供暖系统，以下哪种说法是错误的？
A 供暖热水供回水温度应为95/70℃
B 人员经常停留的地面，温度上限值为29℃
C 有效散热量应计算地面覆盖物的折减
D 加热管及其覆盖层与外墙、楼板结构层间应设置绝热层

解析：根据《暖通规范》第 5.4.1 条："热水地面辐射供暖系统供水温度宜采用 35～45℃"，A 选项不正确；第 5.4.1 条第 2 款："人员经常停留的地面，温度上限值为 29℃"，B 选项正确；地面覆盖物影响散热应折减散热量，C 选项正确；设置绝热层防止或减少向不供暖空间散热，D 选项正确。

答案：A

**21-1-9 (2006)** 围护结构最小传热阻应使以下哪项满足规定的要求？

A 年供暖热耗指标
B 供暖设计热负荷
C 冬季室内计算温度与围护结构内表面温度之差
D 夏季室内计算温度与围护结构内表面温度之差

解析：全年供暖耗热量平均值、供暖设计热负荷，与热阻有关，同时与窗面积等有关，A、B 选项不正确；冬季以保温为主，规定围护结构最小传热阻为防止冬季室内计算温度与围护结构内表面温度之差过大引起结露、维持基本热舒适，C 选项正确；夏季以防热（隔热）为主，规定围护结构最小传热阻主要不是为夏季，D 选项不正确。

答案：C

**21-1-10 (2006)** 某住宅小区有 10 栋 6 层单元式住宅楼，2 栋 30 层塔式住宅楼，均设供暖。小区设置一座热力站，其热交换器应按以下哪项分别设置？

A 热负荷大的建筑和热负荷小的建筑
B 室温标准高的建筑和室温标准低的建筑
C 距离热力站近的区域和距离热力站远的区域
D 工作压力大的供暖系统和工作压力小的供暖系统

解析：A、B、C 选项均与压力无关。根据《暖通规范》第 5.1.10 条："建筑物的热水供暖系统应按设备、管道及部件所能承受的最低工作压力和水力平衡要求进行竖向分区设置"，建筑高度不同、供暖水压不同、换热器不同。D 选项正确。

答案：D

**21-1-11 (2006)** 新建住宅热水集中供暖系统，应如何设置？

A 设置分户热计量和室温控制装置    B 设置集中热计量
C 设置室温控制装置              D 设置分户热计量

解析：根据《暖通规范》第 5.10.1 条："集中供暖的新建建筑和既有建筑节能改造必须设置热量计量装置，并具备室温调控功能"，A 选项正确；B、C、D 选项表述不全面，均不正确。

答案：A

**21-1-12 (2006)** 户式燃气壁挂供暖热水炉，应如何选型？

A 全封闭式燃烧
B 平衡式强制排烟
C 全封闭式燃烧、平衡式强制排烟
D 全封闭或半封闭式燃烧、平衡式强制排烟解析：根据《暖通规范》第5.7.3条："户式燃气炉应采用全封闭式燃烧、平衡式强制排烟型"，C选项正确；A、B选项不全面，不正确；半封闭式燃烧不符合规范要求，D选项不正确。

答案：C

**21-1-13** （2006）严寒地区楼梯间供暖的居住建筑，对下列哪项没有传热系数限值要求？

A 楼梯间外墙　　　　　　　　B 楼梯间隔墙
C 凸窗的顶板　　　　　　　　D 阳台窗

解析：根据《严寒寒冷节能标准》第4.2.1条："严寒和寒冷地区外围护结构热工性能参数限值：屋面、外墙、架空或外挑楼板、外窗、天窗、周边地面、地下室外墙"，对供暖的楼梯间隔墙没有限值要求，B选项正确。

答案：B

**21-1-14** （2005）民用建筑中，采用以热水为热媒的散热器供暖系统时，下列哪种说法是错误的？

A 采用钢制散热器时，非供暖季节应充水保养
B 两道外门之间的门斗内，不应设置散热器
C 托儿所、幼儿园中的散热器不得暗装，也不得加防护罩
D 暗装的散热器设置恒温阀时，恒温阀应采用外置式温度传感器

解析：根据《暖通规范》第5.3.6条第3款："采用钢制散热器时，应满足产品对水质的要求，非供暖季节供暖系统应充水保养"，A选项正确；根据《暖通规范》第5.3.7-2条："两道外门之间的门斗内，不应设置散热器"，B选项正确；根据《暖通规范》第5.3.10条："幼儿园、老年人和特殊功能要求的建筑的散热器必须暗装或加防护罩"，C选项不正确；第5.10.4条第3款："当散热器有罩时，应采用温包外置式恒温控制阀"，D选项正确。

答案：C

**21-1-15** （2005）相同规模的散热器，下列哪种组合最有利于每片散热器的散热能力？

A 每组片数<6片　　　　　　　B 每组片数：6～10片
C 每组片数：11～20片　　　　 D 每组片数>20片

解析：试验数据证明：每组散热器片数越多，散热器与周围空气温差越小，散热量越少，反之亦然。

答案：A

**21-1-16** （2005）下列哪个室内供暖系统无法做到分户计量和分室温度调节？

A 户内双管水平并联式系统　　B 户内单管水平跨越式系统
C 户内双管上供下回式系统　　D 垂直单管无跨越管系统

解析：A、B、C选项可以分户计量和分室温度调节，正确；D选项适合公共建筑，无法分户计量和分室温度调节。

答案：D

**21-1-17** （2004）当供暖管道穿过防火墙时，在管道穿过处，应采取什么措施？

A 设补偿器和封堵措施　　　　B 设固定支架和封堵措施

C 保温　　　　　　　　　　　　　　D 不保温设封堵措施

解析：根据《暖通规范》第5.9.8条："当供暖管道必须穿越防火墙时，应预埋钢套管，并在穿墙处一侧设置固定支架，管道与套管之间的空隙应采用防火材料封堵"，A、D选项不全面，不正确；C选项与规定无关，不正确；B选项，正确。

答案：B

**21-1-18 (2004)** 在民用建筑的供暖设计中，哪个部位不应设置散热器？

A 楼梯间　　　　　　　　　　　　B 两道外门之间的门斗内
C 贮藏间　　　　　　　　　　　　D 走道

解析：A、C、D选项均可设置散热器；根据《暖通规范》第5.3.7条第2款："两道外门之间的门斗内，不应设置散热器"，B选项正确。

答案：B

**21-1-19 (2004)** 民用建筑低温热水地面辐射供暖的供水温度不应超过（　　　）。

A 90℃　　　　　　　　　　　　　B 80℃
C 70℃　　　　　　　　　　　　　D 60℃

解析：根据《暖通规范》第5.4.1条："热水地面辐射供暖系统供水温度，宜采用35～45℃，不应超过60℃"。

答案：D

**21-1-20 (2004)** 如图所示，新建住宅热水集中供暖系统的入户装置应如何设置？

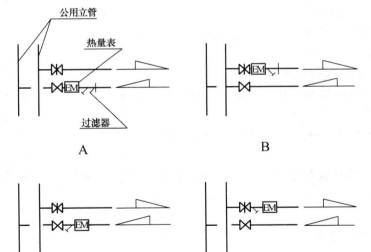

解析：根据《暖通规范》第5.10.3条第2款："户用热量表宜装在回水管上"，热量表前应设过滤器，A选项正确。

答案：A

**21-1-21 (2003)** 对一栋建筑物内同一楼层上的供暖房间，当其开间大小相同时，哪个朝向的供暖负荷最大？

A 东　　　　　　　　　　　　　　B 西
C 南　　　　　　　　　　　　　　D 北

解析：根据《暖通规范》第5.2.6条："采暖负荷朝向修正率：北向0~10%，东、西向-5%，南向-15%~-30%"，采暖负荷只有北向附加，其他朝向都是附减，D选项正确。

答案：D

**21-1-22** (2003) 氨制冷机房内严禁用哪种供暖方式？
A 热水集中供暖　　　　　　　　B 蒸汽供暖
C 热风供暖　　　　　　　　　　D 火炉供暖

解析：根据《暖通规范》第8.10.3条第2款："氨制冷机房设计，机房内严禁采用明火供暖"，D选项正确。

答案：D

**21-1-23** (2003) 新建住宅热水集中供暖系统，应如何设置？
A 设置分户热计量和室温控制装置　　B 设置集中热计量
C 设置室温控制装置　　　　　　　　D 设置分户热计量

解析：根据《暖通规范》第5.10.1条："集中供暖的新建建筑和既有建筑节能改造必须设置热量计量装置，并具备室温调控功能"，A选项正确；B、C、D选项不全面，不正确。

答案：A

**21-1-24** 当热水集中供暖系统分户热计量装置采用热量表时，系统的公用立管和入户装置应设于何处？
A 明装于楼梯间
B 设于邻楼梯间的户外公共空间的管井内
C 明装于每户厨房间
D 设于邻厨房的管井内

解析：A选项影响疏散，不正确；邻楼梯间容易上下贯通，位于户外公共空间的管井内方便维修、查表，B选项正确；设于每户厨房内或邻厨房的管井内不方便维修、查表，C、D选项不正确。

答案：B

**21-1-25** 新建分户热计量热水集中供暖系统，在建筑物热力入口处没必要设置何种装置？
A 加压泵　　　　　　　　　　　　B 热量表
C 流量调节装置　　　　　　　　　D 过滤器

解析：根据《暖通规范》第5.9.3条第2款~第4款："集中供暖系统的建筑物热力入口，应符合下列规定：应设置过滤器及旁通阀；应根据水力平衡要求和建筑物内供暖系统的调节方式，选择水力平衡装置；每个热力入口处均应设置热量表，且热量表宜设在回水管上"，B、C、D选项均有必要设置；新建工程设置加压泵后可能影响外网的水力平衡，没必要设置A选项符合题意。

答案：A

**21-1-26** 高层建筑热水供暖系统，建筑高度超过( )m时，竖向宜分区。
A 30　　　　　　　　　　　　　　B 100

  C 150               D 200

解析：根据《暖通规范》第5.1.10条："建筑物的热水供暖系统应按设备、管道及部件所能承受的最低工作压力和水力平衡要求进行竖向分区设置"，供暖工程的散热器、管道一般工作压力不超过100m（10MPa），B选项正确。

答案：B

**21-1-27** 楼梯间的散热器尽量布置在（   ）。
  A 顶层            B 底层
  C 任意一层         D 中间层

解析：根据《暖通规范》第5.3.7条第3款："楼梯间的散热器，应分配在底层或按一定比例分配在下部各层"，热气流上浮，楼梯间上下贯通，下部热，上部也就不会冷。B选项正确。

答案：B

**21-1-28** 集中供暖系统中不包括下列哪一种供暖方式？
  A 散热器           B 热风
  C 热水辐射         D 通风

解析：《暖通规范》中无通风供暖的方式，D选项符合题意。

答案：D

**21-1-29** 热水供暖系统膨胀水箱的作用是？
  A 加压            B 增压
  C 减压            D 定压

解析：膨胀水箱的作用，一是定压，使供暖系统全都、始终充满水，最高点不倒空、不汽化，最低点不超压；二是容纳系统中的水受热膨胀后，多余的水不浪费。D选项正确。

答案：D

**21-1-30** 热水供暖和蒸汽供暖均应考虑（   ）。
  A 及时排除系统中的空气     B 及时排除凝水
  C 合理选择膨胀水箱      D 合理布置凝结水箱

解析：根据《暖通规范》第5.9.22条："热水和蒸汽供暖系统，应根据不同情况，设置排气、泄水、排污和疏水装置"，B、D选项只有蒸汽供暖系统涉及；C选项只有热水供暖系统涉及；A选项，热水和蒸汽供暖均应考虑，正确。

答案：A

**21-1-31** 供暖建筑从节能角度讲，宜（   ）。
  A 南北向           B 东西向
  C 北向            D 西北向

解析：根据《热工规范》第4.2.4条："建筑物宜朝向南北或接近朝向南北，体形设计应减少外表面积，平、立面的凹凸不宜过多"，A选项正确。

答案：A

**21-1-32** 低温热水地面辐射供暖计算热负荷时，将室内温度取值降低2℃，是因为（   ）。

A 地板辐射供暖方式比对流供暖方式的室温低2℃，热舒适度相同
B 地板辐射供暖安全
C 地板辐射供暖散热面积大
D 地板辐射供暖水温合理

**解析**：根据《暖通规范》条文说明第3.0.5条："人体的舒适度受辐射影响很大，对于辐射供暖供冷的建筑，其供暖室内设计温度取值低于以对流为主的供暖系统2℃，可达到同样舒适度"，A选项正确。

**答案**：A

**21-1-33** 低温热水辐射供暖的供水温度应为（　　）。

A 30～35℃
B 35～45℃，不应高于60℃
C 70～80℃
D 80～95℃，不应高于100℃

**解析**：根据《暖通规范》第5.4.1条："热水地面辐射供暖系统供水温度宜采用35～45℃，不应大于60℃；供回水温差不宜大于10℃，且不宜小于5℃"，B选项正确。

**答案**：B

**21-1-34** 新建住宅建筑内的公共用房和公用空间，应（　　）。

A 单独设置供暖系统和热计量装置
B 单独设置供暖系统、不需要热计量装置
C 不需要单独设置供暖系统而需要单独设置热计量装置
D 不需要单独设置供暖系统和热计量装置

**解析**：单独设置供暖系统和热计量装置，使住宅部分热量分摊、热量计量清晰明确，A选项正确；B、C、D选项不正确。

**答案**：A

**21-1-35** 新建住宅热水集中供暖系统，应如何设置？

A 设置分户热计量和室温控制装置　　B 设置集中热计量
C 设置室温控制装置　　　　　　　　D 设置分户热计量

**解析**：根据《暖通规范》第5.10.1条："集中供暖的新建建筑和既有建筑节能改造必须设置热量计量装置，并具备室温调控功能"，A选项，正确；B、C、D选项均不全面，不正确。

**答案**：A

**21-1-36** 空调水系统膨胀水箱的作用是（　　）。

A 加压　　　　　　　　　　　　　　B 减压
C 定压　　　　　　　　　　　　　　D 增压

**解析**：膨胀水箱的作用，一是定压，使供暖系统全都、始终充满水，最高点不倒空、不汽化，最低点不超压；二是容纳系统中的水受热膨胀后，多余的水不浪费。C选项正确。

**答案**：C

**21-1-37** 热水供暖和蒸汽供暖比较，下列哪条是热水供暖系统的明显优点？
 A 室温波动小  B 散热器美观
 C 便于施工  D 不漏水
 解析：热水供暖系统的水温可随室温调节，室温相对稳定。蒸汽供暖系统的蒸汽温度基本不能调节，室温过热时，只能停止送汽，室温过低时再供蒸汽，因此室温有波动，A 选项正确；热水供暖和蒸汽供暖散热器美观方面没有差别，B 选项不正确；C、D 选项差别不大，不正确。
 答案：A

**21-1-38** 解决供暖管道由于热胀冷缩产生的变形，最简单的办法是（　　）。
 A 设坡度  B 设固定支架
 C 设放气装置  D 利用管自身的弯曲
 解析：设坡度、设放气装置与热胀冷缩无关，A、C 选项不正确；固定支架处不能伸缩，没有措施解决热胀引起的伸长量，B 选项不正确；根据《暖通规范》第 5.9.5 条："当供暖管道利用自然补偿不能满足要求时，应设置补偿器"，即优先采用管自身的弯曲，其简单易行，投资较小，维修量小，D 选项正确。
 答案：D

**21-1-39** 浴室供暖温度不应低于（　　）。
 A 18℃  B 20℃
 C 25℃  D 36℃
 解析：18℃ 和 20℃ 属于正常工作生活的温度范围，浴室按此值设计温度偏低，A、B 选项不正确；25℃ 适合浴室温度，C 选项正确；36℃ 温度太高，D 选项不正确。
 答案：C

**21-1-40** 供暖热水锅炉补水应使用（　　）。
 A 硬水  B 处理过的水
 C 不管水质情况都不需要处理  D 自来水
 解析：供暖热水锅炉补水为硬水或自来水，会引起锅炉、热网、室内供暖系统结垢。锅炉结垢会影响热效率，热网、室内供暖系统结垢会增加壁厚，增加阻力，增加运行费，降低散热量。而处理过的水为软化水，可避免这些问题。所以，A、C、D 选项不正确，B 选项正确。
 答案：B

**21-1-41** 下列哪种情况的供暖管道不应保温？
 A 地沟内  B 供暖的房间
 C 管道井  D 技术夹层
 解析：根据《暖通规范》第 5.9.10 条第 2 款："符合下列情况之一时，室内供暖管道应保温：管道敷设在管沟、管井、技术夹层、阁楼及顶棚内等导致无益热损失较大的空间内或易被冻结的地方"，B 选项正确。
 答案：B

**21-1-42** 托儿所、幼儿园活动室、寝室供暖温度宜为（　　）。

A　16℃　　　　　　　　　　　　B　18℃
　　C　20℃　　　　　　　　　　　　D　25℃

解析：根据《托儿所、幼儿园建筑设计规范》JGJ 39—2016（2019 版）第 6.2.9 条，托儿所、幼儿园房间的供暖设计温度宜 20℃，C 选项正确。

答案：C

**21-1-43** 累年日平均温度稳定低于或等于（　　）的日数大于或等于 90 天的地区，宜采用集中供暖？

　　A　5℃　　　　　　　　　　　　B　0℃
　　C　10℃　　　　　　　　　　　　D　18℃

解析：根据《暖通规范》第 5.1.2 条："累年日平均温度稳定低于或等于 5℃ 的日数大于或等于 90 天的地区，宜采用集中供暖"，A 选项正确。

答案：A

**21-1-44** 供暖立管穿楼板时应采取哪项措施？

　　A　加套管、缝隙封堵　　　　　　B　采用软接
　　C　保温加厚　　　　　　　　　　D　加阀门

解析：加套管可使管道有少量伸缩便于安装，缝隙封堵可避免漏风漏水，A 选项正确；软接没必要且使安全性变差，B 选项不正确；室内供暖管道不需要保温，C 选项不正确；不需要加阀门，D 选项不正确。

答案：A

**21-1-45** 供暖管道设坡度主要是为了（　　）。

　　A　便于施工　　　　　　　　　　B　便于排气
　　C　便于维修　　　　　　　　　　D　便于水流动

解析：便于施工与维修不是设坡度的目的，A、C 选项不正确；根据《暖通规范》第 5.9.6 条："供暖系统水平管道的敷设应有一定的坡度；坡向应有利于排气和泄水"，B 选项正确；供暖为密闭系统，坡度与流向无关，D 选项不正确。

答案：B

**21-1-46** 热力管道输送的热量大小取决于（　　）。

　　A　管径　　　　　　　　　　　　B　供水温度
　　C　供水温度和流量　　　　　　　D　供回水温差和流量

解析：热力管道输送的热量为供回水温差和流量的乘积，D 选项正确。A、B、C 选项只是反映热量的参数之一。

答案：D

**21-1-47** 如图所示，下列哪一种散热器罩散热效果最好？

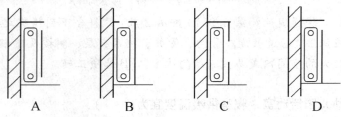

　　A　　　　　B　　　　　C　　　　　D

解析：A 选项，冷下进风、热上出风，形成对流，符合散热自然规律，效果最好，正确；其余选项均只有一个风口，不能形成对流，效果不好，不正确。

答案：A

## （二）通 风 系 统

**21-2-1** （2010）关于机械通风系统的进风口位置的设置，以下哪项描述是错误的？

A 应直接设于室外空气较清洁的地点
B 应高于排风口
C 进风口下缘距室外地坪不宜小于 2m
D 进、排风口宜设于不同朝向

解析：根据《暖通规范》第 6.3.1 条第 1 款～第 3 款："机械送风系统进风口的位置，应符合下列规定：应设在室外空气较清洁的地点；应避免进风、排风短路；进风口的下缘距室外地坪不宜小于 2m，当设在绿化地带时，不宜小于 1m"，A、C、D 选项正确；进风口设置原则，应在下部、上风侧，B 选项不正确。

答案：B

**21-2-2** （2010）发热量大的厂房，屋顶和侧墙下部开设固定通风口，当不考虑室外风压的影响时，自然通风最不利的季节是（　　）。

A 春季　　　　　　　　　　B 夏季
C 秋季　　　　　　　　　　D 冬季

解析：室内外温差越大，自然通风越有利，反之亦然。自然通风最不利的季节是夏季。

答案：B

**21-2-3** （2010）下列截面形状的风管，其材质、过流断面积和通过风管的风量均相同，哪个风管单位长度的气流阻力最大？

A 圆形风管

B 椭圆形风管（长短轴比为2）

C 正方形风管

D 长方形风管（长宽比为3）

解析：空气与风管表面积产生阻力，相同材质表面积越大，单位长度的气流阻力越大。风管断面积相同，表面积从小到大排序为：圆形、正方形、椭圆形（长短轴之比为 2）、长方形（长宽比为 3）。D 选项阻力最大。

答案：D

**21-2-4** (2009) 建筑物的中庭夏季利用热压自然通风时，其进排风口的布置采用以下哪种方式合理？

A 中庭的下部同侧设进、排风口
B 中庭的下部两侧设进、排风口
C 进风口下缘距室内地面的高度小于1.2m，下部设排风口
D 进风口下缘距室内地面的高度小于1.2m，上部设排风口

解析：利用热压自然通风应下部进风、上部排风。A、B选项下部设进、排风口，不合理；C选项下部设排风口，不利于利用热压自然通风，不合理；D选项可利用热压自然通风，合理。

答案：D

**21-2-5** 建筑空调系统方案中占用净高最大的是(　　)。

A 多联机空调＋新风系统
B 净化空调系统
C 两管制风机盘管＋新风系统
D 四管制风机盘管＋新风系统

解析：A、C、D选项中的空调系统，水管和新风共同担负室内负荷，当担负相同的负荷时，水与空气比较，流量小、管径小，所以占用净高小；B选项的净化空调系统，不仅全部由空气担负室内负荷，为了稀释室内空气中尘埃浓度，达到净化要求，还要增加换气次数，在空调系统中风量最大、风管最大、占用净高最大。

答案：B

**21-2-6** (2008) 多层和高层建筑中机械送排风系统的风管横向设置应按(　　)分区。

A 防烟　　　　　　　　　B 防火
C 功能　　　　　　　　　D 结构

解析：根据《防火规范》第9.3.1条："机械送排风系统的风管横向设置应按防火分区"，B选项正确；A、C、D选项与题目无关，不正确。

答案：B

**21-2-7** (2008) 排除有爆炸危险气体的排风系统，其风量应按在正常运行和事故情况下，风管内这些物质的浓度不大于爆炸下限的(　　)来计算。

A 20%　　　　　　　　　B 30%
C 40%　　　　　　　　　D 50%

解析：根据《工业建筑供暖通风与空气调节设计规范》GB 50019—2015 第6.9.5条："排除有爆炸危险的气体、蒸汽或粉尘的局部排风系统，其风量应按在正常运行情况下，风管内有爆炸危险的气体、蒸汽或粉尘的浓度不大于爆炸下限值的50%计算"，D选项正确。

答案：D

**21-2-8** (2008) 产生有害气体的房间通风应保持(　　)。

A 正压 B 负压
C 常压 D 无压

解析：防止室外空气进入房间造成污染时保持正压，如空调、净化、部分实验室等，A选项不正确；产生有害气体的房间，应保持负压，以防止有害气体渗入其他房间，B选项正确；常压即室内外空气压力相同，有害气体会从房间门、窗缝隙溢出，C选项不正确；D选项，通风专业不涉及此词汇，不正确。

答案：B

21-2-9 (2008) 利用穿堂风进行自然通风的厂房，其迎风面与夏季最多风向成(　　)时为好。

A 20°角 B 30°角
C 40°角 D 80°角

解析：根据《暖通规范》第6.2.1条："利用自然通风的建筑在设计时，应符合利用穿堂风进行自然通风的建筑，其迎风面与夏季最多风向宜成60°～90°角"，D选项正确。

答案：D

21-2-10 (2007) 对于放散热或有害物质的生产设备布置，以下哪种说法是错误的？

A 可以布置在同一建筑内，应根据毒性大小隔开设置
B 应布置在厂房自然通风天窗的下部或穿堂风的上风侧
C 可以布置在多层厂房的下层，但必须采取防止污染上层空气的措施
D 可以设置局部或全面排风

解析：根据《工业建筑供暖通风与空气调节设计规范》GB 50019—2015第6.1.7条第1款～第3款："对于放散热或有害物质的生产设备布置，应符合下列规定：放散不同毒性有害物质的生产设备布置在同一建筑物内时，毒性大的应与毒性小的隔开；放散热和有害气体的生产设备，宜布置在厂房自然通风的天窗下部或穿堂风的下风侧；放散热和有害气体的生产设备，当布置在多层厂房内时，应采取防止热或有害气体向相邻层扩散的措施"，B选项错误。

答案：B

21-2-11 (2006) 要求空气清洁房间压力 $P_1$、放散有害气体房间压力 $P_2$、室外大气压力 $P_3$ 之间的关系是(　　)。

A $P_1>P_2>P_3$ B $P_1>P_3>P_2$
C $P_3>P_2>P_1$ D $P_3>P_1>P_2$

解析：清洁房间正压，室外大气零压，放散有害气体房间负压。

答案：B

21-2-12 (2005) 民用建筑中设置机械通风时，下列哪两个房间不应同用一个排风系统？

A 公共卫生间与公共淋浴间 B 水泵房与生活水箱间
C 办公室与走道 D 燃气表间与变配电室

解析：燃气表间燃气容易泄露，变配电室容易产生火花，泄漏燃气达到一定

浓度，遇火花会爆炸（爆燃）。D选项正确。

答案：D

**21-2-13 (2005)** 机械通风系统中设计建筑室外进、排风口位置时，下列哪种说法是错误的？

A 进、排风口在同一平面位置上下布置时，进风口应高于排风口
B 进风口应尽量布置在北向阴凉处
C 进风口应直接设在室外空气较清洁的地点
D 设于墙外时，进、排风口应采用防雨百叶风口

解析：进、排风口在同一平面位置上下布置时，应进风在下、排风在上。A选项错误。

答案：A

**21-2-14 (2004)** 除尘系统的风管不宜采用哪种敷设方式？

A 垂直
B 向上倾斜（与水平线≥45°夹角）
C 水平
D 向下倾斜（与水平线≥45°夹角）

解析：水平管容易积尘，不宜采用。C选项符合题意。

答案：C

**21-2-15 (2004)** 风机出口的连接方式，以哪一种为最好？

A　　　　　B　　　　　C　　　　　D

解析：为了使气流通畅、减小阻力，气流方向与弯头方向应一致。C选项最好。

答案：C

**21-2-16 (2003)** 下列哪个房间可不设机械排风？

A 公共卫生间
B 高层住宅暗卫生间
C 旅馆客房卫生间
D 多层住宅内有窗的小卫生间

解析：A、B、C选项都需要设机械排风；D选项可不设机械排风。

答案：D

**21-2-17 (2003)** 下列哪种情况应单独设置排风系统？

A 室内散放余热和余湿时
B 室内散放多种大小不同的木屑刨花时
C 所排气体混合后易使蒸汽凝结并积聚粉尘时
D 一般的机械加工车间内

解析：余热和余湿、多种大小不同的木屑刨花不影响排风，A、B选项不正确；根据《工业建筑供暖通风与空气调节设计规范》GB 50019—2015第6.1.13条："气体混合后易使蒸汽凝结并积聚粉尘时；应设独立排风系统"，C选项正确；一般机加车间不需单独设置排风系统，D选项不正确。

答案：C

**21-2-18** (2003) 通风和空气调节系统的管道，应采用什么材料制作？

  A 易燃烧材料        B 阻燃型玻璃钢

  C 不燃烧材料        D 难燃烧材料

解析：《防火规范》第9.3.14条："除特殊情况外，通风和空气调节系统的风管应采用不燃材料"，C选项正确。

答案：C

**21-2-19** 对于放散粉尘或密度比空气大的气体和蒸汽，在不同时散热的生产厂房，其机械通风方式应采用哪一种？

  A 下部地带排风，送风至下部地带

  B 上部地带排风，送风至下部地带

  C 下部地带排风，送风至上部地带

  D 上部地带排风，送风至上部地带

解析：根据《工业建筑供暖通风与空气调节设计规范》GB 50019—2015第6.3.3条："机械送风系统的送风方式应符合下列规定：排除粉尘或比空气密度大的有害气体和蒸汽，吸风口应接近地面处（下部地带），送风至上部地带"，C选项正确。

答案：C

**21-2-20** 对于系统式局部送风，下面哪一种不符合要求？

  A 不得将有害物质吹向人体

  B 送风气流从人体的前侧上方倾斜吹到头、颈和胸部

  C 送风气流从人体的后侧上方倾斜吹到头、颈和背部

  D 送风气流从上向下垂直送风

解析：送风气流从人体的后侧上方倾斜吹到头、颈和背部，会使人感觉不舒服，C选项不符合要求。

答案：C

**21-2-21** 机械通风系统进风口的底部距室外地坪，不宜低于（　　）m。

  A 0.5           B 1.0

  C 2.0           D 3.0

解析：《暖通规范》第6.3.1条第3款："进风口的下缘距室外地坪不宜小于2m，当设在绿化地带时，不宜小于1m"，C选项正确。

答案：C

**21-2-22** 对可能突然散发大量有害气体的生产厂房应设置？

  A 进风           B 排风

  C 事故排风         D 排烟

解析：根据《暖通规范》第6.3.9条第1款："可能突然放散大量有害气体或有爆炸危险气体的场所应设置事故通风"，C选项正确。

答案：C

**21-2-23** 在通风管道中能防止烟气扩散的设施是？

    A 防火卷帘                     B 防火阀
    C 排烟阀                       D 手动调节阀

解析：防火卷帘用在防火分隔处，A选项错误；防火阀火灾时关闭（防火阀70℃），防止烟气扩散，B选项正确；排烟阀，排烟时打开，排烟用，设在排烟管道上而不在通风管道上，C选项错误；手动调节阀不能自动关闭，不能防止烟气扩散，D选项错误。

答案：B

**21-2-24** 机械送风系统的室外进风口位置，下列中的哪一条不符合规范要求？

    A 设在室外空气较洁净的地点
    B 设在排风口上风侧，且低于排风口
    C 送风口底部距室外地坪大于2m
    D 布置在绿化地带时，高度没有要求

解析：根据《暖通规范》第6.3.1条第1款～第3款："机械送风系统进风口的位置，应符合下列规定：应设在室外空气较清洁的地点；应避免进风、排风短路；进风口的下缘距室外地坪不宜小于2m，当设在绿化地带时，不宜小于1m"，D选项不符合要求。

答案：D

**21-2-25** 以自然通风为主的建筑物，确定其方位时，根据主要进风面和建筑物形式，应按何时的有利风向布置？

    A 春季                        B 夏季
    C 秋季                        D 冬季

解析：自然通风以夏季为主。

答案：B

**21-2-26** 有关夏热冬冷地区建筑中风机盘管说法错误的是（　　）。

    A 全年产生冷凝水
    B 冷量满足计算冷负荷，热量和潜热量的匹配满足房间热湿比
    C 风量须满足送风温差、换气次数及气流组织等使用要求
    D 使用了一段时间后需要对风机铝翅片进行清洗

解析：风机盘管不会产生凝水，A选项错误；B、C、D选项均正确。

答案：A

**21-2-27** 下列屋顶上冷却塔布置的做法，错误的是（　　）。

    A 布置冷却塔时无须设置基础
    B 不宜布置在高大建筑物中间
    C 进水管、出水管、补充水管上应设置隔振防噪装置
    D 冷却塔的位置宜远离对噪声敏感的区域

解析：不设基础，冷却塔不易固定，A选项错误；B、C、D选项均正确。
答案：A

**21-2-28** 高级饭店厨房的通风方式宜为（　　）。
A 自然通风　　　　　　　　　B 机械通风
C 不通风　　　　　　　　　　D 仅送风

解析：大中型厨房应设机械通风。
答案：B

**21-2-29** 放散热量的厂房，其自然通风应仅考虑（　　）。
A 风压　　　　　　　　　　　B 热压
C 气压　　　　　　　　　　　D 风压和热压

解析：根据《工业建筑供暖通风与空气调节设计规范》GB 50019—2015第6.2.3条："放散热量的厂房，其自然通风量应根据热压作用进行计算，但应避免风压造成的不利影响"，B选项正确。
答案：B

**21-2-30** 为组织自然通风，设计时可不考虑下述哪一条？
A 朝向　　　　　　　　　　　B 建筑物之间间距
C 立面色彩　　　　　　　　　D 建筑物的合理布置

解析：A、B、D选项均影响自然通风，需考虑；C选项与自然通风无关，不考虑。
答案：C

**21-2-31** 高层民用建筑通风空调管，下列哪种情况可不设防火阀？
A 穿越防火分区处
B 穿越通风、空调机房及重要的火灾危险性大的房间隔墙和楼板处
C 水平总管的分支管段上
D 穿越变形缝的两侧

解析：根据《防火规范》第9.3.11条第1款～第5款："通风、空气调节系统的风管在下列部位应设置公称动作温度为70℃的防火阀：穿越防火分区处；穿越通风、空气调节机房的房间隔墙和楼板处；穿越重要或火灾危险性大的场所的房间隔墙和楼板处；穿越防火分隔处的变形缝两侧；竖向风管与每层水平风管交接处的水平管段上"，A、B、D选项均应设防火阀；水平总管不是穿层的竖向风管，本层、本防火分区干管有分支管，不设防火阀，C选项符合题意。
答案：C

**21-2-32** 对于一定构造的风道系统，当风量为$Q$时，风机的轴功率为$N_z$；若风量为$\frac{1}{2}Q$时，风机的轴功率应为$N_z$的（　　）倍。
A $\frac{1}{2}$　　　　　　　　　　　B $\frac{1}{4}$
C $\frac{1}{8}$　　　　　　　　　　　D 1

解析：泵、风机的轴功率与流量的三次方成正比，$\left(\dfrac{1}{2}\right)^3=\dfrac{1}{8}$，C 选项正确。

答案：C

**21-2-33** 公共厨房、卫生间通风应保持(　　)。

A 正压　　　　　　　　　　　　B 负压
C 常压　　　　　　　　　　　　D 无压

解析：防止室外空气进入房间造成污染时保持正压，如空调、净化、部分实验室等，A 选项不正确；产生有害气体的房间应保持负压，以防止有害气体渗入其他房间，如厨房、卫生间等，B 选项正确；常压即室内外空气压力相同，有害气体会从公共厨房、卫生间门、窗缝隙溢出，C、D 选项不正确。

答案：B

**21-2-34** 一般民用建筑，下列哪种送风口形式不宜采用？

A 单百叶送风　　　　　　　　　B 散流器送风
C 孔板送风　　　　　　　　　　D 双百叶送风

解析：根据《防火规范》第 7.4.2 条第 1 款～第 3 款："空调区的送风方式及送风口选型，应符合下列规定：宜采用百叶、条缝型等风口贴附侧送；设有吊顶时，应根据空调区的高度及对气流的要求，采用散流器或孔板送风，当单位面积送风量较大，且人员活动区内的风速或区域温差要求较小时，应采用孔板送风；高大空间宜采用喷口送风、旋流风口送风或下部送风"，C 选项不宜采用。

答案：C

**21-2-35** 工业厂房设置天窗的目的是(　　)。

A 进风　　　　　　　　　　　　B 排风
C 美观　　　　　　　　　　　　D 防火

解析：进风宜设于下部，A 选项不正确；设置天窗的目的为排风，B 选项正确，天窗设置的目的与美观和防火无关，C、D 选项不正确。

答案：B

**21-2-36** 同一面墙室外通风进、排风口哪种合理？

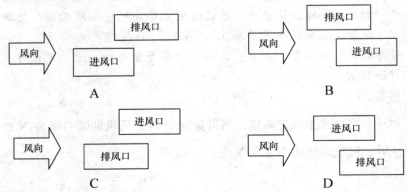

解析：排风在上部、下风侧，新风在下部、上风侧。

答案：A

## (三) 空 调 系 统

**21-3-1** (2010) 室温允许波动范围在±0.1～0.2℃的工艺空调区，以下设置哪项最合理？

A 设于顶层，不应邻外墙　　　　B 设于顶层，靠北向外墙
C 设于底层，不应邻外墙　　　　D 设于底层，靠北向外墙

解析：根据《暖通规范》第7.1.9条表7.1.9（题21-3-1解表）可知C选项正确。

工艺性空调区外墙、外墙朝向及其所在层次　　题21-3-1解表

| 室温允许波动范围（℃） | 外墙 | 外墙朝向 | 层次 |
| --- | --- | --- | --- |
| ±0.1～0.2 | 不应有外墙 | — | 宜底层 |
| ±0.5 | 不宜有外墙 | 如有外墙，宜北向 | 宜底层 |
| ≥±1.0 | 宜减少外墙 | 宜北向 | 宜避免在顶层 |

答案：C

**21-3-2** (2010) 夏热冬冷地区进深很大的建筑，按内、外区分别设置全空气空调系统的原因是（　　）。

A 内、外区对空调温度要求不同　　B 内、外区对空调湿度要求不同
C 内、外区冷热负荷的性质不同　　D 内、外区的空调换气次数不同

解析：内、外区对温度、湿度要求基本相同，A、B选项不正确；内区有室内热量，随季节变化冷热负荷变化小，冬初、冬末或整个冬季送冷风；外区有外围护结构，随季节变化冷热负荷变化大，冬季送热风、夏季送冷风，内、外区冷热负荷的性质不同，所以分别设空调，C选项正确；内、外区的空调换气次数不同，在冬初、冬末或整个冬季不能解决内区送冷风、外区送热风的要求，D选项不正确。

答案：C

**21-3-3** (2010) 采用辐射供冷时，辐射表面温度应高于（　　）。

A 室内空气湿球温度　　　　B 室内空气露点温度
C 室外空气湿球温度　　　　D 室外空气露点温度

解析：A选项，辐射表面温度应高于室内空气湿球温度（湿球温度低于干球温度、高于露点温度），失去供冷供暖，不正确；辐射表面温度应高于室内空气露点温度，既可供冷又不至于结露，B选项正确；C、D选项均与室外空气无关，不正确。

答案：B

**21-3-4** (2010) 采用空气源热泵冷热水机组时，空调冷热源系统的主要设备包括（　　）。

A 热泵机组、空调冷热水循环泵
B 热泵机组、冷却塔、空调冷热水循环泵
C 热泵机组、冷却塔、空调冷热水循环泵、冷却水循环泵

D 热泵机组、冷却塔、冷却水储水罐、空调冷热水循环泵、冷却水循环泵

解析：空气源热泵冷热水机组包括热泵机组、空调冷热水循环泵，A选项正确；B、C、D选项，空气源热泵冷热水机组夏季制冷水、冬季制热水，制冷时空气直接散热，制热时空气被直接吸热，制冷时不再需要冷却塔散热、制热时冷却塔不能被吸热，所以不包括冷却塔、冷却泵等，不正确。

答案：A

**21-3-5** (2010) 当采用蒸汽作为空调制冷系统的能源时，空调冷源设备（主机）应选择以下哪种形式？

A 螺杆式冷水机组　　　　　　　B 离心式冷水机组
C 吸收式冷水机组　　　　　　　D 活塞式冷水机组

解析：螺杆式、离心式、活塞式冷水机组均采用电力作为空调制冷系统的能源，A、B、D选项不正确；吸收式冷水机组用燃气、燃油、蒸汽、热水作能源，C选项正确。

答案：C

**21-3-6** (2009) 设有集中空调系统的客房，其房间的新风量(　　)。

A 应大于卫生间的排风量　　　　B 应等于卫生间的排风量
C 应小于卫生间的排风量　　　　D 与卫生间的排风无关

解析：由于排风设于卫生间，不论新风量大小，卫生间始终是负压。新风量大于卫生间的排风量，空调房间保持正压。A选项正确，B、C、D选项不正确。

答案：A

**21-3-7** (2009) 设有集中空调系统的酒店建筑，其客房宜选用以下哪种空调系统？

A 风机盘管加新风系统　　　　　B 全空气定风量系统
C 恒温恒湿系统　　　　　　　　D 全新风定风量系统

解析：根据《暖通规范》第7.3.9条："空调区较多，建筑层高较低且各区温度要求独立控制时，宜采用风机盘管加新风空调系统"，A选项正确，B、C、D选项不正确。

答案：A

**21-3-8** (2009) 厨房热操作间采用全空气定风量空调系统时，应选用以下哪种系统？

A 一次回风系统　　　　　　　　B 二次回风系统
C 直流系统　　　　　　　　　　D 循环系统

解析：根据《暖通规范》第7.3.18条第3款："下列情况时，应采用直流式（全新风）空调系统：室内散发有毒有害物质"，厨房热操作间由于有油烟，不能设回风、循环风，应采用直流系统，C选项正确。

答案：C

**21-3-9** (2009) 夏季多间个人办公室合用一个全空气空调系统时，应优先选用以下哪种空调设备能满足节能的要求？

A 分体式空调器　　　　　　　　B 风机盘管
C 末端再热装置　　　　　　　　D 变风量末端装置

解析：分体式空调器、风机盘管不是全空气空调系统，A、B选项不正确；只有末端再热装置不能满足多间办公室要求且不节能，C选项不正确；根据《暖通规范》第7.3.7条第2款："空调区允许温湿度波动范围或噪声标准要求严格时，不宜采用全空气变风量空调系统。技术经济条件允许时，下列情况可采用全空气变风量空调系统：服务于多个空调区，且各区负荷变化相差大、部分负荷运行时间较长并要求温度独立控制时，采用带末端装置的变风量空调系统"，D选项正确。

答案：D

**21-3-10** (2009) 舒适性空调采用全空气定风量空调系统时，夏季室内的温度控制宜采用以下哪种方式？

A 调节空调机组的冷水流量　　　　B 调节空调机组的热水流量
C 调节空调机组的送风压力　　　　D 调节空调机组的送风量

解析：根据《暖通规范》第9.4.4条第2款："全空气空调系统的控制应符合下列规定：送风温度的控制应通过调节冷却器或加热器水路控制阀和/或新、回风道调节风阀实现"，A选项正确；夏季热水不运行，B选项不正确；送风压力与温度无关，C选项不正确；全空气定风量空调系统不能调节送风量，变风量系统才可调节送风量，D选项不正确。

答案：A

**21-3-11** (2009) 室温允许波动范围±0.5℃的空调房间，设置在建筑物哪个位置最合理？

A 设于顶层，不应有外墙　　　　B 设于顶层，靠北向外墙
C 设于底层，不应有外墙　　　　D 设于底层，靠北向外墙

解析：根据《暖通规范》第7.1.9条表7.1.9（题21-3-11解表）：

工艺性空调区外墙、外墙朝向及其所在层次　　题21-3-11解表

| 室温允许波动范围（℃） | 外墙 | 外墙朝向 | 层次 |
| --- | --- | --- | --- |
| ±0.1～0.2 | 不应有外墙 | — | 宜底层 |
| ±0.5 | 不宜有外墙 | 如有外墙，宜北向 | 宜底层 |
| ≥±1.0 | 宜减少外墙 | 宜北向 | 宜避免在顶层 |

D选项正确。

答案：D

**21-3-12** (2009) 当冷却塔与周围女儿墙的间距不能满足设备技术要求时，女儿墙的设计应采取以下哪种主要措施？

A 墙体高度应大于冷却塔高度
B 墙体高度应与冷却塔高度相同
C 墙体下部应设有满足要求的百叶风口
D 墙体上部应设有满足要求的百叶风口

解析：根据《暖通规范》第8.6.6条第4款："冷却塔的选用和设置应符合下列规定：冷却塔设置位置应保证通风良好、远离高温或有害气体，并避免飘水

对周围环境的影响"，A、B选项不利于通风，不正确；墙体下部进风、顶部排风，通风良好，C选项正确；墙体上部设满足要求的百叶风口对通风意义不大，D选项不正确。

答案：C

**21-3-13** (2008) 组成蒸汽压缩式制冷系统的四大部件是( )。
A 电动机、压缩机、蒸发器、冷凝器
B 压缩机、冷凝器、膨胀阀、蒸发器
C 冷凝器、液体分离器、膨胀阀、蒸发器
D 膨胀阀、冷凝器、中间冷却器、蒸气分离器

解析：蒸汽压缩式制冷系统包括四大部件：压缩机、冷凝器、膨胀阀、蒸发器，B选项包括正确的四大部件正确；其余选项部件不全。

答案：B

**21-3-14** (2008) 通风空调系统中采用管道电加热器时，不符合安装要求的是( )。
A 电加热器的金属外壳接地必须良好
B 接线柱外露的应加设安全防护罩
C 连接电加热器风管的法兰垫片应采用耐热难燃材料
D 电加热器与钢架间的绝热层必须为不燃材料

解析：A、B选项出于安全需要，符合安装要求；C选项，连接电加热器风管的法兰垫片采用耐热不燃材料，不符合安装要求；D选项为消防要求，符合安装要求。

答案：C

**21-3-15** (2008) 冷热水管道、给排水管道、电缆桥架和通风空调管道在安装时相碰撞，协调原则不正确的是( )。
A 给水管道与风管相碰，给水管道应拐弯
B 冷热水管道与排水管道相碰，应改变冷热水管道
C 热水管道与给水管道相碰，应改变给水管道
D 电缆桥架与排水管道相碰，应改变排水管道

解析：设备管线安装时的协调原则为：有压管让无压管、小管让大管、冷热水管都有时冷水管让热水管（此条没有原则性对错）。D选项，电缆桥架与排水管道相碰，排水管道是无压管道，改变排水管道不正确，D选项符合题意。

答案：D

**21-3-16** (2008) 对于一般舒适性空气调节系统，不常用的冷热水参数限值是( )。
A 空气调节冷水供水温度：不宜低于5℃
B 空气调节冷水供回水温差：不应小于5℃
C 空气调节热水供水温度：不宜高于60℃
D 空气调节热水供回水温差：不宜小于2℃

解析：根据《暖通规范》第8.5.1条第1款："空调冷水、空调热水参数，采用冷水机组直接供冷时，空调冷水供水温度不宜低于5℃，空调冷水供回水温差不应小于5℃"，A、B选项为常用参数；第8.5.1条第6款："对于非预热

盘管，供水温度宜采用 50～60℃，C 选项为常用参数；D 选项温差太小，输送能耗太大，为不常用参数。

答案：D

**21-3-17** (2008) 在通风空调管道中能防止烟气扩散的设施是？
A 卷帘门　　　　　　　　B 防火阀
C 截止阀　　　　　　　　D 调节阀

解析：卷帘门是防止烟气扩散的设施，但不是风管内设施，A 选项不正确；防火阀在发生火灾风管内烟气达到 70℃时关闭，防止烟气扩散，B 选项正确；截止阀是水管设施，C 选项不正确；调节阀没有防止烟气扩散功能，D 选项不正确。

答案：B

**21-3-18** (2007) 大空间且人员较多或有必要集中进行温湿度控制的空气调节区域，宜采用的空调系统是（　　）。
A 全空气系统
B 变制冷剂流量多联分体系统
C 风机盘管系统
D 诱导器系统

解析：根据《暖通规范》第 7.3.4 条第 1 款、第 2 款："下列空调区，宜采用全空气定风量空调系统：空间较大、人员较多；温湿度允许波动范围小"，A 选项正确。

答案：A

**21-3-19** (2007) 下图中哪种空调系统的设置合理？

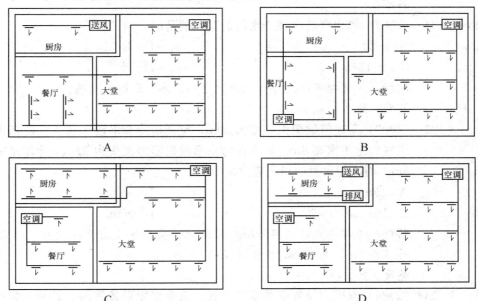

解析：厨房、餐厅、大堂空调应独立，不应串味。

答案：D

**21-3-20** (2007) 如图所示，在高度为 18m 的中庭大堂内，采用下列哪种空调方式合理？

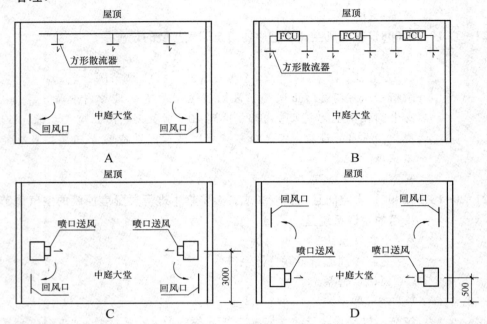

解析：A 选项，高大空间顶送风，宜采用喷口或旋流风口，不应采用散流器，不合理；B 选项，高大空间不应采用上送上回，不合理；C 选项，高大空间中部侧送、同侧下回，属于分层空调，合理；D 选项，高大空间下侧送、上侧回，不合理。

答案：C

**21-3-21** (2007) 溴化锂吸收式冷水机的制冷剂是(　　)。

A R-22　　　　　　　　　　　　B R-123
C R-134a　　　　　　　　　　　D 水

解析：溴化锂吸收式冷水机的制冷剂是水，D 选项正确。

答案：D

**21-3-22** (2007) 某建筑物屋面高度为 30m，空调用冷却塔设于屋顶，冷却水泵设于地下室，地下室高 5m，假定冷却水系统的阻力损失为 25m，冷却塔提升压头为 5m，则冷却水泵的扬程应为(　　)。

A 25m　　　　　　　　　　　　B 30m
C 50m　　　　　　　　　　　　D 65m

解析：冷却水泵的扬程与冷却塔到地下室高度没有直接关系。阻力 25m 加提升压头 5m，共 30m，B 选项正确。

答案：B

**21-3-23** (2006) 通风、空气调节系统风管，当采用矩形风管时，其长、短边之比不宜大于(　　)。

A 1∶3　　　　　　　　　　　　B 1∶4

C 1∶5 D 1∶6

解析：根据《暖通规范》第6.6.1条："通风、空调系统的风管，宜采用圆形、扁圆形或长、短边之比不宜大于4的矩形截面"，B选项正确。

答案：B

**21-3-24** (2006) 当空气调节区的空间较大、人员较多、温度湿度波动范围小、噪声或洁净标准较高时，宜采用下列哪种空气调节系统？

A 全空气变风量空调系统
B 全空气定风量空调系统
C 风机盘管空调系统
D 变制冷剂流量空调系统

解析：根据《暖通规范》第7.3.7条："空调区允许温湿度波动范围或噪声标准要求严格时，不宜采用全空气变风量空调系统"，第7.3.4条："下列空调区，宜采用全空气定风量空调系统：空间较大、人员较多；温度湿度波动范围小；噪声或洁净标准较高"。B选项正确，A、C、D选项不正确。

答案：B

**21-3-25** 商场设多联机空调，说法错误的是（ ）。

A 系统冷媒管等效长度不宜超过70m
B 需要同时供冷和供热时，宜设置热回收型多联机空调系统
C 室内外机高差不限
D 室外机变频设备与其他变频设备保持合理距离

解析：根据《暖通规范》第7.3.11条第1、3、4款："需要同时供冷和供热时，宜设置热回收型多联机空调系统；当产品技术资料无法满足核算要求时，系统冷媒管等效长度不宜超过70m；室外机变频设备应与其他变频设备保持合理距离"，A、B、D选项，均正确，C选项错误。

答案：C

**21-3-26** (2006) 与冰蓄冷冷源系统相比，相同蓄冷量的水蓄冷冷源系统（ ）。

A 占地面积大 B 运行费用高
C 装机容量大 D 机组效率低

解析：相同蓄冷量水比冰占用体积大，占地面积就大，A选项正确；B、C、D选项均差别不大，不正确。

答案：A

**21-3-27** (2006) 空调水系统宜分别设置空调冷水循环泵和空调热水循环泵，其原因是空调冷水循环泵和空调热水循环泵的（ ）。

A 水温不同 B 流量不同
C 工作压力不同 D 工作季节不同

解析：水温不同不代表流量不同，A选项不正确；热水、冷水水温差不同、流量不同、水泵输送能耗不同，分别设置更节能，B选项正确；工作压力、工作季节与水泵输送能耗无关，C、D选项不正确。

答案：B

21-3-28 (2006) 在同一个办公建筑的标准层,采用定新风比全空气系统与采用新风加风机盘管空调系统相比,前者需要的以下哪一项更大?
  A 空调机房面积    B 新风入口面积
  C 附属用房面积    D 排风出口面积
  解析:全空气空调系统由于全部用空气担负冷热负荷,空调机大,风管大,机房面积大,占用净高高,A 选项正确;B、C、D 选项,相差不大。
  答案:A

21-3-29 (2005) 输送同样的风量且风管内风速相同的情况下,以下不同横截面形式风管的风阻力由小到大的排列顺序是( )。
  A 长方形、正方形、圆形    B 圆形、正方形、长方形
  C 正方形、长方形、圆形    D 圆形、长方形、正方形
  解析:相同的风管截面积,圆形风管周长最小,正方形次之,长方形最大。周长越大,空气与风管壁接触面积越大,阻力越大,B 选项正确。
  答案:B

21-3-30 (2005) 公共建筑中,可以合用一个全空气空调系统的房间是( )。
  A 演播室与其配套的设备机房
  B 同一朝向且使用时间相同的多个办公室
  C 中餐厅与入口大堂
  D 舞厅与会议室
  解析:噪声、味道、使用时间要求不同的房间不宜合用一套空调系统。A、C、D 选项均为不同类型房间不正确,B 选项为相同房间,可合用,正确。
  答案:B

21-3-31 (2005) 确定酒店客房空气调节的新风量时,下列哪种说法是错误的?
  A 新风量应满足人员所需的最小值
  B 新风量应符合相关的卫生标准
  C 新风量应负担新风负荷
  D 新风量应小于客房内卫生间的排风量
  解析:客房新风量小于其卫生间的排风量时,客房会形成负压,未经处理的空气会通过门窗进入室内,不满足空调要求,D 选项错误。
  答案:D

21-3-32 (2005) 夏热冬暖地区,采用集中空调系统的建筑中,夏季空调时采用冷却塔的作用是( )。
  A 向室外排除建筑热量    B 向各个风机盘管供应冷却水
  C 向各个风机盘管供应冷冻水    D 向室内提供冷量
  解析:向室外排除建筑热量即由冷却塔水蒸发排除热量,A 选项正确;冷却塔冷却水不直接连接室内空调设备,只连接制冷机,制冷机冷水连接室内空调设备,B、C 选项不正确;冷却塔不直接向室内提供冷量,而是制冷机直接向室内提供冷量,D 选项不正确。
  答案:A

**21-3-33 (2005)** 下列哪种条件下可直接采用电能作为空调的冬季热源?

A 夜间可利用低谷低价电进行蓄热的建筑
B 有城市热网的严寒地区的建筑
C 设有燃气吸收式冷、热水机组的建筑
D 冬季有大量可利用的工艺余热的建筑

解析：根据《暖通规范》第 8.1.2 条第 1 款："除符合下列条件之一外，不得采用电直接加热设备作为空调系统的供暖热源和空气加湿热源；当冬季电力供应充足、夜间可利用低谷电进行蓄热且电锅炉不在用电高峰和平段时间启用时"，A 选项正确。

答案：A

**21-3-34 (2005)** 图示为寒冷地区某公共建筑入口大堂（相当于 3 层），当要求采用全年舒适性空调（夏季送冷风、冬季送热风）时，采用下图中哪种送风方式较合理？

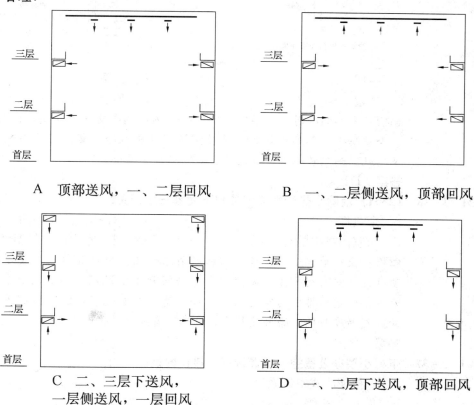

A 顶部送风，一、二层回风
B 一、二层侧送风，顶部回风
C 二、三层下送风，一层侧送风，一层回风
D 一、二层下送风，顶部回风

解析：A 选项为上送、中部侧回，人员停留的大堂地面、二层和三层挑板处无空调送风，也不在空调送风回流区，不合理；B 选项为中部侧送、上回，人员停留的大堂地面、二层和三层挑板处无空调送风，也不在空调送风回流区，不合理；C 选项为大堂首层侧送、同侧上回，人员处于回流区；二层和三层（高度只有一层，高度不高）上送、下回，人员停留区域有空调，合理；D 选项为两侧上送、上回，大堂地面无空调送风，也不在空调送风回流区，

不合理。

答案：C

**21-3-35** (2005) 如图所示，一个 4 层住宅建筑采用分体空调机时，室外机均设置于建筑的外部凹槽内。如果各层分体空调机的安装容量相同，当它们同时运行时，哪层空调机的制冷量最小？

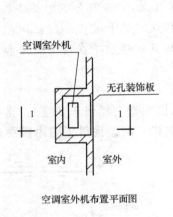

A 一层  B 二层
C 三层  D 四层

解析：夏季制冷时，每层空调室外机散热，越高处气温越高，散热效果越差，制冷量越小。冬季制热时，每层空调室外机散冷，越高处气温越低，散冷效果越差，制热量最小。D 选项制冷（热）量最小。

答案：D

**21-3-36** (2004) 消除余热所需换气量与下面哪一条无关？

A 余热量  B 室内空气循环风量
C 由室内排出的空气温度  D 进入室内的空气温度

解析：换气量就是通风量，靠通风消除余热，余热量越大换气量越大，A 选项有关；室内空气循环风量相当于房间开了电风扇，不能消除余热，B 选项无关；由室内排出的空气温度越高，消除余热越多，C 选项有关；进入室内的空气温度越低，除余热越多，D 选项有关。

答案：B

**21-3-37** 下列小型办公室空气冷源选择，错误的是（　　）。

A 直接膨胀式空调系统
B 蒸发冷却式空调系统
C 峰谷电价差较小的地区，采用冰蓄冷设备
D 风冷式直接膨胀空调系统

解析：峰谷电价差较小的地区，不适宜采用冰蓄冷设备，一是小型建筑搞冰蓄冷太过复杂，二是运行费用高，C 选项错误；A、B、D 选项可行。

答案：C

**21-3-38** (2004) 空气调节房间总面积不大或建筑物中仅个别房间要求空调时，宜采用

哪种空调机组?
A 新风机组 　　　　　　　　　B 变风量空调机组
C 整体式空调机组 　　　　　　D 组合式空调机组
解析：题目描述情况不宜采用集中空调，A、B、D选项均属于集中空调用设备，而C选项的整体式空调机组属于分散式，需要的房间设置即可，所以C选项符合题意。
答案：C

21-3-39 (2004) 空调系统的节能运行工况，一年中新风量应如何变化？
A 冬、夏最小，过渡季最大 　　B 冬、夏、过渡季最小
C 冬、夏最大，过渡季最小 　　D 冬、夏、过渡季最大
解析：冬季新风（室外自然风）温度低、夏季新风温度高，冬、夏季新风送到室内时需要处理并达到与室内空气温度相差不大，能耗较大，满足卫生要求的前提下新风量尽量小，有利于节能；过渡季（室外温度比室内温度低，送新风正好消除室内围护结构、灯光、设备、人员散热的时间段）可利用最大新风量消除室内热量，属于节能措施。A选项正确；B、C、D选项不正确。
答案：A

21-3-40 (2004) 空调系统空气处理机组的粗过滤器应装在哪个部位？
A 加热段 　　　　　　　　　　B 回风段
C 新、回风混合段 　　　　　　D 出风段
解析：空调系统空气处理机组的粗过滤器应装在新、回风混合段，新、回风均应过滤。
答案：C

21-3-41 (2004) 对于空调定流量冷水系统，在末端装置冷却盘管处设何种阀门？
A 电动三通调节阀 　　　　　　B 电动两通调节阀
C 手动两通调节阀 　　　　　　D 自动式温控阀
解析：电动三通调节阀适用定流量水系统，A选项正确；电动两通调节阀适用变流量冷水系统，B选项不正确；手动两通调节阀非自控装置，C选项不正确；自动式温控阀适用变流量冷水系统，D选项不正确。
答案：A

21-3-42 (2004) 在空调运行期间，在保证卫生条件的基础上，哪种新风量调节措施不当？
A 冬季最小新风 　　　　　　　B 夏季最小新风
C 过渡季最小新风 　　　　　　D 过渡季最大新风
解析：冬季新风（室外自然风）温度低，夏季新风温度高，冬季、夏季新风送到室内时需要处理并达到与室内空气温度相差不大，能耗较大，满足卫生要求的前提下新风量尽量小，有利于节能；过渡季（室外温度比室内温度低，送新风正好消除室内围护结构、灯光、设备、人员散热的时间段）可利用最大新风量消除室内热量，属于节能措施。所以C选项措施不当。
答案：C

**21-3-43** (2004）垂直通风空调风管与每层水平风管交接处的水平管段上设什么阀门为宜？

  A 防火阀         B 平衡阀
  C 调节阀         D 排烟防火阀

解析：《防火规范》第 9.3.11 条第 5 款："通风、空气调节系统的风管在下列部位应设置公称动作温度为 70℃ 的防火阀：竖向风管与每层水平风管交接处的水平管段上"，A 选项正确；B、C 选项为水管阀门，不正确；D 选项为排烟风管阀门，不正确。

答案：A

**21-3-44** (2003）空调面积较小且需设空调的房间布置又很分散时，不宜采用哪种系统？

  A 分散设置的风冷机     B 分散设置的水冷机
  C 分体空调         D 集中空调系统

解析：A、B 选项即使分散也属于小型集中空调，运行不灵活，不宜采用；C 选项运行灵活方便，宜采用；D 选项不宜采用。

答案：D

**21-3-45** (2003）我国目前的旅馆客房内最常见的空调系统是（　　）。

  A VAV 空调系统       B 风机盘管加新风系统
  C 诱导器系统         D 低速全空气系统

解析：A 选项为变风量全空气空调系统，不常见；C、D 选项为全空气空调系统，不常见；B 选项最常见。

答案：B

**21-3-46** (2003）对于空调系统风机盘管的水系统，哪种调节方式为变流量水系统？

  A 电动三通阀调节水量
  B 电动两通阀调节水量
  C 用三速开关手动调节风量
  D 用自动调节风机转速的无阀温控器

解析：电动三通阀调节水量适用定流量水系统，A 选项不正确；电动两通阀调节水量适用变流量水系统，B 选项正确；C、D 选项非水系统设备，不正确。

答案：B

**21-3-47** (2003）下列哪个场所的空调系统宜采用双风机系统？

  A 体育馆的比赛大厅      B 小型展厅
  C 职工餐厅         D 一般办公室

解析：根据《暖通规范》第 7.3.6 条第 2 款："符合下列情况之一时，全空气空调系统可设回风机。回风系统阻力较大，设置回风机经济合理"，体育馆的比赛大厅面积大、空调风管长、阻力大，宜采用，A 选项正确；其余选项，不宜采用。

答案：A

**21-3-48** (2003) 冷却塔位置的选择应考虑的因素，以下哪条是错误的？
  A 应通风良好         B 靠近新风入口
  C 远离烟囱          D 远离厨房排油烟口
  解析：根据《暖通规范》第8.6.6条："应保证通风良好、远离高温和有害气体，并避免飘水对周围环境的影响"，A、C、D选项正确；飘水对靠近的新风入口有影响，B选项错误。
  答案：B

**21-3-49** (2003) 连接空调室内风机盘管的管道，哪一种管道不宜小于0.5%的坡度，且不允许有积水部位？
  A 冷水供水管         B 冷水回水管
  C 热水供水管         D 冷凝水管道
  解析：根据《暖通规范》第8.5.23条第2款："冷凝水干管坡度不宜小于0.005，不应小于0.003，且不允许有积水部位"，D选项正确。
  答案：D

**21-3-50** (2003) 某旅馆的客房总数只有30间，在选择空调系统时，哪种最适宜？
  A 集中式空调系统       B 风机盘管加新风系统
  C 风机盘管系统        D 分体式空调系统
  解析：A、B、C选项都需要集中的冷热源，属于集中空调，使用不灵活、不方便，不适宜选用；D选项分体式空调系统运行灵活，适宜选用。
  答案：D

**21-3-51** 高大空间空调送风口，宜采用何种形式？
  A 散流器或孔板        B 百叶风口或条缝风口
  C 格栅或圆盘         D 旋流风口或喷口
  解析：根据《暖通规范》第7.4.2条第3款："空调区的送风方式及送风口选型，应符合下列规定：高大空间宜采用喷口送风、旋流风口送风或下部送风"，D选项正确。
  答案：D

**21-3-52** 普通空调系统，下列哪一项空气宜过滤？
  A 仅新风          B 仅回风
  C 新风、回风         D 仅送风
  解析：新风、回风均应过滤。
  答案：C

**21-3-53** 符合下列条件之一时应设空气调节系统，下列哪一条是错误的？
  A 室内热环境有一定要求时
  B 房间内有余热、余湿时
  C 对提高劳动生产率和经济效益有显著作用时
  D 对保证身体健康、促进康复有显著作用时
  解析：根据《暖通规范》第7.1.1条第1款～第4款："符合下列条件之一时，应设置空气调节：采用供暖通风达不到人体舒适、设备等对室内环境的

要求或条件不允许、不经济时;采用供暖通风达不到工艺对室内温度、湿度、洁净度等要求时;对提高工作效率和经济效益有显著作用时;对身体健康有利或对促进康复有效果时",A、C、D选项正确;B选项未提及。

答案:B

**21-3-54** 空调系统的新风量,无须保证哪一条?
 A 补偿排风
 B 人员所需新风量
 C 保证室内正压
 D 每小时不小于5次的换气次数

解析:根据《暖通规范》第7.3.19条第2款:"空调区、空调系统的新风量计算,应符合下列规定:空调区的新风量,应按不小于人员所需新风量,补偿排风和保持空调区空气压力所需新风量之和以及新风除湿所需新风量中的最大值确定",A、B、C选项须保证;D选项无须保证。

答案:D

**21-3-55** 对于全空气空调水系统,哪种调节方式为变流量水系统?
 A 电动三通阀调节水量      B 电动两通阀调节水量
 C 三速开关手动调节风量    D 自动调节风机转速控制器

解析:电动三通阀调节水量,空调机水量变化但水系统流量未变,A选项不正确;电动两通阀调节水量,空调机水量、水系统流量均变,B选项正确;C、D选项改变的是风量,未改变水量,不正确。

答案:B

**21-3-56** 直燃吸收式制冷机用于空调工程时,下面描述的特点,哪一条是错误的?
 A 冷却水量小            B 一机多用
 C 振动小、噪声小        D 用电量小

解析:直燃吸收式制冷机冷却水量大,A选项错误;其余选项正确。

答案:A

**21-3-57** 当空调房间有吊顶可利用,且单位面积送风量较大、工作区温差要求严格时,宜采用何种送风方式?
 A 孔板送风              B 圆形散流器
 C 方形散流器            D 条缝形散流器

解析:根据《暖通规范》第7.4.2条第2款:"空调区的送风方式及送风口选型,应符合下列规定:设有吊顶时,应根据空调区的高度及对气流的要求,采用散流器或孔板送风。当单位面积送风量较大,且人员活动区内的风速或区域温差要求较小时,应采用孔板送风",A选项正确。

答案:A

**21-3-58** 净化空调生产车间应保持(    )。
 A 正压                  B 负压
 C 常压                  D 无压

解析:净化空调生产空间应保持正压,防止门、窗等缝隙渗入灰尘,A选项

正确。

答案：A

**21-3-59** 下列对空调机的描述，哪一条是正确的？
A 只能降低室内空气温度
B 只能降低室内空气含湿量
C 能降低室内空气温度和含湿量
D 只能减少室内空气异味

解析：A、B选项，均各只是其中功能之一，不正确；C选项，空调机能降低室内空气温度，当降到露点温度以下空气结露时，可除湿降低含湿量，C选项正确；A、B选项只是功能之一，不正确；D选项不正确。

答案：C

**21-3-60** 下列哪种加湿器能降低空气温度？
A 锅炉蒸汽加湿器
B 电热式蒸汽加湿器
C 电极式蒸汽加湿器
D 超声波式加湿器

解析：A、B、C选项均为蒸汽加湿，属于等温加湿；超声波式加湿器等焓、降温、加湿，D选项正确。

答案：D

**21-3-61** 普通档次办公建筑，空调系统宜采用（　　）。
A 全空气系统
B 风机盘管加新风系统
C 净化空调系统
D 恒温恒湿空调系统

解析：全空气系统适合人员密集、高大空间或高档写字楼，A选项错误；根据《暖通规范》第7.3.9条："空调区较多，建筑层高较低且各区温度要求独立控制时，宜采用风机盘管加新风空调系统"，B选项正确；净化空调系统适合净化房间，恒温恒湿空调系统适合有恒温恒湿工艺性要求的空调房间，C、D选项错误。

答案：B

**21-3-62** 高大空间的公共建筑如体育馆、影剧院等，宜采用下列中的哪种空调系统？
A 全空气空调系统
B 风机盘管加新风空调系统
C 净化空调系统
D 分散空调系统

解析：根据《暖通规范》第7.3.4条第1款："下列空调区，宜采用全空气定风量空调系统：空间较大、人员较多"，A选项正确。

答案：A

**21-3-63** 空气调节冷热水温度，一般采用以下数值，哪一项不正确？
A 冷水供水温度7℃
B 冷水供回水温差5℃
C 热水供水温度60℃
D 热水供回水温差5℃

解析：热水供回水温差应为10～15℃，D选项不正确。

答案：D

**21-3-64** 空调机表面冷却器表面温度，达到下列哪种情况才能使空气冷却去湿？
A 高于空气露点温度
B 等于空气露点温度
C 低于空气露点温度
D 低于空气干球温度

解析：当空调机表面温度降至露点温度以下空气结露时，可使空气冷却并去湿，C选项正确，A、B选项错误。D选项能冷却，去湿不确定，错误。

答案：C

**21-3-65** 高层民用建筑通风空调风管，下列哪种情况可不设防火阀？
A 穿越防火分区处
B 穿越空调机房房间隔墙
C 水平风管三通
D 穿越火灾危险大的房间

解析：根据《防火规范》第9.3.11条第1款～第3款："通风、空气调节系统的风管在下列部位应设置公称动作温度为70℃的防火阀：穿越防火分区处；穿越通风、空气调节机房的房间隔墙和楼板处；穿越重要或火灾危险性大的场所的房间隔墙和楼板处"，A、B、D选项应设防火阀；C选项不需设防火阀。

答案：C

**21-3-66** 舒适性空调房间的空调送风量换气次数不宜小于( )次/h（高大房间除外）。
A 2
B 5
C 10
D 15

解析：换气次数不宜小于5次/h；保证一定的换气次数，也就保证了循环风量，室内温度、湿度均匀。B选项正确；A选项风量太小，室内温度不均匀，不正确；C、D选项风量太大，达到了净化级别，不正确。

答案：B

**21-3-67** 空调系统的过滤器宜怎样设置？
A 只新风设过滤器
B 新风、回风均设过滤器，但可合设
C 只回风设过滤器
D 新风、回风均不设过滤器

解析：新风取自室外时有灰尘要过滤，室内回风同样有灰尘要过滤，所以B选项正确。

答案：B

**21-3-68** 换气次数是空调工程中常用的衡量送风量的指标，它的定义是( )。
A 房间送风量和房间容积的比值
B 房间新风量和房间容积的比值
C 房间送风量和房间面积的比值
D 房间新风量和房间面积的比值

解析：换气次数即每小时房间空气置换了多少遍，定义为房间送风量（而不是新风量）和房间体积（而不是面积）的比值，A选项正确。

答案：A

**21-3-69** 破坏地球大气臭氧层的制冷剂介质是( )。
A 溴化锂
B 氟利昂
C 氨
D 水蒸气

解析：氟利昂，也包括一部分替代品，是破坏地球大气臭氧层的制冷剂，B选项正确。

答案：B

**21-3-70** 氨制冷机房内严禁用哪种供暖方式？

| | | | |
|---|---|---|---|
|A|热水供暖|B|蒸汽供暖|
|C|热风供暖|D|电炉供暖|

解析：根据《暖通规范》第 8.10.3 条第 2 款："氨制冷机房设计应符合下列规定：机房内严禁采用明火供暖"，D 选项符合题意。

答案：D

**21-3-71** 需设空调的房间较小且很分散时，不宜采用哪种系统？
- A 分散设置的风冷机　　　　　B 多联机
- C 分体空调　　　　　　　　　D 集中空调

解析：不宜设置集中空调系统，D 选项符合题意。

答案：D

**21-3-72** 旅馆客房最常见的空调系统是（　　）。
- A 全空气变风量系统　　　　　B 风机盘管加新风系统
- C 恒温恒湿空调系统　　　　　D 低速全空气系统

解析：旅馆客房最常见的空调系统为风机盘管加新风系统，B 选项正确。

答案：B

**21-3-73** 空调水系统，哪种调节方式为变流量水系统？
- A 电动三通阀调节水量　　　　B 电动两通阀调节水量
- C 用三速开关调节风量　　　　D 用变频器调节风机

解析：A 选项为定流量水系统；B 选项为变流量水系统；C、D 选项与水系统无关。

答案：B

**21-3-74** 下列哪个场所的空调系统应采用全空气系统？
- A 体育馆　　　　　　　　　　B 旅馆客房
- C 普通写字楼　　　　　　　　D 普通办公室

解析：根据《暖通规范》第 7.3.4 条第 1 款："下列空调区，宜采用全空气定风量空调系统：空间较大、人员较多"，A 选项正确；B、C、D 选项适合采用风机盘管加新风系统。

答案：A

**21-3-75** 冷却塔位置选择应考虑的因素，以下哪条是错误的？
- A 应通风良好　　　　　　　　B 靠近新风入口
- C 远离烟囱　　　　　　　　　D 远离厨房排油烟口

解析：根据《暖通规范》第 8.6.6 条第 4 款："冷却塔的选用和设置应符合下列规定：冷却塔设置位置应保证通风良好、远离高温或有害气体，并避免飘水对周围环境的影响"，冷却塔的飘水会对近处的新风入口造成影响，B 选项符合题意。

答案：B

**21-3-76** 连接空调室内风机盘管的管道，哪一种管道不应小于 0.003 的坡度，且不允许有积水部位？
- A 冷水供水管　　　　　　　　B 冷水回水管

C 热水供水管 D 冷凝水管道

解析：根据《暖通规范》第8.5.23条第2款："冷凝水管道坡度不宜小于0.005，不应小于0.003，且不允许有积水部位"，D选项正确。

答案：D

**21-3-77** 全年运行的空调系统，仅要求按季节进行供冷和供热转换时，宜采用（　　）。
A 一管制 B 两管制
C 三管制 D 四管制

解析：无一管制形式，三管制、四管制均没有必要。A、C、D选项不正确；B选项两管制正确。

答案：B

**21-3-78** 旅馆客房选择空调系统时，哪种最适宜？
A 风机盘管系统 B 新风直流系统
C 风机盘管加新风系统 D 恒温恒湿系统

解析：A选项没有新风，不正确；B选项只有新风，不正确；D选项工艺性空调才采用，不正确；风机盘管加新风系统最适宜旅馆客房使用，C选项正确。

答案：C

**21-3-79** 气流组织采用上侧送风时，回风口宜（　　）。
A 设在地板上 B 设在顶棚上
C 设在送风口同侧下方 D 设在送风口对面侧下方

解析：采用侧送风时，回风口宜设在送风口同侧下方，气流流经整个空间，人员处在回流区，C选项正确。

答案：C

**21-3-80** 写字楼、宾馆空调是（　　）。
A 舒适性空调 B 直流式空调
C 净化空调 D 工艺性空调

解析：以人员舒适为主的空调系统为舒适性空调，适用于写字楼、宾馆。室内散发有毒有害物质，以及防火防爆等要求不允许空气循环使用时，采用直流式空调。直流式空调是送风入房间后直接排走的空调系统，浪费能源、运行费高，不能用于写字楼、宾馆。净化空调有净化功能，能源消耗、运行费用较高，没必要用于写字楼、宾馆。工艺性空调指以满足设备工艺要求为主，室内人员舒适感为辅的具有较高温度、湿度、洁净度等级要求的空调系统，不适用于写字楼、宾馆。A选项正确。

答案：A

**21-3-81** 空调系统防火阀的动作温度宜为（　　）。
A 70℃ B 95℃
C 150℃ D 280℃

解析：根据《防火规范》第9.3.11条，空调系统风管的规定位置应设置公称动作温度为70℃的防火阀，A选项正确。

答案：A

**21-3-82** 通风空调系统在下列哪种情况不需设防火阀？
A 管道穿越防火分区处　　　　　B 垂直风管与水平风管交接处
C 风管穿越变形缝处的两侧　　　D 风管穿越空调机房隔墙处

解析：根据《防火规范》第9.3.11条："通风、空气调节系统的风管在下列部位应设置公称动作温度为70℃的防火阀：穿越防火分区处；穿越通风、空气调节机房的房间隔墙和楼板处；越防火分隔处的变形缝两侧；竖向风管与每层水平风管交接处的水平管段上"A、C、D选项，均需设防火阀；竖向风管指穿楼层的风管，垂直风管不是竖向风管，B选项不需设防火阀。

答案：B

**21-3-83** 热舒适度较高的舒适性空调夏季室内相对湿度应为(　　)%。
A 30　　　　　　　　　　　　　B 40
C 60　　　　　　　　　　　　　D 40～60

解析：根据《暖通规范》表3.0.2，热舒适度较高的舒适性空调夏季室内相对湿度40%～60%，D选项正确。

答案：D

**21-3-84** 下列对空调机的描述，哪一条是正确的？
A 只能降低室内空气温度　　　　B 只能降低室内空气含湿量
C 能降低室内空气温度和含湿量　D 不能降低室内空气灰尘

解析：C选项，当空调机表冷器表面温度低于空气露点温度时，冷却了空气，同时结露产生冷凝水，从而去湿，能降低室内空气温度和含湿量。C选项正确；A、B选项只描述部分功能，不正确。空调机内过滤器可过滤灰尘，降低室内空气灰尘，D选项不正确。

答案：C

**21-3-85** 吊顶内暗装风机盘管，下列中哪根管道坡度最重要？
A 供水管　　　　　　　　　　　B 回水管
C 凝水管　　　　　　　　　　　D 放气管

解析：A、B、D选项，设坡度主要为放气、泄水，重要但没有凝水设坡度更重要；凝水管是无压、开式管，坡度设得不好就可能从盘管中溢水。所以C选项最重要。

答案：C

**21-3-86** 高级民用建筑有较高温度、湿度的要求时应设(　　)。
A 供暖　　　　　　　　　　　　B 通风
C 除尘　　　　　　　　　　　　D 空调

解析：根据《暖通规范》第7.1.1条第1款："符合下列条件之一时，应设置空气调节：采用供暖通风达不到人体舒适、设备等对室内环境的要求"，D选项正确。注意，除尘是设有除粉尘、烟尘设置的通风方式。

答案：D

**21-3-87** 设有集中空调的民用建筑，其主要出入口处，下列哪种做法对节能最不利？

A 门斗 B 单层门
C 转门 D 空气幕

解析：根据《热工规范》第4.2.6条："严寒地区建筑出入口应设门斗或热风幕等避风设施，寒区建筑出入口宜设门斗或热风幕等避风设施"，B选项最不利。注意，转门相当于门斗。

答案：B

**21-3-88** 民用建筑空调系统自动控制的目的，下述哪一条描述不正确？

A 节省投资 B 节省运行费
C 方便管理 D 减少运行人员

解析：自动控制的目的不包括节省投资，A选项不正确；其余选项都是自动控制的目的。

答案：A

**21-3-89** 舒适性空调冬季、夏季室内温度应为（　　）。

A 冬季16~18℃、夏季18~22℃ B 冬季18~20℃、夏季20~29℃
C 冬季18~24℃、夏季24~28℃ D 冬季22~28℃、夏季26~30℃

解析：根据《暖通规范》表3.0.2（题21-3-89解表），舒适性空调室内设计参数应符合以下规定：

人员长期逗留区域空调室内设计参数　　题21-3-89解表

| 类别 | 热舒适度等级 | 温度（℃） | 相对湿度（%） | 风速（m/s） |
| --- | --- | --- | --- | --- |
| 供热工况 | Ⅰ级 | 22~24 | ≥30 | ≤0.2 |
|  | Ⅱ级 | 18~22 | — | ≤0.2 |
| 供冷工况 | Ⅰ级 | 24~26 | 40~60 | ≤0.25 |
|  | Ⅱ级 | 26~28 | ≤70 | ≤0.3 |

注：1. Ⅰ级热舒适度较高，Ⅱ级热舒适度一般；
　　2. 热舒适度等级划分按本规范第3.0.4条确定。

C选项正确。

答案：C

**21-3-90** 普通风机盘管不具备下列哪一条功能？

A 加热 B 冷却
C 加湿 D 去湿

解析：普通风机盘管没有加湿器，也装不下加湿器，其余功能均有，C选项不具备。

答案：C

**21-3-91** 空调系统不控制下列中的哪一项？

A 室内空气温度 B 室内空气湿度
C 室内空气洁净度 D 室内其他设备散热量

解析：A、B、C选项均为空调系统所涉及的功能，均可控制；设备散热是建筑物特性，空调系统无法控制，D选项符合题意。

答案：D

**21-3-92** 集中空调的公共建筑，就全楼而言，其楼内的空气应为(　　)。
A 正压
B 负压
C 零压（不正也不负）
D 部分正压，部分负压

解析：就全楼而言，不能全是正压如空调房间，不能全是负压如厕所，也不能全是零压如楼梯间，A、B、C选项不正确；D选项正确。
答案：D

**21-3-93** 空调系统不控制房间的下列哪个参数？
A 温度
B 湿度
C 气流速度
D 发热量

解析：空调系统控制房间温度、湿度、气流速度、洁净度、空气清新度；发热量是室内的客观存在，空调系统不控制。所以D选项符合题意。
答案：D

**21-3-94** 夏热冬冷地区现代体育馆建筑设备宜具备(　　)。
A 供暖
B 通风
C 空调
D 供暖、通风、空调

解析：A、B、C选项只有单一功能，不能满足体育馆要求，不正确；D选项设供暖、通风、空调设备，可满足某些房间或部位值班供暖、通风换气、温湿度的要求。D选项符合题意。
答案：D

**21-3-95** 空调风管穿过空调机房围护结构处，其孔洞四周的缝隙应填充密实，原因是(　　)。
A 防止漏风
B 避免温降
C 隔绝噪声
D 减少振动

解析：隔绝噪声是主要原因，C选项正确。
答案：C

**21-3-96** 风机盘管加新风空调系统的优点是(　　)。
A 单独控制
B 美观
C 安装方便
D 寿命长

解析：每个房间可单独控制是风机盘管的优点，A选项正确。
答案：A

**21-3-97** 在空调水系统图示中，当水泵运行时，哪一点压力最大？
A A点
B B点
C C点
D D点

解析：水泵运行时，水泵出口压力最大，沿出水方向渐渐降低，到水泵入口最低。水泵不运行时，在同一水平线上的管段压力相同，位置越高压力越小。
答案：A

**21-3-98** 风机盘管加新风空调系统，新风应(　　)。
A 送入风机盘管回风管
B 送入风机盘管送风管

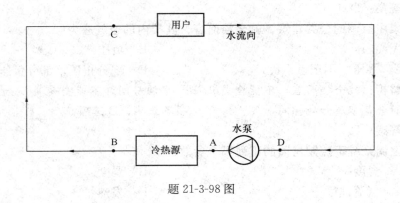

题 21-3-98 图

C 送入风机盘管回风口  D 直接送入人员活动区

**解析**：根据《暖通规范》第 7.3.10 条第 1 款："风机盘管加新风空调系统设计，应符合下列规定：新风宜直接送入人员活动区"，D 选项正确。新风和风机盘管的送风混合后再送入室内时，会造成送风和新风的压力难以平衡，有可能影响新风量的送入，A、B、C 选项均不正确。

**答案**：D

## （四）建筑设计与供暖空调运行节能

**21-4-1** （2010）全年需要供冷的房间，其外窗玻璃遮阳系数 $C_z$ 与全年累计空调冷负荷 $Q$ （kW·h）的关系是（　）。

A $C_z$ 越大，$Q$ 越大  B $C_z$ 越小，$Q$ 越大
C $C_z$ 变化时，$Q$ 不变  D $C_z=1$ 时，$Q$ 最小

**解析**：外窗玻璃遮阳系数 $C_z$ 的定义：透过窗玻璃的太阳辐射得热与透过 3mm 单层标准玻璃的太阳辐射得热之比值，是一个小于 1 的系数。$C_z$ 越小，遮阳效果越好，越节能；反之亦然。$C_z$ 越大说明遮阳效果差、$Q$ 冷负荷越大，A 选项关系正确。

**答案**：A

**21-4-2** （2010）空调机房宜布置在靠近所服务区域处，其目的是（　）。

A 加大空调房间送风温差  B 降低送风管道阻力
C 加大空调房间送风量  D 降低表冷器空气阻力

**解析**：空气处理机组安装在邻近所服务的空调区机房内，可降低送风管道阻力，减小空气输送能耗和风机压头，也可有效地减小机组噪声和水患的危害，B 选项正确。其他选项并不能通过靠近空调服务区域来达到。

**答案**：B

**21-4-3** （2010）某一朝向外窗的热工参数为：传热系数 2.7W/（m²·K），玻璃遮阳系数 0.8。假设外遮阳系数为 0.7，该朝向外窗的遮阳系数为（　）。

A 0.56  B 0.70

C 0.80 D 1.50

**解析：** 根据《热工规范》第2.1.36条："综合遮阳系数为建筑遮阳系数和透光围护结构遮阳系数的乘积"，A选项正确。

**答案：** A

**21-4-4** (2010) 位于严寒地区的甲类公共建筑，围护结构热工性能应分别满足规定，当不能满足规定时，必须进行(　　)计算。

A 权衡判断计算  B 采暖设计热负荷计算
C 空调设计热负荷计算  D 空调设计冷负荷计算

**解析：** 根据《公建节能标准》第3.3.1条："甲类公共建筑的围护结构热工性能应分别符合规定。当不能满足规定时，必须按本标准规定的方法进行权衡判断"，A选项正确；B、C、D选项均不全面，不正确。

**答案：** A

**21-4-5** (2010) 夏热冬冷地区采用内呼吸式双层玻璃幕墙的建筑，从降低空调系统能耗角度出发，下列哪种幕墙通风模式最优？

A 冬、夏季均通风  B 冬、夏季均不通风
C 冬季通风、夏季不通风  D 冬季不通风、夏季通风

**解析：** A选项：冬季通风，内层玻璃外表面温度降低，供热负荷加大，不优；B选项：夏季不通风，内层玻璃外表面温度提高，供冷负荷加大，不优；C选项：A、B选项缺点都有，能耗更大；D选项：冬季不通风，内层玻璃外表面温度提高，供热负荷降低；夏季通风，内层玻璃外表面温度降低，供冷负荷降低，最优。

**答案：** D

**21-4-6** (2010) 寒冷地区舒适性空调系统冬季供冷时，采用以下哪种方式最节能？

A 水冷冷水机组供冷  B 风冷冷水机组供冷
C 新风供冷  D 冷却塔供冷

**解析：** A选项：冬季室外空气温度低，可以直接或间接利用室外冷空气，采用水冷冷水机组（此类型机组需要冷却塔）供冷，最不节能；B选项：原理同A选项，不节能；C选项：直接利用室外冷空气供冷，最节能；D选项：间接利用室外冷空气供冷，节能。

**答案：** C

**21-4-7** (2009) 大型高层公共建筑的空调冷水系统，采用以下哪种形式更有利于节能？

A 设置低位冷水池的开式水系统  B 一次泵定流量系统
C 二次泵定流量系统  D 二次泵变流量系统

**解析：** A选项：开式水系统循环水泵扬程高，不节能；B选项：一次泵定流量系统在建筑不满负荷时不能调节流量，不节能；C选项：二次泵定流量系统在建筑不满负荷时调节流量能力差，不节能；D选项：二次泵变流量系统，在建筑不满负荷时调节流量能力好，节能。

**答案：** D

21-4-8 (2009) 夏热冬冷地区的空调建筑，采用以下哪种遮阳措施节能效果最好？
A 活动式外遮阳　　　　　　　B 活动式内遮阳
C 固定式外遮阳　　　　　　　D 固定式内遮阳
解析：活动式外遮阳夏季打开、冬季收起，冬、夏均利于节能，外遮阳效果好于内遮阳，最节能，A 选项正确；B、C、D 选项节能效果依次降低。
答案：A

21-4-9 (2009) 外墙的热桥部位，其内表面温度应(　　)。
A 大于室内空气干球温度　　　B 大于室内空气湿球温度
C 大于室内空气露点温度　　　D 大于室内空气温度
解析：根据《热工规范》第 4.2.11 条："围护结构中的热桥部位应进行表面结露验算，并应采取保温措施，确保热桥内表面温度高于房间空气露点温度"，C 选项正确。
答案：C

21-4-10 关于温和地区居住建筑设计，下列说法错误的是(　　)。
A 温和地区集中采用外墙外保温
B 采用浅色外饰面
C 采用屋面遮阳或通风屋顶
D 采用种植屋面
解析：根据《温和地区节能标准》第 4.1.4 条："居住建筑的屋顶和外墙可采取下列隔热措施：宜采用浅色外饰面等反射隔热措施；宜采用屋面遮阳或通风屋顶；宜采用种植屋面"，B、C、D 选项均正确；A 选项不正确。
答案：A

21-4-11 (2009) 建筑物外围护结构采用单层玻璃幕墙时，采用以下哪种措施有利于节能？
A 室内设置机械通风换气装置　B 室内设置空调系统
C 幕墙不具有可开启部分　　　D 幕墙具有可开启部分
解析：幕墙具有可开启部分便于通风，有利于节能。
答案：D

21-4-12 (2008) 对于间歇使用的空调建筑，以下哪种外墙做法是正确的？
A 外围护结构内侧采用重质材料
B 外围护结构采用重质材料
C 外围护结构内侧宜采用轻质材料
D 外围护结构的做法只要满足传热系数的要求就可以
解析：空调开启后需要冷却或加热外围护结构内侧材料，重质材料吸收冷量或热量多，房间空气温度冷却或加热时间会加长，A 选项不正确；空调开启后需要冷却或加热外围护结构内侧材料，外围护结构采用何种材料对短时升温和降温影响小，B 选项不正确；空调开启后需要冷却或加热外围护结构内侧材料，轻质材料吸收冷量或热量少，房间空气温度冷却或加热时间会缩短，有利于间歇使用的建筑，C 选项正确；D 选项不正确。

答案：C

**21-4-13** 下列做法中哪个不是供暖系统的节能措施？
A 居住建筑采用地面辐射供暖
B 高大空间采用分层空气调节
C 严寒 A 区采用热风末端作为唯一的供暖方式
D 厨房热加工间部分补风利用餐厅排风

解析：A 选项：地面辐射供暖比散热器供暖节能，是节能措施；B 选项：分层空调满足人员经常停留空间的舒适度而不用过多考虑其余空间，是节能措施；C 选项：根据《公建节能标准》第 4.1.2 条："严寒 A 区和严寒 B 区的公共建筑宜设热水集中供暖系统，对于设置空气调节系统的建筑，不宜采用热风末端作为唯一的供暖方式"，不是节能措施；D 选项：是节能措施。

答案：C

**21-4-14** （2007）夏热冬冷地区 18 层居住建筑的体形系数的最大限值为（  ）。
A 0.20　　　　　　　　　　　B 0.25
C 0.30　　　　　　　　　　　D 0.35

解析：根据《夏热冬冷节能标准》表 4.0.3（题 21-4-14 解表）可知 D 选项正确。

夏热冬冷地区居住建筑的体形系数限值　　题 21-4-14 解表

| 建筑层数 | ≤3 层 | (4～11) 层 | ≥12 层 |
|---|---|---|---|
| 建筑的体形系数 | 0.55 | 0.40 | 0.35 |

答案：D

**21-4-15** （2007）计算建筑物耗热量指标时所采用的室外计算温度为（  ）。
A 供暖室外计算干球温度
B 供暖期室外平均温度
C 供暖室外最低日平均温度
D 供暖室外最冷月平均温度

解析：计算建筑物供暖热负荷时供用供暖室外计算干球温度，A 选项不正确；计算建筑物耗热量指标时采用供暖期室外平均温度，B 选项正确；C、D 选项供暖计算时不涉及，不正确。

答案：B

**21-4-16** （2006）哪一地区居住建筑北向的卧室、起居室不应设置凸窗，北向其他房间和其他朝向不宜设置凸窗？
A 严寒地区　　　　　　　　　B 寒冷地区
C 夏热冬冷地区　　　　　　　D 夏热冬暖地区

解析：根据《严寒寒冷节能标准》第 4.2.5 条："寒冷地区北向的卧室、起居室不应设置凸窗，北向其他房间和其他朝向不宜设置凸窗"，B 选项正确。

答案：B

**21-4-17** （2006）水环热泵空调系统能够实现建筑物内部的热量转移，达到节能的目的。下列哪个地区肯定不适合采用水环热泵空调系统？
A 哈尔滨　　　　　　　　　　B 北京

C 上海 D 海口

解析：内区需要制冷、外区需要制热的工程适合采用水环热泵空调系统，夏热冬冷及以北气候区均适用，如哈尔滨、北京、上海夏热冬暖地区内区需要制冷、外区不需要制热，D选项符合题意。

答案：D

**21-4-18** (2006) 热惰性指标表征围护结构的哪个特性？
A 对热传导的抵抗能力 B 对温度波衰减的快慢程度
C 室内侧表面蓄热系数 D 室外侧表面蓄热系数

解析：根据《热工规范》第2.1.12条："热惰性，受到波动热作用时，材料层抵抗温度波动的能力"，表征对温度波衰减的快慢程度，B选项正确；A选项表征围护结构的热阻，C、D选项表征通过表面的热流波幅与表面温度波幅的比值，均不正确。

答案：B

**21-4-19** (2006)《夏热冬冷地区居住建筑节能设计标准》中，对东、西向窗户的热工性能要求比对北向窗户的要求更严格，其原因是（　　）。
A 东、西朝向风力影响最大 B 东、西朝向太阳辐射最强
C 东、西朝向窗户面积最小 D 东、西朝向没有主要房间

解析：根据《夏热冬冷节能标准》条文说明第4.0.5条："条文中对东、西向窗墙面积比限制较严，因为夏季太阳辐射在东、西向最大"，B选项正确。

答案：B

**21-4-20** (2006) 在屋面上设置通风间层能够有效降低屋面板室内侧表面温度。其作用原理是（　　）。
A 增加屋面传热阻 B 增加屋面热惰性
C 减小太阳辐射影响 D 减小保温材料含水率

解析：屋面上设置通风间层，可有效减小太阳辐射的影响，C选项正确。

答案：C

**21-4-21** (2005) 办公建筑中若采用冰蓄冷空调系统，其主要目的是（　　）。
A 节省冷、热源机房面积 B 充分利用夜间低价电
C 减少全年运行耗电量（kWh） D 减少冷、热源设备投资

解析：冰蓄冷是在电网用电低谷（夜间）时段（低价电时段）制冰，电网用电高峰时段（高价电时段）融冰制成冷水供空调使用，B选项正确；A、C、D选项，机房面积、全年耗电量、设备投资均不减少，不正确。

答案：B

**21-4-22** (2005) 规定民用建筑围护结构最小传热阻的目的是（　　）。
A 达到节能要求和防止围护结构室内表面结露
B 防止房间冻结和避免人体的不舒适
C 防止围护结构室内表面结露和避免人体的不舒适
D 达到节能要求和避免人体的不舒适

解析：规定建筑围护结构最小传热阻限值，是为了防止围护结构室内表面结

露和避免人体不适感觉，C 选项正确。

答案：C

**21-4-23** （2005）同一类型公共建筑，在下列城市中，外墙传热系数要求最小的城市是（　　）。

A　哈尔滨　　　　　　　　　　B　北京
C　武汉　　　　　　　　　　　D　广州

解析：《公建节能标准》第 3.3.1 条，外墙传热系数要求从小到大依次为严寒地区（哈尔滨）、寒冷地区（北京）、夏热冬冷地区（武汉）、夏热冬暖地区（广州）、温和地区（昆明），A 选项正确。

答案：A

**21-4-24** （2005）室外风速为 3m/s 的某地区办公楼，同一墙体分别如图（a）和如图（b）中粗实线所示，如果将该墙分别用作外墙和内墙使用，当墙体两侧空气温度差相同（$\Delta t = t_1 - t_2 = 10℃$）时，则该墙体传热量 $Q_1$、$Q_2$ 为（　　）。

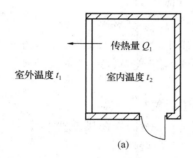 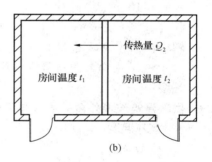

图 21-4-24 图

A　$Q_1 > Q_2$　　　　　　　　B　$Q_1 = Q_2$
C　$Q_1 < Q_2$　　　　　　　　D　$Q_2 = 0$

解析：室外风速比室内大，即外墙放热系数比内墙大，所以外墙传热系数比内墙大，A 选项正确。

答案：A

**21-4-25** （2004）防止夏季室温过冷或冬季室温过热的最好办法为（　　）。

A　正确计算冷热负荷
B　保持水循环环路水力平衡
C　设置完善的自动控制
D　正确确定夏、冬季室内设计温度

解析：室内外参数不在设计工况时，自动控制可防止室温过冷或过热，C 选项正确。A、B、D 选项，是好办法但不是最好办法。

答案：C

**21-4-26** 设置全面供暖的建筑物，其围护结构的传热阻（　　）。

A　越大越好　　　　　　　　　B　越小越好
C　对最大传热阻有要求　　　　D　对最小传热阻有要求

解析：传热阻是传热系数的倒数，传热阻越大传热系数越小，传热系数越小投资越高、耗能越小，反之亦然。A 选项技术合理但经济不合理；B 选项，耗能大，技术不合理为防止围护结构室内表面结露和避免人体不适感觉，对最小传热阻有要求，对最大传热阻没有要求，C 选项错误，D 选项正确。

答案：D

**21-4-27** 围护结构内表面温度不应低于（　　）。

A 室内空气干球温度　　　　　　B 室内空气湿球温度
C 室内空气露点温度　　　　　　D 室内空气相对湿度

解析：围护结构内表面低于室内空气露点温度时，就会结露、析出凝水，C 选项正确。

答案：C

**21-4-28** 计算供暖热负荷时，围护结构的附加耗热量应按其占基本耗热量的百分率确定，其南向修正率为（　　）。

A 0～10%　　　　　　　　　　　B +15%
C −5%　　　　　　　　　　　　D −15%～−30%

解析：根据《暖通规范》第 5.2.6 条第 1 款："南向修正率为 −15%～−30%"，南向太阳辐射热明显，热负荷附减最大，D 选项正确。

答案：D

**21-4-29** 供暖建筑玻璃外窗的层数与下列哪个因素无关？

A 室外温度　　　　　　　　　　B 室内外温度差
C 体型系数　　　　　　　　　　D 墙体材料

解析：根据《公建节能标准》第 3.3.1 条中各表可见，室外温度越低，室内外温差越大，体型系数越大，外窗传热系数越小，设置的外窗玻璃层数越多。A、B、C 选项均有关，D 选项无关。

答案：D

**21-4-30** 影响空调建筑耗能的因素很多，下列中哪一条影响最小？

A 朝向　　　　　　　　　　　　B 体形
C 窗大小　　　　　　　　　　　D 外装修样式

解析：根据《公建节能标准》第 3.3.1 条各表可见，A、B、C 选项均有较大影响；D 选项影响最小。

答案：D

**21-4-31** 炎热地区的民用建筑和工业辅助建筑物，避免屋面受太阳辐射的较好方式是（　　）。

A 采用通风屋面　　　　　　　　B 增加净空高度
C 加吊顶　　　　　　　　　　　D 增加屋顶厚度

解析：根据《热工规范》第 4.3.6 条："建筑围护结构外表面宜采用浅色饰面材料，屋面宜采用绿化、涂刷隔热涂料、遮阳等隔热措施"，采用通风屋面为隔热措施，A 选项正确。

答案：A

**21-4-32** 下列几条节能措施中，哪一条不正确？

A 用传热阻值大的材料做外墙 　　B 用传热系数大的墙体做外墙
C 用传热系数小的墙体做外墙 　　D 用导热系数小的材料做外墙

解析：传热阻值大，传热系数小（传热系数为传热阻值的倒数），负荷小、能耗低，A、C选项正确，B选项错误。相同的保温效果导热系数小可使外墙更薄，D选项正确。

答案：B

**21-4-33** 下列几条中哪条与节能无关？

A 体形系数 　　B 开间大小
C 窗墙比 　　D 朝向

解析：根据《公建节能标准》第3.3.1条各表可见，A、C、D选项均有关；B选项节能标准未涉及，无关。

答案：B

**21-4-34** 下列哪条不是空调节能措施？

A 南窗设固定遮阳 　　B 墙传热系数小
C 门窗密封 　　D 装修明亮

解析：装修明亮与节能无关，其余均有关。

答案：D

**21-4-35** 玻璃窗的层数与面积对以下各项中哪一项无影响？

A 热负荷、冷负荷 　　B 传热量
C 湿负荷 　　D 冷风渗透量

解析：玻璃窗层数与面积直接影响热负荷、冷负荷、传热量，A、B选项有影响；湿负荷取决于室内人员散湿、设备散湿、新风带进的湿，与玻璃窗的层数及面积无关，C选项无影响；玻璃窗的层数越多越严密、面积越小，冷风渗透量越小，D选项有影响。

答案：C

**21-4-36** 下列几条节能措施中，哪一条不正确？

A 用导热系数小的材料做外墙
B 提高建筑物窗户的密闭性
C 室内装修用明亮的颜色，以提高照明效果
D 为降低空调负荷，经常放下朝南的窗帘

解析：A、B、D选项均为节能措施，正确；C选项与节能无关，不正确。

答案：C

**21-4-37** 对一栋建筑物内同一楼层上的供暖房间，当其开间大小相同时，哪个朝向的供暖负荷最大？

A 东 　　B 西
C 南 　　D 北

解析：根据《暖通规范》第5.2.6条第1款："朝向修正率：北、东北、西北按0～10%；东、西按-5%；东南、西南按-10%～-15%；南按-15%～

—30%"，北向由于得不到太阳辐射热，所以传热量最大，D选项供暖负荷最大。

**答案：D**

**21-4-38** 甲类公共建筑每个朝向的窗墙面积比均不宜超过以下哪项数值？

A 0.30　　　　　　　　　　　　B 0.50
C 0.70　　　　　　　　　　　　D 1.00

**解析：** 根据《公建节能标准》第3.2.2条："严寒地区甲类公共建筑各单一立面窗墙面积比（包括透光幕墙）均不宜大于0.60；其他地区甲类公共建筑各单一立面窗墙面积比（包括透光幕墙）均不宜大于0.70"，C选项正确。

**答案：C**

**21-4-39** 采暖建筑体形系数（　　）。

A 不宜太大　　　　　　　　　　B 越小越好
C 越大越好　　　　　　　　　　D 大小无关

**解析：** 根据《公建节能标准》第2.0.2条："建筑体形系数即建筑物与室外空气直接接触的外表面积与其所包围的体积的比值，外表面积不包括地面和不供暖楼梯间内墙的面积"。体形系数越大，相对外表面积越大，越不节能，所以不宜太大；反之，体形系数越小、相对外表面积越小、但通风采光面积也越小，虽节能但使用效果不好，所以A选项正确，B、C、D选项错误。

**答案：A**

**21-4-40** 太阳辐射热通过玻璃窗传入室内的热量对空调冷负荷影响很大，玻璃窗采用（　　）时太阳光的透过率最小。

A 吸热玻璃　　　　　　　　　　B 热反射中空玻璃
C 隔热遮光薄膜　　　　　　　　D 普通玻璃

**解析：** 根据《热工规范》第6.3.3条："对遮阳要求高的门窗、玻璃幕墙、采光顶隔热宜采用着色玻璃、遮阳型单片Low-E玻璃、着色中空玻璃、热反射中空玻璃、遮阳型Low-E中空玻璃等遮阳型的玻璃系统"，B选项正确。

**答案：B**

**21-4-41** 下列哪一条空调系统的节能措施不正确？

A 采用自动控制　　　　　　　　B 合理划分系统
C 选用低能耗设备　　　　　　　D 固定新回风比例

**解析：** 在过渡季应尽量利用新风冷量，在冬、夏季保证最小新风量，固定新风量不节能，D选项不正确。A、B、C选项均为节能措施。

**答案：D**

**21-4-42** 下列几条供暖节能措施中，哪一条不正确？

A 用导热系数小的材料做外墙　　B 提高建筑物门窗的密闭性
C 减小窗面积　　　　　　　　　D 在朝南的外窗外边做固定遮阳

**解析：** 南窗做固定遮阳遮挡了太阳辐射热，对供暖不利（与空调建筑不同），D选项不正确；A、B、C选项均为节能措施。

**答案：D**

**21-4-43** 从节能角度讲，供暖建筑主要房间应布置在（　　）。

A　下风侧　　　　　　　　　　B　上风侧
C　向阳面　　　　　　　　　　D　底层

解析：向阳面的太阳辐射有利于供暖，主要房间应布置在向阳面，C选项正确；A、B、D选项对节能的影响均不明显。

答案：C

**21-4-44** 哪种建筑形式有利于供暖节能（层数、每层面积均相同，上北下南)?

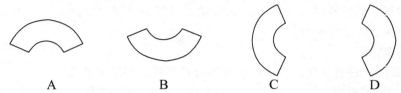

解析：首先选择南北朝向的选项，其次选择南向面积大的选项，有利于供暖节能，B选项正确。

答案：B

**21-4-45** 哪种建筑形式有利于空调节能（层数、每层面积均相同，上北下南)?

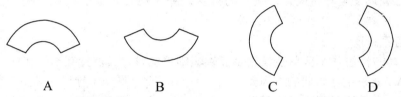

解析：首先选择南北朝向的选项，其次选择南向面积小的选项，有利于空调节能，A选项正确。

答案：A

**21-4-46** 哪种建筑形式有利于空调节能（层数、每层面积均相同，上北下南)?

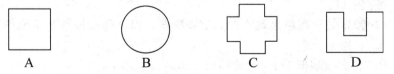

解析：平面面积均相同，外表面积由小到大依次：B、A、C、D选项，围护结构面积越小，体形系数越小，体形系数小有利于空调节能，B选项正确。

答案：B

**21-4-47** 哪种建筑形式有利于空调节能（层数、每层面积均相同，上北下南)?

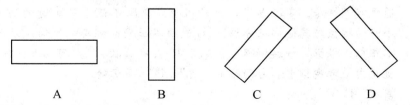

解析：选择南北朝向，A选项正确。

答案：A

## （五）设备机房及主要设备的空间要求

**21-5-1** (2010) 采用电动压缩式冷水机组的制冷机房，正常运行时其对周围环境的主要影响是（　　）。
A 废气　　　　　　　　　　B 污水
C 噪声　　　　　　　　　　D 固体垃圾
解析：电动压缩式冷水机组正常运行时不产生废气、污水、固体垃圾，但有噪声，C选项正确。
答案：C

**21-5-2** (2010) 设置于建筑内的锅炉房不应与下列哪种房间贴邻？
A 地下车库　　　　　　　　B 员工餐厅
C 生活水泵房　　　　　　　D 制冷机房
解析：根据《锅炉房标准》第4.1.3条："当锅炉房和其他建筑物相连或设置在其内部时，不应设置在人员密集场所和重要部门的上一层、下一层、贴邻位置以及主要通道、疏散口的两旁，并应设置在首层或地下室一层靠建筑物外墙部位"，B选项符合题意。
答案：B

**21-5-3** (2009) 居住小区单独设置燃煤供暖锅炉房时，其位置宜选择在（　　）。
A 夏季主导风向的下风侧　　B 夏季主导风向的上风侧
C 冬季主导风向的下风侧　　D 冬季主导风向的上风侧
解析：根据《锅炉房标准》第4.1.1条第6款："锅炉房位置的选择应根据下列因素确定：季节性运行的锅炉房应设置于该季节最大频率风向的下风侧"，C选项正确。
答案：C

**21-5-4** (2009) 关于高层建筑物内的空调机房，以下哪项设置是正确的？
A 乙级防火门
B 耐火极限低于2.0h的隔墙
C 机房机械通风
D 排水设施
解析：根据《防火规范》第6.2.7条："通风、空调机房和变配电室开向建筑内的门应采用甲级防火门"，A选项不正确；第6.2.7条："附设在建筑内的通风空调机房、变配电室，应采用耐火极限不低于2小时的防火隔墙和1.5小时的楼板与其他部位分隔"，B选项不正确；机房机械通风没必要，C选项不正确；根据《暖通规范》第7.5.13条第3款："空调机房应符合下列规定：机房内应考虑排水和地面防水设施"，D选项正确。
答案：D

**21-5-5** (2008) 在锅炉房设计时，确定锅炉台数不正确的是（　　）。
A 总台数必须多于3台

B 非独立锅炉房，不宜超过 4 台
C 新建时，不宜超过 5 台
D 扩建和改建时，不宜超过 7 台

解析：根据《锅炉房标准》第 3.0.12 条 3、4 款："锅炉台数和容量应根据设计热负荷经技术经济比较后确定，锅炉房的锅炉总台数：新建锅炉房，不宜超过 5 台；扩建和改建锅炉房，不宜超过 7 台；非独立锅炉房，不宜超过 4 台"。A 选项不正确。

答案：A

**21-5-6** (2008) 城市或区域热力站设计中，以下哪项不正确？

A 热水热力站不论设计水温为多少，均应设置 2 个出口
B 当热水热力站站房长度大于 12m 时，应设 2 个出口
C 蒸汽热力站不论站房尺寸如何，均应设置 2 个出口
D 热力网设计水温小于 100℃ 时，热力站可只设 1 个出口

解析：根据《城镇供热管网设计规范》CJJ 34—2010 第 10.1.3 条："热水热力站当热力网设计水温大于或等于 100℃、站房长度大于 12m 时，应设 2 个出口。蒸汽热力站均应设置 2 个出口"，A 选项不正确。

答案：A

**21-5-7** (2007) 对于有噪声防护要求的空调区域，其空调机房的设置位置以下哪种合适？

A 与空调区域同层，紧邻设置
B 在空调区域的上一层，同一位置设置
C 在空调区域的下一层，同一位置设置
D 与空调区域同层，尽量远离设置

解析：根据《暖通规范》第 10.1.6 条："通风、空调与制冷机房等的位置，不宜靠近声环境要求较高的房间；当必须靠近时，应采取隔声、吸声和隔振措施"，A、B、C 选项均不合适；D 选项，合适。

答案：D

**21-5-8** (2007) 当常（负）压燃气锅炉房设置于屋顶时，其距安全出口距离应大于（　　）。

A 3m　　　　　　　　　　　　B 4m
C 5m　　　　　　　　　　　　D 6m

解析：根据《防火规范》第 5.4.12 条第 6 款："设置在屋顶上的常（负）压燃气锅炉，距离通向屋面的安全出口不应小于 6m"，D 选项正确。

答案：D

**21-5-9** (2007) 关于设在高层建筑物内的通风、空调机房、其隔墙的最低耐火极限与门的防火等级，以下哪种说法是正确的？

A 1.50h，乙级防火门　　　　　B 2.00h，乙级防火门
C 2.00h，甲级防火门　　　　　D 1.50h，甲级防火门

解析：根据《防火规范》第 6.2.7 条："附设在建筑内的消防控制室、灭火设

备室、消防水泵房和通风空气调节机房、变配电室等，应采用耐火极限不低于2.00h的防火隔墙和1.50h的楼板与其他部位分隔；通风、空气调节机房和变配电室开向建筑内的门应采用甲级防火门"，C选项正确。

答案：C

**21-5-10**（2006）锅炉房通向室外的门的开启方向，以及锅炉房内的工作间直通锅炉间的门的开启方向应分别为（　　）。

A 内开，向工作间开启　　　　B 内开，向锅炉间开启
C 外开，向工作间开启　　　　D 外开，向锅炉间开启

解析：根据《锅炉房标准》第4.3.8条："锅炉间通向室外的门应向室外开启，锅炉房内的辅助间或生活间直通锅炉间的门应向锅炉间内开启"，D选项正确。

答案：D

**21-5-11**（2006）下列关于电动压缩式制冷机房的描述，哪项是不对的？

A 制冷机房宜设置在空调负荷中心
B 制冷机房宜设置在邻近配电机房处
C 制冷机房应设置自然通风窗井
D 制冷机房应设置地面排水设施

解析：A选项避免了输送管路长短不一、难以平衡而造成的供冷（热）质量不良；也避免了过长的输送管路而造成输送能耗过大，正确；B选项的电缆短、损失小，管理运行方便，正确；C选项中的制冷机房需要通风，但未规定应自然通风还是机械通风，选项不正确；D选项制冷机房有水系统，需要设排水，正确。

答案：C

**21-5-12**（2005）空调机房设计时，通常要求在机房地面上设置排水设施（如地漏、地沟等）。考虑地面排水设施的主要目的是（　　）。

A 排除空调系统的经常性放水
B 排除空调系统的回水
C 排除消防自动喷洒灭火后的机房存水
D 排除冷凝水及检修时放水

解析：考虑排水设施的目的是排除空调冷凝水及检修时放水，D选项正确。

答案：D

**21-5-13**（2005）高层建筑中，燃油、燃气锅炉房应布置在（　　）。

A 建筑的地下三层靠外墙部位
B 建筑的地下二层靠外墙部位
C 建筑的首层或地下一层靠外墙部位
D 建筑的地上二层靠外墙部位

解析：根据《防火规范》第5.4.12条第1款："燃油、燃气锅炉房确需布置在民用建筑内时，应布置在首层或地下一层靠外墙部位"，C选项正确。

答案：C

**21-5-14** (2005) 一台空调机组的外形平面尺寸为 2000mm×4000mm。下列四个设计图中，哪个空调机房的平面布置较为合理？

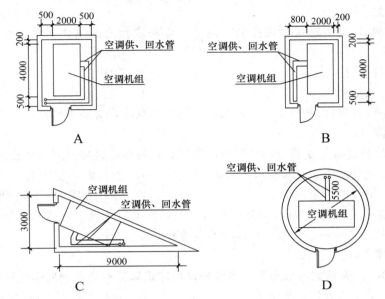

解析：只有 B 选项可检修。

答案：B

**21-5-15** (2004) 我国北方一县级医院，有供暖用热、卫生热水用热、蒸汽用热，则最佳设备组合为（　　）。

A　1 台热水锅炉，1 台蒸汽锅炉　　　　B　2 台蒸汽锅炉

C　1 台热水锅炉，2 台蒸汽锅炉　　　　D　2 台热水锅炉，1 台蒸汽锅炉

解析：A 选项，热水和蒸汽均只有一台、无备用，不佳组合；B 选项，蒸汽换热水，蒸汽、热水可提供且有备用，最佳组合；C 选项，热水无备用，需要增加蒸汽换热水设备，投资大、运行复杂，不佳组合；D 选项，蒸汽无备用，不佳组合。

答案：B

**21-5-16** (2004) 在空气调节系统中，哪种空调系统所需空调机房最小？

A　全空气定风量系统　　　　　　　　B　全空气变风量系统

C　净化空调系统　　　　　　　　　　D　风机盘管加新风系统

解析：风机盘管加新风系统的风机盘管设于空调房间内，只有新风机需用机房，机房最小 D 选项正确。A、B 选项机房大；C 选项机房最大。

答案：D

**21-5-17** (2003) 设置在高层建筑一层内的燃气锅炉房，下面做法哪一条是多余的？

A　靠外墙布置　　　　　　　　　　　B　疏散门均应直通室外

C　与其他部位之间采用防火墙　　　　D　外墙设防火挑檐

解析：根据《防火规范》第 5.4.12 条："燃油或燃气锅炉房、变压器室应设置在首层或地下一层的靠外墙部位；锅炉房、变压器室的疏散门均应直通室

外或安全出口；与其他部位之间应采用耐火极限不低于 2.00h 的防火隔墙"，A、B、C 选项均必要；D 选项外墙设防火挑檐，多余。

答案：D

**21-5-18** (2003) 空调机房设在办公层内时，应采取相应的隔声措施，且机房的门应为（　　）。

A 防火门　　　　　　　　　　　B 隔声门
C 普通门　　　　　　　　　　　D 防火隔声门

解析：空调机房门需要为防火门，同时题目要求有隔声措施，D 选项正确。

答案：D

**21-5-19** 制冷机房应尽量靠近冷负荷中心布置，何种制冷机房还应尽量靠近热源？

A 氟利昂压缩式制冷机　　　　　B 氨压缩式制冷机
C 空气源热泵机组　　　　　　　D 溴化锂吸收式制冷机

解析：A、B、C 选项都是以电作动力，与热源无关；D 选项溴化锂吸收式制冷机房是以热作动力，所以应尽量靠近热源。

答案：D

**21-5-20** (2003) 何种制冷机房不得布置在民用建筑和工业企业辅助建筑物内？

A 溴化锂吸收式制冷机　　　　　B 氟利昂活塞式制冷机
C 氨压缩式制冷机　　　　　　　D 氟利昂离心式制冷机

解析：《暖通规范》第 8.10.3 条第 1 款："氨制冷机房应单独设置且远离建筑群"，C 选项正确。

答案：C

**21-5-21** 从环保和节省运行费用考虑，哪种燃料的集中锅炉房宜用在供热规模较大的场所，并且热媒以高温水为宜？

A 燃气　　　　　　　　　　　　B 燃油
C 电热　　　　　　　　　　　　D 燃煤

解析：燃气、燃油、电热锅炉污染小，燃料存放场所占地面积小，分散设置且管网输送距离短，热水直接供热温度低，不宜集中；燃煤锅炉房相反，宜集中设置。D 选项正确。

答案：D

**21-5-22** 燃油、燃气锅炉设在高层建筑内时，哪一种布置不正确？

A 锅炉布置在首层或地下一层　　B 锅炉可布置在地下二层
C 常压锅炉可布置在地下二层　　D 负压锅炉可布置在地下二层

解析：根据《防火规范》第 5.4.12 条第 1 款："燃油或燃气锅炉房、变压器室应设置在首层或地下一层的靠外墙部位，但常（负）压燃油或燃气锅炉可设置在地下二层或屋顶上"，A、C、D 选项均正确，B 选项不正确。

答案：B

**21-5-23** 设在高层建筑内的通风、空调机房门应采用（　　）。

A 甲级防火门　　　　　　　　　B 乙级防火门
C 丙级防火门　　　　　　　　　D 机房专用门

解析：根据《防火规范》第6.2.7条："通风、空气调节机房和变配电室开向建筑内的门应采用甲级防火门"，A选项正确，B、C、D选项错误。

答案：A

**21-5-24** 30000m² 办公楼，制冷机房估算面积为（　　）m²。

A 100～120　　　　　　　　　B 200～300
C 500～600　　　　　　　　　D 700～800

解析：旅馆、办公楼等建筑，制冷机房占总建筑面积的0.75%～0.925%。

答案：B

**21-5-25** 30万 m² 居住小区，燃气锅炉房面积估算为（　　）m²。

A 100～120　　　　　　　　　B 300～900
C 1000～1200　　　　　　　　D 1300～1500

解析：居住小区燃气锅炉房约占建筑面积的0.1%～0.3%。

答案：B

**21-5-26** 锅炉房辅助间、生活间等通向锅炉间的门向哪个方向开启？

A 向内开　　　　　　　　　　B 向锅炉间
C 向哪个方向均可　　　　　　D 无规定

解析：根据《锅炉房标准》第4.3.8条："锅炉间通向室外的门应向室外开启，锅炉房内的辅助间或生活间直通锅炉间的门应向锅炉间内开启"，B选项正确。

答案：B

**21-5-27** 锅炉间外墙的开窗面积，应满足（　　）。

A 采光、通风的要求　　　　　B 采光、通风、泄压的要求
C 通风、泄压的要求　　　　　D 采光、泄压的要求

解析：根据《锅炉房标准》第5.1.14条："锅炉间外墙的开窗面积应满足通风、泄压和采光的要求"，B选项正确。

答案：B

**21-5-28** 对噪声、振动要求较高的大中型制冷机房，用下列中的哪种制冷机合适？

A 离心式　　　　　　　　　　B 活塞式
C 直燃型吸收式　　　　　　　D 蒸汽型吸收式

解析：离心式制冷机和活塞式制冷机有噪声；直燃型的吸收式制冷机因有燃烧鼓风机，也有噪声；蒸汽型吸收式制冷机运转设备很少，噪声小。所以A、B、C选项不合适，D选项合适。

答案：D

**21-5-29** 排烟机房的设置、排烟机检修空间，正确的是（　　）。

A 排烟机宜设置在专用机房　　B 排烟机应设置在专用机房
C 排烟机宜设置在通风机房　　D 排烟机应设置在加压送风机房

解析：根据《防排烟标准》第4.4.5条："排烟风机应设置在专用房间内"，B选项正确。

答案：B

**21-5-30** 锅炉间泄压面积不小于( )。

A 锅炉房占地面积的 10%
B 锅炉房建筑面积的 10%
C 锅炉间占地面积的 10%
D 锅炉间建筑面积的 10%

解析：根据《锅炉房标准》第 5.1.2 条："锅炉房的外墙、楼地面或屋面应有相应的防爆措施，并应有相当于锅炉间占地面积 10% 的泄压面积"，C 选项正确。

答案：C

**21-5-31** 电动压缩式氨制冷机房，哪一项不正确？

A 严禁采用明火供暖
B 远离建筑群
C 设事故排风机且选用防爆型事故排风机
D 燃气表间

解析：根据《暖通规范》第 8.10.3 条第 1 款～第 3 款："氨制冷机房设计应符合下列规定：氨制冷机房单独设置且远离建筑群；机房内严禁采用明火供暖；机房应有良好的通风条件，同时应设置事故排风装置，换气次数每小时不少于 12 次，排风机应选用防爆型"，A、B、C 选项均正确；不需燃气，D 选项不正确。

答案：D

**21-5-32** 两台相同型号冷水机组的冷冻水泵（一次泵），下列中哪种设备是合适的？

A 两台与制冷机流量相对应流量的泵
B 一大一小两台泵，一台与一台制冷机流量相对应、另一台与两台制冷机流量相对应
C 一台变频调速泵
D 一台大流量泵（两台冷水机组冷冻量之和）

解析：A 选项：两台与制冷机流量相对应流量的泵，流量匹配，运行简单，安全可靠，正确；B 选项：流量不匹配，不正确；C 选项：流量不匹配，控制复杂，不正确；D 选项：流量不匹配，不节能，不正确。

答案：A

**21-5-33** 地下室设有大型制冷机房时，制冷机的出入问题，优先考虑下列哪种方案？

A 室内楼板留吊装孔
B 电梯搬运
C 不考虑搬出，施工时提前搬入
D 外墙留孔，室外留出入口

解析：要考虑制冷机将来的更换和大修，D 选项正确。

答案：D

**21-5-34** 空调机房的布置原则有以下几点，下列哪一点不正确？

A 应尽量靠近空调房间
B 防止振动、噪声
C 机房的面积和高度由建筑师决定
D 管理方便

解析：A、B、D 选项均为布置原则，正确；C 选项不正确。

答案：C

**21-5-35** 压缩式制冷机由下列哪组设备组成？

A 压缩机、蒸发器、冷却泵  B 压缩机、冷凝器、冷却塔
C 冷凝器、蒸发器、冷冻泵  D 压缩机、冷凝器、蒸发器

解析：压缩式制冷机由压缩机、冷凝器、蒸发器、膨胀阀这四大环节和部件组成。A、B、C选项均包括水泵或冷却塔，不正确；D选项正确。

答案：D

21-5-36 在高层住宅的地下室中，设计制冷机房时，应考虑下列几条措施，其中哪一条不对？

A 机房内应有地面排水设施  B 制冷机基础应有隔振设施
C 机房墙壁和顶板应做吸声处理  D 机房四周墙壁应做保温

解析：A、B、C选项均为措施，正确；D选项无必要，错误。

答案：D

# （六）建筑防烟和排烟

21-6-1 (2010) 在建筑的机械排烟系统设计中，顶棚上及墙上的排烟口与附近安全出口的水平距离最小值为（　　）。

A 1.5m  B 3.0m
C 4.0m  D 5.0m

解析：根据《防排烟标准》第4.4.12条第5款："排烟口的设置宜使烟流方向与人员疏散方向相反，排烟口与附近安全出口相邻边缘之间的水平距离不应小于1.5m"，A选项正确。

答案：A

21-6-2 (2010) 一个机械排烟系统需同时负担面积均为 500m² 且吊顶下高度为 3m 的四个防烟分区，则该排烟系统的计算排烟量是（　　）。

A 30000m³/h  B 60000m³/h
C 90000m³/h  D 120000m³/h

解析：根据《防排烟标准》第4.6.3条："建筑空间净高小于或等于6m的场所，其排烟量应按不小60m³/（h·m²）计算，且取值不小于15000m³/h"；第4.6.4条："对于建筑空间净高为6m及以下的场所，应按同一防火分区中任意两个相邻防烟分区的排烟量之和的最大值计算"；计算式：每个防烟分区 500m²×60m³/（h·m²）＝30000m³/h；按两个防烟分区计算：30000m³/h×2＝60000m³/h。B选项正确。

答案：B

21-6-3 (2010) 建筑高度为60m的塔式办公建筑，其防烟楼梯间的前室应设置（　　）。

A 可开启面积不小于2m²的外窗
B 可开启面积不小于2m²的自动排烟窗
C 机械加压送风防烟设施
D 机械排烟设施

解析：根据《防排烟标准》第3.1.2条："建筑高度大于50m的公共建筑、工

业建筑和建筑高度100m的住宅建筑，其防烟楼梯间独立前室、共用前室合用前室及消防电梯前室应采用机械加压送风系统"，C选项正确。

答案：C

**21-6-4** 建筑内设有15m高的中庭，中庭可开启高侧窗的面积等于地面面积的5%，该中庭设置排烟设施的方式哪一条是正确的？

A 可采用自然通风
B 设置机械排烟系统
C 净空高度过低，无法利用烟气热压自然通风
D 净空高度过高，无法利用烟气热压自然通风

解析：根据《防排烟标准》第4.6.5条："中庭采用自然排烟系统时，应按排烟量和自然排烟窗（口）的风速不大于0.5m/s算有效开窗面积"，高侧窗的面积等于地面面积的5%不一定满足标准要求，A选项不正确；B选项正确；C、D选项内容标准无规定，不正确。

答案：B

**21-6-5** （2009）房间采用自然排烟时，其自然排烟口的设置选用以下哪种位置好？

A 房间内墙的下侧部位　　　　B 房间内墙的上侧部位
C 房间外墙的下侧部位　　　　D 房间外墙的上侧部位

解析：根据《防排烟标准》第4.3.3条第1款："自然通风窗（口）应设置在排烟区域的顶部或外墙，并应符合下列规定：当设置在外墙上时，自然排烟窗（口）应在储烟仓以内，但走道、室内空间净高不大于3m的区域的自然通风窗（口）可设在室内净高度的1/2以上"，D选项正确。

答案：D

**21-6-6** （2009）当防烟楼梯间及其合用前室分别设置机械加压送风系统时，各处空气压力值应为(　　)。

A 走廊大于合用前室　　　　B 防烟楼梯间大于合用前室
C 走廊大于防烟楼梯间　　　　D 房间大于防烟楼梯间

解析：根据《防排烟标准》第3.4.4条第1款、第2款："机械加压送风量应满足走廊至前室至楼梯间的压力呈递增分布，余压值应符合下列规定：前室、封闭避难层（间）与走道之间的压差应为25～30Pa；楼梯间与走道之间的压差应为40～50Pa"，B选项正确。

答案：B

**21-6-7** 在建筑的防排烟系统设计中，防烟送风机室外进风口与排烟风机室外排烟口在竖向布置时距离最小值为(　　)。

A 6m　　　　　　　　　　　　B 10m
C 15m　　　　　　　　　　　　D 20m

解析：根据《防排烟标准》第3.3.5条第3款："送风机的进风口不应与排烟风机的出风口设在同一面上，当确有困难时，送风机的进风口与排烟风机的出风口应分开布置，且竖向布置，送风机的进风口应设置在排烟出口的下方，其两者边缘最小垂直距离不应小于6m"，A选项正确。

答案：A

**21-6-8** (2008) 防烟楼梯间、合用前室采用机械加压送风的防烟设施时，其疏散路线上各区域的空气压力（余压）分布应满足（　　）。

A 防烟楼梯间压力＞合用前室压力＞合用前室外的走道压力
B 合用前室压力＞合用前室外的走道压力＞防烟楼梯间压力
C 合用前室外的走道压力＞防烟楼梯间压力＞合用前室压力
D 合用前室外的走道压力＞合用前室压力＞防烟楼梯间压力

解析：根据《防排烟标准》第3.4.4条第1款、第2款："机械加压送风量应满足走廊至前室至楼梯间的压力呈递增分布，余压值应符合下列规定：前室、封闭避难层（间）与走道之间的压差应为25～30Pa；楼梯间与走道之间的压差应为40～50Pa"，A选项正确。

答案：A

**21-6-9** (2008) 建筑划分防烟分区时，挡烟垂壁从顶棚下突出的高度 $H$（mm）应为（　　）。

A $200 < H < 300$　　　　　　　　B $300 < H < 400$
C $400 < H < 500$　　　　　　　　D $H \geqslant 500$

解析：根据《防排烟标准》第4.2.2条："挡烟垂壁等挡烟分隔设施的深度不应小于储烟仓厚度"；第4.6.2条："当采用自然通风方式时，储烟仓厚度不应小于空间净高20%，且不应小于500mm；当采用机械排烟方式时，不应小于空间净高的10%，且不应小于500mm"，D选项正确。

答案：D

**21-6-10** 在建筑的防排烟系统设计中，防烟送风机室外进风口与排烟风机室外排烟口在同一平面时水平距离最小值为（　　）。

A 5m　　　　　　　　　　　　　　B 10m
C 20m　　　　　　　　　　　　　　D 30m

解析：根据《防排烟标准》第3.3.5-3条："送风机的进风口不应与排烟风机的出风口设在同一面上，当确有困难时，送风机的进风口与排烟风机的出风口应分开布置，水平布置时，两者边缘最小水平距离不应小于20m"。C选项正确。

答案：C

**21-6-11** (2007) 某高层建筑物内多功能厅建筑面积为1200m²，净高为6.8m，需设置一套机械排烟系统，则该系统的排烟量至少为（　　）。

A 72000m³/h　　　　　　　　　　B 48000m³/h
C 60000m³/h　　　　　　　　　　D 计算确定

解析：根据《防排烟标准》第4.6.3条：公共建筑、工业建筑中空间净高大于6m的场所，其每个防烟分区排烟量应按规定计算确定"。D选项正确。

答案：D

**21-6-12** (2007) 某建筑高度为60m的一类公共建筑，防烟楼梯间及合用前室均靠外墙并可开设外窗，以下哪种防烟措施正确？

A 防烟楼梯间开窗采用自然通风方式，合用前室采用机械加压
B 防烟楼梯间开窗与合用前室均采用自然通风方式
C 防烟楼梯间采用机械加压，合用前室采用自然通风方式
D 防烟楼梯间与合用前室均采用机械加压

解析：根据《防排烟标准》第3.1.2条："建筑高度大于50m的公共建筑、工业建筑和建筑高度100m的住宅建筑，其防烟楼梯间独立前室、共用前室合用前室及消防电梯前室应采用机械加压送风系统"，D选项正确。

答案：D

21-6-13 (2006) 某9层建筑，建筑高度30m，每层建筑面积1200㎡。首层、二层设置商业服务网点，三层以上为单元式住宅。其楼梯间不靠外墙。下列哪种说法正确？

A 应设置消防电梯，合用前室应设置自然通风系统
B 应设置封闭楼梯间，不需要设置楼梯间机械加压送风措施
C 应设置防烟楼梯间，设置采取自然通风系统
D 应设置封闭楼梯间，设置楼梯间机械加压送风系统

解析：《防火规范》第5.5.27条："住宅建筑（按本规范第5.1.1条民用建筑分类，包括设置商业服务网点的住宅建筑）的疏散楼梯设置应符合下列规定：建筑高度大于21m、不大于33m的住宅建筑应采用封闭楼梯间"；第6.4.2-1条："不能自然通风或自然通风不能满足要求时，应设置机械加压送风系统或采用防烟楼梯间"，D选项正确。

答案：D

21-6-14 (2006) 符合下列哪种条件的场所可采用自然排烟或自然通风？

A 中庭无开启高窗
B 中庭可开启高窗（含天窗和高侧窗）面积等于中庭地板面积的5%
C 建筑高度60m的普通办公楼的合用前室，其可开启外窗面积大于3㎡
D 建筑高度80m的普通住宅楼的防烟楼梯间，其每五层内的可开启外窗总面积大于2㎡

解析：中庭无可开启高窗，不满足自然通风条件，A选项错误；自然通风窗面积按风量计算，B选项错误；建筑高度60m的普通办公楼为超过50m的一类公共建筑，设防烟楼梯间、合用前室，不能自然通风，C选项错误；建筑高度80m的普通住宅楼且每五层内的可开启外窗总面积大于2㎡，为不超过100m的居住建筑，可采用自然排烟或自然通风，D选项正确。

答案：D

21-6-15 (2006) 下列哪个部位不需要设置机械防烟设施？

A 没有外窗的防烟楼梯间
B 没有外窗的防烟楼梯间前室
C 没有外窗的合用前室
D 非封闭避难层

解析：根据《防火规范》第8.5.1条："防烟楼梯间及其前室、消防电梯前室或合用前室，封闭避难层需要设置防烟设施"，非封闭避难层设置机械防烟设

施不起作用，D选项正确。

答案：D

**21-6-16** （2006）某大型商场（净高小于6.0m）设置机械排烟系统。以下哪种防烟分区分隔做法是不正确的？

A 用挡烟垂壁　　　　　　　　B 用隔墙
C 用自动喷水系统　　　　　　D 用顶棚下突出的梁

解析：根据《防排烟标准》第4.2.1条："设置排烟系统的场所或部位应采用挡烟垂壁、结构梁及隔墙等划分防烟分区。防烟分区不应跨越防火分区"，A、B、D选项正确，C选项不正确。

答案：C

**21-6-17** （2005）下列哪种情况下可不用设置独立的机械加压送风的防烟设施？

A 建筑高度为80m的一类公共高层建筑中具备自然通风条件的合用前室
B 建筑高度为45m的一类公共高层建筑靠外墙的消防电梯前室，当其可开启外窗面积为1.8m²
C 采用自然通风措施的防烟楼梯间，其不具备自然通风条件的前室
D 设置独立机械防烟设施的防烟楼梯间，其不具备自然通风条件的前室

解析：A选项：不能自然通风，应设机械加压送风，B选项：不具备自然通风条件，应设机械加压送风；C选项：前室不具备自然通风条件，应设机械加压送风；D选项：只给防烟楼梯间机械加压送风即可，前室不需要送风。

答案：D

**21-6-18** （2005）有四栋建筑，分别为：（1）超过50m的办公楼，（2）不大于32m的二类高层公共建筑，（3）高层建筑裙房，（4）大于32m的二类高层公共建筑，其疏散楼梯间应分别为（　　）。

A （1）防烟楼梯间、（2）封闭楼梯间、（3）封闭楼梯间、（4）防烟楼梯间
B （1）防烟楼梯间、（2）防烟楼梯间、（3）封闭楼梯间、（4）防烟楼梯间
C （1）防烟楼梯间、（2）封闭楼梯间、（3）防烟楼梯间、（4）封闭楼梯间
D （1）封闭楼梯间、（2）封闭楼梯间、（3）防烟楼梯间、（4）封闭楼梯间

解析：根据《防火规范》第5.5.12条："一类高层建筑和建筑高度大于32m的二类高层公共建筑，其疏散楼梯应采用防烟楼梯间；裙房和不大于32m的二类高层公共建筑，其疏散楼梯应采用封闭楼梯间"，A选项正确。

答案：A

**21-6-19** （2005）下列哪种情况下应设置机械加压送风的防烟设施？

A 建筑高度为45m的一类公共高层建筑中，具备自然通风条件的防烟楼梯间
B 建筑高度为55m的一类公共高层建筑中，具备自然通风条件的防烟楼梯间
C 建筑高度为90m的住宅建筑中，具备自然通风条件的防烟楼梯间
D 建筑高度为45m的一类公共高层建筑中，有自然通风的合用前室

解析：根据《防排烟标准》第3.2.1条："建筑高度超过50m的公共建筑和建筑高度超过100m的住宅建筑，应设机械加压送风的防烟设施"，B选项正确。

答案：B

21-6-20 (2004) 多层和高层建筑的机械送排风系统的风管横向设置应按什么分区？
A 防烟分区　　　　　　　　　　B 防火分区
C 平面功能分区　　　　　　　　D 沉降缝分区
解析：根据《防火规范》第9.3.1条："通风和空气调节系统，横向宜按防火分区设置"，B选项正确。
答案：B

21-6-21 (2004) 需要排烟的房间高度小于6m，可开启外窗面积不应小于该房间面积的（　　）。
A 1%　　　　　　　　　　　　B 2%
C 3%　　　　　　　　　　　　D 4%
解析：根据《防排烟标准》第4.6.3条："建筑空间净高小于或等于6m的场所……或设置有效面积不小于该房间建筑面积2%的自然排烟窗（口）"。B选项正确。
答案：B

21-6-22 (2004) 高层建筑的封闭避难层应设置下列哪种防排烟设施？
A 机械排烟　　　　　　　　　　B 机械通风
C 机械加压送风　　　　　　　　D 机械加压送风加机械排烟
解析：根据《防火规范》第8.5.1条第3款："建筑的下列场所或部位应设置防烟设施：避难走道的前室、避难层（间）"。C选项正确。
答案：C

21-6-23 (2004) 在排烟支管上要求设置的排烟防火阀起什么作用？
A 烟气温度超过280℃自动关闭
B 烟气温度超过280℃自动开启
C 烟气温度达70℃自动关闭
D 烟气温度达70℃自动开启
解析：根据《防排烟标准》条文说明第4.4.10条："规定排烟系统在负担多个防烟分区时，主排烟管道与连通防烟分区排烟支管处应设置排烟防火阀，以防止火灾通过排烟管道蔓延到其他区域"，烟气温度超过280℃自动关闭后起到防止火灾通过排烟管道蔓延到其他区域作用。A选项正确。
答案：A

21-6-24 当发生事故向室内散发比空气密度大的有害气体和蒸汽时，事故排风的吸风口应设于何处？
A 接近地面处　　　　　　　　　B 上部地带
C 紧贴顶棚　　　　　　　　　　D 中部
解析：根据《暖通规范》第6.3.2条第3款："建筑物全面排风系统吸风口的布置，应符合下列规定：用于排出密度大于空气的有害气体时，位于房间下部区域的排风口，其下缘至地板距离不大于0.3m"。A选项正确。
答案：A

21-6-25 剪刀楼梯应分别设置前室，确有困难时可设置一个前室，但两座楼梯的加压送风系统应如何设置？
A 合用一个加压送风系统
B 分别设加压送风系统
C 不设送风加压系统
D 一个设加压送风系统，另一个不设

解析：根据《防排烟标准》第3.1.5条第3款："防烟楼梯间及其前室的机械加压送风系统的设置应符合下列规定：当采用剪刀楼梯时，其两个楼梯间及其前室的机械加压送风系统应分别独立设置"，B选项正确。

答案：B

**21-6-26** 中庭应怎样设置防排烟设施？
A 地面自然排烟　　　　　　　B 下部侧墙自然排烟
C 机械加压送风防烟　　　　　D 机械排烟

解析：中庭自然排烟窗应设在顶部或高侧窗，地面、下部不能自然排烟，A、B选项不正确；中庭不能设机械加压送风防烟，C选项不正确。不满足自然排烟时设机械排烟，D选项正确。

答案：D

**21-6-27** 一类高层民用建筑下列哪个部位应设置排烟设施？
A 不具备自然通风条件的防烟楼梯间、消防电梯前室或合用前室
B 采用自然通风设施的防烟楼梯间，其不具备自然通风条件的前室
C 封闭式避难层
D 无直接自然通风，且长度超过20m的内走道

解析：根据《防火规范》第8.5.1条第1款～第3款："建筑的下列场所或部位应设置防烟设施：防烟楼梯间及其前室；消防电梯间前室或合用前室；避难走道的前室、避难层（间）"，A、B、C选项均应设防烟，不应设排烟；D选项，根据《防火规范》第8.5.3条第1款～第5款及第8.5.4条："民用建筑的下列场所或部位应设置排烟设施：设置在一、二、三层且房间建筑面积大于$100m^2$的歌舞娱乐放映游艺场所，设置在四层及以上楼层、地下或半地下的歌舞娱乐放映游艺场所；中庭；公共建筑内建筑面积大于$100m^2$且经常有人停留的地上房间；公共建筑内建筑面积大于$300m^2$且可燃物较多的地上房间；建筑内长度大于20m的疏散走道"；"地下或半地下建筑（室）、地上建筑内的无窗房间，当总建筑面积大于$200m^2$或一个房间建筑面积大于$50m^2$，且经常有人停留或可燃物较多时，应设置排烟设施"，D选项正确。

答案：D

**21-6-28** 高层民用建筑设置机械排烟的排烟口距该防烟分区内最远点的水平距离不应超过(　　)m。
A 20　　　　　　　　　　　　B 30
C 40　　　　　　　　　　　　D 50

解析：根据《防排烟标准》第4.4.12条："排烟口的设置应按本标准第4.6.3条确定，且防烟分区内任一点与最近的排烟口之间的水平距离不应大于

30m"，B 选项正确。

答案：B

**21-6-29** 高层民用建筑的下列哪组部位应设防烟设施？

A 防烟楼梯间及其前室、消防电梯前室和合用前室、封闭避难层
B 无直接自然通风且长度超过 20m 的内走道
C 面积超过 100m²，且经常有人停留或可燃物较多的房间
D 高层建筑的中庭

解析：A 选项，根据《防火规范》第 8.5.1 条第 1 款～第 3 款："建筑的下列场所或部位应设置防烟设施：防烟楼梯间及其前室；消防电梯间前室或合用前室；避难走道的前室、避难层（间）"，A 选项正确；B、C、D 选项应设排烟，见题 21-6-27 解析。

答案：A

**21-6-30** 高层民用建筑防烟楼梯间前室、消防电梯前室自然通风时，可开启外窗面积不应小于（　　）m²。

A 2  B 3
C 4  D 5

解析：根据《防排烟标准》第 3.2.2 条："前室采用自然通风方式时，独立前室、消防电梯前室可开启外窗或开口的面积不应小于 2.0m²，共用前室、合用前室不应小 3.0m²"，A 选项正确。

答案：A

**21-6-31** 机械排烟管道材料必须采用（　　）。

A 不燃材料  B 难燃材料
C 可燃材料  D A、B 两类材料均可

解析：根据《防排烟标准》第 4.4.7 条："机械排烟系统应采用管道排烟，且不应采用土建风道。排烟管道应采用不燃材料制作且内壁应光滑"，A 选项正确。

答案：A

**21-6-32** 高度超过 100m 的高层建筑，其电缆井、管道井应每隔几层在楼板处用相当于耐火极限的不燃烧体作防火分隔？

A 每层  B 每隔二层
C 每隔三层  D 每隔四层

解析：根据《防火规范》第 6.2.9 条第 3 款："建筑内的电梯井等竖井应符合下列规定：建筑内的电缆井、管道井应在每层楼板处采用不低于楼板耐火极限的不燃材料或防火封堵材料封堵"，A 选项正确。

答案：A

**21-6-33** 建筑的下列部位应设排烟设施，以下哪条是错误的？

A 长度超过 20m 的内走道
B 面积超过 100m² 经常有人停留的房间
C 面积超过 300m² 可燃物较多的房间

D 楼梯间

解析：A、B、C选项设排烟设施正确，D选项错误。见题21-6-27解析。

答案：D

**21-6-34** 民用建筑内的游艺厅，设在建筑物的第五层时，应满足防火规范的各种有关规定，其中对防排烟的要求是(　　)。

A 应设排烟设施　　　　　　　B 宜设排烟设施
C 不设排烟设施　　　　　　　D 需设防烟设施

解析：根据《防火规范》第8.5.3条第1款～第5款"民用建筑的下列场所或部位应设置排烟设施：设置在一、二、三层且房间建筑面积大于$100m^2$的歌舞娱乐放映游艺场所，设置在四层及以上楼层、地下或半地下的歌舞娱乐放映游艺场所"，A选项正确。

答案：A

**21-6-35** 下面指出的设置加压送风口的数量，哪一条是不符合要求的？

A 楼梯间每隔两层设一个　　　B 楼梯间每隔三层设一个
C 前室每隔两层设一个　　　　D 前室每层设一个

解析：根据《防排烟标准》第3.3.6条："除直灌式加压送风方式外，楼梯间宜每隔2～3层设一个加压送风口；前室的加压送风口应每层设一个"，C选项不符合要求。

答案：C

**21-6-36** 机械加压送风的部位应有的余压值，下面哪个不符合《建筑防烟排烟系统技术标准》的要求？

A 防烟楼梯间为50Pa　　　　　B 封闭避难层为50Pa
C 前室、合用前室为25Pa　　　D 消防电梯前室为25Pa

解析：根据《防排烟标准》第3.4.4条第1、2款："前室、封闭避难层（间）与走道之间的压差应为25～30Pa；楼梯间与走道之间的压差应为40～50Pa"，B选项不正确。

答案：B

**21-6-37** 高层建筑的防烟设施应分为(　　)。

A 机械加压送风的防烟设施
B 可开启外窗的自然通风设施
C 包括A和B
D 包括A和B再加上机械排烟

解析：根据《防排烟标准》第2.1.1条："防烟系统分为自然通风系统和机械加压送风系统"，C选项正确。

答案：C

**21-6-38** 高层建筑的排烟设施应分为(　　)。

A 机械排烟设施
B 可开启外窗的自然排烟设施
C 包括A和B

D 包括 A 和 B 再加上机械加压送风

解析：根据《防排烟标准》第 2.1.2 条："排烟分为自然排烟系统和机械排烟系统"，C 选项正确。

答案：C

## （七）燃气种类及安全措施

**21-7-1**（2010）在地下室敷设天然气管道时，应采取下列哪项措施？
A 设置独立的事故机械通风设施　　B 设置自动喷水灭火系统
C 设置自然通风窗　　D 设置燃气压力监测装置

解析：根据《燃气规范》第 10.2.21 条第 2 款："地下室、半地下室、设备层和地上密闭房间敷设燃气管道时，应符合下列要求：应有良好的通风设施，房间换气次数不得小于 3 次/h，并应有独立的事故机械通风设施，其换气次数不应小于 6 次/h"，A 选项正确。

答案：A

**21-7-2**（2010）采用液化石油气作为燃料的负压锅炉，当布置在高层建筑内时，不得布置在地下室、半地下室，原因是液化石油气的（　　）。
A 压力高　　B 燃点低
C 密度大　　D 气化温度低

解析：根据《防火规范》第 5.4.12 条第 1 款："采用相对密度（与空气密度的比值）不小于 0.75（注：天然气 0.66，液化石油气 1.2）的可燃气体为燃料的锅炉，不得设置在地下或半地下"，为防止燃气积聚在室内而产生火灾或爆炸隐患，C 选项正确。

答案：C

**21-7-3**（2009）公共建筑的用户燃气表，应安装在（　　）。
A 有可燃物品的库房　　B 经常潮湿的库房
C 有通风的单独房间　　D 无通风的房间

解析：根据《燃气规范》第 10.3.2 条第 1 款、第 2 款："用户燃气表应安装在不燃或难燃结构的室内通风良好和便于查表、检修的地方；严禁安装在经常潮湿的地方"，C 选项正确。

答案：C

**21-7-4**（2008）住宅燃气系统设计，以下不正确的是（　　）。
A 利用卧室的套间（厅）或利用与卧室连接的走廊作厨房时，厨房应设门并与卧室隔开
B 安装燃气灶的房间净高不宜低于 2.0m
C 家用燃气灶应安装在有自然通风和自然采光的厨房内
D 放置燃气灶的灶台应采用不燃烧材料

解析：根据《燃气规范》第 10.4.4 条第 1 款～第 4 款："家用燃气灶的设置应符合下列要求：燃气灶应安装在有自然通风和自然采光的厨房内；利用卧

室的套间（厅）或利用与卧室连接的走廊作厨房时，厨房应设门并与卧室隔开；安装燃气灶的房间净高不宜低于2.2m；放置燃气灶的灶台应采用不燃烧材料"，B选项不正确，其余选项正确。

答案：B

**21-7-5** (2008) 室内燃气干管道不得穿过( )。

  A 厨房         B 隔墙
  C 楼板         D 电缆沟

解析：根据《燃气规范》第10.2.24条："燃气水平干管和立管不得穿过易燃易爆品仓库、配电间、变电室、电缆沟、烟道、进风道和电梯井等"，D选项符合题意。

答案：D

**21-7-6** (2007) 地下液态液化石油气管与给水排水管的垂直净距离应为( )。

  A 1.0m         B 0.3m
  C 0.4m         D 0.5m

解析：根据《燃气规范》第6.6.10条第7款："调压站（或调压箱或调压柜）的工艺设计应符合下列要求：调压站放散管管口应高出其屋檐1.0m以上（本条自2022年1月1日起废止）"，A选项正确。

答案：A

**21-7-7** (2007) 调压站放散管管口应高出调压站屋檐至少为( )。

  A 0.5m         B 0.6m
  C 0.8m         D 1.0m

解析：根据《燃气规范》第6.6.10条第7款："调压站（或调压箱或调压柜）的工艺设计应符合下列要求：调压站放散管管口应高出其屋檐1.0m以上（本条自2022年1月1日起废止）"，D选项正确。

答案：D

**21-7-8** (2007) 中压燃气地上单独建筑调压站与重要公共建筑的水平净距离应为( )。

  A 6m         B 8m
  C 10m         D 12m

解析：根据《燃气规范》表6.6.3："中压燃气地上单独建筑调压站与重要公共建筑的水平净距离12m"（本条自2022年1月1日起废止），D选项正确。

答案：D

**21-7-9** (2006) 关于燃气管道的敷设，下列哪种说法不正确？

  A 燃气管道不得穿越电缆沟、进风井
  B 燃气管道必须穿越变配电室时应设置套管
  C 燃气管道必须敷设在潮湿房间时应采取防腐措施
  D 燃气水平干管不宜穿过建筑物的沉降缝

解析：根据《燃气规范》第10.2.24条："燃气水平干管和立管不得穿过易燃易爆品仓库、配电间、变电室、电缆沟、烟道、进风道和电梯井等（本条自

2022年1月1日起废止)"，A选项正确，B选项错误；第10.2.35条："燃气管道不应敷设在潮湿或有腐蚀性介质的房间内。当确需敷设时，必须采取防腐蚀措施"，C选项正确；第10.2.25条："燃气水平干管不宜穿过建筑物的沉降缝"，D选项正确。

答案：B

**21-7-10** (2006) 在公共建筑地下室使用天然气的厨房必须设置( )。

A 自然通风窗井　　　　　　　B 房间下部排风
C 防火花地板　　　　　　　　D 独立机械送排风设施

解析：根据《燃气规范》第10.5.3条第5款："商业用气设备设置在地下室、半地下室（液化石油气除外）或地上密闭房间内时，应符合下列要求：应设置独立的机械送排风系统（本条自2022年1月1日起废止)"。D选项正确。

答案：D

**21-7-11** (2005) 室内燃气引入管可敷设在以下哪个房间（或空间）内?

A 厨房　　　　　　　　　　　B 进风道
C 配电间　　　　　　　　　　D 卫生间

解析：根据《燃气规范》第10.2.14条第1款~第3款："燃气引入管不得敷设在卧室、卫生间、易燃或易爆品的仓库、有腐蚀性介质的房间、发电间、配电间、变电室、不使用燃气的空调机房、通风机房、计算机房、电缆沟、暖气沟、烟道和进风道、垃圾道等地方（本条自2022年1月1日起废止）；住宅燃气引入管宜设在厨房；商业和工业企业的燃气引入管宜设在使用燃气的房间或燃气表间内"，A选项正确。

答案：A

**21-7-12** (2004) 地下室、半地下室、设备层敷设燃气管道时，下列哪个条件不符合要求?

A 净高为2.2m
B 有机械通风和事故排风设施
C 燃气管道敷设在其他管道的内侧
D 燃气管道采用焊接或法兰连接

解析：《燃气规范》第10.2.21条第1款、第2款："地下室、半地下室、设备层和地上密闭房间敷设燃气管道时，应符合下列要求：净高不宜小于2.2m；应有良好的通风设施，并应有独立的事故机械通风设施"，A、B选项正确；第10.2.21-7条："当燃气管道与其他管道一起敷设时，应敷设在其他管道的外侧"，不应设在内侧，C选项不正确；D选项正确。

答案：C

**21-7-13** (2004) 当室内燃气管道穿过楼板、楼梯平台、墙壁和隔墙时，应采取什么做法?

A 设套管　　　　　　　　　　B 设软接头
C 保温　　　　　　　　　　　D 设固定点

解析：根据《燃气规范》第10.2.16条："燃气引入管穿过建筑物基础、墙或管沟时，均应设置在套管中，并应考虑沉降的影响；必要时应采取补偿措施"，A 选项正确。

答案：A

**21-7-14** （2003）居民生活使用的各类用气设备应采用以下何种燃气？

A 高压燃气 B 中压燃气
C 低压燃气 D 中压和低压燃气

解析：根据《燃气规范》第 10.4.1 条："居民生活的各类用气设备应采用低压燃气"，C 选项正确。

答案：C

**21-7-15** 居民生活用燃气设备严禁安装在何处？

A 卧室 B 厨房
C 过道 D 门厅

解析：根据《燃气规范》第 10.4.2 条："居民生活用气设备严禁设置在卧室内（本条自 2022 年 1 月 1 日起废止）"，A 选项错误。

答案：A

**21-7-16** 地下室、半地下室商业建筑，燃气引入管宜采用何种阀门？

A 截止阀 B 闸阀
C 安全阀 D 快速切断阀

解析：根据《燃气规范》第 10.5.3 条第 1 款："商业用气设备设置在地下室、半地下室（液化石油气除外）或地上密闭房间内时，应符合下列要求：燃气引入管应设手动快速切断阀和紧急自动切断阀（本条自 2022 年 1 月 1 日起废止）"，D 选项正确。

答案：D

**21-7-17** 住宅用户燃气引入管不应敷设在（  ）。

A 地下室 B 厨房
C 外走廊 D 楼梯间

解析：根据《燃气规范》第 10.2.14 条第 2 款："住宅燃气引入管宜设在厨房、外走廊、与厨房相连的阳台内（寒冷地区输送湿燃气时阳台应封闭）等便于检修的非居住房间内。当确有困难，可从楼梯间引入（高层建筑除外），但应采用金属管道且引入管阀门宜设在室外"。A 选项不正确。

答案：A

**21-7-18** 下述室内燃气管道的做法中，哪一条不正确？

A 管材应采用焊接钢管 B 接法应为丝扣连接
C 不得穿越卧室 D 穿过隔墙时应装防火阀

解析：根据《燃气规范》第 10.2.3 条："室内燃气管道宜选用钢管，也可选用铜管、不锈钢管、铝塑复合管和连接用软管；可采用螺纹连接"，A、B 选项正确；C 选项正确；燃气管道上没有防火阀，防火阀只用于风管上，D 选项不正确。

答案：D

**21-7-19** 下列哪种管道不得从建筑物和大型构筑物的下面穿越?

A 自来水管道       B 燃气管道
C 供暖供热管道      D 下水管道

解析：根据《燃气规范》第6.3.3条："地下燃气管道不得从建筑物和大型构筑物（不包括架空的建筑物和大型构筑物）的下面穿越（本条自2022年1月1日起废止）"，B选项正确。

答案：B

**21-7-20** 室内燃气引入管可敷设在以下哪个房间（或空间）内?

A 厨房         B 进风道
C 配电间        D 卫生间

解析：根据《燃气规范》第10.2.14条第2款："住宅燃气引入管宜设在厨房、外走廊、与厨房相连的阳台内（寒冷地区输送湿燃气时阳台应封闭）等便于检修的非居住房间内"，A选项正确；第10.2.14条第1款："燃气引入管不得敷设在卧室、卫生间、易燃或易爆品的仓库、有腐蚀性介质的房间、发电间、配电间、变电室、不使用燃气的空调机房、通风机房、计算机房、电缆沟、暖气沟、烟道和进风道、垃圾道等地方（本条自2022年1月1日起废止）"，B、C、D选项不正确。

答案：A

## （八）暖通空调专业常用单位

**21-8-1** 法定热量单位为(　　)。

A W（瓦）       B kcal/h（千卡/时）
C RT（冷吨）      D ℃（摄氏度）

解析：W是法定热量单位，也是电功率单位，等于J/S（焦耳/秒）。

答案：A

**21-8-2** 在暖通专业中，压强的法定单位应是(　　)。

A 毫米水柱（$mmH_2O$）    B 帕（Pa）
C 公斤/平方米（$kg/m^2$）    D 毫米汞柱（mmHg）

解析：规定压强的法定单位为帕（Pa），B选项正确。

答案：B

# 二十二 建筑电气

## (一) 供配电系统

**22-1-1 (2010)** 关于高压和低压的定义，下面哪种划分是正确的？
A 1000V 及以上定为高压
B 1000V 以上定为高压
C 1000V 以下定为低压
D 500V 及以下定为低压

解析：根据现行国家标准《标准电压》GB/T 156 的规定，工频交流电压 1000V 及以下称为低压配电线路，所以，1000V 以上称为高压。

答案：B

**22-1-2 (2010)** 国家级的会堂划为哪一类防雷建筑物？
A 第三类
B 第二类
C 第一类
D 特类

解析：《防雷规范》第 3.0.1 条，建筑物应根据建筑物的重要性、使用性质、发生雷电事故的可能性和后果，按防雷要求分为三类。据此分为：第一类防雷建筑物、第二类防雷建筑物、第三类防雷建筑物。D 选项错误。

第 3.0.3 条，在可能发生对地闪击的地区，遇下列情况之一时，应划为第二类防雷建筑物：

1 国家重点文物保护的建筑物。
2 国家级会堂、办公建筑物、大型展览和博览建筑物、大型火车站和飞机场、国宾馆、国家级档案馆、大型城市的重要给水泵房等特别重要的建筑物。
3 国家级计算中心、国际通讯枢纽等对国民经济有重要意义的建筑物。
4 国家特级和甲级大型体育馆。
……

答案：B

**22-1-3 (2010、2009、2007)** 评价电能质量主要根据哪一组技术指标？
A 电流、频率、波形
B 电压、电流、频率
C 电压、频率、负载
D 电压、频率、波形

解析：目前我国电能质量评价在国家标准中有 8 项指标，其中有关电压质量的 5 项，有关频率质量的 1 项，有关波形质量的 2 项。所以电压、频率、波形是评价电能质量主要技术指标。

答案：D

**22-1-4 (2007)** 下列哪一种情况下，建筑物宜设自备应急柴油发电机？
A 为保证一级负荷中特别重要的负荷用电

  B 市电为双电源为保证一级负荷用电
  C 市电为双电源为保证二级负荷用电
  D 当外电源停电时，为保证自身用电
  解析：依据《电气标准》第3.2.9条，对于一级负荷中的特别重要负荷，其供电应符合除双重电源供电外，尚应增设应急电源供电。题中自备应急柴油发电机可作为一级负荷中特别重要负荷用电的应急电源。
  答案：A

**22-1-5** (2006) 根据对应急电源的要求，下面哪种电源不能作为应急电源？
  A 与正常电源并联运行的柴油发电机组
  B 与正常电源并联运行的有蓄电池组的静态不间断电源装置
  C 独立于正常市电电源的柴油发电机组
  D 独立于正常电源的专门馈电线路
  解析：依据《电气标准》第3.2.8条和第3.2.9条，一级负荷应由两个电源供电；对于一级负荷中特别重要的负荷，应增设应急电源。应急电源与正常电源供电时不能同时损坏，这是应急电源的基本条件，与正常电源并联运行的柴油发电机组相互不独立，不能作为应急电源。
  答案：A

**22-1-6** (2005) 下面哪一种电压不是我国现行采用的供电电压？
  A 220/380V  B 1000V  C 6kV  D 10kV
  解析：《全国供用电规则》规定，按照国家标准，供电局供电额定电压：①低压供电：单相为220V，三相为380V；②高压供电：为10kV、35（63）kV、110kV、220kV、330kV、500kV。③除发电厂直配电压可采用3kV、6kV外，其他等级的电压应逐步过渡到上列额定电压。本题中我国现行采用的供电电压等级不含1000V。
  答案：B

**22-1-7** (2005) 下列哪类场所的乘客电梯列为一级电力负荷？
  A 重要的高层办公楼  B 计算中心
  C 大型百货商场  D 高等学校教学楼
  解析：依据《电气标准》附录A负荷等级，乘客电梯在一般建筑中为二级电力负荷，重要建筑中为一级电力负荷。
  答案：A

**22-1-8** (2004) 请指出下列建筑中的客梯，哪个属于一级负荷？
  A 国家级办公建筑  B 二类高层住宅
  C 二类高层办公建筑  D 三星级旅游饭店
  解析：依据《电气标准》附录A，国家级办公建筑客梯为一级负荷，Ⅱ类高层住宅、Ⅱ类高层公共建筑及三星级旅游饭店的客梯均为二级负荷。
  答案：A

**22-1-9** (2003) 电力负荷分为三级，即一级负荷、二级负荷和三级负荷，电力负荷分级是为了（　　）。

A 进行电力负荷计算 B 确定供电电源的电压
C 正确选择电力变压器的台数和容量 D 确保其供电可靠性的要求

解析：《供配电规范》第 3.0.1 条，电力负荷应根据对供电可靠性的要求及中断供电在对人身安全、经济损失上所造成的影响程度进行分级。据此用电负荷分级的意义，在于正确地反映它对供电可靠性要求的界限，以便恰当地选择符合实际水平的供电方式，提高投资的经济效益，保护人员生命安全。

答案：D

**22-1-10** 低压供电的用电单位功率因数应为下列哪个数值以上？

A 0.80 B 0.85 C 0.90 D 0.95

解析：根据《电力系统电压质量和无功电力管理规定》（2009 年版）的规定，100kVA 及以上 10kV 供电的电力用户，其功率因数宜达到 0.95 以上；其他电力用户，功率因数宜达到 0.90 以上。

答案：C

**22-1-11** 电力负荷是按下列哪一条原则分为一级负荷、二级负荷和三级负荷的？

A 根据供电可靠性及中断供电造成的损失或影响的程度进行分级
B 按建筑物电力负荷的大小进行分级
C 按建筑物的高度和总建筑面积进行分级
D 根据建筑物的使用性质进行分级

解析：依据《电气标准》第 3.2.1 条，用电负荷应根据对供电可靠性的要求及中断供电所造成的损失或影响程度确定。

答案：A

**22-1-12** 下列部位的负荷等级，哪组答案是完全正确的？

Ⅰ．县级医院手术室 二级； Ⅱ．大型百货商店 二级；
Ⅲ．特大型火车站旅客站房 一级； Ⅳ．民用机场候机楼 一级

A Ⅰ、Ⅳ B Ⅰ、Ⅲ C Ⅲ、Ⅳ D Ⅰ、Ⅱ

解析：依据《民用建筑电气设计标准》GB 51348—2019 附录 A，县级医院多为二级医院，即县级医院手术室电力负荷为一级负荷。Ⅰ错，选项中含Ⅰ的均为错。

答案：C

**22-1-13** 建筑供电一级负荷中的特别重要负荷供电要求为何？

A 一个独立电源供电
B 两个独立电源供电
C 一个独立电源之外增设应急电源
D 两个独立电源之外增设应急电源

解析：《供配电规范》第 3.0.3 条，一级负荷中特别重要的负荷供电，应符合：除应由双重电源供电外，尚应增设应急电源，并严禁将其他负荷接入应急供电系统。

答案：D

**22-1-14** 下列哪个电源作为应急电源是错误的？

A 蓄电池
B 独立于正常电源的发电机组
C 从正常电源中引出一路专用的馈电线路
D 干电池

**解析:** 应急电源应是与电网在电气上独立的各式电源,即应急电源与正常电源供电时不能同时损坏,这是应急电源的基本条件。例如蓄电池、柴油发电机等。供电网络中有效地独立于正常电源的专用的馈电线路是指保证两个供电线路不大可能同时中断供电的线路。本题 C 选项从正常电源中引出一路专用的馈电线路与正常电源有关,互不独立,不能作为应急电源。

**答案:** C

**22-1-15** 用电单位用电设备容量大于( )时,在正常情况下,应以高压方式供电。
A 250kW　　　B 250kVA　　　C 160kW　　　D 160kVA

**解析:** 依据《电气标准》第3.4.1条,当用电设备的安装容量在250kW及以上或变压器安装容量在160kVA及以上时,宜以20kV或10kV供电;当用电设备总容量在250kW以下或变压器安装容量在160kVA以下时,可由低压380/220V供电。

**答案:** A

**22-1-16** 民用建筑的高压方式供电,一般采用的电压是( )kV。
A 10　　　B 50　　　C 100　　　D 1000

**解析:** 同问题 22-1-15 解析,民用建筑高压供电,一般采用的电压是 20kV 或 10kV。

**答案:** A

## (二) 变配电所和自备电源

**22-2-1** (2010) 下面哪一种电气装置的房间应采用三级耐火等级?
A 设有干式变压器的变配电室　　　B 高压电容器室
C 高压配电室　　　D 低压配电室

**解析:**《20kV 及以下变电所设计规范》GB 50053—2013 第 6.1.1 条,变压器室、配电室和电容器室的耐火等级不应低于二级。题目中各电气设备室的耐火等级要求均为二级或以上。规范修订后,此题无答案。

**答案:** 无

**22-2-2** (2010) 关于变配电室的布置及对土建的要求,下面哪项规定是正确的?
A 电力变压器可与高低压配电装置布置在同一房间内
B 地上变压器室宜采用自然通风,地下变压器室应设机械送排风系统
C 配变电所通向汽车库的门应为乙级防火门
D 10kV 配电室宜装设能开启的自然采光窗

**解析:** 依据《20kV 及以下变电所设计规范》GB 50053—2013 第 4.1.2 条,非充油的高、低压配电装置和非油浸的电力变压器,可设置在同一房间内。A

选项中电气设备未限定为非油浸式配电装置及变压器，不正确。第6.2.1条地上变电所宜设自然采光窗。除变电所周围设有1.8m高的围墙或围栏外，高压配电室窗户的底边距室外地面的高度不应小于1.8m，当高度小于1.8m时，窗户应采用不易破碎的透光材料或加装格栅；低压配电室可设能开启的采光窗。D选项不正确。

依据《防火规范》第6.2.7条，民用建筑中变配电所开向建筑内的门应采用甲级防火门，C选项不正确。

答案：B

**22-2-3**（2009）某一地上独立式变电所中，下列哪一个房间对通风无特殊要求？

A 低压配电室　　　　　　　　B 柴油发电机间
C 电容器室　　　　　　　　　D 变压器室

解析：《电气标准》第6.1.14条、第4.11.1条、第4.11.2条，地上独立式变电所中以上各房间均以自然通风为主，柴油发电机间、电容器室、变压器室自然通风不能满足通风要求时，需加机械通风，低压配电室对通风无特殊要求。

答案：A

**22-2-4**（2009）高层建筑内柴油发电机房储油间的总储油量不应超过（　　）的需要量。

A 2h　　　　B 4h　　　　C 6h　　　　D 8h

解析：中小容量柴油机组出厂时，一般配有日用燃油箱。当机组设在大型民用建筑室内时，根据应急柴油发电机特殊要求，应储备一定数量燃油供应急时使用，但又要考虑建筑防火要求。综合各种因素，通常最大储油量不应超过8h的需要量，且日用油箱储油容积不应大于1m³，并应按防火要求处理。

答案：D

**22-2-5**（2009、2008）下列电气设备，哪个不应在高层建筑内的变电所装设？

A 真空断路器　　　　　　　　B 六氟化硫断路器
C 环氧树脂浇注干式变压器　　D 有可燃油的低压电容器

解析：《电气标准》第4.8.2条，设置在民用建筑中的低压无功补偿并联电容器应采用干式电容器。

答案：D

**22-2-6**（2008、2006）三相交流配电装置各相序的相色标志，一般规定是什么颜色？

A L1相黄色、L2相绿色、L3相红色
B L1相黄色、L2相红色、L3相绿色
C L1相红色、L2相黄色、L3相绿色
D L1相红色、L2相蓝色、L3相绿色

解析：10kV及以下变电所配电装置各回路的相序排列宜一致。硬导体应涂刷相色油漆或相色标志。色相应为L1相黄色，L2相绿色，L3相红色。

答案：A

**22-2-7**（2008）在高层建筑中电缆竖井的维护检修门应采用下列哪一种？

A 普通门 B 甲级防火门
C 乙级防火门 D 丙级防火门

解析：《低压配电规范》第 7.7.5 条，电气竖井的井壁应采用耐火极限不低于 1h 的非燃烧体。电气竖井在每层楼应设维护检修门并应开向公共走廊，检修门的耐火极限不应低于丙级。

答案：D

**22-2-8**（2008、2004）变压器室夏季的排风温度不宜高于多少？进风和排风温差不宜大于多少？哪组答案是正确的？

A 45℃、15℃ B 35℃、10℃
C 60℃、30℃ D 30℃、5℃

解析：《电气标准》第 4.11.1 条，设在地上的变电所内的变压器室宜采用自然通风，设在地下的变电所的变压器室应设机械送排风系统，夏季的排风温度不宜高于 45℃，进风和排风的温差不宜大于 15℃。

答案：A

**22-2-9**（2007）设备用房如配电室、变压器室、消防水泵房等，其内部装修材料的燃烧性能应选用下列哪种材料？

A A级 B B1级 C B2级 D B3级

解析：《建筑内部装修设计防火规范》GB 50222—2017 第 4.0.9 条，消防水泵房、机械加压送风排烟机房、固定灭火系统钢瓶间、配电室、变压器室、发电机房、储油间、通风和空调机房等，其内部所有装修均应采用 A 级装修材料。其中，A 级为不燃性，$B_1$ 级为难燃性，$B_2$ 为可燃性级，$B_3$ 级为易燃性。

答案：A

**22-2-10**（2007）变电所对建筑的要求，下列哪项是正确的？

A 变压器室的门应向内开
B 高压配电室可设能开启的自然采光窗
C 长度大于 10m 的配电室应设两个出口，并布置在配电室的两端
D 相邻配电室之间有门时，此门应能双向开启

解析：《电气标准》第 4.10.9 条，变压器室、配电装置室、电容器室的门应向外开，并应装锁。相邻配电装置室之间设有防火隔墙时，隔墙上的门应为甲级防火门，并向低电压配电室开启，当隔墙仅为管理需求设置时，隔墙上的门应为双向开启的不燃材料制作的弹簧门。《20kV 及以下变电所设计规范》GB 50053—2013 第 6.2.1 条，高压配电室窗户的底边距室外地面的高度不应小于 1.8m，当高度小于 1.8m 时，窗户应采用不易破碎的透光材料或加装格栅；低压配电室可设能开启的采光窗。第 6.2.6 条，长度大于 7m 的配电室应设两个安全出口，并宜布置在配电室的两端。A、B、C 选项均有明显错误。

答案：D

**22-2-11**（2006）高层民用建筑中，柴油发电机房日用柴油储油箱的容积不应大于（  ）。

A 0.5m³　　　　B 1m³　　　　C 3m³　　　　D 5m³

解析：《防火规范》第 5.4.13-4 条，布置在民用建筑内的柴油发电机房应符合下列规定：机房内设置储油间时，其总储存量不应大于 1m³，储油间应采用耐火极限不低于 3.00h 的防火隔墙与发电机间分隔；确需在防火隔墙上开门时，应设置甲级防火门。

答案：B

**22-2-12** (2006) 对于室内变电所，当三相油浸电力变压器每台油量为（　　）时，需设在单独的变压器室内。

A 100kg　　　　B 150kg　　　　C 180kg　　　　D 200kg

解析：《20kV 及以下变电所设计规范》GB 50053—2013 第 4.1.3 条，户内变电所每台油量大于或等于 100kg 的油浸三相变压器，应设在单独的变压器室内，并应有储油或挡油、排油等防火设施。

答案：A

**22-2-13** (2006) 对高压配电室门窗的要求，下列哪一个是错误的？

A 宜设不能开启的采光窗
B 窗台距室外地坪不宜低于 1.5m
C 临街的一面不宜开窗
D 经常开启的门不宜开向相邻的酸、碱、蒸汽、粉尘和噪声严重的场所

解析：《电气标准》第 4.10.8 条，电压为 35kV、20kV 或 10kV 配电室和电容器室，宜装设不能开启的自然采光窗，窗台距室外地坪不宜低于 1.8m。临街的一面不宜开设窗户。

答案：B

**22-2-14** (2006) 民用建筑中应急柴油发电机所用柴油（闪点≥60℃），根据火灾危险性属于哪一类物品？

A 甲类　　　　B 乙类　　　　C 丙类　　　　D 丁类

解析：《防火规范》第 3.1.3 条，甲、乙、丙类液体依据闪点划分：将甲类火灾危险性的液体闪点基准定为小于 28℃；乙类定为不小于 28℃，小于 60℃；丙类定为不小于 60℃。这样划分甲、乙、丙类是以汽油、煤油、柴油的闪点为基准的，既排除了煤油升为甲类的可能性，也排除了柴油升为乙类的可能性，有利于节约和消防安全。而我国国产的 16 种规格的柴油中，闪点大多数为 60～90℃（其中仅"35 号"柴油闪点为 50℃），所以柴油一般属于丙类液体。

答案：C

**22-2-15** (2005) 在变配电所的设计中，下面哪一条的规定是正确的？

A 高压配电室宜设能开启的自然采光窗
B 高压电容器室的耐火等级应为一级
C 高压配电室的长度超过 10m 时应设两个出口
D 不带可燃油的高、低压配电装置可以布置在同一房间内

解析：根据《电气标准》第 4.5.2 条，民用建筑内变电所，不应设置裸露带

231

电导体或装置，不应设置带可燃性油的电气设备和变压器，其35kV、20kV或10kV配电装置、低压配电装置和干式变压器等可设置在同一房间内。

答案：D

**22-2-16** (2005) 在变配电所设计中关于门的开启方向，下面哪一条的规定是正确的？
A 低压配电室通向高压配电室的门应向高压配电室开启
B 低压配电室通向变压器室的门应向低压配电室开启
C 高压配电室通向高压电容器室的门应向高压电容器室开启
D 配电室相邻房间之间的门，其开启方向是任意的

解析：《电气标准》第4.10.9条，变压器室、配电装置室、电容器室的门应向外开，并应装锁。相邻配电装置室之间设有防火隔墙时，隔墙上的门应为甲级防火门，并向低电压配电室开启，当隔墙仅为管理需求设置时，隔墙上的门应为双向开启的不燃材料制作的弹簧门。

答案：B

**22-2-17** (2004) 10kV变电所中，配电装置的长度大于（　　）时，其柜（屏）后通道应设两个出口。
A 6m　　　　B 8m　　　　C 10m　　　　D 15m

解析：根据《电气标准》第4.7.3条，当成排布置的配电柜长度大于6m时，柜后面的通道应设置两个出口。当两个出口之间的距离大于15m时，应增加出口。

答案：A

**22-2-18** (2003) 关于变配电所的布置，下列叙述中哪一个是错误的？
A 不带可燃性油的高低压配电装置和非油浸式电力变压器，不允许布置在同一房间内
B 高压配电室与值班室应直通或经通道相通
C 当采用双层布置时，变压器应设在底层
D 值班室应有直接迎向户外或通向走道的门

解析：《20kV及以下变电所设计规范》GB 50053—2013第4.1.2条，非充油的高、低压配电装置和非油浸型的电力变压器，可设置在同一房间内。A选项错误。

第4.1.4条，有人值班的变电所，应设单独的值班室，值班室应与配电室直通或经过通道直通，且值班室应有直接通向室外或通向变电所外走道的门。当低压配电室兼作值班室时，低压配电室的面积应适当增大。B、D选项正确。

第4.1.5条，变电所宜单层布置。当采用双层布置时，变压器应设在底层，设于二层的配电室应设搬运设备的通道、平台或孔洞。C选项正确。

答案：A

**22-2-19** (2003) 关于变压器室、配电室、电容器室的门开启方向，正确的是（　　）。
Ⅰ．向内开启；
Ⅱ．向外开启；

Ⅲ．相邻配电室之间有门时，向任何方向单向开启；
Ⅳ．相邻配电室之间有门时，双向开启
A　Ⅰ、Ⅳ　　　　B　Ⅱ、Ⅲ　　　　C　Ⅱ、Ⅳ　　　　D　Ⅰ、Ⅲ

解析：《20kV及以下变电所设计规范》GB 50053—2013 第6.2.2条，变压器室、配电室、电容器室的门应向外开启，相邻配电室之间有门时，应采用不燃材料制作的双向弹簧门。

答案：C

**22-2-20** （2003）应急柴油发电机的进风口面积一般应如何确定？
A　应大于柴油发电机散热器的面积
B　应大于柴油发电机散热器的面积的1.5倍
C　应大于柴油发电机散热器的面积的1.8倍
D　应大于柴油发电机散热器的面积的1.2倍

解析：《电气标准》第6.1.11条，机房进风口宜设在正对发电机端或发电机端两侧，进风口面积不宜小于柴油机散热器面积的1.6倍。第6.1.4条，热风出口的面积不宜小于柴油机散热器面积的1.5倍。
按现行规范要求，本题没有最低限答案，可选C。

答案：C

**22-2-21** 以下有关变电所的叙述，哪种做法是允许的？
A　在变电所正对的上一层设喷水池，并采取良好的防水措施
B　电源进线来自建筑物东侧，而将变电所设在建筑物西侧
C　为防止灰尘，将变电所设在密不透风的地方
D　地下室只有一层，将变电所设在这一层

解析：《电气标准》第4.2.1条、第4.2.2条，变电所不应设在水池的正下方，应接近负荷中心，并接近电源侧。当地下室仅有一层时，变电所允许放在地下室，应采取适当的通风、去湿和防水措施。

答案：D

**22-2-22** 可燃油油浸电力变压器室的耐火等级为何者？
A　一级　　　　B　二级　　　　C　三级　　　　D　没有要求

解析：根据《电气标准》第4.10.1条，可燃油油浸变压器室以及电压为35kV、20kV或10kV的配电装置室和电容器室的耐火等级不得低于二级。

答案：B

**22-2-23** 以下对配变电所的设计中，哪个是错误的？
A　配变电所的电缆沟和电缆室应采取防水、排水措施，但当地下最高水位不高于沟底标高时除外
B　高压配电装置距室内房顶的距离一般不小于0.8m
C　高压配电装置宜设不能开启的采光窗，窗户下沿距室外地面高度不宜小于1.8m
D　高压配电装置与值班室应直通或经走廊相通

解析：根据《电气标准》第4.10.12条，变电所的电缆沟、电缆夹层和电缆

室，应采取防水、排水措施。规定无附加条件，即无论地下水位高低，配变电所的电缆沟和电缆室均应采取防水、排水措施。

答案：A

**22-2-24** 配电装置室及变压器室门的宽度宜按最大不可拆卸部件宽度加( )m确定。
A 0.1　　　　　B 0.2　　　　　C 0.3　　　　　D 0.5

解析：根据《电气标准》第4.10.5条，配电装置室及变压器室门的宽度宜按最大不可拆卸部件宽度加0.3m，高度宜按不可拆卸部件最大高度加0.5m确定。

答案：C

**22-2-25** 在下列情况中，哪些变压器室的门应为防火门？
Ⅰ．变压器室位于高层主体建筑物内；　　Ⅱ．变压器室位于建筑物的二层；
Ⅲ．变压器室位于地下室；　　Ⅳ．变压器室通向配电装置室的门
A Ⅰ　　　　　　　　　　　　　　　B Ⅰ、Ⅱ
C Ⅰ、Ⅱ、Ⅲ　　　　　　　　　　　D Ⅰ、Ⅱ、Ⅲ、Ⅳ

解析：根据《防火规范》第6.2.7条，变配电室开向建筑内的门应采用甲级防火门。Ⅰ～Ⅳ变压器室的门均为防火门。

答案：D

**22-2-26** 高压配电装置室的耐火等级，不应低于( )。
A 一级　　　　　B 二级　　　　　C 三级　　　　　D 无规定

解析：根据《电气标准》第4.10.1条，可燃油油浸变压器室以及电压为35kV、20kV或10kV的配电装置室和电容器室的耐火等级不得低于二级。

答案：B

**22-2-27** 长度大于( )m的配电装置室应设2个出口。
A 7　　　　　　B 10　　　　　　C 15　　　　　　D 18

解析：《电气标准》第4.10.11条，长度大于7m的配电装置室，应设2个出口，并宜布置在配电室的两端。

答案：A

**22-2-28** 下列对变配电所的设置要求中，哪个是错误的？
A 一类高层、低层主体建筑内，严禁设置装有可燃油的电气设备
B 高层建筑中变配电所宜划分为单独的防火分区
C 高低压配电设备不可设在同一房间内
D 值班室应单独设置，但可与控制室或低压配电室合并兼用

解析：《电气标准》第4.3.5条，设置在民用建筑内的变压器，应选择干式变压器、气体绝缘变压器或非可燃性液体绝缘变压器。A选项正确。

第4.5.2条，民用建筑内变电所，不应设置裸露带电导体或装置，不应设置带可燃性油的电气设备和变压器，其35kV、20kV或10kV配电装置、低压配电装置和干式变压器等可设置在同一房间内。C选项错误。

第4.5.8条，有人值班的变电所应设值班室。值班室应能直通或经过走道与配电装置室相通，且值班室应有直接通向室外或通向疏散走道的门。值班室

也可与低压配电装置室合并，此时值班人员工作的一端，配电装置与墙的净距不应小于3m。D选项正确。

答案：C

**22-2-29** 以下有关变配电室门窗的设置要求中，哪一个有误？
A 变压器室之间的门应设防火门
B 高压配电室宜设不能开启的自然采光窗
C 高、低压配电室窗户的下沿距室外地面高度不宜小于1.8m
D 高压配电室邻街的一面不宜开窗

解析：《电气标准》第4.10.8条，电压为35kV、20kV或10kV配电室和电容器室，宜装设不能开启的自然采光窗，窗台距室外地坪不宜低于1.8m。临街的一面不宜开设窗户。条款中不含低压配电室，C选项错误。

答案：C

**22-2-30** 高压配电室内配电装置距屋顶（梁除外）的距离一般不小于( )m。
A 0.5　　　　　B 0.6　　　　　C 0.7　　　　　D 0.8

解析：《电气标准》第4.6.3条，屋内配电装置距顶板的距离不宜小于1.0m，当有梁时，距梁底不宜小于0.8m。

答案：D

**22-2-31** 成排布置的低压配电屏，当其长度超过6m时，屏后的通道应有两个通向本室或其他房间的出口。当两出口之间的距离超过( )m时，其间还应增加出口。
A 10　　　　　B 12　　　　　C 15　　　　　D 18

解析：根据《电气标准》第4.7.3条，当成排布置的配电柜长度大于6m时，柜后面的通道应设置两个出口。当两个出口之间的距离大于15m时，尚应增加出口。

答案：C

**22-2-32** 单排固定布置的低压配电屏前的通道宽度不应小于( )m。
A 1.0　　　　　B 1.2　　　　　C 1.5　　　　　D 1.8

解析：根据《电气标准》表4.7.4，单排固定布置的低压配电屏前的通道宽度不受限制时不应小于1.5m，受限制时不应小于1.3m。

答案：C

**22-2-33** 当采用固定式的低压配电屏，以双排对面的方式布置时，其屏前的通道最小宽度应为( )m。
A 1.0　　　　　B 1.2　　　　　C 1.8　　　　　D 2.0

解析：根据《电气标准》表4.7.4，固定式低压配电屏以双排面对面的方式布置时，其屏前的通道不受限制时不应小于2.0m，受限制时不应小于1.8m。

答案：C

**22-2-34** 以下关于变电所的设计要求中哪些是错误的？
Ⅰ．变配电所的附属房间内不应有与其无关的管道、明敷线路通过；
Ⅱ．变配电所的附属房间内的供暖装置应采用钢管焊接，且不应有法兰、螺纹接头和阀门等连接杆；
Ⅲ. 有人值班的配变电所，宜设有上、下水设施；
Ⅳ. 装有六氟化硫的配电装置、变压器的房间，其排风系统要考虑有底部排风口

A Ⅰ、Ⅱ　　　　　　　　　　　　B Ⅱ、Ⅲ
C Ⅲ、Ⅳ　　　　　　　　　　　　D Ⅰ、Ⅳ

解析：根据《电气标准》第4.11.7条，变压器室、并联电力电容器室、配电装置室以及控制室（值班室）内不应有与其无关的管道通过。
条文的规定中不包括变电所的附属房间，Ⅰ、Ⅱ错误。

答案：A

**22-2-35** 柴油发电机间对开门有如下要求，哪个是错误的？
A 发电机房应有两个出入口
B 发电机房同控制室、配电室之间的门和观察窗应有防火、隔声措施，门开向控制室、配电室
C 贮油间同发电机间之间应为防火门，门开向发电机间
D 发电机房通向外部的门应有防火、隔声设施

解析：根据《电气标准》第6.1.11条，柴油发电机房设计应符合下列规定：机房面积在50m²及以下时宜设置不少于一个出入口，在50m²以上时宜设置不少于两个出入口，其中一个应满足搬运机组的需要；门应为向外开启的甲级防火门；发电机间与控制室、配电室之间的门和观察窗应采取防火、隔声措施，门应为甲级防火门，并应开向发电机间。

答案：B

**22-2-36** 在无特殊防火要求的多层建筑中，装有可燃性油的电气设备的配变电所，允许设在下列哪些场所？
Ⅰ. 人员密集场所的上方；Ⅱ. 贴邻疏散出口的两侧；Ⅲ. 首层靠外墙部位；Ⅳ. 地下室

A Ⅰ、Ⅲ　　　　　　　　　　　　B Ⅱ、Ⅲ
C Ⅱ、Ⅳ　　　　　　　　　　　　D Ⅲ、Ⅳ

解析：《20kV及以下变电所设计规范》GB 50053—2013第2.0.3条，在多层建筑物或高层建筑物的裙房中，不宜设置油浸变压器的变电所，当受条件限制必须设置时，应将油浸变压器的变电所设置在建筑物首层靠外墙的部位，且不得设置在人员密集场所的正上方、正下方、贴邻处以及疏散出口的两旁。

答案：D

# （三）民用建筑的配电系统

**22-3-1** （2010）关于电气竖井的位置，下面哪项要求错误？
A 不应和电梯井共用同一竖井
B 可与耐火、防水的其他管道共用同一竖井

C 电气竖井邻近不应有烟道
D 电气竖井邻近不应有潮湿的设施

解析：《低压配电规范》第7.7.4条，电气竖井的位置和数量，应根据用电负荷性质、供电半径、建筑物的沉降缝设置和防火分区等因素确定，并应符合下列规定：应靠近用电负荷中心；应避免邻近烟囱、热力管道及其他散热量大或潮湿的设施（C、D选项正确）；不应和电梯、管道间共用同一电气竖井（A选项正确，B选项错误）。

答案：B

**22-3-2 (2010)** 选择低压配电线路的中性线截面时，主要考虑哪一种高次谐波电流的影响？

A 3次谐波　　　　　　　　　　B 5次谐波
C 7次谐波　　　　　　　　　　D 所有次谐波

解析：《电气标准》第7.4.4条，当线路中存在高次谐波时，在选择导体截面时应对载流量加以校正，校正系数应符合表7.4.4-4的规定。表7.4.4-4中仅提到按3次谐波电流含量进行校正。目前，由于在用电设备中有大量非线性用电设备存在，电力系统中的谐波问题已经很突出，严重时，中性导体的电流可能大于相导体的电流，因此必须考虑谐波问题引起的效应。实际上，偶次谐波并不增大中性线电流，只有3次及其奇数倍谐波电流才使中性线电流增大。A选项正确。

答案：A

**22-3-3 (2010)** 关于选择低压配电线路的导体截面，下面哪项表述是正确的？

A 三相线路的中性线的截面均应等于相线的截面
B 三相线路的中性线的截面均应小于相线的截面
C 单相线路的中性线的截面应等于相线的截面
D 单相线路的中性线的截面应小于相线的截面

解析：《低压配电规范》第3.2.7条，符合下列情况之一的线路，中性导体的截面应与相导体的截面相同：
　　1 单相两线制线路；
　　2 铜相导体截面小于或等于16mm² 或铝相导体截面小于或等于25mm² 的三相四线制线路。

第3.2.8条，符合下列条件的线路，中性导体截面可小于相导体截面：
　　1 铜相导体截面大于16mm² 或铝相导体截面大于25mm²；
　　2 铜中性导体截面大于或等于16mm² 或铝中性导体截面大于或等于25mm²；
　　3 在正常工作时，包括谐波电流在内的中性导体预期最大电流小于或等于中性导体的允许载流量；
　　4 中性导体已进行了过电流保护。

答案：C

**22-3-4 (2009)** 某幢住宅楼，采用TN-C-S三相供电，其供电电缆有几根导体？

A 三根相线，一根中性线

B 三根相线，一根中性线，一根保护线
C 一根相线，一根中性线，一根保护线
D 一根相线，一根中性线

解析：TN-C-S三相供电，供电电缆有四根导体，其中三根相线，一根中性线。A选项正确。

答案：A

22-3-5 (2009) 某高层建筑顶部旋转餐厅的配电干线敷设的位置，下列哪一项是正确的？

A 沿电气竖井  B 沿电梯井道
C 沿给水排水或通风井道  D 沿排烟管道

解析：《电气标准》第8.11.2条，当暗敷设的竖向配电线路，保护导管外径超过墙厚的1/2或多根电缆并排穿梁对结构体有影响时，宜采用竖井布线。竖井的位置和数量应根据建筑物规模、各支线供电半径及建筑物的变形缝位置和防火分区等因素确定，并应符合下列规定：
1 不应和电梯井、管道井共用同一竖井；
2 不应贴邻有烟道、热力管道及其他散热量大或潮湿的设施。

答案：A

22-3-6 (2009) 高层建筑中电缆竖井的门应为(  )。

A 普通门  B 甲级防火门
C 乙级防火门  D 丙级防火门

解析：《电气标准》第8.11.3条，竖井的井壁应为耐火极限不低于1h的非燃烧体。竖井在每层楼应设维护检修门并应开向公共走廊，其耐火等级不应低于丙级。

答案：D

22-3-7 (2008) 正常情况下安全接触电压最大值为(  )。

A 25V  B 50V  C 75V  D 100V

解析：国际电工委员会规定，正常情况下安全接触电压最大值为50V。

答案：B

22-3-8 (2008、2004) 低压配电线路绝缘导线穿管敷设，绝缘导线总截面面积不应超过管内截面积的(  )。

A 30%  B 40%  C 60%  D 70%

解析：《电气标准》第8.3.3条，穿金属导管的绝缘电线（两根除外），其总截面积（包括外护层）不应超过导管内截面积的40%。

答案：B

22-3-9 (2008) 在建筑物中有可燃物的吊顶内，下列布线方式哪一种是正确的？

A 导线穿金属管  B 导线穿塑料管
C 瓷夹配线  D 导线在塑料线槽内敷设

解析：《低压配电规范》第7.2.8条，在建筑物闷顶内有可燃物时，应采用金属导管、金属槽盒布线。

答案：A

**22-3-10** (2007) 不超过 100m 的高层建筑电缆竖井的楼板处需要作防火分隔，下列哪个做法是正确的？

A 每 2～3 层作防火分隔
B 每 4～5 层作防火分隔
C 在建筑物高度一半处作防火分隔
D 只在设备层作防火分隔

解析：按现行标准，本题没有可选答案。《防火规范》第 6.2.9 条第 3 款，建筑内的电缆井、管道井应在每层楼板处采用不低于楼板耐火极限的不燃材料或防火封堵材料封堵。

答案：每层作防火分隔

**22-3-11** (2006) 关于高层建筑中电缆井的叙述，下列哪一个是错误的？

A 电缆井不允许与电梯井合并设置
B 电缆井的检查门应采用丙级防火门
C 电缆井允许与管道井合并设置
D 电缆井与房间、走道等相连通的孔洞，其空隙应采用不燃烧材料填密实

解析：依据《电气标准》第 8.11.2 条，电缆井不应和电梯井、管道井共用同一竖井。

答案：C

**22-3-12** (2006) 当地面上的均匀荷载超过（ ）时，埋设的电缆排管必须采取加固措施，以防排管受到机械损伤。

A 5t/m²        B 10t/m²
C 15t/m²       D 20t/m²

解析：《电气标准》第 8.7.4 条，当地面上均布荷载超过 100kN/m² 时，应采取加固措施，防止排管受到机械损伤。

答案：B

**22-3-13** (2006) 在木屋架的闷顶内，关于配电线路敷设方式的叙述，下列哪个是正确的？

A 穿塑料管保护
B 穿金属管保护
C 采用绝缘子配线
D 采用塑料护套绝缘线直接敷设在木屋架上

解析：《电气标准》第 8.2.3 条，建筑物顶棚内、墙体及顶棚的抹灰层、保温层及装饰面板内或在易受机械损伤的场所不应采用直敷布线。《低压配电规范》第 7.2.8 条，在建筑物闷顶内有可燃物时，应采用金属导管、金属槽盒布线。本题中，木屋架的闷顶内宜采用金属管布线。

答案：B

**22-3-14** (2006、2008) 在医院手术室防止微电击的保护措施，下列哪一个是错误的？

A 应采用电力系统不接地（IT 系统）供电方式

B 应采用等电位联结，包括室内给水管、金属窗框、病房金属框架，以及患者可能直接或间接接触到的金属部件
C 等电位联结的保护线的电阻值，应使作等电位联结的金属导体间的电位差限制在 50mV 以下
D 使用Ⅱ类电气设备供电

解析：按 IEC 医用电气设备产品标准，进行心脏手术的设备，其正常泄漏电流不得大于 10μA，若人体电阻为 1kΩ，相应的手术室内的电位差正常时小于 10mV。C 选项错误。

答案：C

**22-3-15** （2005）在住宅的供电系统设计中，哪种接地方式不宜在设计中采用？
A TN-S 系统　　　　　　　　B TN-C-S 系统
C IT 系统　　　　　　　　　D TT 系统

解析：住宅中的电源插座多数为连接手持式及移动式家用电器，出现故障应采用断电保护方式更为安全。由于 IT 系统是不断电保护，故不宜在住宅设计中采用。

答案：C

**22-3-16** （2005）关于电气线路的敷设，下面哪一种线路敷设方式是正确的？
A 绝缘电线直埋在地板内敷设
B 绝缘电线在顶棚内直敷
C 室外绝缘电线架空敷设
D 绝缘电线不宜敷设在金属线槽内

解析：从防火、检修、更换、使用、维护等方面考虑。《电气标准》第 8.2.3 条，建筑物顶棚内、墙体及顶棚的抹灰层、保温层及装饰面板内或在易受机械损伤的场所不应采用直敷布线。A、B 选项错误。第 8.1.4 条，金属导管、可弯曲金属导管、刚性塑料导管（槽）及电缆桥架等布线，应采用绝缘电线和电缆。D 选项错误。

答案：C

**22-3-17** （2005）下面哪一种电气线路敷设的方法是正确的？
A 同一回路的所有相线和中性线不应敷设在同一金属线槽内
B 同一回路的所有相线和中性线应敷设在同一金属线槽内
C 三相用电设备采用单芯电线或电缆时，每相电线或电缆应分开敷设在不同的金属线槽内
D 应急照明和其他照明的线路可以敷设在同一金属管中

解析：《低压配电规范》第 7.2.9 条，同一回路的所有相线和中性线，应敷设在同一金属槽盒内或穿于同一根金属导管内。

答案：B

**22-3-18** （2004）布线用塑料管和塑料线槽，应采用难燃材料，其氧指数应大于(　　)。
A 40　　　　　B 35　　　　　C 27　　　　　D 20

解析：当塑料管和塑料线槽氧指数大于27时，属于难燃材料。现行《电气标准》第8.1.7条，明敷设用的塑料导管、槽盒、接线盒、分线盒应采用阻燃性能分级为 $B_1$ 级的难燃制品。根据《建筑材料及制品燃烧性能分级》GB 8624—2012的检测标准，建筑材料分为 A 级（不燃材料）、$B_1$ 级（难燃材料）、$B_2$ 级（可燃材料）、$B_3$ 级（易燃材料）。电线电缆的套管等阻燃 $B_1$ 级标准主要有三大指标：①氧指数≥32.0%；②垂直燃烧性能 V-0；③烟密度等级 SDR≤75。此题我们应该了解建筑材料分级方法及设计标准的选择要求。

答案：B

22-3-19 (2004) 在下述关于电缆敷设的叙述中，哪个是错误的？
A 电缆在室外直接埋地敷设的深度不应小于800mm
B 电缆穿管敷设时，穿管内径不应小于电缆外径的1.5倍
C 电缆隧道两个出口间的距离超过75m时，应增加出口
D 电缆隧道内的净高不应低于1.9m

解析：根据《电气标准》第8.7.2条，电缆室外埋地敷设应符合电缆外皮至地面的深度不应小于0.7m。A选项错误。

答案：A

22-3-20 (2004) 对某大型工程的电梯，应选择供电的方式是(　　)。
A 由楼层配电箱供电　　　　　B 由竖向公共电源干线供电
C 由低压配电室直接供电　　　D 由水泵房配电室供电

解析：根据《电气标准》第7.2.2条，高层民用建筑的低压配电系统用电负荷或重要用电负荷容量较大时，宜从变电所以放射式配电。

答案：C

22-3-21 (2003) 下列哪一种线路敷设方法禁止在吊顶内使用？
A 绝缘导线穿金属管敷设　　　B 封闭式金属线槽
C 用塑料线夹布线　　　　　　D 封闭母线沿吊架敷设

解析：《低压配电规范》第7.2.1条，正常环境的屋内场所除建筑物顶棚及地沟内外，可采用直敷布线。第7.2.2条，正常环境的屋内场所和挑檐下的屋外场所，可采用瓷夹或塑料线夹布线。吊顶内禁止采用塑料线夹布线。

答案：C

22-3-22 (2003) 无铠装的电缆在室内明敷时，垂直敷设至地面的距离不应小于(　　)，否则应有防止机械损伤的措施。
A 2.0m　　　B 1.8m　　　C 2.2m　　　D 2.5m

解析：《电气标准》第8.7.5条，电缆在室内明敷设应符合下列规定：无铠装的电缆水平敷设至地面的距离不宜小于2.2m；除电气专用房间外，垂直敷设时，1.8m以下应有防止机械损伤的措施。

答案：B

22-3-23 (2003) 室外电缆沟的防水措施，采用下列哪一项是最重要的？
A 做好沟盖板板缝的密封
B 做好沟内的防水处理

C 做好电缆引入、引出管的防水密封
D 在电缆沟底部做坡度不小于0.5%的排水沟，将积水直接排入排水管或经集水坑用泵排出

解析：《低压配电规范》第7.6.24条，电缆沟和电缆隧道应采取防水措施；其底部排水沟的坡度不应小于0.5%，并应设集水坑，积水可经集水坑用泵排出，当有条件时，积水可直接排入下水道。

答案：D

**22-3-24** (2003) 向电梯供电的线路敷设的位置，下列哪一种不符合规范要求？
A 沿电气竖井    B 沿电梯井道
C 沿顶层吊顶内    D 沿电梯井道之外的墙敷设

解析：《通用用电设备配电设计规范》GB 50055—2011第3.3.6条，向电梯供电的电源线路不得敷设在电梯井道内。除电梯的专用线路外，其他线路不得沿电梯井道敷设。

答案：B

**22-3-25** 民用建筑的供电线路，当电流负荷超过(　　)A时，应采用220/380V三相四线制供电。
A 30    B 60    C 100    D 500

解析：《供配电规范》第5.0.15条，由地区公共低压电网供电的220V负荷，线路电流负荷小于或等于60A时，可选用220V单相供电；大于60A时，宜采用220/380V三相四线制供电。

答案：B

**22-3-26** 居住区的高压配电，一般按每占地 $2km^2$ 或总建筑面积 $4×10^5 m^2$ 设置一个10kV配电所，以达到低压送电半径在(　　)m的范围。
A 100    B 250    C 300    D 1000

解析：《电气标准》第4.2.3条，民用建筑宜按不同业态和功能分区设置变电所，当供电负荷较大，供电半径较长时，宜分散设置。
低压供电半径指从配电变压器到最远负荷点的线路的距离，而不是空间距离。0.4kV线路供电半径在市区不宜大于300m；近郊地区不宜大于500m。接户线长度不宜超过20m，不能满足时应采取保证客户端电压质量的技术措施。

答案：C

**22-3-27** 大型民用建筑的高压配电中，有下列情况之一者，宜分散设置配电变压器，何者应除外？
A 大型建筑群
B 超高层建筑
C 电力负荷等级为一级负荷中的特别重要负荷的建筑
D 单位建筑面积大或场地大，用电负荷分散

解析：《电气标准》第4.2.3条，民用建筑宜按不同业态和功能分区设置变电所，当供电负荷较大，供电半径较长时，宜分散设置；超高层建筑的变电所宜分设在地下室、裙房、避难层、设备层及屋顶层等处。A、B、D选项均需

分散设置配电变压器。

答案：C

**22-3-28** 沿同一路径的电缆根数超过( )根时，宜采用电缆隧道敷设。

A 6　　　　　　B 12　　　　　　C 18　　　　　　D 21

解析：根据《电气标准》第8.7.3条，电缆在电缆沟、隧道或共同沟内敷设时，当同一路径的电缆根数小于或等于21根时，宜采用电缆沟布线；当电缆多于21根时，可采用电缆隧道布线。

答案：D

**22-3-29** 220/380V低压架空电力线路接户线，在进线处对地距离不应小于( )m。

A 2.5　　　　　B 2.7　　　　　C 3.0　　　　　D 3.3

解析：进户线对地距离不应小于下列数值：3~10kV进户线为4.0m；1kV及以下为2.5m。

答案：A

**22-3-30** 以下对室内敷线要求中哪个是错误的？

A 建筑物顶棚内，严禁采用直敷布线
B 当将导线直接埋入墙壁、顶棚抹灰层内时，必须采用护套绝缘电线
C 室内水平直敷布线时，对地距离不应小于2.5m
D 穿金属管的交流线路，应将同一回路的相线和中性线穿于同一根管内

解析：《低压配电规范》第7.2.1条第5款，不应将导线直接埋入墙壁、顶棚的抹灰层内。本题B选项应该穿管敷设。

答案：B

**22-3-31** 民用建筑室外一般采用电缆线路。在场地有条件的情况下，同一路径的电缆根数在小于( )根时，宜采用直接埋地敷设。

A 6　　　　　　B 8　　　　　　C 10　　　　　　D 18

解析：《低压配电规范》第7.6.35条，电缆直接埋地敷设时，沿同一路径敷设的电缆数量不宜超过6根。

答案：A

**22-3-32** 室外配电线路当有下列哪几种情况时，应采用电缆？

Ⅰ．重点风景旅游区的建筑群；
Ⅱ．环境对架空线路有严重腐蚀时；
Ⅲ．大型民用建筑；
Ⅳ．没有架空线路走廊时

A Ⅱ、Ⅳ　　　　　　　　　　　　B Ⅰ、Ⅱ、Ⅲ
C Ⅱ、Ⅲ、Ⅳ　　　　　　　　　　D Ⅰ、Ⅱ、Ⅲ、Ⅳ

解析：上述情况均应采用电缆敷设。

答案：D

**22-3-33** 电缆隧道除在进入建筑物处，以及在变电所围墙处应设带门的防火墙外，并应每隔( )m的距离安装一个防火密闭隔门。

A 30　　　　　　B 40　　　　　　C 50　　　　　　D 60

解析：应每隔50m的距离安装一个防火密闭隔门。
答案：C

**22-3-34** 由高低压线路至建筑物第一支持点之间的一段架空线，称为接户线，高、低压接户线在受电端的对地距离，不应小于下述哪一组正确？

A 高压接户线4.5m，低压接户线2.5m
B 高压接户线4m，低压接户线2.5m
C 高压接户线4m，低压接户线2.2m
D 高压接户线3.5m，低压接户线2.2m

解析：进户线对地距离不应小于下列数值：3～10kV进户线为4.0m；1kV及以下为2.5m。
答案：B

**22-3-35** 通过居民区的高压线路，在最大弧垂的情况下，导线与地面的最小距离不应小于( )m。

A 6.5　　　　B 6.0　　　　C 5.5　　　　D 5.0

解析：《66kV及以下架空电力线路设计规范》GB 50061—2010 表12.0.7（题22-3-35解表）：

导线与地面的最小距离（m）　　　　题22-3-35解表

| 线路经过区域 | 最小距离 | | |
|---|---|---|---|
| | 线路电压 | | |
| | 3kV以下 | 3～10kV | 35～66kV |
| 人口密集地区 | 6.0 | 6.5 | 7.0 |
| 人口稀少地区 | 5.0 | 5.5 | 6.0 |
| 交通困难地区 | 4.0 | 4.5 | 5.0 |

上述情况通过居民区的高压线路一般等级为10kV，导线与地面最小距离不应小于6.5m。
答案：A

**22-3-36** 架空线路在接近建筑物时，如果线路为低压线，线路的边导线在最大计算风偏的情况下与建筑物的水平距离不应小于( )m。

A 0.8　　　　B 1.0　　　　C 1.5　　　　D 1.8

解析：依据《66kV及以下架空电力线路设计规范》GB 50061—2010 第12.0.10条，上述情况，与建筑物的水平距离不应小于1.0m。
答案：B

**22-3-37** 电缆隧道在长度大于( )m时，两端应设出口。

A 7　　　　B 15　　　　C 30　　　　D 75

解析：《低压配电规范》第7.6.32条，当电缆隧道长度大于7m时，电缆隧道两端应设出口；两个出口间的距离超过75m时，尚应增加出口。人孔井可作为出口，人孔井直径不应小于0.7m。
答案：A

**22-3-38** 居住小区内的高层建筑，宜采用下述哪种低压配电方式？
  A 树干式  B 环行网络
  C 放射式  D 综合式
  解析：居住小区内的高层建筑，宜采用放射式低压配电方式。
  答案：C

**22-3-39** 电缆桥架在水平敷设时的距地高度一般不宜低于(　)m。
  A 2.0  B 2.2  C 2.5  D 3.0
  解析：《电气标准》第8.5.3条，电缆桥架水平敷设时，底边距地高度不宜低于2.2m。
  答案：B

**22-3-40** 竖井内布线一般适用于高层及高层建筑内强电及弱电垂直干线的敷设。在下列有关竖井的要求中，哪一条是错误的？
  A 竖井的井壁应是耐火极限不低于1h的非燃烧体
  B 竖井的大小除满足布线间隔及配电箱布置等必要尺寸外，还宜在箱体前留有不小于0.8m的操作距离
  C 竖井每隔两层应设检修门并开向公共走廊
  D 竖井门的耐火等级不低于丙级
  解析：《低压配电规范》第7.7.5条，电气竖井的井壁应采用耐火极限不低于1h的非燃烧体。电气竖井在每层楼应设维护检修门并应开向公共走廊，检修门的耐火极限不应低于丙级。A、B、D选项正确。
  答案：C

**22-3-41** 低压配电系统的接地形式下述几种中何者不存在？
  A TN系统  B TT系统  C TI系统  D IT系统
  解析：《供配电规范》第7.0.1条，低压配电系统接地型式，可采用TN系统、TT系统和IT系统。
  答案：C

**22-3-42** 下列关于电缆隧道的叙述中，哪个是正确的？
  A 电缆隧道两端应设出口（包括人孔），两出口间的距离超过75m时，应增加出口
  B 电缆隧道内应有照明，其电压不超过50V，否则应采取安全措施
  C 电缆沟、电缆隧道应采取防水措施，其底部应作坡度不小于0.5%的排水沟
  D 电缆隧道内应采取通风措施，一般为机械通风
  解析：《低压配电规范》第7.6.24条，电缆隧道和电缆沟应采取防水措施，其底部排水沟的坡度不应小于0.5%。
  答案：C

**22-3-43** 下列关于电缆敷设的情况中，哪种是不需要采取防火措施的？
  A 电缆沟、电缆隧道进入建筑物处
  B 电缆桥架、金属线槽及封闭式母线穿过楼板处

C 封闭式母线水平跨越建筑物的伸缩缝或沉降缝处
D 电缆桥架、金属线槽及封闭式母线穿过防火墙处

解析：《电气标准》第8.1.10条，布线用各种电缆、导管、电缆桥架及母线槽在穿越防火分区楼板、隔墙及防火卷帘上方的防火隔板时，其空隙应采用相当于建筑构件耐火极限的不燃烧材料填塞密实。A、B、D选项的情况均需要采取防火措施。封闭式母线水平跨越建筑物的伸缩缝或沉降缝处，为适应建筑物变形，保证母线正常运行，应按规定设置膨胀节。

答案：C

**22-3-44**《电气标准》中规定，穿金属管的交流线路，应将同一回路的所有相线和中性线（如有中性时）穿于同一根管内，下列哪个理由是正确的？
A 大量节省金属管材
B 同一回路的线路不穿在同一根管内，施工接线易出差错
C 便于维修，换线简单
D 避免涡流的发热效应

解析：电气工程中广泛使用的金属导管多为钢管等铁磁性管材，此类管材会因管内存在的不平衡电流产生的涡流效应，使管材温度升高，影响导体的载流能力，导致管内绝缘电线的绝缘层迅速老化甚至脱落，发生漏电、短路、着火等情况，所以应将同一回路的所有相线和中性线及PE线敷设在同一金属导管内。

答案：D

## （四）电 气 照 明

**22-4-1**（2010）关于照明节能，下面哪项表述不正确？
A 采用高效光源
B 一般场所不宜用普通白炽灯
C 每平方米的照明功率应小于照明设计标准规定的照明功率密度值
D 充分利用天然光

解析：建筑照明节能应包括：照明节能措施；照明功率密度限值；充分利用天然光。《照明标准》第6.1.2条，照明节能应采用一般照明的照明功率密度值（LPD）作为评价指标。标准中房间或场所的照明功率密度限值，应理解为不大于，即小于或等于。C选项错误。

第6.2.5条，照明节能措施：一般照明在满足照度均匀度条件下，宜选择单灯功率较大、光效较高的光源。A、B选项正确。

第6.4节，天然光利用。D选项正确。

答案：C

**22-4-2**（2010）下面哪项关于照度的表述是正确的？
A 照度是照明灯具的效率
B 照度是照明光源的发光强度

C 照度是照明光源的光通量
D 照度的单位是勒克斯（lx）

解析：根据《照明标准》第2.0.6条，照度的定义：入射在包含该点的面元上的光通量 $d\varphi$ 除以该面元面积 $dA$ 所得之商。单位为勒克斯（lx），$1lx=1lm/m^2$。

答案：D

**22-4-3** (2009、2008) 高度超过151m高的建筑物，其航空障碍灯应为哪一种颜色？

A 白色　　　　　B 红色　　　　　C 蓝色　　　　　D 黄色

解析：依据《电气标准》第10.2.7条第4款，航空障碍标志灯技术要求：不同高度选用不同光强的光源，高出地面45m以下时，灯光颜色选用恒定光低光强、航空红色；高于地面45m时，灯光颜色选用闪光中光强、航空红色；高于地面92m时，灯光颜色选用闪光中光强、航空白色；高于地面151m时，灯光颜色选用闪光高光强、航空白色。

答案：A

**22-4-4** (2009) 在有彩电转播要求的体育馆比赛大厅，宜选择下列光源中的哪一种？

A 钠灯　　　　　　　　　　　B 荧光灯
C 金属卤化物灯　　　　　　　D 白炽灯

解析：金属卤化物灯光源适合用于高大空间及有显色性要求的场所。

答案：C

**22-4-5** (2009) 有显色性要求的室内场所不宜采用哪一种光源？

A 白炽灯　　　　　　　　　　B 低压钠灯
C 荧光灯　　　　　　　　　　D 发光二极管（LED）

解析：低压钠灯显色指数差，不适合用于有显色性要求的室内场所。

答案：B

**22-4-6** (2009) 在下列部位的应急照明中，当发生火灾时，哪一个应保证正常工作时的照度？

A 百货商场营业厅　　　　　　B 展览厅
C 火车站候车室　　　　　　　D 防排烟机房

解析：防排烟机房属于消防设备室，发生火灾时要正常工作，要求应急照明应保证正常工作时的照度。

答案：D

**22-4-7** (2008、2004) 下述部位中，哪个适合选用节能自熄开关控制照明？

A 办公室　　　　　　　　　　B 电梯前室
C 旅馆大厅　　　　　　　　　D 住宅及办公楼的疏散楼梯

解析：节能自熄开关控制照明应能有强制点亮措施，否则仅适合使用在住宅及办公楼的疏散楼梯。

答案：D

**22-4-8** (2008) 下列哪一种照明不属于应急照明？

A 安全照明　　　　　　　　　B 备用照明
C 疏散照明　　　　　　　　　D 警卫照明

解析：《照明标准》第2.0.19条，应急照明包括：疏散照明、安全照明和备用照明。

答案：D

**22-4-9 (2007)** 应急照明是指下列哪一种照明？

A 为照亮整个场所而设置的均匀照明

B 为照亮某个局部而设置的照明

C 因正常照明电源失效而启用的照明

D 为值班需要所设置的照明

解析：《照明标准》第2.0.19条，应急照明：因正常照明的电源失效而启用的照明。

答案：C

**22-4-10 (2007)** 照明配电系统的设计，下列哪一条是正确的？

A 照明与插座回路分开敷设

B 每个照明回路所接光源最多30个

C 接组合灯时，每个照明回路所接光源最多70个

D 照明分支线截面不应小于1.0mm²

解析：《电气标准》第7.2.1条，多层民用建筑的低压配电系统照明、电力、消防及其他防灾用电负荷，宜分别自成配电系统。A选项正确。

《照明标准》第7.2.4条、第7.2.5条、第7.2.11条，每个照明回路所接光源不超过25个；组合灯每个照明回路所接光源不超过60个。电源插座不宜和普通照明灯接在同一分支回路。照明分支线截面不应小于1.5mm²。B、C、D选项错误。

答案：A

**22-4-11 (2007)** 下列哪种情况不应采用普通白炽灯？

A 连续调光的场所

B 装饰照明

C 普通办公室

D 开关频繁的场所

解析：A、B、D选项都是白炽灯的优点。

答案：C

**22-4-12 (2007)** 照明的节能以下列哪个参数为主要依据？

A 光源的光效 　　　　　　　　B 灯具效率

C 照明的控制方式 　　　　　　D 照明功率密度值

解析：《照明标准》第6.1.2条，照明节能应采用照明功率密度值作为评价指标。

答案：D

**22-4-13 (2006)** 在高层建筑中对照明光源、灯具及线路敷设的下列要求中，哪一个是错误的？

A 开关插座和照明器靠近可燃物时，应采取隔热、散热等保护措施

B 卤钨灯和超过250W的白炽灯泡吸顶灯、槽灯、嵌入式灯的引入线应采取保护措施
C 白炽灯、卤钨灯、荧光高压汞灯、镇流器等不应直接设置在可燃装修材料或可燃构件上
D 可燃物仓库不应设置卤钨灯等高温照明灯具

**解析：**《防火规范》第10.2.4条，卤钨灯和额定功率不小于100W的白炽灯泡的吸顶灯、槽灯、嵌入式灯，其引入线应采用瓷管、矿棉等不燃材料作隔热保护。

**答案：** B

**22-4-14** (2006) 关于建筑物航空障碍灯的颜色及装设位置的叙述，下列哪一个是错误的？

A 距地面45m以下应装设红色灯
B 距地面92m及以上应装设白色灯
C 航空障碍灯应装设在建筑物最高部位，当至高点平面面积较大时，还应在外侧转角的顶端分别设置
D 航空障碍灯的水平、垂直距离不宜大于60m

**解析：**《电气标准》第10.2.7条，航空障碍标志灯的设置应符合下列规定：

1 航空障碍标志灯应装设在建筑物或构筑物的最高部位；当制高点平面面积较大或为建筑群时，除在最高端装设障碍标志灯外，还应在其外侧转角的顶端分别设置航空障碍标志灯（C选项正确）。

2 航空障碍标志灯的水平安装间距不宜大于52m；垂直安装自地面以上45m起，以不大于52m的等间距布置（D选项错误）。

A、B选项正确。

**答案：** D

**22-4-15** (2005) 航空障碍标志灯应按哪一个负荷等级的要求供电？

A 一级
B 二级
C 三级
D 按主体建筑中最高电力负荷等级

**解析：** 根据《电气标准》第10.6.2条，航空障碍标志灯和高架直升机场灯光系统电源应按主体建筑中最高用电负荷等级要求供电。

**答案：** D

**22-4-16** 在住宅小区室外照明设计中，下列说法不正确的是(　　)。

A 应采用防爆型灯具　　　　　　B 应采用高能效光源
C 应采用寿命长的光源　　　　　D 应避免光污染

**解析：** 住宅小区室外环境不存在爆炸危险物品，无需将灯具设计为防爆型灯具。

**答案：** A

**22-4-17** (2003) 下面哪一种方法不能作为照明的正常节电措施？

A 采用高效光源  B 降低照度标准
C 气体放电灯安装电容器  D 采用光电控制室外照明

解析：根据《照明标准》第6.1.1条，应在满足规定的照度和照明质量要求的前提下，进行照明节能评价。第6.2节照明节能措施和第7.3节照明控制中，选用高效光源、灯具；利用天然采光的场所，随天然光照度变化自动调节照度；提高气体放电灯的功率因数等均为照明的正常节电措施。B选项符合题意。

答案：B

**22-4-18** (2003) 请判断在下述部位中，哪个应选择有过滤紫外线功能的灯具？

A 医院手术室  B 病房
C 演播厅  D 藏有珍贵图书和文物的库房

解析：紫外线及臭氧会极大地破坏书籍，导致纸张、颜料褪色，纸张变脆，物体老化等。依据《图书馆建筑设计规范》JGJ 38—2015第8.3.7条，当采用荧光灯照明时，珍善本书库及其阅览室应采用隔紫灯具或无紫光源。

答案：D

**22-4-19** 在需要进行室内彩色新闻摄影和电视转播的场所，光源的色温宜为（ ）。

A 2800～3500K  B 3300～5300K
C 4500～6500K  D 5000～6800K

解析：《体育建筑设计规范》JGJ 31—2003第10.3.8条，在需要进行新闻摄影、电视转播的场所，场地照明应采用高效金属卤化物灯，光源色温宜在2800～3500K（室内）和4500～6500K（室外或有天然采光的室内）内选取。光源一般显色指数$R_a$不应小于65。训练场地可以适当地降低要求。

答案：A

**22-4-20** 下列哪种光源属于热辐射光源？

A 卤钨灯  B 低压汞灯
C 金属卤化物灯  D 低压钠灯

解析：四个选项中只有卤钨灯属于热辐射光源。

答案：A

**22-4-21** 美术展厅应优先选用何者光源？

A 白炽灯、稀土节能荧光灯  B 荧光高压汞灯
C 低压钠灯  D 高压钠灯

解析：美术展厅应选用显色指数高的光源，白炽灯、稀土节能荧光灯显色指数高，应优先选用。荧光高压汞灯、钠光源显色指数均小。

答案：A

**22-4-22** 在下列电光源中，哪一种发光效率最高？

A 荧光灯  B 溴钨灯
C 白炽灯  D 钠灯

解析：钠灯发光效率最高。

答案：D

**22-4-23** 按照《电气标准》的要求，交通区的照度不宜低于工作区照度的多少？

    A　1/3　　　　B　1/4　　　　C　1/5　　　　D　1/6

    解析：《电气标准》第 10.3.3 条，交通区照度不宜低于工作区照度的 1/3。

    答案：A

**22-4-24** 高压钠灯仅适合用于(　　)的照明。

    A　办公室　　　　　　　　　　B　美术展厅

    C　室外比赛场地　　　　　　　D　辨色要求不高的库房

    解析：高压钠光源显色性较差，仅适合用于上述场所中辨色要求不高的库房。

    答案：D

**22-4-25** 在下列四种照明中，哪个属于应急照明？

    A　值班照明　　　　　　　　　B　警卫照明

    C　障碍照明　　　　　　　　　D　备用照明

    解析：应急照明包括备用照明、疏散照明和安全照明。

    答案：D

**22-4-26** 航空障碍标志灯的装设应根据地区航空部门的要求决定，当需要装设时，障碍标志灯的水平距离不宜大于(　　)m。

    A　30　　　　B　40　　　　C　45　　　　D　52

    解析：《电气标准》第 10.2.7 条，航空障碍标志灯的水平安装间距不宜大于 52m；垂直安装自地面以上 45m 起，以不大于 52m 的等间距布置。

    答案：D

**22-4-27** 当电气照明需要与天然采光结合时，宜选用光源色温在(　　)范围内的荧光灯或其他气体放电光源。

    A　<3300K　　　　　　　　　B　3300～5300K

    C　4500～6000K　　　　　　　D　>6500K

    解析：色温在 4500～6000K 的灯具接近自然光颜色。

    答案：C

**22-4-28** 当航空障碍标志灯的安装高度为 45m 以下时，应选用(　　)。

    A　带恒定光强的红色灯　　　　B　带闪光的红色灯

    C　带闪光的白色灯　　　　　　D　带闪光的黄色灯

    解析：同题 22-4-3。

    答案：A

**22-4-29** 在烟囱顶上设置障碍标志灯时，宜将其安装在何部位？

    A　宜安装在低于烟囱口 1～1.5m 的部位

    B　宜安装在低于烟囱口 1.5～3m 的部位

    C　宜安装在高于烟囱口 1.5～3m 的部位

    D　宜安装在高于烟囱口 3～6m 的部位

    解析：依据《烟囱设计规范》GB 50051—2013 第 14.2.3 条，烟囱顶部的障碍标志灯应设置在烟囱顶端以下 1.5～3m 范围内，高度超过 150m 的烟囱可设置在烟囱顶部 7.5m 范围内。

答案：B

**22-4-30** 安全出口标志灯和疏散标志灯的安装高度分别为（　　）较适宜。
Ⅰ．安全出口标志灯宜设在距地高度不低于 1.5m 处；
Ⅱ．安全出口标志灯宜设在距地高度不低于 2.0m 处；
Ⅲ．疏散标志灯宜设在离地面 1.5m 以下的墙面上；
Ⅳ．疏散标志灯宜设在离地面 1.0m 以下的墙面上

A Ⅰ、Ⅲ　　　　　　　　　　　　B Ⅰ、Ⅳ
C Ⅱ、Ⅲ　　　　　　　　　　　　D Ⅱ、Ⅳ

解析：依据《电气标准》第 13.6.5 条，安全出口标志灯，应安装在疏散口的内侧上方，底边距地不宜低于 2.0m；疏散走道的疏散指示标志灯具，应在走道及转角处离地面 1.0m 以下墙面上、柱上或地面上设置，采用顶装方式时，底边距地宜为 2.0～2.5m。

答案：D

**22-4-31** 灯具与图书等易燃物的距离应大于（　　）m。
A 0.1　　　　B 0.2　　　　C 0.3　　　　D 0.5

解析：依据《图书馆建筑设计规范》JGJ 38—2015 第 8.3.7 条，书库照明灯具与书刊资料等易燃物的垂直距离不应小于 0.50m。

答案：D

## （五）电气安全和建筑防雷

**22-5-1** （2010）哪一类埋地的金属构件可作为接地极？
A 燃气管　　　　　　　　　　　B 供暖管
C 自来水管　　　　　　　　　　D 钢筋混凝土基础的钢筋

解析：接地极对埋地的金属构件有稳定性和可靠性的要求。《电气标准》第 11.8.1 条，民用建筑宜优先利用钢筋混凝土基础中的钢筋作为防雷接地网。

答案：D

**22-5-2** （2010）浴室内的哪一部分不包括在辅助保护等电位联结的范围？
A 电气装置的保护线（PE 线）
B 电气装置中性线（N 线）
C 各种金属管道
D 用电设备的金属外壳

解析：辅助等电位联结应包括所有可同时触及的固定式设备的外露可导电部分和外部可导电部分的相互连接，仅在故障时才通过电流。电气装置中性线（N 线）是正常工作时通过电流。

答案：B

**22-5-3** （2010）按医疗场所对电气安全防护的要求，关系到患者生命安全的手术室属于哪一类医疗场所？
A 0 类　　　　B 1 类　　　　C 2 类　　　　D 3 类

解析：《医疗建筑电气设计规范》JGJ 312—2013 第 3.0.1 条，医疗场所应根据对电气安全防护的要求分为下列三类：

　　1 0类：不使用医疗电气设备接触部件的医疗场所；

　　2 1类：医疗电气设备接触部件需要与患者体表、体内（除2类医疗场所所述部位外）接触的医疗场所；

　　3 2类：医疗电气设备接触部件需要与患者体内接触、手术室以及电源中断或故障后将危及患者生命的医疗场所。

答案：C

**22-5-4** （2010）超高层建筑物顶上避雷网的尺寸不应大于(　　)。

A　5m×5m　　　　　　　　　　B　10m×10m
C　15m×15m　　　　　　　　　 D　20m×20m

解析：超高层建筑属于第二类防雷建筑。《防雷规范》第 4.2.1 条、第 4.3.1 条、第 4.4.1 条规定，第一类防雷建筑架空接闪网的网格尺寸不应大于 5m×5m 或 6m×4m。第二类防雷建筑屋面接闪网的网格尺寸不应大于 10m×10m 或 12m×8m。第三类防雷建筑屋面接闪网的网格尺寸不应大于 20m×20m 或 24m×16m。

答案：B

**22-5-5** （2009）下列设备和场所设置的剩余电流（漏电）保护，哪一个应该在发生接地故障时只报警而不切断电源？

A　手握式电动工具
B　潮湿场所的电气设备
C　住宅内的插座回路
D　医疗电气设备，急救和手术用电设备的配电线路

解析：消防设施、医疗电气设备、急救和手术用电设备等的配电线路发生接地故障时只报警而不切断电源。

答案：D

**22-5-6** （2009、2008）带金属外壳的单相家用电器，应用下列哪一种插座？

A　双孔插座　　　　　　　　　　B　三孔插座
C　四孔插座　　　　　　　　　　D　五孔插座

解析：带金属外壳的单相家用电器属于Ⅰ类电气设备，是需要采用系统接地保护的设备，故需三孔插座。多一根 PE 线，它是接在用电器的金属外壳上的，当发生漏电事故时候，借接触电压的降低或电源的自动切断，而起到电击防护的作用。

答案：B

**22-5-7** （2009）住宅中插座回路用的剩余电流（漏电电流）保护器，其动作电流应为下列哪个数值？

A　10mA　　　　　　　　　　　B　30mA
C　300mA　　　　　　　　　　 D　500mA

解析：通常人触电有一个感知电流和摆脱电流，当人触电后电流值达到一定

时才会感知麻木，此时人的大脑还是有意识的，能控制自己摆脱触电。当触电电流再大到一定值时，人已经无意识，就不能控制自己摆脱触电了，这个电流值就是30mA。所以漏电保护开关的动作电流设定为30mA。
答案：B

**22-5-8** (2009) 下列哪一个房间不需要做等电位联结？
A 变配电室　　　　　　　　　　B 电梯机房
C 卧室　　　　　　　　　　　　D 有洗浴设备的卫生间
解析：卧室没有直接与建筑外连接的金属导体，故不需要做等电位联结。
答案：C

**22-5-9** (2009) 建筑物内电气设备的金属外壳（外露可导电部分）和金属管道、金属构件（外界可导电部分）应实行等电位联结，其主要目的是（　　）。
A 防干扰　　　　　　　　　　　B 防电击
C 防火灾　　　　　　　　　　　D 防静电
解析：将设备等外壳或金属部分与地线联结，从而构成各自的等电位体，防止出现危险的接触电压。
答案：B

**22-5-10** (2009) 当利用金属屋面作接闪器时，需要有一定厚度，这是为了（　　）。
A 防止雷电流的热效应导致屋面穿孔
B 防止雷电流的电动力效应导致屋面变形
C 屏蔽雷电的电磁干扰
D 减轻雷击声音的影响
解析：《电气标准》第11.6.6条第2款，当金属板需要防雷击击穿时，不锈钢、热浸镀锌钢和钛板的厚度不应小于4mm，铜板厚度不应小于5mm，铝板厚度不应小于7mm。
答案：A

**22-5-11** (2008) 剩余电流（漏电）保护不能作为哪类保护功能使用？
A 线路绝缘损坏保护　　　　　　B 防止电气火灾
C 防止人身电击　　　　　　　　D 配电线路过负荷
解析：剩余电流（漏电）保护是防止人身触电、电气火灾及电气设备损坏的一种有效的防护措施。配电线路过负荷保护常用低压断路器，它是一种既有手动开关作用，又能自动进行失压、欠压、过载和短路保护的电器。
答案：D

**22-5-12** (2008、2005) 采用漏电电流动作保护器，可以保护以下哪一种故障？
A 短路故障　　　　　　　　　　B 过负荷故障
C 接地故障　　　　　　　　　　D 过电压故障
解析：漏电电流动作保护器可以保护接地故障。
答案：C

**22-5-13** (2008) 不能用作电力装置接地线的是（　　）。
A 建筑设备的金属架构　　　　　B 供水金属管道

C 建筑物金属构架 D 煤气输送金属管道

解析：为防止煤气渗漏与静电接触发生爆炸，故煤气输送金属管道不能用作电力装置接地线。

答案：D

**22-5-14** (2008) 下列哪一个场所的应急照明应保证正常工作时的照度？
A 商场营业厅 B 展览厅
C 配电室 D 火车站候车室

解析：配电室发生火灾时要正常工作，要求应急照明应保证正常工作时的照度。

答案：C

**22-5-15** 在住宅设计中，下列哪种做法跟电气安全无关？
A 供电系统的接地形式 B 卫生间做局部等电位联结
C 插座回路设置剩余电流保护装置 D 楼梯照明采用节能自熄开关

解析：楼梯照明采用节能自熄开关是照明节能设计的一项措施，不是安全措施。

答案：D

**22-5-16** (2007) 安全超低压配电电源有多种形式，下列哪一种形式不属于安全超低压配电电源？
A 普通电力变压器 B 电动发电机组
C 蓄电池 D 端子电压不超过50V的电子装置

解析：安全隔离变压器属于安全超低压配电电源，而普通电力变压器不属于安全超低压配电电源。

答案：A

**22-5-17** (2007) 为防止电气线路因绝缘损坏引起火灾，宜设置哪一种保护？
A 短路保护 B 过负载保护
C 过电压保护 D 剩余电流（漏电）保护

解析：《剩余电流动作保护装置安装和运行》GB/T 13955—2017 引言，低压配电系统中装设剩余电流动作保护装置是防止直接和间接接触导致的电击事故的有效措施之一，也是防止电气线路或电气设备接地故障引起电气火灾和电气设备损害事故的技术措施之一。所以，电气线路因绝缘损坏引起火灾的保护，应设置剩余电流（漏电）保护。

答案：D

**22-5-18** (2007) 等电位联结的作用是(　　　)。
A 降低接地电阻 B 防止人身触电
C 加强电气线路短路保护 D 加强电气线路过电流保护

解析：等电位联结的作用是：可以降低建筑物内间接接触电压和不同金属导体间的电位差；避免自建筑物外经电气线路和金属管道引入的故障电压的危害；减少保护器动作不可靠带来的危险；有利于避免外界电磁场引起的干扰，改善装置的电磁兼容性。

答案：B

**22-5-19** (2007) 游泳池和可以进入的喷水池中的电气设备必须采用哪种交流电压供电？

  A 12V    B 48V    C 110V    D 220V

解析：根据《电气标准》附录E及第12.10.14条，游泳池和可以进入的喷水池属于0区和1区。在0区和1区内的固定连接的游泳池清洗设备，应采用不超过交流12V或直流30V的SELV供电。

答案：A

**22-5-20** (2007) 下列建筑物防雷措施中，哪一种做法属于二类建筑防雷措施？

  A 屋顶避雷网的网格不大于 20m×20m
  B 防雷接地的引下线间距不大于 25m
  C 高度超过 45m 的建筑物设防侧击雷的措施
  D 每根引下线的冲击接地电阻不大于 30Ω

解析：依据《防雷规范》第4.3.9条，二类防雷建筑，当高度超过45m时应设防侧击雷的措施。

答案：C

**22-5-21** (2006) 关于电气线路中漏电保护作用的叙述，下列哪一个是正确的？

  A 漏电保护主要起短路保护作用，用以切断短路电流
  B 漏电保护主要起过载保护作用，用以切断过载电流
  C 漏电保护用作间接接触保护，防止触电
  D 漏电保护用作防静电保护

解析：漏电电流动作保护器，主要是用来对有致命危险的人身触电进行保护，功能是提供间接接触保护，即人与故障情况下变为带电的外露导电部分的接触保护。

答案：C

**22-5-22** (2006) 游泳池水下照明灯的交流供电电压应不超过下列哪个值？

  A 12V    B 36V    C 50V    D 220V

解析：同题 22-5-19 解析。

答案：A

**22-5-23** (2006) 电子设备的接地系统如与建筑物接地系统分开设置，两个接地系统之间的距离不宜小于下列哪个值？

  A 5m    B 15m    C 20m    D 30m

解析：根据《电气标准》第12.8.3条，防静电接地宜选择共用接地方式，当选择单独接地方式时，接地电阻不宜大于10Ω，并应与防雷接地装置保持20m以上间距。

答案：C

**22-5-24** (2006) 某高层建筑拟在屋顶四周立 2m 高钢管旗杆，并兼作接闪器，钢管直径和壁厚分别不应小于下列何值？

  A 20mm，2.5mm      B 25mm，2.5mm

  C　40mm，4mm      D　50mm，4mm

**解析**：依据《防雷规范》第5.2.2条、第5.2.8条第2款，接闪杆采用钢管制成，针长1～2m时，钢管直径和壁厚分别不应小于25mm和2.5mm。

**答案**：B

**22-5-25**　(2006) 下列关于建筑物易受雷击部位的叙述，哪一个是错误的？

  A　平屋顶的屋面——檐角、女儿墙、屋檐
  B　坡度不大于1/10的屋面——檐角、女儿墙、屋檐
  C　坡度大于1/10小于1/2的屋面——屋角、屋脊、檐角、屋檐
  D　坡度等于或大于1/2的屋面——屋角、屋脊、檐角、屋檐

**解析**：根据《防雷规范》附录B第B.0.1条，平屋面或坡度不大于1/10的屋面，檐角、女儿墙、屋檐应为其易受雷击的部位（图B.0.1）。

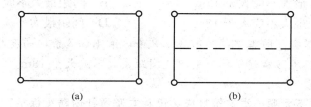

图 B.0.1　建筑物易受雷击的部位（一）
（a）平屋面；（b）坡度不大于1/10
注：——表示易受雷击部位；－－－表示不易受雷击的
屋脊或屋檐；○表示雷击率最高部位。

  第B.0.2条，坡度大于1/10且小于1/2的屋面，屋角、屋脊、檐角、屋檐应为其易受雷击的部位（图B.0.2）。

  第B.0.3条坡度不小于1/2的屋面，屋角、屋脊、檐角应为其易受雷击的部位（图B.0.3）。

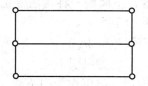 

图 B.0.2　建筑物易受　　图 B.0.3　建筑物易受
雷击的部位（二）　　　　雷击的部位（三）

注：——表示易受雷击部位；－－－表示不易受雷击的屋脊或屋檐；○表示雷击率最高部位。

D选项中，坡度等于或大于1/2的屋面，屋檐部位不易受雷击。

**答案**：D

**22-5-26**　(2005) 哪些电气装置不应设动作于切断电源的漏电电流动作保护器？

  A　移动式用电设备     B　消防用电设备
  C　施工工地的用电设备   D　插座回路

**解析**：消防用电设备为保证其使用功能，电气装置不应设动作于切断电源的

漏电电流动作保护器。

答案：B

**22-5-27 (2005)** 关于埋地接地装置的导电特性，下面哪一条描述是正确的？
- A 土壤干燥对接地装置的导电性能有利
- B 土壤潮湿对接地装置的导电性能不利
- C 黏土比砂石土壤对接地装置的导电性能有利
- D 黏土比砂石土壤对接地装置的导电性能不利

解析：鉴于埋地接地装置的导电特性，土壤电阻越小越好。

答案：C

**22-5-28 (2005)** 高度超过100m的建筑物利用建筑物的钢筋作为防雷装置的引下线时有什么规定？
- A 间距最大不应大于12m
- B 间距最大不应大于15m
- C 间距最大不应大于18m
- D 间距最大不应大于25m

解析：根据《防雷规范》第3.0.2条、第4.3.3条，高度超过100m的建筑物属于第二类防雷建筑物，引下线间距最大不应大于18m。

答案：C

**22-5-29 (2005)** 下面哪一类建筑物应装设独立避雷针做防雷保护？
- A 高度超过100m的建筑物
- B 国家级的办公楼、会堂、国宾馆
- C 省级办公楼、宾馆、大型商场
- D 生产或贮存大量爆炸物的建筑物

解析：根据《防雷规范》第3.0.2条、第4.2.1条，生产或贮存大量爆炸物的建筑物属于第一类防雷建筑物。第一类防雷建筑物应装设独立避雷针做防雷保护。

答案：D

**22-5-30 (2005)** 关于金属烟囱的防雷，下面哪一种做法是正确的？
- A 金属烟囱应作为接闪器和引下线
- B 金属烟囱不允许作为接闪器和引下线
- C 金属烟囱可作为接闪器，但应另设引下线
- D 金属烟囱不允许作为接闪器，但可作为引下线

解析：《防雷规范》第4.4.9条，金属烟囱应作为接闪器和引下线。

答案：A

**22-5-31 (2004)** 正常环境下安全接触电压最大为（　　）。
- A 25V
- B 50V
- C 75V
- D 100V

解析：国际电工委员会规定正常环境下安全接触电压最大为50V。

答案：B

**22-5-32 (2004)** 旅馆、住宅和公寓的卫生间，除整个建筑物采取总等电位联结外，尚应进行辅助等电位联结，其原因是下面的哪一项？
- A 由于人体电阻降低和身体接触地电位，使得电击危险增加

B 卫生间空间狭窄

C 卫生间有插座回路

D 卫生间空气温度高

解析：总等电位联结是靠降低接触电压来降低电击危险性，由于卫生间潮湿，使得人体电阻降低且身体接触地电位，电击危险性增加。辅助等电位联结可作为总等电位联结的补充进一步降低接触电压。

答案：A

**22-5-33** (2004) 关于一类防雷建筑物的以下叙述中，哪个是正确的？

A 凡制造、使用或贮存炸药、火药等大量爆炸物质的建筑物

B 国家重点文物保护的建筑物

C 国家级计算中心、国际通信枢纽等设有大量电子设备的建筑物

D 国家级档案馆

解析：根据《防雷规范》第3.0.2条，凡制造、使用或贮存炸药、火药等大量爆炸物质的建筑物属于一类防雷建筑物。

答案：A

**22-5-34** (2004) 钢管、钢罐一旦被雷击穿，其介质对周围环境造成危险时，其壁厚不得小于(　　)时允许作为接闪器。

A 0.5mm　　　B 2mm　　　C 2.5mm　　　D 4mm

解析：根据《防雷规范》第5.2.8条，输送和储存物体的钢管和钢罐的壁厚不应小于2.5mm，当钢管、钢罐一旦被雷击穿，其介质对周围环境造成危险时，其壁厚不得小于4mm。

答案：D

**22-5-35** (2003) 防直击雷的人工接地体距建筑物出入口或人行道的距离应不小于(　　)。

A 1.5m　　　B 2.0m　　　C 3.0m　　　D 5.0m

解析：《电气标准》第11.8.6条，为降低跨步电压，人工防雷接地网距建筑物入口处及人行道不宜小于3m。

答案：C

**22-5-36** (2003) 第三类防雷建筑物的防直击雷措施中，应在屋顶设避雷网，避雷网的尺寸应不大于(　　)。

A 5m×5m　　B 10m×10m　　C 15m×15m　　D 20m×20m

解析：《防雷规范》第4.4.1条，第三类防雷建筑物……接闪网、接闪带应按本规定附录B的规定沿屋角、屋脊、屋檐和檐角等易受雷击的部位敷设，并应在整个屋面组成不大于20m×20m或24m×16m的网格。

答案：D

**22-5-37** (2003) 第二类防雷建筑物中，高度超过(　　)的钢筋混凝土结构、钢结构建筑物，应采取防侧击雷和等电位的保护措施。

A 30m　　　B 40m　　　C 45m　　　D 50m

解析：根据《防雷规范》第4.2.4条、第4.3.9条、第4.4.8条，当一类防

雷建筑物高于30m、二类防雷建筑物高于45m、三类防雷建筑物高于60m时，应采取防侧击的措施。

答案：C

**22-5-38** 利用金属面作接闪器并需防金属板雷击穿孔时，根据材质要求有一定厚度，在下列答案中，哪个是正确的？

A 铁板2mm、铜板4mm、铝板5mm
B 铁板4mm、铜板5mm、铝板7mm
C 铁板、铜板、铝板均为5mm
D 铁板5mm、铜板4mm、铝板6mm

解析：《电气标准》第11.6.6条，对于利用钢板、铜板、铝板等做屋面的建筑物，当金属板需要防雷击击穿时，不锈钢、热浸镀锌钢和钛板的厚度不应小于4mm，铜板厚度不应小于5mm，铝板厚度不应小于7mm。

答案：B

**22-5-39** 下述建筑中，哪种建筑不属于第二类防雷建筑？

A 国家级的办公楼
B 大型铁路旅客站
C 国家级重点文物保护的建筑
D 省级重点文物保护的建筑

解析：根据《防雷规范》第3.0.2条，省级重点文物保护的建筑属于第三类防雷建筑物。

答案：D

**22-5-40** 防直击雷装置的引下线均不应少于2根，且可利用柱子中的主钢筋。其中第二类防雷的引下线间距不得大于( )m。

A 18　　　　　B 20　　　　　C 25　　　　　D 30

解析：根据《防雷规范》第4.3.3条，第二类防雷建筑物引下线间距不应大于18m。

答案：A

**22-5-41** 为了防止闪电感应，第二类防雷建筑中，当整个建筑物全部为钢筋混凝土结构时，应将建筑物内各种竖向金属管道( )与圈梁钢筋连接一次。

A 每层　　　　　　　　　　　　B 每隔一层
C 每三层　　　　　　　　　　　D 每四层

解析：根据《电气标准》第11.3.3条第2款，当建筑物高度大于45m、小于250m时，应采取下列防侧击措施：应利用钢柱或钢筋混凝土柱子内钢筋作为防雷装置引下线；结构圈梁中的钢筋应每三层连成闭合环路作为均压环，并应同防雷装置引下线连接。本题上述金属管道应每三层与圈梁钢筋连接一次。

答案：C

**22-5-42** 为了防止闪电电涌侵入，第一类防雷建筑要求进入建筑物的各种电气线路及金属管道尽量采用全线埋地引入，并在入户端接地。如电气线路不能全线埋地，则必须在入户前有一段长度不小于( )m的埋地电缆作为进线保护。

A 5　　　　　　B 10　　　　　　C 15　　　　　　D 20

解析：根据《防雷规范》第4.2.3条，上述电缆埋地长度不应小于15m。

答案：C

**22-5-43** 对于高层民用建筑，为防止直击雷，应采用下列哪一条措施？

A 独立接闪杆

B 采用装有放射性物质的接闪器

C 接闪杆

D 采用装设在屋角、屋脊、女儿墙或屋檐上的避雷带，并在屋面上装一定的金属网格

解析：高层民用建筑属第二类防雷建筑物，宜采用装设在屋角、屋脊、女儿墙或屋檐上的避雷带，并在屋面上装一定的金属网格的措施。

答案：D

**22-5-44** 接闪杆采用热镀锌圆钢或钢管制成，对于其直径的要求，下述哪一条是错误的？

A 当采用圆钢且杆长在1m以下时，其直径不应小于8mm

B 当采用圆钢且杆长在1～2m以下时，其直径不应小于16mm

C 当采用钢管且杆长在1m以下时，其直径不应小于20mm

D 当采用钢管且杆长在1～2m以下时，其直径不应小于25mm

解析：根据《防雷规范》第5.2.2条，杆长在1m以下时，圆钢直径不应小于12mm，钢管不应小于20mm。

答案：A

**22-5-45** 接闪带或接闪网采用圆钢或扁钢制成，其尺寸要求下述何者正确？

A 圆钢直径不小于12mm

B 扁钢截面积不小于64mm$^2$

C 扁钢厚度不小于2.5mm

D 烟囱顶上的避雷环所采用的扁钢厚度不小于5mm

解析：根据《防雷规范》第5.3.1条、表5.2.1、第5.2.4条，圆钢直径不小于15mm（A选项错误），接闪带用扁钢其厚度不小于2.5mm（C选项正确），扁钢截面积不小于50mm$^2$（B选项错误），烟囱顶上的避雷环所采用的扁钢厚度不小于4mm（D选项错误）。

答案：C

**22-5-46** 采用圆钢作为引下线时，圆钢的直径不应小于(　　)mm。

A 6　　　　　　B 8　　　　　　C 10　　　　　　D 12

解析：根据《防雷规范》第5.3.1条、表5.2.1上述圆钢的直径不应小于8mm。

答案：B

**22-5-47** 关于建筑物防雷设计，下列说法错误的是(　　)。

A 应考查地质、地貌情况

B 应调查气象等条件

C 应了解当地雷电活动规律

D 不应利用建筑物金属结构作防雷装置

解析：《电气标准》第11.1.4条，建筑物防雷设计应调查地质、地貌、气象、环境等条件和雷电活动规律以及被保护物的特点等，因地制宜地采取防雷措施，防止或减少雷击建筑物所引发的人身伤亡和财产损失，以及雷电电磁脉冲引发的电气和电子系统的损坏和错误运行。第11.1.5条，新建建筑物防雷宜利用建筑物金属结构及钢筋混凝土结构中的钢筋等导体作为防雷装置，并根据建筑及结构形式与相关专业配合。

答案：D

**22-5-48** 接地装置可使用自然接地体和人工接地体，当采用人工接地体时，圆钢的半径不应小于( )mm。

A 6　　　　　B 8　　　　　C 10　　　　　D 12

解析：《防雷规范》第4.3.5条，利用建筑物的钢筋作为防雷装置时，敷设在混凝土中作为防雷装置的钢筋或圆钢，当仅为1根时，其直径不应小于10mm。

答案：C

**22-5-49** 为降低跨步电压，防直击雷的人工接地装置距建筑物入口处及人行道不应小于( )m。

A 1　　　　　B 2　　　　　C 3　　　　　D 5

解析：根据《电气标准》第11.8.6条，为降低跨步电压，人工防雷接地网距建筑物入口处及人行道不宜小于3m。

答案：C

**22-5-50** 下述设备中，哪种设备宜设剩余电流动作保护，自动切断电源？

A 消防水泵

B 火灾应急照明

C 防排烟风机

D 环境特别恶劣或潮湿场所（如食堂、地下室、浴室等）的电气设备

解析：环境特别恶劣或潮湿场所的电气设备宜设剩余电流动作保护，消防用电设备的电源不应装设剩余电流动作保护来自动切断电源。

答案：D

**22-5-51** 下列用电设备中，哪个是不需要装设剩余电流动作保护的？

A 手提式及移动式用电设备

B 环境特别恶劣或潮湿场所的电气设备

C 住宅中的插座回路

D 一般照明回路

解析：一般照明回路不需要装设剩余电流动作保护。

答案：D

**22-5-52** 关于防雷的术语中，下述哪条是不正确的？

A 防雷装置：接闪器、引下线、接地装置的总和

B 接闪器：接闪杆、接闪带、接闪网等直接接受雷击部分，以及用作接闪器的技术屋面和金属构件
C 接地体：埋入土中或混凝土中作散流用的导体
D 直击雷：雷电直接击在建筑物上，产生电效应、热效应和机械力者

解析：根据《防雷规范》第2.0.5条，防雷装置是接闪器、引下线、接地装置和内部防雷装置的总和。

答案：A

**22-5-53** 应尽量利用钢筋混凝土基础中的钢筋作为接地装置，但应符合规范要求，下述要求中何者是错误的？

Ⅰ．基础周围土的含水量不低于4%；
Ⅱ．基础外表面不应有沥青油毡质的防水层；
Ⅲ．采用以硅酸盐为基料的水泥；
Ⅳ．基础内用以导电的钢筋不应采用绑扎连接，必须焊接

A Ⅰ、Ⅱ          B Ⅰ、Ⅲ
C Ⅲ、Ⅳ          D Ⅱ、Ⅳ

解析：根据《防雷规范》第4.3.5条第2款，利用建筑物的钢筋作为防雷装置时：当基础采用硅酸盐水泥和周围土壤的含水量不低于4%及基础的外表面无防腐层或有沥青质防腐层时，宜利用基础内的钢筋作为接地装置。Ⅰ、Ⅲ对，Ⅱ错。

第4.3.5条第6款，构件内有箍筋连接的钢筋或成网状的钢筋，其箍筋与钢筋、钢筋与钢筋应采用土建施工的绑扎法、螺丝、对焊或搭焊连接。单根钢筋、圆钢或外引预埋连接板、线与构件内钢筋应焊接或采用螺栓紧固的卡夹器连接。构件之间必须连接成电气通路。Ⅳ错。

答案：D

# （六）火灾自动报警系统

**22-6-1** (2010) 应急照明包括哪些照明？
A 疏散照明、安全照明、备用照明
B 疏散照明、安全照明、警卫照明
C 疏散照明、警卫照明、事故照明
D 疏散照明、备用照明、警卫照明

解析：《照明标准》第2.0.19条，应急照明是因正常照明的电源失效而启用的照明。应急照明包括疏散照明、安全照明、备用照明。

答案：A

**22-6-2** (2010) 消防联动控制包括下面哪一项？
A 应急电源的自动启动          B 非消防电源的断电控制
C 继电保护装置                D 消防专业电话

解析：《电气标准》第13.4节，消防联动控制对象应包括下列设施：①各类

自动灭火设施；②电动防火卷帘；③常开防火门；④防烟、排烟设施；⑤安全技术防范系统；⑥疏散照明；⑦非消防电源及电梯的联动控制。
答案：B

**22-6-3** (2010) 下面哪项规定不符合对于安全防范监控中心的要求？
A 不应与消防、建筑设备监控系统合用控制室
B 宜设在建筑物一层
C 应设置紧急报警装置
D 应配置用于内外联络的通信手段

解析：《电气标准》第14.9.4条，安防监控中心应设置为禁区，应有保证自身安全的防护措施和进行内外联结的通信装置，并应设置紧急报警装置和留有向上一级接处警中心报警的通信接口。C、D选项正确。

第23.2.7条，安防监控中心设置应符合下列要求：安防监控中心宜设于建筑物的首层或有多层地下室的地下一层，其使用面积不宜小于$20m^2$。B选项正确。第14.9.2条，安防监控中心与消防控制室或智能化总控室合用时，其专用工作区面积不宜小于$12m^2$。A选项错误。
答案：A

**22-6-4** (2009) 电缆隧道适合选择下列哪种火灾探测器？
A 光电感烟探测器  B 差温探测器
C 缆式线型感温探测器  D 红外感烟探测器

解析：《火灾自动报警系统设计规范》GB 50116—2013第5.3.3条第1款，电缆隧道、电缆竖井、电缆夹层、电缆桥架宜选择缆式线型感温火灾探测器。
答案：C

**22-6-5** (2009) 大型电子计算机房选择火灾探测器时，应选用（　　）。
A 感烟探测器  B 感温探测器
C 火焰探测器  D 感烟与感温探测器

解析：感温探测器不适宜保护可能由小火造成、不及时报警将造成重大损失的场所。感烟探测器适合初期有阴燃，产生大量烟和少量热，很少或没有火焰辐射的场所。大型电子计算机房应选用感烟探测器。
答案：A

**22-6-6** (2008) 超高层建筑的各避难层，应每隔（　　）设置一个消防专用电话分机或电话塞孔。
A 30m  B 20m  C 15m  D 10m

解析：《火灾自动报警系统设计规范》GB 50116—2013第6.7.4条第3款，各避难层应每隔20m设置1个消防专用电话分机或电话塞孔。
答案：B

**22-6-7** (2008) 下列哪个场所适合选择可燃气体探测器？
A 煤气表房  B 柴油发电机房储油间
C 汽车库  D 办公室

解析：有产生煤气的场所适合选择可燃气体探测器。

答案：A

**22-6-8** （2007）建筑设备自控系统的监控中心，其设置的位置，下列哪一种情况是不允许的？

A 环境安静　　　　　　　　　　B 地下层
C 靠近变电所、制冷机房　　　　D 远离易燃易爆场所

解析：建筑设备自控系统的监控中心靠近变电所、制冷机房，会有电磁干扰、振动和潮湿的影响。《电气标准》第23.2.1条，机房位置选择应符合下列规定：机房不应设置在厕所、浴室或其他潮湿、易积水场所的正下方或与其贴邻；机房应远离强电磁场干扰场所。

答案：C

**22-6-9** （2007）下列哪个场所应选用缆式定温探测器？

A 书库　　　　　　　　　　　　B 走廊
C 办公楼的厅堂　　　　　　　　D 电缆夹层

解析：《火灾自动报警系统设计规范》GB 50116—2013 第5.3.3条第1款，电缆隧道、电缆竖井、电缆夹层、电缆桥架宜选择缆式线型感温火灾探测器。

答案：D

**22-6-10** （2006）某高层建筑的一层发生火灾，在切断有关部位非消防电源的叙述中，下列哪一个是正确的？

A 切断二层及地下各层的非消防电源
B 切断一层的非消防电源
C 切断地下各层及一层的非消防电源
D 切断一层及二层的非消防电源

解析：《火灾自动报警系统设计规范》GB 50116—2013 第4.10.1条，当确定火灾后，应切断有关部位的非消防电源。

答案：B

**22-6-11** （2006）高层建筑内瓶装液化石油气储气间，应设哪种火灾探测器？

A 感烟探测器　　　　　　　　　B 感温探测器
C 火焰探测器　　　　　　　　　D 可燃气体浓度报警器

解析：由于高层建筑内储气间火灾起因是液化石油气，应设置可燃气体浓度报警器。

答案：D

**22-6-12** 在火灾发生时，下列消防用电设备中需要在消防控制室进行手动直接控制的是（　　）。

A 消防电梯　　　　　　　　　　B 防火卷帘门
C 应急照明　　　　　　　　　　D 防烟排烟机房

解析：《火灾自动报警系统设计规范》GB 50116—2013 第4.5.3条规定了消防控制室防排烟系统的手动控制方式的联动设计要求。

答案：D

**22-6-13** （2004）请指出下列消防用电负荷中，哪一个可以不在最末一级配电箱处设置

电源自动切换装置?
A 消防水泵　　　　　　　　　　　B 消防电梯
C 防烟排烟风机　　　　　　　　　D 应急照明、防火卷帘

解析：《防火规范》第10.1.8条，消防控制室、消防水泵房、防烟和排烟机房的消防用电设备及消防电梯等的供电，应在其配电线路的最末一级配电箱处设置自动切换装置。

答案：D

**22-6-14** (2004) 一个火灾报警探测区域的面积不宜超过(　　)。
A 500m²　　　B 200m²　　　C 100m²　　　D 50m²

解析：《火灾自动报警系统设计规范》GB 50116—2013 第3.3.2条第1款，一个火灾报警探测区域的面积不宜超过500m²。

答案：A

**22-6-15** (2004) 消防控制室在确认火灾后，应能控制哪些电梯停于首层，并接受其反馈信号?
A 全部电梯　　　　　　　　　　　B 全部客梯
C 全部消防电梯　　　　　　　　　D 部分客梯及全部消防电梯

解析：根据《火灾自动报警系统设计规范》GB 50116—2013 第4.7.1条，消防联动控制器应具有发出联动控制信号强制所有电梯停于首层或电梯转换层的功能。

答案：A

**22-6-16** (2003) 下列哪一组场所，宜选择点型感烟探测器?
A 办公室、电子计算机房、发电机房
B 办公室、电子计算机房、汽车库
C 楼梯、走道、厨房
D 教学楼、通信机房、书库

解析：《火灾自动报警系统设计规范》GB 50116—2013 第5.2.2条，宜选择点型感烟探测器的场所有：饭店、旅馆、教学楼、办公楼的厅堂、卧室、办公室等；电子计算机房、通信机房、电影或电视放映室等；楼梯、走道、电梯机房等；有电气火灾危险的场所。

发电机房、厨房、汽车库等场所，正常工作情况下长期有烟雾滞留，不适宜选用感烟探测器。

答案：D

**22-6-17** (2003) 火灾探测器动作后，防火卷帘应一步下降到底，这种控制要求适用于以下哪种情况?
A 汽车库防火卷帘　　　　　　　　B 疏散通道上的卷帘
C 各种类型卷帘　　　　　　　　　D 这种控制是错误的

解析：《电气标准》第13.4.2条，电动防火卷帘的联动控制与手动控制设计，应符合下列规定：①疏散通道上的防火卷帘的联动控制，应由防火分区内任意两只感烟探测器或一只感烟探测器和一只防火卷帘专用感烟探测器的报警

信号，联动控制防火卷帘下落至1.8m；任一只防火卷帘专用感温探测器的报警信号联动防火卷帘下落到底。②非疏散通道上的防火卷帘的联动控制，应由防火分区内任意两只感烟探测器的报警信号联动防火卷帘一次下落到底。

答案：A

**22-6-18** 超高层建筑其应急照明和疏散照明标志采用蓄电池作备用电源时，其连续供电时间不应少于(　　)。

A　20min　　　　B　30min　　　　C　60min　　　　D　90min

解析：《防火规范》第10.1.5条，建筑内消防应急照明和灯光疏散指示标志的备用电源的连续供电时间应符合下列规定：建筑高度大于100m的民用建筑，不应小于1.5h；医疗建筑、老年人照料设施、总建筑面积大于100000$m^2$的公共建筑，不应少于1.0h；其他建筑，不应少于0.5h。

答案：D

**22-6-19** 在高层民用建筑内，下述部位中何者宜设感温探测器？

A　电梯前室　　　　　　　　　　B　走廊
C　发电机房　　　　　　　　　　D　楼梯间

解析：厨房、锅炉房、发电机房、茶炉房、烘干房等宜选用感温探测器。

答案：C

**22-6-20** 在下列情形的场所中，何者不宜选用火焰探测器？

A　火灾时有强烈的火焰辐射
B　探测器易受阳光或其他光源的直接或间接照射
C　需要对火焰做出快速反应
D　无阴燃阶段的火灾

解析：探测器易受阳光或其他光源的直接或间接照射的场所不宜设置火焰探测器。

答案：B

**22-6-21** 在下列有关火灾探测器的安装要求中，何者有误？

A　探测器至端墙的距离，不应大于探测器安装间距的一半
B　探测器至墙壁、梁边的水平距离，不应少于0.5m
C　探测器周围1m范围内，不应有遮挡物
D　探测器至空调送风口的水平距离，不应小于1.5m，并宜接近回风口安装

解析：根据《火灾自动报警系统设计规范》GB 50116—2013第6.2.6条，点型探测器周围0.5m内，不应有遮挡物。

答案：C

**22-6-22** 在梁突出顶棚的高度小于(　　)mm时，顶棚上设置的感烟、感温探测器，可不考虑梁对探测器保护面积的影响。

A　50　　　　　B　100　　　　　C　150　　　　　D　200

解析：根据《火灾自动报警系统设计规范》GB 50116—2013第6.2.3条，在梁突出顶棚的高度小于200mm时，顶棚上设置的感烟、感温探测器，可不考虑梁对探测器保护面积的影响。

答案：D

**22-6-23** 在下列关于消防用电的叙述中哪个是错误的？

A 一类高层建筑消防用电设备的供电，应在最末一级配电箱处设置自动切换装置

B 一类高层建筑的自备发电设备，应设有自动启动装置，并能在 60s 内供电

C 消防用电设备应采用专用的供电回路

D 消防用电设备的配电回路和控制回路宜按防火分区划分

**解析**：根据《电气标准》第 13.7.4 条第 2 款，消防用电负荷等级为一级负荷中特别重要负荷时，应由一段或两段消防配电干线与自备应急电源的一个或两个低压回路切换，再由两段消防配电干线各引一路在最末一级配电箱自动转换供电。A 选项正确。第 6.1.8 条，发电机组的自启动与并列运行应符合下列规定：用于应急供电的发电机组平时应处于自启动状态。当市电中断时，低压发电机组应在 30s 内供电，高压发电机组应在 60s 内供电。B 选项错误。

第 13.7.10 条，消防用电设备配电系统的分支干线宜按防火分区划分，分支线路不宜跨越防火分区。D 选项正确。

答案：B

**22-6-24** 火灾确认后，下述联动控制哪条错误？

A 关闭有关部位的防火门、防火卷帘，并接受其反馈信号

B 发出控制信号，强制所有电梯停于首层，并切断客梯电源，消防梯除外

C 接通火灾应急照明和疏散指示灯

D 接通全楼的火灾警报装置和火灾事故广播，切断全楼的非消防电源

**解析**：根据《火灾自动报警系统设计规范》GB 50116—2013 第 4.8.8 条、第 4.10.1 条，火灾确认后，应同时向全楼进行广播，切断有关部位的非消防电源。

答案：D

**22-6-25** 消防用电设备的配电线路，当采用穿金属管保护，暗敷在非燃烧体结构内时，其保护层厚度不应小于(　　)cm。

A 2　　　　B 2.5　　　　C 3　　　　D 4

**解析**：根据《火灾自动报警系统设计规范》GB 50116—2013 第 11.2.3 条，暗敷在非燃烧体结构内时，其保护层厚度不应小于 30mm，即 3cm，C 选项正确。

答案：C

**22-6-26** 在下列应设有应急照明的条件中，哪一条是错误的？

A 面积大于 200$m^2$ 的演播室

B 面积大于 1500$m^2$ 的营业厅

C 面积大于 1500$m^2$ 的展厅

D 面积大于 5000$m^2$ 的观众厅

**解析**：根据《防火规范》第 10.3.1 条第 2 款，观众厅、展览厅、多功能厅和建筑面积大于 200$m^2$ 的营业厅、餐厅、演播室等人员密集的场所应设置疏散

照明。D选项中观众厅不受面积限制,应设置应急照明。

答案:D

**22-6-27** 建筑物的消防控制室应设在下列哪个位置?

A 设在建筑物的顶层

B 设在消防电梯前室

C 宜设在首层或地下一层,并应设置通向室外的安全出口

D 可设在建筑物内任一位置

解析:根据《电气标准》第23.2.1条第1款,机房宜设在建筑物首层及以上各层,当有多层地下层时,也可设在地下一层。

答案:C

**22-6-28** 设在疏散走道的指示标志侧向视觉时的间距不得大于( )m。

A 10　　　　　　B 20　　　　　　C 25　　　　　　D 30

解析:根据《电气标准》第13.6.5条第2款,设在墙面上、柱上的疏散指示标志灯具间距在直行段为垂直视觉时不应大于20m,侧向视觉时不应大于10m;对于袋形走道,不应大于10m。

答案:A

**22-6-29** 下列场所中哪种场所不应设火灾报警系统?

A 敞开式汽车库

B Ⅰ类汽车库

C Ⅱ类地下汽车库

D 高层汽车库以及机械式立体汽车库、复式汽车库、采用升降梯作汽车疏散出口的汽车库

解析:《汽车库、修车库、停车场设计防火规范》GB 50067—2014 第9.0.7条,除敞开式汽车库、屋面停车场以外的汽车库、修车库,应设置火灾自动报警系统。

答案:A

**22-6-30** 消防控制室的接地电阻应符合下列哪项要求?

A 专设工作接地装置时其接地电阻应小于4Ω

B 专设工作接地装置时其接地电阻不应小于4Ω

C 采用联合接地时,接地电阻应小于2Ω

D 采用联合接地时,接地电阻不应小于2Ω

解析:专设工作接地装置时其接地电阻应小于4Ω。

答案:A

**22-6-31** 火灾自动报警系统的传输线路,应采用铜芯绝缘导线或铜芯电缆,其电压等级不应低于( )V。

A 交流110　　　　　　　　　　B 交流220

C 交流250　　　　　　　　　　D 交流500

解析:根据《电气标准》第13.8.1条,火灾自动报警系统的导线选择及其敷设,应满足火灾时连续供电或传输信号的需要。所有消防线路,应采用铜芯电线或电

缆。第13.8.2条，火灾自动报警系统的传输线路和50V以下供电的控制线路，应采用耐压不低于交流300/500V的多股绝缘电线或电缆。火灾自动报警系统的传输线路，应采用耐压不低于交流300/500V的铜芯绝缘导线或铜芯电缆。

答案：D

22-6-32 下列叙述中，哪组答案是正确的？
Ⅰ．交流安全电压是指标称电压在65V以下；
Ⅱ．消防联动控制设备的直流控制电源电压应采用24V；
Ⅲ．变电所内高低压配电室之间的门宜为双向开启；
Ⅳ．大型民用建筑工程的应急柴油发电机房应尽量远离主体建筑，以减少噪声、振动和烟气的污染

A Ⅰ、Ⅱ　　　　B Ⅰ、Ⅳ　　　　C Ⅱ、Ⅲ　　　　D Ⅱ、Ⅲ、Ⅳ

解析：交流安全电压是指标称电压在50V及以下，另发电机房应靠近负荷中心设置。

答案：C

22-6-33 下列高层建筑中哪种可不设消防电梯？
A 一类公共建筑
B 塔式住宅
C 11层及11层以下的单元式住宅和通廊式住宅
D 高度超过32m的其他二类公共建筑

解析：《防火规范》第7.3.1条，一类公共建筑、塔式住宅、12层及12层以上的单元式住宅和通廊式住宅应设消防电梯。

答案：C

## （七）电话、有线广播和扩声、同声传译

22-7-1 (2009) 电话站、扩声控制室、电子计算机房等弱电机房位置选择时，都要远离变配电所，主要是为了（　　）。
A 防火　　　　　　　　　　B 防电磁干扰
C 线路敷设方便　　　　　　D 防电击

解析：防止强电机房对弱电机房产生的电磁干扰。

答案：B

22-7-2 (2008、2006) 关于会议厅、报告厅内同声传译信号的输出方式，下列叙述中哪一个是错误的？
A 设置固定坐席并有保密要求时，宜采用无线方式
B 设置活动坐席时，宜采用无线方式
C 在采用无线方式时，宜采用红外辐射方式
D 既有固定坐席又有活动坐席，宜采用有线、无线混合方式

解析：采用有线方式保密性好。

答案：A

**22-7-3** (2007) 民用建筑中广播系统选用的扬声器，下列哪项是正确的？

A 办公室的业务广播系统选用的扬声器不小于5W
B 走廊、门厅的广播扬声器不大于2W
C 室外扬声器应选用防潮保护型
D 室内公共场所选用号筒扬声器

解析：《电气标准》第16.4.7条，公共广播扬声器的选择应满足灵敏度、频响、指向性等特性及播放效果的要求，并应符合下列规定：办公室、生活间、客房等可采用1～3W的扬声器；走廊、门厅及公共场所的背景音乐、业务广播等宜采用3～5W扬声器。

答案：C

**22-7-4** (2005) 关于有线广播控制室的土建及其设施要求，下面哪一条是正确的？

A 机房净高不低于2.3m
B 采用水磨石地面
C 采用木地板或塑料地面
D 照明照度不低于100lx

解析：《电气标准》第23.4.3条，机房净高不低于2.5m，使用防静电地面，照明照度不低于300lx。

答案：C

**22-7-5** (2004) 通信机房的位置选择，下列哪一种是不适当的？

A 应布置在环境比较清静和清洁的区域
B 宜设在地下层
C 在公共建筑中宜设在二层及以上
D 住宅小区内应与物业用房设置在一起

解析：《电气标准》第23.2.1条第1款，机房宜设在建筑物首层及以上各层，当有多层地下层时，也可设在地下一层。B选项会受到潮湿影响，通信机房不宜设在地下层。

答案：B

**22-7-6** 关于计算机用房的下述说法哪种不正确？

A 业务用计算机电源属于一级电力负荷
B 计算机房应远离易燃易爆场所及振动源
C 为取电方便应设在配电室附近
D 计算机用房应设独立的空调系统或在空调系统中设置独立的空气循环系统

解析：计算机用房应远离配电室，减少磁干扰场强。

答案：C

**22-7-7** 关于电话站技术用房位置的下述说法哪种不正确？

A 不宜设在浴池、卫生间、开水房及其他容易积水房间的附近
B 不宜设在水泵房、冷冻空调机房及其他有较大振动场所附近
C 不宜设在锅炉房、洗衣房以及空气中粉尘含量过高或有腐蚀性气体、腐蚀性排泄物等场所附近

D 宜靠近配变电所设置，在变压器室、配电室楼上、楼下或隔壁

解析：电话技术用房应远离变配电所设置，减少磁干扰场强。

答案：D

**22-7-8** 扩声控制室的下列土建要求中，哪条是错误的？
A 镜框式剧场扩声控制室宜设在观众厅后部
B 体育馆内扩声控制室宜设在主席台侧
C 报告厅扩声控制室宜设在主席台侧
D 扩声控制室不应与电气设备机房上、下、左、右贴邻布置

解析：根据《电气标准》第16.7.4条，扩声控制室，应能通过观察窗看到舞台（讲台）活动区和大部分观众席，宜设在下列位置：剧院类建筑，宜设在观众厅后部；体育场、馆类建筑，宜设在主席台侧；会议厅、报告厅类建筑，宜设在厅的侧面或后部。

答案：C

**22-7-9** 演播室及播音室的隔声门及观察窗的隔声量每个应不少于（　　）dB。
A 40　　　　B 50　　　　C 60　　　　D 80

解析：隔声门及观察窗的隔声量每个应不少于60dB。

答案：C

**22-7-10** 演播室与控制室地面高度的关系如下，哪一个正确？
A 演播室地面宜高于控制室地面0.3m
B 控制室地面宜高于演播室地面0.3m
C 演播室地面宜高于控制室地面0.5m
D 控制室地面宜高于演播室地面0.5m

解析：控制室地面宜高于演播室地面0.3m。

答案：B

**22-7-11** 电话站技术用房应采用下列哪一种地面？
A 水磨石地面　　　　　　　　B 防滑地砖
C 防静电的活动地板或塑料地面　　D 无要求

解析：电话站技术用房的地面（除蓄电池室），应采用防静电的活动地板或塑料地面，有条件时亦可采用木地板。

答案：C

## （八）共用天线电视系统和闭路应用电视系统

**22-8-1** (2010) 有线电视网络系统应采用哪一种电源电压供电？
A 交流380V　　　　　　　　B 直流24V
C 交流220V　　　　　　　　D 直流220V

解析：《有线电视网络工程设计标准》GB 50200—2018第10.3.3条，技术用房的低压配电系统应采用频率50Hz、电压380V、三相五线制，交流电源接地应采用TN-S系统，采用专用配电箱（柜）并应靠近用电设备安装。

答案：C

**22-8-2** (2007) 有线电视的前端部分包括三部分，下列哪项是正确的？
A 信号源部分、信号处理部分、信号放大合成输出部分
B 电源部分、信号源部分、信号处理部分
C 电源部分、信号处理部分、信号传输部分
D 信号源部分、信号传输部分、电源部分

解析：有线电视的前端部分包括信号源部分、信号处理部分、信号放大合成输出三部分。

答案：A

**22-8-3** (2006) 建筑高度超过100m的建筑物，其设在屋顶平台上的共用天线，距屋顶直升机停机坪的距离不应小于下列哪个数值？
A 1.00m　　　B 3.00m　　　C 5.00m　　　D 10.00m

解析：根据《防火规范》第7.4.2条，设在屋顶平台上的设备机房、水箱间、电梯机房、共用天线等突出物，距屋顶直升机停机坪的距离不应小于5.00m。

答案：C

**22-8-4** (2004) 下述部位中，哪个不应设监控用的摄影机？
A 高级宾馆大厅　　　　　　B 电梯轿厢
C 车库出入口　　　　　　　D 高级客房

解析：高级客房是私密空间，依据《电气标准》第14.1.3-6条，民用建筑场所设置的视频监控设备，不得直接朝向涉密和敏感的有关设施。

答案：D

## （九）呼应（叫）信号及公共显示装置

**22-9-1** (2006) 医院呼叫信号装置使用的交流工作电压范围应是（　　）。
A 380V及以下　　　　　　　B 220V及以下
C 110V及以下　　　　　　　D 50V及以下

解析：《电气标准》第17.1.1条，呼叫信号系统包括病房护理呼叫信号系统、候诊呼叫信号系统、老年人公寓呼叫信号系统、营业厅呼叫信号系统、电梯多方通话系统和公共求助呼叫信号系统等。其中：护理呼叫信号系统呼叫分机单元、老年人照料设施建筑呼叫信号系统，应使用50V及以下安全电压；候诊呼叫信号系统、营业厅呼叫信号系统等信息显示系统，可选用交流电压220V或220/380V供电。

答案：D

## （十）智能建筑及综合布线系统

**22-10-1** (2010) 建筑设备监控系统包括以下哪项功能？
A 办公自动化　　　　　　　B 有线电视、广播

C 供配电系统　　　　　　　　　D 通信系统

解析：《电气标准》第18.1.1条，建筑物、建筑群所属建筑设备监控系统（BAS）的设计，可对下列子系统进行设备运行和建筑能耗的监测与控制：①冷热源系统；②空调及通风系统；③给水排水系统；④供配电系统；⑤照明系统；⑥电梯和自动扶梯系统。

答案：C

**22-10-2** (2010) 综合布线有什么功能？
A 合并多根弱电回路的各种功能
B 包含强电、弱电和无线电线路的功能
C 传输语音、数据、图文和视频信号
D 综合各种通信线路

解析：《电气标准》第21.1.2条，综合布线系统应采用开放式网络拓扑结构，应能满足语音、数据、图文和视频等信息传输的要求。

答案：C

**22-10-3** (2008、2006) 办公楼综合布线系统信息插座的数量，按基本配置标准的要求是（　　）。
A 每两个工作区设1个　　　　B 每个工作区设1个
C 每个工作区设不少于2个　　D 每个办公室设1～2个

解析：根据《综合布线系统工程设计规范》GB 50311—2016 第5.2.4条，每一个工作区信息插座模块数量不宜少于2个，并应满足各种业务的需求。

答案：C

**22-10-4** (2008、2006) 关于综合布线设备间的布置，机架（柜）前面的净空不应小于下列哪一个尺寸？
A 800mm　　B 1000mm　　C 1200mm　　D 500mm

解析：根据《电气标准》第21.5.4条第2款，机柜单排安装时，前面净空不应小于1.0m，后面及侧面净空不应小于0.8m；多排安装时，列间距不应小于1.2m。

答案：B

**22-10-5** (2008) 综合布线系统的设备间，其位置的设置宜符合哪项要求？
A 靠近低压配电室　　　　　　B 靠近工作区
C 位于配线子系统的中间位置　D 位于干线子系统的中间位置

解析：根据《电气标准》第21.5.1条，设备间应根据主干线缆的传输距离、敷设路由和数量，设置在靠近用户密度中心和主干线缆竖井位置。

答案：D

**22-10-6** (2007) 建筑物综合布线系统中交接间的数量是根据下列哪个原则来设计的？
A 高层建筑每层至少设两个
B 多层建筑每层至少设一个
C 水平配线长度不超过90m设一个
D 水平配线长度不超过120m设一个

解析：交接间也叫电信间。电信间定义：放置电信设备、缆线终接的配线设备，并进行缆线交接的一个空间。《电气标准》第21.5.3条，电信间的使用面积不应小于5m²，电信间的数量应按所服务楼层范围及工作区面积来确定。当该层信息点数量不大于400个最长水平电缆长度小于或等于90m时，宜设置1个电信间；最长水平线缆长度大于90m时，宜设2个或多个电信间；每层的信息点数量较少，最长水平线缆长度不大于90m的情况下，宜几个楼层合设一个电信间。

答案：C

22-10-7 (2005) 关于建筑物自动化系统监控中心的设置和要求，下面哪一条规定是正确的？

A 监控中心尽可能靠近变配电室
B 监控中心应设活动地板，活动地板高度不低于0.5m
C 监控中心的各类导线在活动地板下线槽内敷设，电源线和信号线之间应采用隔离措施
D 监控中心的上、下方应无卫生间等潮湿房间（不应设在卫生间等潮湿房间的正下方或贴邻）

解析：监控中心与变配电室距离不宜小于15m，A选项错误。监控中心应设活动地板，活动地板高度不低于0.2m，B选项错误。监控中心的各类导线在活动地板下线槽内敷设，电源线和信号线之间应采用隔离措施，无屏蔽布线，间距宜大于0.3m。C选项正确。线槽内布线，电源线和信号线之间应采用隔离措施，保证信号线不受外界电磁干扰；监控中心不应设在卫生间等潮湿房间的正下方或贴邻，D选项错误。

答案：C

22-10-8 (2005) 综合布线系统的交接间数量，应从所服务的楼层范围考虑，如果配线电缆长度都在90m范围以内时，宜设几个交接间？

A 1个　　　　B 2个　　　　C 3个　　　　D 4个

解析：同题22-10-6。

答案：A

22-10-9 (2004) 下面哪一条是综合布线的主要功能？

A 综合强电和弱电的布线系统
B 综合电气线路和非电气管线系统
C 综合火灾自动报警和消防联动控制系统
D 建筑物内信息通信网络的基础传输通道

解析：综合布线由传输介质、线路管理硬件、连接器、适配器、传输电子线路等部件组成，并可以通过这些部件来构造各种子系统，故称之为综合布线。综合布线是建筑物或建筑群内部之间的传输网络，以方便语音和数据通信、交换设备及其他信息管理系统的彼此相连。

答案：D

22-10-10 (2003) 建筑设备自动化系统（BAS），是以下面哪一项的要求为主要内容？

A 空调系统
B 消防火灾自动报警及联动控制系统
C 安全防范系统
D 供配电系统

解析：《智能建筑设计标准》GB 50314—2015 第 4.5.3 条，建筑设备监控系统应符合下列规定：监控的设备范围宜包括冷热源、供暖通风和空气调节、给水排水、供配电、照明、电梯等，并宜包括以自成控制体系方式纳入管理的专项设备监控系统等。

BAS 按工作范围有两种定义方法：广义的 BAS 包括建筑设备监控系统、火灾自动报警系统和安全防范系统；狭义的 BAS 即为建筑设备监控系统，从使用方便的角度，简称"BAS"，不包括 B、C 选项内容。"BAS"包括 A、D 选项内容，分析综合型建筑能源消耗量相对集中在暖通空调及照明、动力两大部分，而暖通空调能耗所占比例最大达 60% 以上，照明、动力能耗达 30% 以上，故"BAS"以 A 选项内容为主要内容。

答案：A

22-10-11 (2003) 建筑设备自控系统的监控中心设置的位置，下列哪一种情况是不允许的？

A 环境安静           B 地下层
C 靠近变电所、制冷机房   D 远离易燃易爆场所

解析：依据《电气标准》第 23.2.1 条，机房位置选择应符合下列规定：机房宜设在建筑物首层及以上各层，当有多层地下层时，也可设在地下一层（B 选项允许）；机房不应设置在厕所、浴室或其他潮湿、易积水场所的正下方或与其贴邻；机房应远离强振动源和强噪声源的场所，当不能避免时，应采取有效的隔振、消声和隔声措施（A 选项允许）；机房应远离强电磁场干扰场所，当不能避免时，应采取有效的电磁屏蔽措施（C 选项不允许）。D 选项远离易燃易爆场所自然是允许的。

答案：C

22-10-12 (2003) 综合布线系统中水平布线电缆总长度的允许最大值是(    )。

A 50m        B 70m        C 100m        D 120m

解析：《综合布线系统工程设计规范》GB 50311—2016 第 3.1.2 条，综合布线系统的构成：

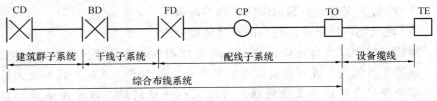

图 3.1.2-1　综合布线系统基本构成

第 3.3.2 条，配线子系统信道的最大长度不应大于 100m。

答案：C

22-10-13 (2003) 综合布线系统中的设备间应有足够的安装空间，其面积不应小于(　　)。
A 10m²　　　　　B 15m²　　　　　C 20m²　　　　　D 30m²
解析：参见《综合布线系统工程设计规范》GB 50311—2016 第 7.3.3 条，设备间内的空间应满足布线系统配线设备的安装需要，其使用面积不应小于 10m²。当设备间内需安装其他信息通信系统设备机柜或光纤到用户单元通信设施机柜时，应增加使用面积。
答案：A

## （十一）电 气 设 计 基 础

22-11-1 (2010) 关于配电变压器的选择，下面哪项表述是正确的？
A 变压器满负荷时效率最高
B 变压器满负荷时的效率不一定最高
C 电力和照明负荷通常不共用变压器供电
D 电力和照明负荷需分开计量时，则电力和照明负荷只能分别专设变压器
解析：根据变压器工作特性曲线，变压器负荷在 50%～70% 时的效率最高。
答案：B

22-11-2 (2010) 下面哪一条关于采用干式变压器的理由不能成立？
A 对防火有利
B 体积较小，便于安装和搬运
C 没有噪声
D 可以和高低压开关柜布置在同一房间内
解析：比较其他常用变压器性能指标，干式变压器工作中噪声最大。
答案：C

22-11-3 (2010、2009) 下列用电设备中，哪一种功率因数最高？
A 电烤箱　　　　　　　　　　　B 电冰箱
C 家用空调器　　　　　　　　　D 电风扇
解析：电烤箱是阻性负载，功率因数最高。
答案：A

22-11-4 (2009) 下列单位中哪一个是用于表示无功功率的单位？
A kW　　　　　B kV　　　　　C kA　　　　　D kVar
解析：kW 和 kVar 均为功率的单位，kW 是有功功率的单位，kVar 是无功功率的单位。
答案：D

22-11-5 (2009) 下列哪种调速方法是交流笼型电动机的调速方法？
A 电枢回路串电阻　　　　　　　B 改变励磁调速
C 变频调速　　　　　　　　　　D 串级调速
解析：电枢回路串电阻是绕线式异步电机的调速方法；改变励磁调速是直流

电机的调速方法；变频调速是交流鼠笼异步电动机的调速方法；串级调速是交流绕线式异步电动机的调速方法。

答案：C

**22-11-6** (2008、2004) 某一工程生活水泵的电动机，请判断属于哪一类负载？

A 交流电阻性负载 B 直流电阻性负载
C 交流电感性负载 D 交流电容性负载

解析：常用生活水泵的电动机属于交流电感性负载。

答案：C

**22-11-7** (2008、2005) 民用建筑和工业建筑中最常用的低压电动机是哪一种类型？

A 交流异步鼠笼型电动机 B 同步电动机
C 直流电动机 D 交流异步绕线电动机

解析：电动机按它产生或耗用电能种类的不同，分为直流电机和交流电机；交流电机又按它的转子转速与旋转磁场转速的关系不同，分为同步电机和异步电机；异步电机按转子结构的不同，还可分为绕线式异步电机和鼠笼式异步电机。民用建筑和工业建筑中最常用的低压电动机是交流异步鼠笼型电动机。

答案：A

**22-11-8** (2007) 交流电路中的阻抗与下列哪个参数无关？

A 电阻 B 电抗 C 电容 D 磁通量

解析：交流电路中的阻抗等于电阻与电抗的向量和，电抗与电容有关。

答案：D

**22-11-9** (2007) 下列哪种用电设备工作时会产生高次谐波？

A 电阻炉 B 变频调速装置
C 电热烘箱 D 白炽灯

解析：变频调速装置工作时会产生高次谐波。

答案：B

**22-11-10** (2005) 关于电动机的起动，下面哪一条描述是不正确的？

A 电动机起动时应满足机械设备要求的起动转矩
B 电动机起动时应保证机械设备能承受其冲击转矩
C 电动机起动时应不影响其他用电设备的正常运行
D 电动机的起动电流小于其额定电流

解析：根据电动机的启动特性，电动机的起动电流大于其额定电流。

答案：D

**22-11-11** (2005) 采用电力电容器作为无功功率补偿装置可以(　　)。

A 增加无功功率 B 吸收电容电流
C 减少泄漏电流 D 提高功率因数

解析：电力电容器作为无功功率补偿装置，可以提高功率因数。

答案：D

**22-11-12** (2005) 下列哪一类低压交流用电或配电设备的电源线不含有中性线？

A 220V 电动机 　　　　　　　　　B 380V 电动机
C 380/220V 照明配电箱 　　　　D 220V 照明
解析：三相交流设备的电源线不含有中性线。
答案：B

**22-11-13** (2004) 电动机回路中的热继电器的作用是下面的哪一项？
A 短路保护 　　　　　　　　　　B 过载保护
C 漏电保护 　　　　　　　　　　D 低电压保护
解析：热继电器主要用来对异步电动机进行过载保护。
答案：B

**22-11-14** (2004) 用电设备在功率不变的情况下，电压和电流两者之间的关系，下面哪条叙述是正确的？
A 电压与电流两者之间无关系 　　B 电压越高，电流越小
C 电压越高，电流越大 　　　　　D 电压不变，电流可以任意变化
解析：功率＝电压×电流。
答案：B

**22-11-15** (2003) 有功功率、无功功率表示的符号分别是(　　)。
A W、VA 　　　　　　　　　　　B W、Var
C Var、VA 　　　　　　　　　　D VA、W
解析：有功功率、无功功率、视在功率的符号分别是 P、Q、S，单位分别是 W、Var、VA。选择中给的是单位，所以有功功率、无功功率的单位是 W、Var。
答案：B

**22-11-16** 整流器的功能是以下哪一条？
A 把直流电转换成交流电 　　　　B 把交流电转换成直流电
C 稳压稳流 　　　　　　　　　　D 滤波
解析：把直流电转换成交流电的设备是逆变器，把交流电转换成直流电的设备是整流器。
答案：B

**22-11-17** 接通电路后，电流流过导体，会在导体及其周围产生效应，下列哪个是错误的？
A 热效应 　　　　　　　　　　　B 磁场效应
C 电场效应 　　　　　　　　　　D 声效应
解析：电流流过导体，不会在导体及其周围产生声音效应。
答案：D

**22-11-18** 在下列单位中，电功率的单位是哪一个？
A 伏特（V） 　　　　　　　　　B 安培（A）
C 千瓦小时（kWh） 　　　　　　D 瓦（W）
解析：电功率的单位是瓦。
答案：D

22-11-19 在感性负载上并联以下哪种设备可以提高功率因数？
A 变压器　　　　　　　　　　　B 电容器
C 整流器　　　　　　　　　　　D 继电器
解析：感性负载并联电容器，可提高功率因数。
答案：B

22-11-20 在无特殊防火要求的多层建筑中，装有可燃性油的电气设备的配变电所，允许设在下列哪些场所？
Ⅰ．人员密集场所的上方；
Ⅱ．贴邻疏散出口的两侧；
Ⅲ．首层靠外墙部位；
Ⅳ．地下室
A Ⅰ、Ⅲ　　　　B Ⅱ、Ⅲ　　　　C Ⅱ、Ⅲ　　　　D Ⅲ、Ⅳ
解析：《20kV及以下变电所设计规范》GB 50053—2013 第2.0.3条，在多层建筑物或高层建筑物的裙房中，不宜设置油浸变压器的变电所，当受条件限制必须设置时，应将油浸变压器的变电所设置在建筑物首层靠外墙的部位，且不得设置在人员密集场所的正上方、正下方、贴邻处以及疏散出口的两旁。
答案：D

22-11-21 下列电气设备哪个不宜设在高层建筑内？
A 真空断路器　　　　　　　　　B 六氟化硫断路器
C 环氧树脂浇注干式变压器　　　D 少油断路器
解析：根据《电气标准》第4.5.2条，民用建筑内变电所，不应设置裸露带电导体或装置，不应设置带可燃性油的电气设备和变压器。
答案：D

# 2021年试题、解析、答案及考点

## 2021年试题

1. 声波在传播途径中遇到比其波长小的障碍物将会产生（ ）。
   A 折射　　　　　B 反射　　　　　C 绕射　　　　　D 透射

2. 下列不同频率的声音，声压级均为70dB，听起来最响的是（ ）。
   A 4000Hz　　　B 1000Hz　　　C 200Hz　　　D 50Hz

3. 多孔吸声材料具有良好的吸声性能的原因是（ ）。
   A 表面粗糙
   B 容重小
   C 具有大量内外连通的微小空隙和孔洞
   D 内部有大量封闭孔洞

4. 关于空腔共振吸声结构，下列说法错误的是（ ）。
   A 空腔中填充多孔材料，可提高吸声系数
   B 共振时声音放大，会辐射出更强的声音
   C 共振时振动速度和振幅达到最大
   D 吸声系数在共振频率处达到最大

5. 单层质密墙体厚度增加一倍则其隔声量根据质量定律增加（ ）。
   A 6dB　　　　　B 4dB　　　　　C 2dB　　　　　D 1dB

6. 墙体产生"吻合效应"的原因是（ ）。
   A 墙体在斜入射声波激发下产生的受迫弯曲波的传播速度，等于墙体固有的自由弯曲波传播速度
   B 两层墙板的厚度相同
   C 两层墙板之间有空气间层
   D 两层墙板之间有刚性连接

7. 降噪系数，具体倍频带为（ ）。
   A 125～4000Hz　　　　　　　B 125～2000Hz
   C 250～4000Hz　　　　　　　D 250～2000Hz

8. 下列哪项措施可有效提高设备的减振效果？
   A 使减振系统的固有频率远小于设备的振动频率
   B 使减振系统的固有频率接近设备的振动频率
   C 增加隔振器的阻尼
   D 增加隔振器的刚度

9. 厅堂音质设计中，表示声音的客观物理量是（ ）。
   A 响度　　　　　B 丰满度　　　　C 空间感　　　　D 声压级

10. 为了获得最合适的混响时间，每座容积最大的是哪个？
    A 歌剧院　　　　B 音乐厅　　　　C 多用途礼堂　　　D 报告厅

11. 在一面 6m×3m 的砖墙上装有一扇 2m×1m 的窗，砖墙的隔声量为 50dB。若要求含窗砖墙的综合隔声量不低于 45dB，则窗的隔声量至少是（    ）。
    A  30dB          B  34dB          C  37dB          D  40dB
12. 某房间长 20m，宽 10m，高 5m。地面为木地板，墙面为砖墙抹灰，顶面为矿棉板，地面、墙面、顶面的吸声系数分别为 0.05、0.02、0.5。该房间内的混响时间为（    ）。
    A  0.4s          B  1.0s          C  1.4s          D  2.0s
13. 以下哪个物理量表示一个光源发出的光能量？
    A  光通量         B  照度          C  亮度          D  色温
14. 下列哪个是近似漫反射的选项？
    A  抛光金属表面              B  光滑的纸
    C  粉刷的墙面                D  油漆表面
15. 天然采光条件下的室内空间中，高侧窗具有以下哪个优点？
    A  窗口进光量较大            B  离窗近的地方照度提高
    C  采光时间较长              D  离窗远的地方照度提高
16. 对于晴天较多地区的北向房间，下列措施中不能改善房间采光效果的是（    ）。
    A  适当增加窗面积
    B  降低室内各类面反射比，以增加对比度
    C  将建筑表面处理成浅色
    D  适当增加建筑的间距
17. 下列屋架形式最适合布置横向天窗的是（    ）。
    A  上弦坡度较大的三角屋架     B  边柱较高的梯形钢屋架
    C  中式屋架                  D  钢网架
18. 开敞式办公室中有休息区时，整个场所最好采用以下哪种照明方式？
    A  混合照明                 B  一般照明
    C  分区一般照明              D  局部照明
19. 人员长时间工作房间，顶棚内表面材料反射比取以下哪个最佳？
    A  0.7          B  0.5          C  0.3          D  0.1
20. 下列住宅自然采光中不属于强制要求的是（    ）。
    A  起居室        B  卧室         C  卫生间        D  厨房
21. 色温和照度高低的关系（    ）。
    A  低照度高色温，高照度低色温   B  低照度低色温，高照度中色温
    C  低照度中色温，高照度低色温   D  低照度低色温，高照度高色温
22. 以下选项中不属于室内照明节能措施的是（    ）。
    A  办公楼或商场按租户设置电能表
    B  采光区域的照明控制独立于其他区域的照明控制
    C  合理地控制照明功率密度
    D  选用的间接照明灯具提高空间密度
23. 不能有效降低直接眩光的做法是（    ）。

A 降低光源表面亮度 B 加大灯具遮光角
C 降低光源发光面积 D 增加背景亮度

24. "建筑化"大面积照明艺术,最能避免眩光的是( )。
A 发光顶棚 B 嵌入式光带
C 一体化光梁 D 格片式发光顶

25. 下列物理量中,属于室内热环境湿空气物理量的基本参数是( )。
A 湿球温度、空气湿度、露点温度
B 空气湿度、露点温度、水蒸气分布压力
C 绝对湿度、空气湿度、水蒸气分布压力
D 相对湿度、露点温度、水蒸气分布压力

26. 室外环境中,对建筑影响最大的因素是( )。
A 空气湿度 B 太阳辐射 C 风 D 温度

27. 计算墙体的传热阻。混凝土墙厚度 200mm,导热系数 0.81W/(m·K),保温层厚度 100mm,导热系数 0.04W/(m·K)。墙体内表面换热阻 $R_i$=0.11(m²·K)/W,墙体外表面换热阻 $R_i$=0.04(m²·K)/W。两个 R 值进行计算。
A 2.5 B 2.75 C 2.9 D 3.05

28. 根据《民用建筑热工设计规范》GB 50176—2016,二级分区依据是( )。
A 冬季室内计算参数,夏季室内计算参数
B 冬季室外计算参数,夏季室外计算参数
C 最冷月的平均温度和最热月的平均温度
D 采暖度日数和空调度日数

29. 根据《民用建筑热工设计规范》GB 50176—2016,要求对外门窗、透明幕墙、采光顶进行冬季抗结露验算的是( )。
A 夏热冬冷 A 区 B 温和 B 区
C 夏热冬冷 B 区 D 夏热冬暖

30. 关于超低能耗建筑,下列技术措施中不满足外墙隔热要求的是( )。
A 进行浅颜色处理 B 降低热惰性指标 D 值
C 实施墙面垂直绿化 D 采用干挂通风幕墙

31. 广州夏季某建筑不同朝向的室外综合温度分布曲线(题31图),其中曲线 3 代表什么朝向的室外综合温度变化?

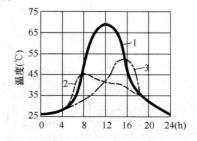

题 31 图 不同朝向的室外综合温度图
1—水平面;2—东向垂直面;3—西向垂直面

A 水平面　　　　B 东向　　　　C 西向　　　　D 北向

32. 建筑太阳能利用的方式中，属于主动式利用太阳功能的是（　　）。
   A 为集热蓄热墙式
   B 为对流环路式样
   C 为附加阳光间式
   D 为太阳能集热板通过泵把热量传递到各房间

33. 北京地区住宅日照标准为（　　）。
   A 冬至日1小时　　　　B 冬至日2小时
   C 大寒日2小时　　　　D 大寒日3小时

34. 下列不属于百叶活动遮阳的是（　　）。

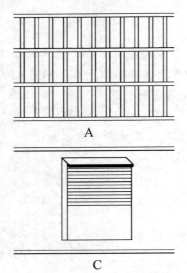
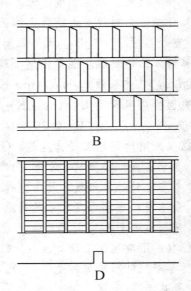

35. 关于超低能耗建筑的屋面构造设计，下列屋面构造做法中加设隔汽层位置正确的是（　　）。
   A 钢筋混凝土板下面　　　　B 保温层下面
   C 保温层上面　　　　　　　D 防水层下面

36. 题36图所示绿色建筑设计方法中，不能有效增强建筑自然通风效果的是（　　）。
   A 室外树木绿化　　　　B 玻璃顶中庭
   C 良好热性能外窗　　　D 雨淋屋顶

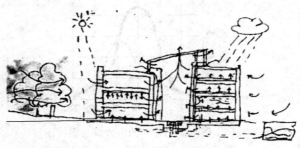

题36图

37. 下列管道中，可以与生活饮用水管道连接的是( )。
    A 中水管道　　　　　　　　　　B 杂用水管道
    C 回用雨水管道　　　　　　　　D 消防给水

38. 关于生活饮用水池（箱）的设置位置，正确的是( )。
    A 与中水水箱毗邻　　　　　　　B 上层有洗衣房
    C 上层有宿舍　　　　　　　　　D 上层设有变电所

39. 关于室内生活给水管道敷设的规定，正确的是( )。
    A 给水管道可以从生产设备上穿过
    B 给水管道可以敷设在排水沟壁上
    C 给水管道可以从储藏室穿过
    D 给水管道可以在风道内敷设

40. 关于小区给水泵站设置的影响因素，错误的是( )。
    A 小区的规模　　　　　　　　　B 建筑物的功能
    C 建筑高度　　　　　　　　　　D 当地供水部门的要求

41. 集中热水供应优先采用的是( )。
    A 太阳能　　　　　　　　　　　B 合适的废水废热地热
    C 空气能热水器　　　　　　　　D 燃气热水器

42. 热水管道敷设要求，正确的是( )。
    A 配水干管和立管最高点应设泄水装置
    B 热水机房应优先选用塑料热水管
    C 系统最低点应设置放气措施
    D 应采取补偿管道热胀冷缩的措施

43. 太阳能热水系统，不需要采取哪些措施？
    A 防结露　　　B 防过热　　　C 防水　　　　D 防雷

44. 关于给排水管道的建筑机电抗震设计的说法，正确的是( )。
    A 高层建筑及9度地区建筑的干管、立管应采用塑料管道
    B 高层建筑及9度地区建筑的入户管阀门之后应设软接头
    C 高层建筑及9度地区建筑宜采用塑料排水管道
    D 7度地区的建筑机电工程可不进行抗震设计

45. 消防水泵房应满足以下规定( )。
    A 冬季结冰地区采暖温度不应低于16℃
    B 建筑物内的消防水泵房可以设置在地下三层
    C 单独建造时，耐火等级不低于一级
    D 水泵房设置防水淹的措施

46. 以下场所中，需要设置消防排水的是( )。
    A 仓库　　　　B 生活水泵房　　　C 扶梯底部　　　D 地下车库入口

47. 下列不属于自动喷水灭火系统分类保护标准范围的是( )。
    A 轻度危险　　　　　　　　　　B 中度危险
    C 严重危险　　　　　　　　　　D 仓库严重危险

285

48. 下列哪类水不能直接排入室外雨水管道？
    A 中水                    B 空调冷凝水
    C 车库洗车废水            D 消防用水
49. 关于排水通气管的设置，正确的是（　　）。
    A 可与卫生间风道连接
    B 建筑内可用吸气阀代替通气管
    C 伸顶通气管为金属材质，可不设防雷装置
    D 顶端装设风帽或网罩
50. 小区雨水口不宜布置在（　　）。
    A 建筑主入口            B 道路低点
    C 地下坡道出入口        D 道路交会处
51. 下列不属于雨水储存设施的是（　　）。
    A 小区景观水体    B 雨水口    C 旱塘    D 储水罐
52. 体育场卫生器具设置错误的是（　　）。
    A 洗手盆采用感应式水嘴        B 小便器采用手动式冲洗阀
    C 蹲式便器采用延时自闭冲洗阀  D 坐便器采用大小分档水箱
53. 采暖管道穿越防火墙时，下面哪项措施错误？
    A 预埋钢管                B 防火密封材料填塞
    C 防火墙一侧设柔性连接    D 防火墙一侧设固定支架
54. 二层卫生间（上下层均为卫生间）采用钢筋混凝土填充式地板辐射供暖系统，下列地面做法最合理的是（　　）。
    A 上有防水下有防潮        B 上无防水下有防潮
    C 上有防水下无防潮        D 防水防潮均无
55. 不需要设置独立的机械排风的房间是（　　）。
    A 有防爆要求的房间        B 有非可燃粉尘的房间
    C 甲乙不同防火分区        D 两种有害物质混合会燃烧的房间
56. 燃气锅炉用房及附属用房位于地下一层，锅炉间设事故排风，事故排风机设置位置正确的是（　　）。
    A 锅炉间内                B 辅机间内
    C 地下一层排烟机房内      D 锅炉间正上方室外
57. 有产生振动及电磁波设备的实验室，不宜采用下列哪类空调设备？
    A 直接膨胀式空调机组      B 新风机组
    C 多联空调机组            D 组合式空调机组
58. 某办公楼冷源采用冰蓄冷系统，对用户而言，优先是（　　）。
    A 节约制冷电耗            B 节约制冷电费
    C 节约冷源设备初始投资    D 节约冷源机房占地面积
59. 建筑空调系统方案中，占用空调机房和吊顶空间最大的是（　　）。
    A 多联机空调＋新风系统
    B 全空气空调系统

C 两管制风机盘管＋新风系统
D 四管制风机盘管＋新风系统

60. 超高层办公建筑位于寒冷地带,针对冬季电梯门关闭困难,下列无效的是( )。
A 首层外门设空气幕  B 电梯厅设门
C 设置双层外门  D 冷却电梯井道

61. 室内管道水平敷设时,对坡度无要求的是( )。
A 排烟管  B 冷凝管
C 供暖水管  D 排油烟管

62. 设置在建筑地下一层的燃气锅炉房,对其锅炉间出入口的设置要求正确的是( )。
A 出入口不少于一个且应直通疏散口
B 出入口不少于一个且不需直通室外
C 出入口不少于两个,且应有一个直通室外
D 出入口不少于两个,且均应直通室外

63. 关于电制冷冷水机组与其机房的设计要求,下列哪一项是错误的?
A 机房应设泄压口
B 机房应设置排水设施
C 机房应尽量布置在空调负荷中心
D 机组制冷剂安全阀卸压管应接至室外安全处

64. 采用减小体形系数、加强外墙保温、争取良好日照的措施后,减少供暖空调能耗最有效的城市是( )。
A 深圳  B 武汉  C 天津  D 长春

65. 办公室全空气空调系统在过渡季增大新风量运行,主要是利用室外新风( )。
A 降低人工冷源能耗  B 降低室内 VOC 浓度
C 降低室内二氧化碳浓度  D 降低空调系统送风量

66. 进行围护结构中的热桥部位表面结露验算时,热桥内表面温度应高于下列哪个温度?
A 室外空气露点温度  B 室外空气最低温度
C 室内空气温度  D 室内空气露点温度

67. 某公共建筑 35m 长走道且两侧均有可开启外窗的房间,下列说法正确的是( )。
A 走道需要设置排烟,房间不需要
B 走道和各房间需设置排烟窗
C 走道和超过 100m² 的房间均需设置排烟窗
D 走道和房间均不需要设置排烟窗

68. 公共建筑防烟分区内自然排烟窗正确的是( )。
A 位于最小清晰高度以上
B 悬窗按 70% 计算有效面积
C 防火墙两侧窗间距 1m
D 防火分区内任意一点距离排烟口的距离小于等于 30m

69. 地下室无窗燃气厨房需设置( )。
A 泄爆窗井  B 事故排风  C 气体灭火  D 灾后排烟

70. 描述声场均匀度的单位，应为以下哪个？
    A 坎德拉（cd）    B 分贝（dB）    C 流明P（lm）    D 开尔文（K）
71. 关于线路敷设，以下正确的是（    ）。
    A 电缆直接埋设在冻土区地下时，应铺设在冻土线以上
    B 电缆沟应有良好的排水条件，应在沟内设置不小于0.5％的纵坡
    C 电缆隧道埋设时当遇到其他交叉管道时可适当避让降低高度，但应保证不小于1.9m净高
    D 消防电缆线在建筑内暗敷时，需要埋在保护层不少于20mm的不燃烧结构层内
72. 关于民用建筑电气设备的说法，正确的是（    ）。
    A NMR-CT机的扫描室的电气线缆应穿铁管明敷设
    B 安装在室内外的充电桩，可不考虑防水防尘要求
    C 不同温度要求的房间，采用一根发热电缆供暖
    D 电视转播设备的电源不应直接接在可控硅调光的舞台照明变压器上
73. 下列公共建筑的场所应设置疏散照明的是（    ）。
    A 150m² 的餐厅                B 150m² 的演播室
    C 150m² 的营业厅              D 150m² 的地下公共活动场所
74. 确定建筑物防雷分类可不考虑的因素为（    ）。
    A 建筑物的使用性质             B 建筑物的空间分割形式
    C 建筑物的所在地点             D 建筑物的高度
75. 公共建筑视频监控摄像机设置位置错误的是（    ）。
    A 直接朝向停车库车出入口       B 电梯轿厢
    C 直接朝向涉密设施             D 直接朝向公共建筑地面车库出入口
76. 智能化系统机房的设置，说法错误的是（    ）。
    A 不应设置在厕所正下方
    B 有多层地下室时，不能设置在地下一层
    C 应远离强振动源和强噪声源
    D 应远离强电磁干扰

**案例题**

地上8层办公建筑，地下2层，高度42m，地上面积8.9万m²，地下1.8万m²，二类高层。解答题77～81。

77. 电源设置说法正确的是（    ）。
    A 从邻近1个开闭站引入两条380V电源
    B 从邻近1个开闭站引入10kV双回路电源
    C 从邻近2个开闭站分别引入两条380V
    D 从邻近2个开闭站引入10kV双重电源
78. 不采取隔振和屏蔽的前提下，变配电室设置哪个位置合适？
    A 设置在一层，厨房正下方
    B 设置在办公正下方

C 设置在地下一层，智能化控制室正上方

D 设置在二层，一层为厨具展厅

79. 消防控制室位置应位于( )。

A 地下一层靠外墙，有直接对外出口

B 首层，疏散门不直接开向安全出口

C 可与安控室合并，并且和其他设备用房无分隔

D 二层，疏散口通过走廊到安全出口

80. 该建筑消防应急和灯光疏散指示标志的备用电源连续供电时间不应少于( )。

A 0.5h      B 1.0h      C 1.5h      D 3h

81. 设置一个感烟探测器可满足要求，哪个最合适？

题81图为办公室吊顶图，灯具嵌入式安装，感烟探测器、散流器送风口（非多孔送风口）均位于1200×600吊顶板正中央，设一个感烟探测器可满足要求，1～4位置最合适的是( )。

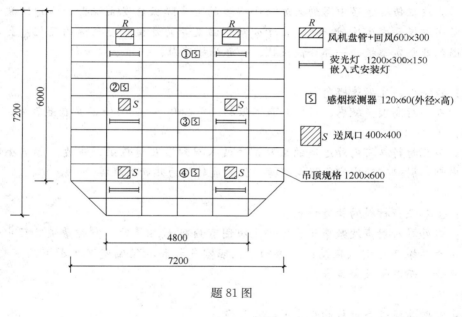

题81图

A 1      B 2      C 3      D 4

**案例题**

三级医院，一类防火，8度设防，600个床位，地下2层、地上9层，总建筑面积122000m²，地上建筑面积80900m²，地下建筑面积41100m²，高度45m。解答题82～85。

82. 医疗设备金属外壳与室内金属管道等电位联接的目的是( )。

A 防干扰      B 防电击      C 防火灾      D 防静电

83. 关于医疗照明设计的说法错误的是( )。

A 医疗用房应采用高显色照明光源

B 护理单元应设夜间照明

C　病房照明应采用反射式照明
　　D　手术室应设防止误入的白色信号灯
84. 下列属于一级负荷中特别重要负荷的是(　　)。
　　A　药品冷库　　　　　　　　　B　门诊部
　　C　重症呼吸道感染区的通风系统　　D　血库
85. 关于洁净手术部设计的说法错误的是(　　)。
　　A　应采用独立双路电源供电
　　B　室内的电源回路应设绝缘检测报警装置
　　C　手术室用电应与辅助用房用电分开
　　D　室内布线应采用环形布置

# 2021年试题解析、答案及考点

1. **解析**：声波在传播途径中遇到比波长小得多的坚实障板会发生绕射；遇到比波长大得多的坚实障板会发生反射；遇到由于介质、温度等的改变引起声速的变化，会发生折射；遇到非坚实障板，一部分被吸收、一部分被反射、一部分被透射。
   **答案**：C
   **考点**：声绕射、反射等概念。

2. **解析**：人耳对高频声敏感，对低频声不敏感；对2000~4000Hz的声音最敏感。
   **答案**：A

3. **解析**：多孔材料具有内外连通的微孔，声波入射到多孔材料上，声波能顺着微孔进入材料内部，引起空隙中空气振动摩擦，使声能转化为热能消耗掉。
   **答案**：C
   **考点**：多孔吸声材料的构造特点。

4. **解析**：当外界入射声波频率 $f$ 和空腔系统固有频率 $f_0$ 相等时，空腔壁板孔径中的空气柱就由于共振产生剧烈振动；在振动中，因空气柱和孔径侧壁产生摩擦而消耗声能，减弱声音，而不是放大声音。
   **答案**：B
   **考点**：空腔共振吸声结构的吸声原理和特点。

5. **解析**：厚度增加一倍，相当于墙体单位面积质量增大一倍，根据质量定律公式计算，原墙体隔声量：
$$R_1 = 20\lg m_1 + 20\lg f - 48$$
厚度增加一倍后，墙体隔声量变为：
$$\begin{aligned} R_2 &= 20\lg(2m_1) + 20\lg f - 48 \\ &= 20\lg m_1 + 20\lg f + 20\lg 2 - 48 \\ &= R_1 + 6 \end{aligned}$$
   **答案**：A
   **考点**：质量定律。

6. **解析**：声波斜入射到墙体上，墙体在声波作用下产生沿墙面传播的弯曲波，如果墙体产生的这种受迫弯曲波的传播速度等于墙体固有的自由弯曲波传播速度，就会产生吻合效应。这种效应将使墙体的隔声量降低。

**答案**：A

**考点**：吻合效应的原理。

7. **解析**：降噪系数和平均吸声系数一样，也是材料吸声性能的一个单值评价量，它比平均吸声系数更加简化，为250Hz、500Hz、1000Hz和2000Hz四个倍频带吸声系数的平均值。

**答案**：D

**考点**：降噪系数的概念。

8. **解析**：A：尽量使设备振动频率 $f$ 比减振系统的固有频率 $f_0$ 大，即当 $f$ 比 $f_0$ 远大于 $\sqrt{2}$ 倍，也即是使减振系统的固有频率 $f_0$ 远小于设备的振动频率 $f$ 时，减振效果明显；

B：设备振动频率与减振系统的固有频率接近，将会产生共振，使设备振动加强。

C：隔振器的阻尼不是越大越好，阻尼系数有一个合适的范围。

D：增加隔振器的刚度，有可能减弱隔振器的弹性减振作用。

因此，要提高减振效率，需提高 $f/f_0$ 的数值，$f$ 是设备的工作频率，一般不能改变，只能降低 $f_0$，通常将设备安装在质量块 M 上，质量块由减振器支承。

**答案**：A

**考点**：设备减振原理。

9. **解析**：响度、丰满度、空间感是主观评价量，声压级是客观评价量。

**答案**：D

**考点**：厅堂音质的主、客观评价量。

10. **解析**：每座容积的大小应根据厅堂的用途来确定，一般来说，每座容积音乐厅＞歌剧院＞多功能厅＞报告厅；音乐厅的每座容积可取 $8\sim 10\text{m}^3$/座。

**答案**：B

**考点**：各种厅堂的每座容积大小比较。

11. **解析**：墙的隔声量只要比门或窗高出10dB即可。

**答案**：D

**考点**：组合隔声量的设计原则：墙的隔声量只要比门或窗高出10dB即可。

12. **解析**：房间容积：$V=20\times 10\times 5=1000\text{m}^3$

房间吸声量：$A=20\times 10\times 0.05+(20\times 5\times 2+10\times 5\times 2)\times 0.02+20\times 10\times 0.5$
$=116\text{m}^2$

房间总表面积：$S=20\times 10+20\times 5\times 2+10\times 5\times 2+20\times 10=700\text{m}^2$

房间平均吸声系数：$a=A/S=0.16<0.2$

因为房间平均吸声系数小于0.2，故可用赛宾公式计算混响时间。

$T_{60}=(0.161\times V)/A=(0.161\times 1000)/116=1.39\text{s}$

**答案**：C

**考点**：混响时间计算。

13. **解析**：《设计标准》GB 50034—2013 及《建筑照明设计标准实施指南》GB 50034—2013中，光通量的定义为：根据辐射对标准光度观察者的作用导出的光度量；照度是指入射在包含该点的面元上的光通量 dφ 除以该面元面积 dA 所得之商；亮度的物理含义是包括该点面元 dA 在该方向的发光强度 $I = d\phi/d\Omega$ 与面元在垂直于给定方向上的正投影面积 $dA \cdot \cos\theta$ 所得之商；色温指的是当光源的色品与某一温度下黑体的色品相同时，该黑体的绝对温度为此光源的色温。

  题目中光源的光能量可以理解为光源总的光的"量"，即光度量，应为 A 选项光通量。

答案：A

14. 解析：抛光金属表面、粉刷的墙面、油漆表面均能够在一定程度上反射光源影像，形成镜面反射，同时又兼有漫反射，这三种表面反射形式均为混合反射。而粉刷的墙面一般不存在镜面反射情况，近似漫反射。

答案：C

15. 解析：高侧窗与普通侧窗的不同之处在于，其开窗位置在净高高的房间墙体靠上位置，斜射入室阳光能够照射到更深的位置。窗口进光量只与窗洞口大小和形状有关；降低窗下沿高度能够增加离窗近的地方的采光；采光时间长短主要与自然光气候有关，与是否高侧窗没有关系。

答案：D

16. 解析：北向房间在晴天采光量相对较少，所以增加采光量是该类情况改善采光的重要方面。A 选项中，增加窗面积，即增加窗地比，能够增加采光量，提升室内采光系数，改善北向房间采光效果，正确；B 选项中，降低室内各类面反射比，大大降低室内光线反射能力，降低了室内光线的利用，降低了采光效果，错误；C 选项中，若理解为将室内房间面处理成浅色，即增大了反射率，能够有效提升采光效果，若理解为将建筑外表皮材质处理成浅色，能够将室外太阳光反射到相邻建筑窗口内部，在一定条件下也能增加采光，正确；D 选项中，适当增加建筑间距，从《建筑采光设计标准》GB 50033—2013 公式（6.0.2-1）中可以看出，增加建筑间距，能够增加窗口处垂直可见天空的角度值，增大采光系数，提升采光量，正确。

答案：B

17. 解析：横向天窗是平行于建筑横轴方向依托屋架开设的矩形天窗。上弦坡度大，越接近三角形，开窗越不规整，可利用面积越小；边柱柱较高的屋架，屋架更方，上弦更平，能够更有效地提供开窗面积；同时，钢屋架构件截面小，挡光少，也利于开窗；中式屋架多为木质、举架结构，梁柱多，构件截面大，不利于开窗；钢网架形式多样，网格密，不能提供大面积垂直面用来开矩形天窗。

答案：B

18. 解析：《照明》第 3.1.1 条指出，工作场所应设置一般照明；当同一场所内的不同区域有不同照度要求时，应采用分区一般照明；对于作业面照度要求较高，只采用一般照明不合理的场所，宜采用混合照明。从定义可以看出，普通办公室中，可以采用一般照明；当同一空间有不同分区，如本题开敞办公有休息区情况下，应采用分区一般照明；当一般照明的照度无法满足视觉需求，如高照明等级的高精度视觉作业情况下，可采用局部照明加一般照明的混合照明模式；而局部照明不能单独用在非住宅、宾馆客房的场所。

答案：C

19. **解析**：根据《采光标准》表5.0.4（题19解表），顶棚内表面材料反射比建议取0.60～0.90，选项中0.7满足要求。

题19解表

| 表面名称 | 反射比 |
| --- | --- |
| 顶棚 | 0.60～0.90 |
| 墙面 | 0.30～0.80 |
| 地面 | 0.10～0.50 |
| 桌面、工作台面、设备表面 | 0.20～0.60 |

答案：A

20. **解析**：《采光标准》第4.0.1条，住宅建筑的卧室、起居室（厅）、厨房应有直接采光。此条为强制性条文。

答案：C

21. **解析**：《照明标准》条文说明第4.4.1条，"通常在低照度场所宜用暖色表，中等照度用中间色表，高照度用冷色表"。低照度的冷色给人阴森的感受，高照度的暖色给人燥热的感受，均不是合适的色温和照度搭配。

答案：D

22. **解析**：《照明标准》第6.2.2条指出，照明场所应以用户为单位计量和考核照明用电量。所以办公楼或商场按租户设置电能表是正确的；第6.4节提出天然光的优先利用原则，故采光区域多利用天然光，通过独立控制降低照明能耗也是正确的；照明功率密度是最重要的照明节能设计及评价量化指标；为了提高照明效率，应使用效率更高的直接照明灯具，间接照明灯具视觉效果相对舒适，但是节能效果最低。

答案：D

23. **解析**：根据《照明标准》附录A，统一眩光值UGR的定义和公式

$$UGR = 8\lg \frac{0.25}{L_b} \sum \frac{L_a^2 \cdot \omega}{P^2}$$

式中：$L_b$——背景亮度（cd/m²）；

　　$\omega$——每个灯具发光部分对观察者眼睛所形成的立体角（图A.0.1-1a）（sr）；

　　$L_a$——灯具在观察者眼睛方向的亮度（图A.0.1-1b）（cd/m²）；

　　$P$——每个单独灯具的位置指数。

降低光源表面亮度（A选项）、增加灯具背景亮度（D选项）均能够有效降低UGR值，进而降低眩光影响。降低光源发光面积（C选项）说法不确切，应是降低光源发光面积在观察者眼睛中成像的面积（即立体角），方能降低眩光。加大灯具遮光角（B选项），定向投光，能够限制直接型灯具的投光方向，不产生逸散光造成眩光（《照明标准》第4.3.1条）。

答案：C

24. **解析**：中国建筑工业出版社出版的《建筑物理》教材第四版图9-49（见题24解图）及大面积照明艺术章节中指出，当需要几百勒克斯以上工作面照度时，格片式发光顶

相对于其他大面积照明屋顶样式，眩光影响最小。

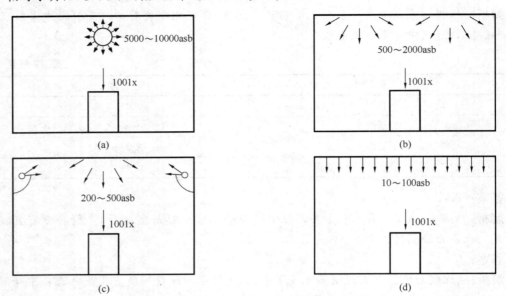

题 24 解图　几种照明形式的光源表面亮度对比
(a) 乳白玻璃球形灯具；(b) 扩散透光顶棚；(c) 反光顶棚；(d) 格片式发光顶棚

**答案：** D

25. **解析：** 评价室内热环境湿空气物理量的基本参数是室内空气湿度（绝对湿度和相对湿度）和水蒸气分压力，没有露点温度。

    **答案：** C

26. **解析：** 影响室外热环境的物理量是太阳辐射、室外空气温度、室外空气湿度和空气速度（风）。其中，对建筑影响最大的因素是太阳辐射。

    **答案：** B

27. **解析：** 根据稳定传热的理论，围护结构的传热阻 $R_0=R_i+\Sigma R+R_e$。其中，均质材料层导热热阻计算公式为 $R=\delta/\lambda$，$\delta$ 为材料层厚度（m），$\lambda$ 为材料的导热系数 [W/(m·K)]，$R_i$、$R_e$ 为内、外表面换热阻。所以该墙体传热阻值为：

    $R_0=R_i+\Sigma R+R_e=R_i+\delta_1/\lambda_1+\delta_2/\lambda_2+R_e$
    $=0.11+0.2/0.81+0.1/0.04+0.04=0.11+0.25+2.5+0.04=2.9$

    **答案：** C

28. **解析：**《热工规范》热工设计二级分区的提出是由于每个一级分区的区划面积太大，在同一分区中的不同地区往往出现温度差别很大、冷热持续时间差别也很大的情况，而用相同的设计标准要求显然不甚合理。为此，规范采用了"细分子区"的做法，以"采暖度日数 HDD18 和空调度日数 CDD26"作为二级区划指标，这样既表征了该地气候寒冷和炎热的程度，又反映了寒冷和炎热持续时间的长短，可解决只进行一级分区出现的热工设计问题。

    **答案：** D

29. **解析：**《热工规范》第 5.3.1 条，各个热工气候区建筑内对热环境有要求的房间，其外门窗、透光幕墙、采光顶的传热系数宜符合表5.3.1的规定，并应按表5.3.1的要求进行冬季的抗结露验算。根据表5.3.1，夏热冬冷A区要求进行抗结露验算，温和B区、夏热冬冷B区和夏热冬暖地区不需要进行抗结露验算。

答案：A

30. 解析：材料层的热惰性指标D是表示具有一定厚度的材料层受到波动的热作用时，其背波面上温度波动剧烈程度的一个指标，它决定了该材料层抵抗温度波动的能力，材料层的D值越大，抵抗温度波动的能力越强，消耗能量越少。因此，降低热惰性指标D值不满足外墙隔热的要求。建筑外表面进行浅颜色处理可大量反射太阳辐射；墙面垂直绿化可利用植物有效遮挡太阳辐射；采用干挂通风幕墙有利于幕墙的隔热和散热，均对外墙隔热有利。

答案：B

31. 解析：室外综合温度是室外温度和太阳辐射的"等效温度"之和。而太阳辐射的"等效温度"取决于屋顶和墙面所在朝向的太阳辐射照度、屋顶和墙面材料对太阳辐射的吸收率。同一时刻，水平面和东、西、南、北的室外温度相同，但不同朝向太阳辐射照度出现最高值的时间不同，所以不同朝向室外综合温度的最高值由该朝向"等效温度"最高值出现的时间确定。由于西向在下午出现"等效温度"的最高值，所以曲线3表示的是西向室外综合温度的变化。

答案：C

32. 解析：集热蓄热墙式、对流环路式和附加阳光间式均属于被动式太阳房的类型。将太阳能集热板收集的热量通过泵传递到各房间则属于主动式利用太阳能的功能。

答案：D

33. 解析：在《城市居住区规划设计标准》GB 50180—2018中，根据表4.0.9住宅建筑日照标准的规定，北京属于气候区Ⅱ，城区常住人口超过50万，住宅日照标准应为大寒日2h。

答案：C

34. 解析：C为卷帘式活动遮阳，其他均为百叶活动遮阳。

答案：C

35. 解析：隔汽层的作用是阻挡水蒸气进入保温层以防止其受潮，因此，隔汽层应放在沿水蒸气流入的一侧、进入保温层以前的材料层交界面上。对于屋面，由于水蒸气是从室内向室外渗透，所以隔汽层应设置在保温层的下面。

答案：B

36. 解析：当室外树木成片绿化时，不仅能降低林内的温度，而且由于林内、林外的气温差可形成对流的微风，即林外的热空气上升而由林内的冷空气补充，这样就使降温作用影响到林外的周围通风环境了。玻璃顶中庭能让阳光射入中庭，将中庭内空气加热并产生上下温差，在中庭的上下产生热压，形成热压自然通风。良好热性能外窗除了加强建筑的保温隔热效果外，当它开启时，因风压可形成室内外的自然通风。雨淋屋顶虽然可降低屋顶的温度，但不能有效增强建筑的自然通风。

答案：D

37. 解析：根据《给排水标准》第3.1.3条，中水、回用雨水等非生活饮用水管道严禁与生活饮用水管道连接。第2.1.2条，生活杂用水是指冲厕、洗车、浇洒道路、浇灌绿化、补充空调循环用水及景观水体等的非生活饮用水。这类用水若采用再生水、中水等非常规水资源，也不能与生活饮用水管道连接。第3.3.8条、第3.3.10条，消防给水可以从生活饮用水管道接出，但需要设置倒流防止器、真空破坏器等防回流污染的设施。

答案：D

38. 解析：根据《给排水标准》第3.3.17条，建筑物内的生活饮用水水池（箱）及生活给水设施，不应设置于与厕所、垃圾间、污（废）水泵房、污（废）水处理机房及其他污染源毗邻的房间内；其上层不应有上述用房及浴室、盥洗室、厨房、洗衣房和其他产生污染源的房间。

第3.8.1条第3款，建筑物内的水池（箱）不应毗邻配变电所或在其上方，不宜毗邻居住用房或在其下方。

答案：D

39. 解析：根据《给排水标准》第3.6.2条，室内给水管道不得在生产设备、配电柜上方通过，A选项错误；第3.6.5条，给水管道不得敷设在烟道、风道、电梯井、排水沟内，B、D选项错误。

答案：C

40. 解析：根据《给排水标准》第3.13.3条，小区的加压给水系统，应根据小区的规模、建筑高度、建筑物的分布和物业管理等因素确定加压站的数量、规模和水压。二次供水加压设施服务半径应符合当地供水主管部门的要求，并不宜大于500m，且不宜穿越市政道路。

答案：B

41. 解析：根据《给排水标准》第6.3.1条，集中热水供应系统的热源应通过技术经济比较，首先应采用具有稳定、可靠的余热、废热、地热。

答案：B

42. 解析：根据《给排水标准》第6.8.2条，热水系统设备机房内的管道不应采用塑料热水管。第6.8.3条，热水管道系统应采取补偿管道热胀冷缩的措施。第6.8.4条，配水干管和立管最高点应设置排气装置。系统最低点应设置泄水装置。

答案：D

43. 解析：根据《民用建筑太阳能热水系统应用技术标准》GB 50364—2018 第5.3.2条，太阳能热水系统应采取防冻、防结露、防过热、防电击、防雷、抗雹、抗风、抗震等技术措施。

根据《给排水标准》第6.6.5条第7款，太阳能集热系统应设防过热、防爆、防冰冻、防倒热循环及防雷击等安全设施。

答案：C

44. 解析：根据《建筑机电工程抗震设计规范》GB 50981—2014 第1.0.4条，抗震设防烈度为6度及6度以上地区的建筑机电工程必须进行抗震设计。第4.1.1条，高层建筑及9度地区建筑生活给水和热水的干管、立管应采用铜管、不锈钢管、金属复合管等强度高且具有较好延性的管道；高层建筑及9度地区建筑重力流排水的污、废水管宜采用柔性接口的机制排水铸铁管。

答案：B

45. **解析**：根据《消防给水及消火栓规范》第5.5.9条，严寒、寒冷等冬季结冰地区的消防水泵房，采暖温度不应低于10℃，但当无人值守时不应低于5℃。第5.5.12条，独立建造的消防水泵房耐火等级不应低于二级；附设在建筑物内的消防水泵房，不应设置在地下三层及以下。

第5.5.14条，消防水泵房应采取防水淹没的技术措施。

答案：D

46. **解析**：根据《消防给水及消火栓规范》第9.2.1条，下列建筑物和场所应采取消防排水措施：消防水泵房；设有消防给水系统的地下室；消防电梯的井底；仓库。

答案：A

47. **解析**：根据《自动喷水灭火系统设计规范》GB 50084—2017第3.0.1条，设置场所的火灾危险等级应划分为轻危险级、中危险级（Ⅰ级、Ⅱ级）、严重危险级（Ⅰ级、Ⅱ级）和仓库危险级（Ⅰ级、Ⅱ级、Ⅲ级）。

答案：D

48. **解析**：《给排水标准》第4.2.3条，消防排水、生活水池（箱）排水、游泳池放空排水、空调冷凝排水、室内水景排水、无洗车的车库和无机修的机房地面排水等宜与生活废水分流，单独设置废水管道排入室外雨水管道。第4.2.4条，下列建筑排水应单独排水至水处理或回收构筑物：职工食堂、营业餐厅的厨房含有油脂的废水；洗车冲洗水；含有致病菌、放射性元素等超过排放标准的医疗、科研机构的污水；水温超过40℃的锅炉排污水；用作中水水源的生活排水；实验室有害有毒废水。

答案：C

49. **解析**：根据《给排水标准》第4.7.6条，通气立管不得接纳器具污水、废水和雨水，不得与风道和烟道连接。

第4.7.12条第1款，对于高出屋面的通气管，高出屋面不得小于0.3m，且应大于最大积雪厚度，通气管顶端应装设风帽或网罩；第5款，在全年不结冻的地区，可在室外设吸气阀替代伸顶通气管，吸气阀设在屋面隐蔽处；第7款，当伸顶通气管为金属管材时，应根据防雷要求设置防雷装置。

答案：D

50. **解析**：根据《给排水标准》第5.3.3条，雨水口宜布置在：道路交会处和路面最低点；地下坡道入口处。

建筑主入口处人流量较大，不宜设置雨水口，否则会影响正常出行。

答案：A

51. **解析**：根据《给排水标准》第2.1.84条，雨水口是将地面雨水导入雨水管渠的带格栅的集水口，不具备储存功能。

根据《建筑与小区雨水控制及利用工程技术规范》GB 50400—2016第7.1.2条，雨水收集回用系统的雨水储存设施应采用景观水体、旱塘、湿塘、蓄水池、蓄水罐等。

答案：B

52. **解析**：根据《给排水标准》第3.2.14条，公共场所卫生间的卫生器具设置应符合下列规定：洗手盆应采用感应式水嘴或延时自闭式水嘴等限流节水装置；小便器应采用感应式或延时自闭式冲洗阀；坐式大便器宜采用设有大、小便分档的冲洗水箱，蹲式大便器应采用感应式冲洗阀、延时自闭式冲洗阀等。
    **答案**：B

53. **解析**：根据《暖通规范》第5.9.8条："当供暖管道必须穿越防火墙时，应预埋钢套管，并在穿墙处一侧设置固定支架，管道与套管之间的空隙应采用耐火材料封堵"，A、B、D选项均正确；C选项错误。
    **答案**：C

54. **解析**：根据《暖通规范》第5.4.3条第3款："潮湿房间，填充层上或面层下应设置隔离层"，A、C、D选项均不正确；B选项最合理。
    **答案**：B

55. **解析**：根据《暖通规范》第6.1.6条第1、5款："凡属下列情况之一时，应单独设置排风系统：两种或两种以上的有害物质混合后能引起燃烧或爆炸时；建筑物内设有储存易燃易爆物质的单独房间或有防火防爆要求的单独房间"，A、D选项均需要独立排风；有非可燃粉尘的房间，不需要独立排风，B选项符合题意；根据《防火规范》第9.3.1条："通风和空气调节系统，横向宜按防火分区设置"，C选项需要独立排风。
    **答案**：C

56. **解析**：根据《暖通规范》第6.3.9条第2款："事故通风的手动控制装置应在室内外便于操作的地点分别设置"，排风机设于锅炉间内控制方便，A选项正确；根据《防排烟标准》第4.4.5条："排烟风机应设置在专用机房内"，事故排风机不能设于排烟机房，C选项不正确；B、D选项，不如设在锅炉间控制方便，不正确。
    **答案**：A

57. **解析**：根据《暖通规范》第7.3.11条："空调区内振动较大、油污蒸汽较多以及产生电磁波或高频波等场所，不宜采用多联机空调系统"，C选项不宜采用。
    **答案**：C

58. **解析**：冰蓄冷是在电网用电低谷（夜间）时段（低价电时段）制冰，电网用电高峰时段（高价电时段）融冰制成冷水供空调使用，B选项正确；机房面积、全年耗电量、设备投资均不减少，A、C、D选项不正确。
    **答案**：B

59. **解析**：A、C、D选项均由水和新风共同担负室内负荷，水输送负荷流量小，占用净高小，新风量也小，占用空调机房和吊顶空间都小；全空气空调系统由空气担负室内负荷，风量大，风管大，占用空调机房和吊顶空间都大。B选项正确。
    **答案**：B

60. **解析**：寒冷地区超高层建筑冬季电梯门关闭困难主要是因"烟囱效应"引起压差变化，解决途径主要有两条：一是增加气密性，堵住进入电梯厅的空气；二是降低电梯井道底部与顶部温度差，冷却电梯竖井或提高电梯厅温度，减小电梯井道温度梯度。B、C、D选项均有效，A选项无效。
    **答案**：A

61. **解析：** 根据《暖通规范》第 8.5.23 条第 2 款："冷凝水管道的设置应符合下列规定：冷凝水干管坡度不宜小于 0.005，不应小于 0.003，且不允许有积水部位"；第 5.9.6 条："供暖系统水平管道的敷设应有一定的坡度，坡向应有利于排气和泄水"；第 6.3.5 条第 5 款："公共厨房通风应符合下列规定：排风罩、排油烟风道及排风机设置安装应便于油、水的收集和油污清理，且应采取防止油烟气味外溢的措施"，B、C、D 选项对坡度有要求。A 选项对坡度无要求。
    **答案：** A

62. **解析：** 根据《锅炉房标准》第 4.3.7 条第 1 款："锅炉间出入口的设置应符合下列规定：出入口不应少于 2 个，但对独立锅炉房的锅炉间，当炉前走道总长度小于 12m，且总建筑面积小于 200m² 时，其出入口可设 1 个；锅炉间人员出入口应有 1 个直通室外"，C 选项正确。
    **答案：** C

63. **解析：** 根据《暖通规范》第 8.10.1 条第 1、5、7 款："制冷机房设计时，应符合下列规定：制冷机房宜设在空调负荷的中心；机组制冷剂安全阀泄压管应接至室外安全处；机房内应设置给水与排水设施，满足水系统冲洗、排污要求"。B、C、D 选项均正确，A 选项不正确。
    **答案：** A

64. **解析：** 关于体形系数：《公建节能标准》第 3.2.1 条对严寒和寒冷地区公共建筑体形系数提出要求，对其他气候区未规定，说明天气越冷，体形系数对采暖空调能耗影响越大；关于外墙保温：上述标准第 3.3.1 条对严寒、寒冷、夏热冬冷地区围护结构构热工性能限值不同，说明天气越冷，外墙保温对供暖空调能耗影响越大；关于良好日照：天气越冷，外墙保温对供暖空调能耗影响越大。D 选项正确。
    **答案：** D

65. **解析：** 根据《暖通规范》第 7.3.20 条："舒适性空调和条件允许的工艺性空调可用新风作冷源时，应最大限度地使用新风"，此条条文说明指出，"规定此条的目的是为了节约能源"，A 选项正确。最小新风量已满足 B、C 选项要求，不需加大，不正确；D 选项不正确。
    **答案：** A

66. **解析：** 根据《热工规范》第 4.2.11 条："围护结构中的热桥部位应进行表面结露验算，并应采取保温措施，确保热桥内表面温度高于房间空气露点温度"，D 选项正确。
    **答案：** D

67. **解析：** 根据《防火规范》第 8.5.3 条第 3、5 款："民用建筑的下列场所或部位应设置排烟设施：公共建筑内建筑面积大于 100m² 且经常有人停留的地上房间；建筑内长度大于 20m 的疏散走道"，C 选项正确。
    **答案：** C

68. **解析：** 根据《防排烟标准》第 4.3.3 条第 1 款："自然排烟窗（口）应设置在排烟区域的顶部或外墙，并应符合下列规定：当设置在外墙上时，自排烟窗（口）应在储烟仓以内（即最小清晰高度以上）"，A 选项正确；第 4.3.5 条第 1、2 款："当采用开窗角大于 70° 的悬窗时，其面积应按窗的面积计算；当开窗角小于或等于 70° 时，其面积应按窗最大开启时的水平投影面积计算"，B 选项一律按 70% 计算有效面积，不正确；根据《防火规范》第 6.1.3 条："建筑外墙为不燃性墙体时，防火墙可不凸出墙的外表面，紧靠防火墙两侧的门、窗、洞口之间最近边缘的水平距离不应小于 2m，"C 选项不正确；根据《防排烟标准》第 4.3.2 条："防烟分区内任一点与最近的自然排烟窗（口）之间的水平距离不应大于 30m"，D 选项为防火分区，不正确。

答案：A

69. 解析：根据《燃气规范》第 10.5.3 条第 5 款："商业用气设备设置在地下室、半地下室或地上密闭房间内时，应设置独立地机械送排风系统，事故通风时换气次数不应小于 12 次/时"，B 选项正确。

答案：B

70. 解析：描述声场均匀度的计量单位是分贝（dB），光强的计量单位是坎德拉（cd），光通量的计量单位是流明 P（lm），热力学温度的计量单位是开尔文（K）。

答案：B

考点：物理量的计量单位。

71. 解析：根据《电气标准》第 8.7.2 条，电缆室外埋地敷设应符合：在寒冷地区，电缆宜埋设于冻土层以下；A 选项错误。第 8.7.3 条第 7 款，电缆沟和电缆隧道应采取防水措施，其底部应做不小于 0.5% 的坡度坡向集水坑（井）；B 选项正确。第 8.7.3 条第 12 款，电缆隧道的净高不宜低于 1.9m，局部或与管道交叉处净高不宜小于 1.4m；C 选项错误。第 13.8.5 条第 5 款，火灾自动报警系统线路暗敷时，应采用穿金属导管或 $B_1$ 级阻燃刚性塑料管保护并应敷设在不燃性结构内且保护层厚度不应小于 30mm；D 选项错误。

答案：B

考点：电气线路敷设。

72. 解析：根据《电气标准》第 9.6.7 条，NMR-CT 机的扫描室的电气管线、器具及其支持构件不得使用铁磁物质或铁磁制品。进入室内的电源电线、电缆必须进行滤波。A 选项错误。第 9.7.1 条，安装在室外的充电桩的防水防尘等级不应低于 IP65。B 选项错误。电热辐射供暖系统，每个房间宜独立安装一根发热电缆，不同温度要求的房间不宜共用一根发热电缆；每个房间宜通过发热电缆温控器单独控制温度。C 选项错误。可控硅一般是由两晶闸管反向连接而成，由于晶闸管调光装置在工作过程中产生谐波干扰，妨碍声像设备正常工作，因此必须抑制。第 9.5.7 条第 2 款，电声、电视转播设备的电源不应直接接在可控硅调光的舞台照明变压器上。D 选项正确。

答案：D

考点：常用设备电气装置。

73. 解析：应设置疏散照明的场所，根据《防火规范》第 10.3.1 条第 2 款，有观众厅、展览厅、多功能厅和建筑面积大于 200m² 的营业厅、餐厅、演播室等人员密集的场所；第 3 款，建筑面积大于 100m² 的地下或半地下公共活动场所。

答案：D

考点：疏散照明设计。

74. 解析：依据《电气标准》第 11.2.1 条，建筑物应根据其重要性、使用性质、发生雷电事故的可能性及后果，按防雷要求进行分类。A 选项正确。同时建筑物的所在地点及建筑高度也是防雷等级分类的考虑因素；例如，高度超过 100m 的建筑物应划为第二类防雷建筑物；在平均雷暴日大于 15d/a 的地区，高度大于或等于 15m 的烟囱、水塔等孤立的高耸构筑物应划为第三类防雷建筑物。C、D 选项正确。

答案：B

考点：建筑物防雷设计。

75. 解析：根据《电气标准》第 14.1.13 条第 6 款，民用建筑场所设置的视频监控设备，不得直接朝向涉密和敏感的有关设施。

答案：C

考点：安全技术防范系统。

76. 解析：根据《电气标准》第 23.2.1 条第 1 款，机房宜设在建筑物首层及以上各层，当有多层地下层时，也可设在地下一层；B 选项错误。第 2 款，机房不应设置在厕所、浴室或其他潮湿、易积水场所的正下方或与其贴邻；A 选项正确。第 4 款，机房应远离强电磁场干扰场所，当不能避免时，应采取有效的电磁屏蔽措施。D 选项正确。

答案：B

考点：智能化系统机房的设置。

77. 解析：本案例为二类高层建筑，根据《电气标准》附录 A，其最高供电负荷等级为二级；第 3.2.11 条第 1 款，二级负荷的外部电源进线宜由 35kV、20kV 或 10kV 双回线路供电。

答案：D

考点：负荷分级及供电要求。

78. 解析：《电气标准》第 4.2.1 条第 4 款，变电所不应设在对防电磁辐射干扰有较高要求的场所；C 选项错误。第 6 款，变电所不应设在厕所、浴室、厨房或其他经常有水并可能漏水场所的正下方，且不宜与上述场所贴邻；如果贴邻，相邻隔墙应做无渗漏、无结露等防水处理；B 选项错误。第 4.10.7 条，当变电所与上、下或贴邻的居住、教室、办公房间仅有一层楼板或墙体相隔时，变电所内应采取屏蔽、降噪等措施；A 选项错误。

答案：D

考点：变配电室位置选择。

79. 解析：《防火规范》第 8.1.7 条第 2～4 款，附设在建筑内的消防控制室，宜设置在建筑内首层或地下一层，并宜布置在靠外墙部位；不应设置在电磁场干扰较强及其他可能影响消防控制设备正常工作的房间附近；疏散门应直通室外或安全出口。B、C、D 选项错误。

答案：A

考点：消防设施的设置。

80. 解析：《防火规范》第 10.1.5 条，建筑内消防应急照明和灯光疏散指示标志的备用电源的连续供电时间应符合下列规定：建筑高度大于 100m 的民用建筑，不应小于 1.50h；医疗建筑、老年人照料设施、总建筑面积大于 100000$m^2$ 的公共建筑和总建面积大于 20000m² 的地下、半地下建筑，不应少于 1.00h；其他建筑，不应少于 0.50h。

本案例地上面积 8.9 万 m²，地下 1.8 万 m²，总建筑面积 10.7 万 m²，大于 10 万 m²，电源连续供电时间不应少于 1.00h。

答案：B

考点：消防电源及其配电。

81. 解析：根据《火灾自动报警系统设计规范》GB 50116—2013 第 6.2.5 条、第 6.2.6 条、第 6.2.8 条，火灾探测器的设置和布局需满足探测器至墙、梁边的水平距离不小于 0.5m，在探测器周围 0.5m 内不应有遮挡物。探测器至空调送风口边的水平距离不应小于 1.5m，并宜接近回风口安装。其中图上②、③、④安装位置均离空调送风口距离小于 1.5m，安装位置①离回风口最近，符合规范要求。

答案：A

考点：火灾探测器的设置。

82. 解析：等电位联结作用：①能减小发生雷击时各金属物体、各电气系统保护导体之间的电位差，避免发生因雷电导致的火灾、爆炸、设备损毁及人身伤亡事故。②能减小电气系统发生漏电或接地短路时电气设备金属外壳及其他金属物体与地之间的电压，减小因漏电或短路而导致的触电危险。③有利于消除外界电磁场对保护范围内部电子设备的干扰，改善电子设备的电磁兼容性。B选项符合题意。

答案：B

考点：等电位联结。

83. 解析：《综合医院建筑设计规范》GB 51039—2014 第 8.6.2 条，医疗用房应采用高显色照明光源，显色指数应大于或等于 80，宜采用带电子镇流器的三基色荧光灯。A 选项正确。第 8.6.6 条，护理单元走道和病房应设夜间照明，床头部位照度不应大于 0.1lx，儿科病房不应大于 1lx。B 选项正确。第 8.6.4 条，病房照明宜采用间接型灯具或反射式照明。C 选项正确。第 8.6.7 条，X 线诊断室、加速器治疗室、核医学扫描室、γ 照相机室和手术室等用房，应设防止误入的红色信号灯。D 选项错误。

答案：D

考点：医疗照明设备。

84. 解析：根据《电气标准》附录 A，三级、二级医院的重症呼吸道感染区的通风系统的用电，属于一级负荷中特别重要的负荷。

答案：C

考点：综合医院建筑用电负荷分类。

85. 解析：根据《医院洁净手术部建筑技术规范》GB 50333—2013 第 11.1.2 条，洁净手术部应采用独立双路电源供电；A 选项正确。第 11.1.9 条，洁净手术室内的电源回路应设绝缘检测报警装置；B 选项正确。第 11.2.1 条，洁净手术室内布线不应采用环形布置；大型洁净手术部内配电应按功能分区控制；D 选项错误。第 11.2.4 条，洁净手术室用电应与辅助用房用电分开；C 选项正确。

答案：D

考点：低压供配电。

# 2019 年试题、解析及答案

## 2019 年试题

1. 关于声音的说法，错误的是（　　）。
   A  声音在障碍物表面会产生反射
   B  声波会绕过障碍物传播
   C  声波在空气中的传播速度与频率有关
   D  声波传播速度不同于质点的振动速度

2. 有两个声音，第一个声音的声压级为80dB，第二个声音的声压级为60dB，则第一个声音的声压是第二个声音的多少倍（　　）。
   A  10倍　　　　　B  20倍　　　　　C  30倍　　　　　D  40倍

3. 住宅楼中，表示两户相邻房间的空气隔声性能应该用（　　）。
   A  计权隔声量
   B  计权表观隔声量
   C  计权隔声量＋交通噪声频谱修正量
   D  计权标准化声压级差＋粉红噪声频谱修正量

4. 作为空调机房的墙，空气声隔声效果最好的是（　　）。
   A  200厚混凝土墙
   B  200厚加气混凝土墙
   C  200厚空心砖墙
   D  100轻钢龙骨，两面双层12厚石膏板墙（两面的石膏板之间填充岩棉，墙总厚150）

5. 电梯运行时，电梯周围的房间内可能有电梯噪声感染，降低此噪声的最有效措施是（　　）。
   A  增加电梯井壁的厚度　　　　　　　B  在电梯井道墙面安置多孔吸声材料
   C  在电梯机房墙面安置多孔吸声材料　D  在电梯机房的曳引机下安置隔振材料

6. 多孔吸声材料具有良好吸声性能的原因是（　　）。
   A  粗糙的表面　　　　　　　　　　　B  松软的材质
   C  良好的通气性　　　　　　　　　　D  众多互不相通的孔洞

7. 对某车间采取吸声降噪措施后，有明显降噪效果的是（　　）。
   A  临界半径之内的区域　　　　　　　B  临界半径之外的区域
   C  临界半径内、外的区域　　　　　　D  临界半径处

8. 对振动进行控制时，可以获得较好效果的是（　　）。
   A  选择固有频率较高的隔振器　　　　B  使振动频率为固有频率的$\sqrt{2}$倍
   C  使振动频率大于固有频率的4倍以上　D  使固有频率尽量接近振动频率

9. 建筑师设计音乐厅时，应该全面关注音乐厅的声学因素是（　　）。
   A  容积、体形、混响时间、背景噪声级
   B  体形、混响时间、最大声压级、背景噪声级

C 容积、体形、混响时间、最大声压级
  D 容积、体形、最大声压级、背景噪声级
10. 房间内有一声源连续稳定地发出声音，房间内的混响声与以下哪个因素有关？
  A 声源的指向性因素        B 离开声源的距离
  C 室内平均吸声系数        D 声音的速度
11. 下列厅堂音质主观评价指标中，与早期/后期反射声声能比无关的是（　　）。
  A 响度     B 清晰度     C 丰满度     D 混响感
12. 不能通过厅堂体形设计获得的是（　　）。
  A 保证每个听众席获得直达声
  B 使厅堂中的前次反射声合理分布
  C 防止能产生的回声及其他声学缺陷
  D 使厅堂具有均匀的混响时间频率特性
13. 观察者与光源距离减小1倍后，下列关于光源发光强度的说法正确的是（　　）。
  A 增加一倍     B 增加二倍     C 增加四倍     D 不变
14. 根据辐射对标准光度观察者作用导出的光度量是（　　）。
  A 照度     B 光通量     C 亮度     D 发光强度
15. 侧窗采光的教室，以下哪种措施不能有效提高采光照度均匀性？
  A 将窗的横档在水平方向加宽并设在窗的中下方
  B 增加窗间墙的宽度
  C 窗横档以上使用扩散光玻璃
  D 在走廊一侧开窗
16. 下列采光房间中，采光系数标准值最大的是（　　）。
  A 办公室     B 设计室     C 会议室     D 专用教室
17. 下列场所中照度要求最高的是（　　）。
  A 老年人阅览室        B 普通办公室
  C 病房              D 教室
18. 下列确定照明种类的说法，错误的是（　　）。
  A 工作场所均应设置正常照明
  B 工作场所均应设置值班照明
  C 工作场所视不同要求设置应急照明
  D 有警戒任务的场所，应设置警卫照明
19. 以下不属于夜景照明光污染限制指标的是（　　）。
  A 灯具的上射光通比
  B 广告屏幕的对比度
  C 建筑立面的平均亮度
  D 居住建筑窗户外表面的垂直照度
20. 建筑照明设计中，符合下列哪一项条件时，作业面的照度标准值不必提高一级？
  A 识别移动对象
  B 进行很短时间的作业

C 识别对象与背景辨认困难

D 视觉作业对操作安全有重要影响

21. 办公空间中,当工作面上照度相同时,采用以下哪种类型灯具最不节能?
    A 间接型灯具          B 半直接型灯具
    C 漫射型灯具          D 直接型灯具

22. 建筑物侧面采光时,以下哪个措施能够最有效地提高室内深处的照度?
    A 降低窗上沿高度      B 降低窗台高度
    C 提高窗台高度        D 提高窗上沿高度

23. 以下哪种照明手法不应该出现在商店照明中?
    A 基本照明    B 重点照明    C 轮廓照明    D 装饰照明

24. 关于中小学校普通教室光环境,以下说法错误的是(    )。
    A 采光系数不应低于3%
    B 利用灯罩等形式避免灯具直射眩光
    C 采用光源一般显色指数为85的LED灯具
    D 教室黑板灯的最小水平照度不应低于500lx

25. 为改善夏季室内风环境质量,下图中不属于设置挡风板来改善室内自然通风状况的是(    )。

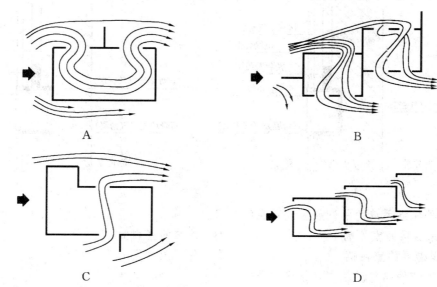

26. 某一建筑外围护结构墙体的热阻为R时,该外墙冬季的热传阻应为(    )。
    A "R"+(外表面热阻)        B "T"+(内、外表面热阻)
    C "R"+(内表面热阻)        D "R"值

27. 下列参数中,与热感度(PMV)指数无关的是(    )。
    A 室内空气温度            B 露点温度
    C 气流速度                D 空气湿度

28. 在现行国家标准《公共建筑节能设计规范》GB 50189中,对公共建筑体形系数提出规定的气候区是(    )。
    A 严寒和寒冷地区          B 夏热冬冷地区

C 夏热冬暖地区  D 温和地区

29. 对于采暖房间达到基本热舒适度要求，墙体的内表面温度与空气温度的温差 $\Delta t_w$ 应满足（  ）。
   A $\Delta t_w \leq 3℃$  B $\Delta t_w \leq 3.5℃$  C $\Delta t_w \leq 4℃$  D $\Delta t_w \leq 4.5℃$

30. 被动式超低能耗建筑施工气密性处理过程中，电线盒部位正确的做法是（  ）。

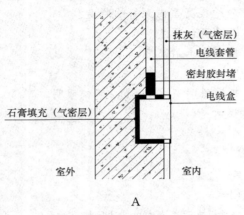
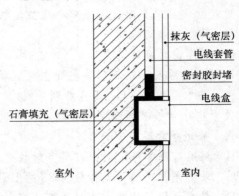
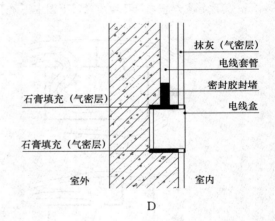

31. 外墙外保温系统的隔汽层应设置在（  ）。
   A 保温层的室外侧  B 外墙的室内侧
   C 保温层的室内侧  D 保温层中间

32. 下列外墙的隔热措施中，错误的是（  ）。
   A 涂刷热反射涂料  B 采用干挂通风幕墙
   C 采用加厚墙体构造  D 采用墙面垂直绿化

33. 架空屋面能够有效降低屋面板室内侧表面温度，其隔热作用原理正确的是（  ）。
   A 防止保温层受潮  B 减少屋面板热传系数
   C 增加屋面热惰性  D 减少太阳辐射影响

34. 根据现行国家标准《城市居住区规划设计规范》规定，作为特定情况，旧区改建的项目内新建住宅日照标准可酌情降低，但不应低于以下哪项规定？
   A 大寒日日照1小时  B 大寒日日照2小时
   C 冬至日日照1小时  D 冬至日日照2小时

35. 下面为固定式建筑外遮阳的四种基本形式示意图，在北回归线以北地区的建筑，其南向及接近南向的窗口设置固定式遮阳，应选用哪一个？

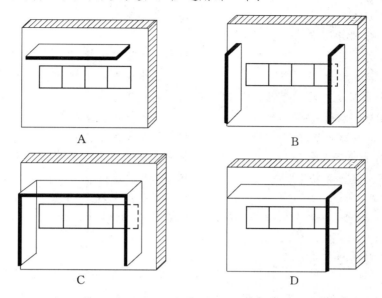

36. 下列建筑防热措施中，较为有效的利用建筑构造的做法是（    ）。

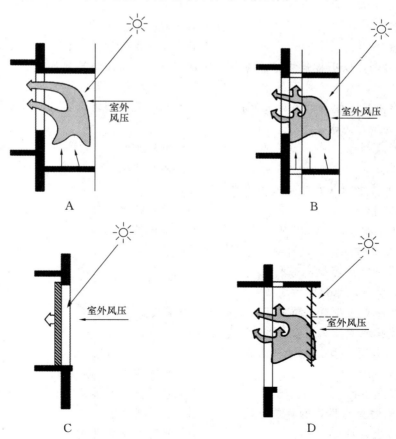

37. 小区给水设计中不属于正常用水量的是(    )。
    A  管网漏水　　　　　　　　　　B  道路冲洗
    C  消防灭火　　　　　　　　　　D  绿化浇洒
38. 医院用水定额中不包含下列哪项用水量？
    A  门诊用水量　　　　　　　　　B  住院部用水量
    C  手术室用水量　　　　　　　　D  专业洗衣房用水量
39. 城镇自来水管道与小区管道连接的规定，下列哪条错误？
    A  严禁与中水管相连　　　　　　B  允许与自备水源管连接
    C  严禁与冷却水管相连　　　　　D  严禁与回用雨水管相连
40. 国家对满足使用条件下的卫生器具流量做出的上限规定，不包括以下哪条？
    A  便器及便器系统　　　　　　　B  便器冲洗阀
    C  淋浴器　　　　　　　　　　　D  自动饮水器
41. 小区给水系统为综合利用水资源，宜实行分质供水，其中应优先选用的系统是(    )。
    A  重复利用循环水　　　　　　　B  再生水
    C  井水　　　　　　　　　　　　D  雨水
42. (有修改) 当太阳能作为热水供应的热源且采用分散集热、分散供热方式时，其备用热源宜优先采用(    )。
    A  燃气　　　　　　　　　　　　B  城市热力管网
    C  废热　　　　　　　　　　　　D  集中供暖管网
43. 为防止污染，以下构筑物与设备不允许直接与废污水管道连接的是(    )。
    A  饮用水贮水箱间地面排水　　　B  开水器热水器间地面排水
    C  贮存食品或饮料的冷库地面排水　D  医疗灭菌消毒设备房间地面排水
44. 建筑物的生活污水是指(    )。
    A  大小便排水　　　　　　　　　B  厨房排水
    C  洗涤排水　　　　　　　　　　D  浴室排水
45. 可作为消防水源并宜优先采用的是(    )。
    A  雨水清水　　　　　　　　　　B  市政给水
    C  中水清水　　　　　　　　　　D  游泳池水
46. 下列有关消防水池的设计要求，错误的是(    )。
    A  应保证有效容积全部利用
    B  应设置就地水位显示装置
    C  消防中心应设置水位显示及最高水位报警装置
    D  溢流排水管应采用直接排水
47. 室内消火栓的选型，与哪项因素无关？
    A  环境温度　　　　　　　　　　B  火灾类型
    C  火灾危险性　　　　　　　　　D  不同灭火功能
48. 应采取消防排水措施的建筑物及场所，以下哪条错误？
    A  消防水泵房　　　　　　　　　B  消防电梯的井底

C 电石库房  D 设有消防给水的地下室

49. 消防水泵房设置规定,以下哪条错误?
    A 单独建造时,耐火等级不低于二级
    B 附设在建筑物中应设在地下三层及以下
    C 疏散应直通室外或安全出口
    D 室内与室外出口地坪高差不应大于10m

50. 自动喷水灭火系统的水质要求,不含以下哪项?
    A 无污染                B 无悬浮物
    C 无微生物              D 无腐蚀

51. 化粪池设置应符合的条件,以下哪条错误?
    A 距地下取水构筑物不得小于30m
    B 宜设置在接户管的下游端
    C 便于机动车清掏
    D 池壁距建筑物外墙距离不宜小于3m

52. 下列哪项不属于医院污水的消毒品?
    A 成品次氯酸钠          B 氯化钙
    C 漂白粉                D 液氯

53. 建筑物内地漏设置要求,以下哪条错误?
    A 设在易溅水器具附近
    B 设在需经常从地面排水的房间地面最低处
    C 洗衣机位置设置洗衣机专用地漏
    D 洗衣机地漏排水可排入室内雨水管

54. 《建筑给水排水设计标准》GB 50015不适用于下列哪项抗震设防烈度的建筑?
    A 超过9度    B 8度    C 7度    D 5度

55. 建筑物屋面雨水排水设计,以下哪条错误?
    A 檐沟外排水宜按重力流
    B 长天沟外排水宜按满管压力流
    C 高层建筑屋面雨水排水宜按压力流
    D 厂房、库房、公共建筑的大型屋面雨水排水宜按压力流

56. 以下哪项用水,不应采用中水?
    A 厕所便器冲水          B 高压人工喷雾水景
    C 小区绿化              D 洗车

57. 建筑物的庭院回用雨水达到利用标准后,不能用于下列哪项?
    A 冲洗城市道路          B 消防
    C 游泳池补水            D 冲洗车辆

58. 某小区可选择下列几种供暖热源,应优先选择哪一项?
    A 区域热网              B 城市热网
    C 小区锅炉房            D 工业余热

59. 下列哪种建筑的散热器不应暗装?

A 幼儿园 B 养老院
C 办公楼 D 精神病院

60. 建筑内哪个位置不应设置散热器？
   A 内隔墙 B 楼梯间
   C 外玻璃幕墙 D 门斗

61. 下列事故排风口与其补风系统进风口的相对位置布置，哪一项是正确的？
   A 排风口高于进风口 6m，水平距离 8m
   B 排风口高于进风口 2m，水平距离 10m
   C 排风口与进风口高度相同，水平距离 15m
   D 排风口低于进风口 6m，水平距离 10m

62. 下列机械送风系统的室外进风口位置，哪项是错误的？
   A 排风口底部距离室外地坪 2m
   B 进风口底部距离室外绿化地带 1m
   C 排风口的下风侧
   D 室外空气较洁净的地方

63. 下列哪种空调系统在空调区没有漏水风险？
   A 定风量全空气系统 B 辐射供冷系统
   C 多联机加新风系统 D 风机盘管加新风系统

64. 下列哪个城市建筑空调系统适合使用蒸发冷却冷源？
   A 大连 B 乌鲁木齐
   C 南京 D 海口

65. 建筑室内某区域空气中含有易燃易爆气体，应采用下列哪种空调系统？
   A 风机盘管系统 B 多联式空调系统
   C 一次回风全空气系统 D 独立的全新风系统

66. 关于地埋管地源热泵系统的说法，错误的是（  ）。
   A 是一种可再生能源利用形式
   B 与地层只有热交换，不消耗地下水
   C 换热器埋设于地下，不考虑占地空间
   D 适合冬夏空调冷热负荷相差不大的建筑

67. 在高层建筑空调系统设计中，冷热源设备布置在哪个位置不利于降低冷热源设备的承压？
   A 地下层 B 塔楼中间设备层
   C 塔楼外裙房顶层 D 塔楼顶层

68. 关于制冷机房的要求，错误的是（  ）。
   A 设置观察控制室 B 靠近冷负荷中心
   C 机房净高不小于 5.0m D 预留最大设备运输通道

69. 关于高层建筑裙房屋顶上布置冷却塔的做法，哪一项是错误的？
   A 放置在专用基础上 B 远离厨房排油烟出口
   C 周边预留检修通道和管道安装位置 D 尽量靠近塔楼，避免影响立面

70. 关于空调机房的做法，错误的是（　　）。
    A 门向外开启　　　　　　　　　B 靠近所服务的空调区
    C 考虑搬运设备的出入口　　　　D 采用石膏板轻质隔墙

71. 关于锅炉房的说法，错误的是（　　）。
    A 锅炉房属于丁类生产厂房　　　B 油箱油泵同属于丙类生产厂房
    C 可采用双层玻璃固定窗作为观察窗　D 可采用轻质屋顶泄压

72. 位于下列各气候区的建筑，冬季可不考虑围护结构保温的是（　　）。
    A 寒冷地区　　　　　　　　　　B 夏热冬暖地区
    C 夏热冬冷地区　　　　　　　　D 温和地区

73. 下列舒适性供暖空调系统节能措施，错误的是（　　）。
    A 高大空间采用分层空调　　　　B 供暖系统采用分户热计算
    C 空调水系统定压采用高位水箱　D 温和地区设置排风热回收装置

74. 下列哪项不属于绿色建筑评价标准？
    A 自然通风效果　　　　　　　　B 防排烟风机效率
    C 设备机房隔声　　　　　　　　D 围护结构热工性能

75. 关于民用建筑设有机械排烟系统时设置固定窗的说法，错误的是（　　）。
    A 平时不可开启　　　　　　　　B 火灾时可人工破碎
    C 可为内窗　　　　　　　　　　D 不可用于火灾初期自然排烟

76. 关于加压送风系统的设计要求，错误的是（　　）。
    A 加压风机应直接从室外取风
    B 加压风机进风口宜设于加压送风系统下部
    C 加压送风不应采用土建风道
    D 加压送风进风口与排烟系统出口水平布置时距离不小于10.0m

77. 公共建筑某区域净高为5.5m，采用自然排烟，设计烟层底部高度为最小清晰度高度，自然排烟窗下沿不应低于下列哪个高度？
    A 4.40m　　　　　　　　　　　B 2.75m
    C 2.15m　　　　　　　　　　　D 1.50m

78. 下列哪种情况下，建筑物顶层区域的固定窗可不布置在屋顶上？
    A 琉璃瓦屋顶　　　　　　　　　B 钢结构屋顶
    C 未设置自动喷水系统　　　　　D 预应力钢筋混凝土屋面

79. 燃气引入管可敷设在建筑的哪个位置？
    A 烟道　　　　　　　　　　　　B 卫生间
    C 通风机房　　　　　　　　　　D 开敞阳台

80. 表示照度的单位是（　　）。
    A 流明　　　　　　　　　　　　B 勒克斯
    C 坎德拉　　　　　　　　　　　D 瓦特

81. 展览建筑中展览用电负荷的等级是（　　）。
    A 一级负荷中特别重要负荷　　　B 一级负荷
    C 二级负荷　　　　　　　　　　D 三级负荷

82. 百级洁净度手术室空调系统用电负荷的等级是（　　）。
    A 一级负荷中特别重要负荷　　　　B 一级负荷
    C 二级负荷　　　　　　　　　　　D 三级负荷

83. 有多层地下室的高层建筑物，其变电所的设置位置，错误的是（　　）。
    A 屋顶层　　　　　　　　　　　　B 最底层
    C 避难层　　　　　　　　　　　　D 设备层

84. 关于配变电所门的设置，说法错误的是（　　）。
    A 相邻配电室之间设门时，门应向低压配电室开启
    B 长度大于7m的配电室应设2个出口
    C 当配变电所采用双层布置时，位于楼上的配电室可不设通向外部通道的出口
    D 附设在建筑内二层及以上楼层的配变电所开向建筑内其他相邻房间的门应采用甲级防火门

85. 除另有规定外，下列电气装置的外露可导电部分可不接地的是（　　）。
    A 配电设备的金属框架
    B 手持式及移动式电器
    C 干燥场所的直流额定电压110V及以下的电气装置
    D 类照明灯具的金属外壳

86. 关于消防配电线路敷设的说法，错误的是（　　）。
    A 采用矿物绝缘类不燃性电缆时，可直接明敷
    B 采用铝芯阻燃电缆明管敷设
    C 可与其他配电线路分开敷设在不同电缆井内
    D 穿管暗敷在保护层厚度不小于30mm的不燃结构层内

87. 选择火灾自动报警系统的供电线路，正确的是（　　）。
    A 阻燃铝芯电缆　　　　　　　　　B 耐火铝芯电缆
    C 阻燃铜芯电缆　　　　　　　　　D 耐火铜芯电缆

88. 下列场所中，灯具电源电压可大于36V的是（　　）。
    A 乐池内谱架灯　　　　　　　　　B 化妆室台灯
    C 观众席座位排灯　　　　　　　　D 舞台面光灯

89. 下列旅馆建筑物场所中，不需设置等电位联接的是（　　）。
    A 浴室　　　　　　　　　　　　　B 喷水池
    C 健身房　　　　　　　　　　　　D 游泳池

90. 下列对柴油发电机组安装设计的要求，错误的是（　　）。
    A 应设置震动隔离装置
    B 机组与外部管道应采用刚性连接
    C 设备与基础之间的地脚螺栓应能承受水平地震力和垂直地震力
    D 设备与减震装置的地脚螺栓应能承受水平地震力和垂直地震力

91. 游泳池池内水下灯供电电压应（　　）。
    A 不超过12V　　　　　　　　　　B 不超过24V
    C 不超过36V　　　　　　　　　　D 不超过50V

92. 关于确定电气竖井位置和数量的因素，正确的是（　　）。
    A　建筑物防火分区　　　　　　　B　建筑物高度
    C　建筑物层高　　　　　　　　　D　建筑物防烟分区

93. 不可选用感应式自动控制灯具的是（　　）。
    A　旅馆走廊　　　　　　　　　　B　居住建筑楼梯间
    C　舞台　　　　　　　　　　　　D　地下车库行车道

94. 4层办公建筑，程控用户交换机机房不能设于（　　）。
    A　一层　　　　　　　　　　　　B　二层
    C　三层　　　　　　　　　　　　D　四层

95. 通用办公建筑，不属于信息化应用系统的是（　　）。
    A　出入口控制　　　　　　　　　B　智能卡应用
    C　物业管理　　　　　　　　　　D　公共服务系统

96. 火灾应急广播输出分路，应按疏散顺序控制，播放疏散指令的楼层控制程序，以下哪项正确？
    A　同时播放给所有楼层
    B　先接通地下各层
    C　二层及二层以上楼层发生火灾，宜先接通火灾层及其相邻的上、下层
    D　首层发生火灾，宜先接通本层、二层及地下一层

97. 下列场所中，不应选择点型感烟火灾探测器的是（　　）。
    A　厨房　　　　　　　　　　　　B　电影放映室
    C　办公楼厅堂　　　　　　　　　D　电梯机房

98. 保护接地导体应连接到用电设备的哪个部位？
    A　电源保护开关　　　　　　　　B　带电部分
    C　金属外壳　　　　　　　　　　D　有洗浴设备的卫生间

99. 下列场所和设备设置的剩余电流（漏电）动作保护，在发生接地故障时，只报警而不切断电源的是（　　）。
    A　手持式用电设备　　　　　　　B　潮湿场所的用电设备
    C　住宅内的插座回路　　　　　　D　医院用于维持生命的电气设备回路

100. 下列采用应急照明的场所，设置正确的是（　　）。
    A　150m² 的展览厅　　　　　　　B　150m² 的餐厅
    C　高层住宅的楼梯间　　　　　　D　150m² 的会议室

## 2019 年试题解析及答案

1. **解析**：当声波在传播的过程中遇到一块尺寸比波长大得多的障板时，声波将被反射，如果遇到尺寸比波长小的障板，声波将发生绕射。A 选项错误。

    声波如果遇到尺寸比波长小的障碍物，会绕过障碍物传播，发生绕射现象。B 选项正确。

    声波在空气中的传播速度与频率 $T$ 和波长 $\lambda$ 有关，$C=\lambda/T$。C 选项正确。

声波是在由质点构成的介质中传播，与单个质点的振动不同。D 选项正确。

答案：A

2. 解析：设第一个声音的声压级为 $L_p$，声压为 $P_1$，第二个声音的声压级为 $L_{p2}$，声压为 $P_2$，参考声压为 $P_0$。

   根据声压级的计算公式

   $$L_{p2} = 20\lg(P_2/P_0) = 60$$

   $$\begin{aligned}\because L_{p1} &= 20\lg(P_1/P_0) = 80 \\ &= 20 + 60 = 20 + L_{p2} \\ &= 20 + 20\lg(P_2/P_0) \\ &= 20\lg 10 + 20\lg(P_2/P_0) \\ &= 20\lg[(10P_2)/P_0]\end{aligned}$$

   $$\therefore P_1 = 10P_2$$

   当第一个声音的声压为第二个声音的声压的 10 倍时，声压级增加 20dB。

   答案：A

3. 解析：根据《隔声规范》第 4.2.2 条表 4.2.2 规定，相邻两户之间卧室、起居室（厅）与邻户房间之间其计权标准化声压级差＋粉红噪声频谱修正量应大于等于 45dB。

   答案：D

4. 解析：根据质量定律，墙体单位面积的质量越大，隔声效果越好，A、B、C 三种墙体相比，混凝土墙单位面积的质量最大，故其隔声效果最好。D 墙体属于轻质墙体，轻质墙体隔绝像空调机房这样的低频噪声效果较差。A 选项正确。

   答案：A

5. 解析：电梯运行发出的噪声主要是由于设备运行过程中产生的振动引起的噪声，因此降低设备运行的振动是降噪的主要手段。A、B、C 选项的措施对于降低高频噪声有一定的效果，对降低低频噪声作用甚微。故 D 选项正确。

   答案：D

6. 解析：多孔材料具有内外连通的微孔，入射到多孔材料上，能顺着微孔进入材料内部，引起空隙中空气振动摩擦，使声能转化为热能消耗掉。故 C 选项正确。

   答案：C

7. 解析：房间内的声音由直达声和反射声构成，吸声降噪仅能吸掉反射声，降低反射声能，直达声不会被吸掉。临界半径（混响半径）以内的区域，声音的直达声能大于反射声能，吸声的效果不好，临界半径（混响半径）以外的区域反射声能大于直达声能，吸声效果好。等于临界半径（混响半径）处直达声能等于反射声能，吸声有一定的效果。

   答案：B

8. 解析：当设备振动频率 $f$ 大于系统固有频率 $f_0$ 的 $\sqrt{2}$ 倍时，即当 $f/f_0 > \sqrt{2}$ 时（$\sqrt{2} = 1.414$），设备的振动才会衰减，$f$ 与 $f_0$ 的比值越大，设备振动衰减的越多，隔振效果越好，因此 $f$ 比 $f_0$ 的倍数越大，减振效果越好。另外，当振动频率等于固有频率时会发生共振。

   答案：C

9. **解析**：建筑师在设计音乐厅的音质时，其声学因素应考虑体形设计（包括容积和体形的确定）、混响设计和噪声控制（涉及背景噪声级），在这个设计过程中自始之终没有涉及最大声压级。故 A 选项正确。

   **答案**：A

10. **解析**：根据室内声压级计算公式：

$$L_p = L_W + 10\lg\left(\frac{Q}{4\pi r^2} + \frac{4}{R}\right)$$

$$R = \frac{S \times \bar{\alpha}}{1 - \bar{\alpha}}$$

   式中 $L_W$ 为声源的声功率，$r$ 为离开声源的距离，$R$ 为房间常数，$Q$ 为声源指向性因素。

   房间的声音由直达声和混响声构成，房间声压级的大小取决于声功率的大小，以及直达声和混响声的大小。在上式中，$L_W$ 反映了声源声功率的影响，对数中的第一项反映了直达声的影响，第二项反映了混响声的影响，从中看出混响声与室内的吸声系数和吸声面积有关。故 C 选项正确。

   **答案**：C

11. **解析**：响度主要取决于直达声和反射声加起来的声压级大小，同时与频率也有一定的关系。早期反射声和后期反射声的声能比比较高时，清晰度比较高。后期反射声声能占比比较高时，即早期反射声和后期反射声的声能比比较低时，丰满度比较好，混响感比较强。故 A 选项正确。

   **答案**：A

12. **解析**：①厅堂体型设计的主要内容是：保证每个听众席获得直达声，使厅堂中的前次反射声合理分布到观众席中，防止产生的回声及其他声学缺陷。②使厅堂具有均匀的混响时间频率特性是混响时间设计内容，而且是以语言用途为主的厅堂对混响时间频率特性的要求，设计要达到均匀的混响时间频率特性，需要平衡设计吸声材料的面积大小，合理选择吸声材料的种类及材料的吸声系数。

   **答案**：D

13. **解析**：《照明标准》中，对发光强度的定义为：发光体在给定方向上的发光强度是该发光体在该方向的立体角元 $d\Omega$ 内传输的光通量 $d\phi$ 除以该立体角元所得之商，即单位立体角的光通量。单位为坎德拉（cd），$1cd = 1\ lm/sr$。发光强度表征灯具在空间中某个方向的光通量密度，是描述灯具（光源）本身发光特征的物理量，与观察者无关。与距离有关的物理量为照度（$E$），其定义为：入射在包含该点的面元上的光通量 $d\phi$ 除以该面元面积 $dA$ 所得之商。单位为勒克斯（lx），$1\ lx = 1\ lm/m^2$。某被照面照度值与其距光源的距离成平方反比关系，即距离增大至原来的 2 倍，照度减小为原来的 1/4；距离减小至原来的 1/2，照度增大为原来的 4 倍。

   **答案**：D

14. **解析**：《照明标准》中光通量的定义为：根据辐射对标准光度观察者的作用导出的光度量。单位为流明（lm），$1\ lm = 1cd \cdot sr$。照度、发光强度的定义见 18-1-23 解析。亮度的物理含义是包括该点面元 $dA$ 在该方向的发光强度 $I = d\phi/d\Omega$ 与面元在垂直于给定方向上的正投影面积 $dA \cdot \cos\theta$ 所得之商（标准编制组,《建筑照明设计标准实施指南》)。

**答案**：B

15. **解析**：侧窗采光的教室，在进深方向上：近窗处自然光充足，远窗处（进深深处）自然光照射少，将窗的横档在水平方向加宽并设在窗的中下方（A 选项）能够将照射在近窗处的太阳光通过横档反射到顶棚上，进而二次反射到教室进深深处，提高采光均匀性；窗横档以上使用扩散光玻璃（C 选项）也是通过扩散光，将斜下入射的直射自然光折射到室内深处；在走廊一侧开窗（D 选项）可以更直接地将走廊的光线引入，提高教室远窗处工作面的照度。在开间方向上：采光照度均匀性主要与窗间墙有关，横向连贯的采光口，采光均匀性好；竖窄而分散的窗（即窗间墙很宽，B 选项）因墙遮挡，均匀性差。

    **答案**：B

16. **解析**：采光系数是衡量房间采光能力的重要指标，场所使用功能要求越高，说明视觉工作越重要，视觉作业需要识别对象的尺寸越小，该场所采光等级越高，采光系数也应该越高。《采光标准》中规定的采光系数标准值为：办公室 3%，设计室 4%，会议室 3%，专用教室 3%。

    **答案**：B

17. **解析**：《照明标准》中规定，图书馆建筑老年人阅览室的照度标准值为 500lx，办公建筑普通办公室为 300lx，医院病房为 100lx，教育建筑教室为 300lx。老年人因视力衰退，对于同样的视觉作业，往往需要更高的照度才能完成。

    **答案**：A

18. **解析**：《照明标准》第 3.1.2 条规定：
    (1) 室内工作及相关辅助场所，均应设置正常照明。
    (2) 当下列场所正常照明电源失效时，应设置应急照明：
        ① 需确保正常工作或活动继续进行的场所，应设置备用照明；
        ② 需确保处于潜在危险之中的人员安全的场所，应设置安全照明；
        ③ 需确保人员安全疏散的出口和通道，应设置疏散照明。
    (3) 需在夜间非工作时间值守或巡视的场所应设置值班照明。
    (4) 需警戒的场所，应根据警戒范围的要求设置警卫照明。
    ……
    可见"工作场所均应设置值班照明"（B 选项）是不确切的。

    **答案**：B

19. **解析**：《城市夜景照明设计规范》JGJ/T 163—2008 第 7.0.2 条光污染限制条文中，分别对"居住建筑窗户外表面产生的垂直面照度最大允许值""夜景照明灯具朝居室方向的发光强度的最大允许值""居住区和步行区夜景照明灯具的眩光限制值""灯具的上射光通比的最大允许值""建筑立面和标识面产生的平均亮度最大允许值"作了明确量化规定。即 A、C、D 选项属于夜景照明光污染限制指标。该标准同时规定："应合理设置夜景照明运行时段，及时关闭部分或全部夜景照明、广告照明和非重要景观区高层建筑的内透光照明。"并未提出对广告屏幕对比度的限制指标。

答案：B

20. **解析：**《照明标准》第4.1.2条规定：

   符合下列一项或多项条件，作业面或参考平面的照度标准值可按本标准第4.1.1条的分级提高一级：

   1 视觉要求高的精细作业场所，眼睛至识别对象的距离大于500mm；
   2 连续长时间紧张的视觉作业，对视觉器官有不良影响；
   3 识别移动对象，要求识别时间短促而辨认困难；
   4 视觉作业对操作安全有重要影响；
   5 识别对象与背景辨认困难；
   6 作业精度要求高，且产生差错会造成很大损失；
   7 视觉能力显著低于正常能力；
   8 建筑等级和功能要求高。

   因此，B选项所述与上述条文有较大出入。

   答案：B

21. **解析：** 直接型灯具将90%以上光向下直接照射，效率最高；而间接型灯具将90%以上光向上投射到顶棚，不会形成眩光，但效率最低，节能性最差。

   答案：A

22. **解析：** 其他条件不变，窗台高度的变化会影响近窗处的采光量，对远窗处影响很小；窗上沿变化对近窗处、远窗处均会产生影响。影响关系的示意图如题22解图。

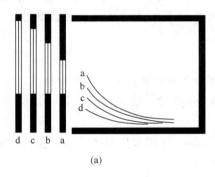 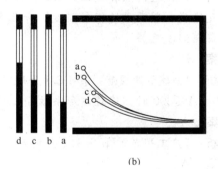

   (a)                                  (b)

   题22解图

   (a) 窗上沿高度的变化对室内采光的影响；(b) 窗台高度的变化对室内采光的影响

   答案：D

23. **解析：**《商店建筑设计规范》JGJ 48—2014第7.3.2条规定：平面和空间的照度、亮度宜配制恰当，一般照明、局部重点照明和装饰艺术照明应有机组合。《商店建筑电气设计规范》JGJ 392—2016第5.2.5条规定：大、中型百货商店宜根据商店工艺需要设重点照明、局部照明和分区一般照明，各类商店、商场的修理台、货架柜等宜设局部照明。中国建筑工业出版社出版的《建筑物理》教材中明确指出：商店照明大致有基本照明、重点照明和装饰照明三种照明方式。而轮廓照明指利用灯光直接勾画建筑物和构筑物等被照对象的轮廓的照明方式，属于室外照明方式。

   答案：C

24. 解析：中小学校普通教室采光系数标准值为 3%（第Ⅲ类光气候区）；灯罩能够形成遮光角，遮光角越大，灯具产生眩光影响的可能性越小，有效避免直射眩光；教室照明显色指数 $R_a$ 的要求为 80 及以上，LED 光源是当前理论上最节能的光源类型，显色指数为 85 的 LED 灯具适用于教室照明；教室黑板灯的目的是在黑板表面形成均匀的照度，《照明标准》中规定黑板面为 500lx 的混合照明照度，此照度为垂直照度，不是水平照度。

    答案：D

25. 解析：风的形成是由于大气中的压力差。当风吹向建筑时，因受到建筑的阻挡，就会产生能量的转换，动压力转变为静压力，于是迎风面上产生正压，同时，气流绕过建筑的各个侧面及背面，会在相应位置产生负压力，正负压力差就是风压。由于经过建筑物而出现的风压促使空气从迎风面的开口和其他空隙流入室内，而室内空气则从背风面孔口排出，形成了自然通风。设置挡风板可在迎风面的开口处阻挡气流，产生正压，有利于导风入室，改善室内自然通风。D 选项不属于设置挡风板来改善室内自然通风。

    答案：D

26. 解析：根据稳定传热的理论，围护结构的传热阻 $R_0 = R_i + R + R_e$。其中，$R$ 为外围护结构材料层的热阻，$R_i$、$R_e$ 为冬季内、外表面换热阻。

    答案：B

27. 解析：评价室内热环境的 PMV 指标与 4 个热环境物理量（室内空气温度、空气湿度、空气速度、壁面平均辐射温度）和 2 个人体因素（人体活动强度和衣服热阻）有关，与露点温度无关。

    答案：B

28. 解析：《公建节能规范》第 3.2.1 条规定，在严寒和寒冷地区，单栋建筑面积 $A$ (m²)：当 $300 < A \leqslant 800$ 时，建筑体形系数 $\leqslant 0.50$；当 $A > 800$ 时，建筑体形系数 $\leqslant 0.40$。

    答案：A

29. 解析：《热工规范》第 5.1.1 条规定，采暖房间要达到基本热舒适要求，$\Delta t_w \leqslant 3℃$。

    答案：A

30. 解析：被动式超低能耗建筑施工气密性处理过程中，要求电气接线盒安装在外墙上时，应先在孔洞内涂抹石膏或粘结砂浆，再将接线盒推入孔洞，石膏或粘结砂浆应将电气接线盒与外墙孔洞的缝隙密封严密。

    答案：B

31. 解析：隔汽层的作用是阻挡水蒸气进入保温层以防止其受潮，因此，隔汽层应放在沿水蒸气流入的一侧、进入保温层以前的材料层交界面上。冬季，水蒸气渗透的方向为室内流向室外，所以，隔汽层应放在保温层的室内侧才能防止保温层受潮。

    答案：C

32. 解析：《热工规范》第 6.1.3 条，关于外墙的隔热措施有：宜采用浅色外饰面、可采用干挂通风幕墙、采用墙面垂直绿化、宜提高围护结构的热惰性指标 $D$ 值。涂刷热反射涂料是利用涂膜对光和热的高反射作用使太阳照射到涂膜上的大部分能量得到反射，而不是被涂膜吸收，同时，这类涂膜本身的导热系数小，阻止热量通过涂膜传导，有利于墙体隔热；干挂通风幕墙的基本特征是在双层幕墙中形成一个相对封闭的空间，空气可以从下部进风口进入这一空间，从上部排风口离开，流动的空气可及时散发传入此空间的热量，降低幕墙内表面温度，对提高幕墙的保温、隔热、隔声功能起到很大的作用；采用墙面垂直绿化可遮挡照射到墙体的太阳辐射，减少墙体得热。虽然从理论上说，加厚墙体构造能够增加墙体的热阻和热惰性指标，但必须增加一定的厚度才能见效，而墙体厚度的增加势必增加墙体的承重和建筑面积，权衡利弊可知加厚墙体构造是不可取的。

答案：C

33. 解析：架空屋面是指覆盖在屋面防水层上并架设一定高度构成通风间层、能起到隔热作用的通风屋面。通风屋面隔热的原理是：一方面利用通风间层的上层遮挡阳光，避免太阳辐射热直接作用在屋顶上，减少屋顶的太阳辐射得热；另一方面利用风压和热压的作用，尤其是自然通风，白天将间层上方表面传入间层的热量随间层内的气流及时带走，减少通过间层下表面传入屋顶的热量，降低屋顶内表面温度；夜间，从室内通过屋顶传入通风间层下表面的热量也能够利用通风迅速排除，达到散热的目的。

答案：D

34. 解析：《城市居住区规划设计标准》GB 50180—2018 的第 4.0.9 条规定，旧区改建项目新建住宅建筑日照标准不应低于大寒日日照时数 1h。

答案：A

35. 解析：夏季，在北回归线以北地区的建筑，其南向及接近南向的窗口太阳辐射的高度角大，并且阳光从窗口的前上方照射而来，应选择水平式遮阳才能有效遮挡太阳辐射。

答案：A

36. 解析：题图 4 种遮阳构造中，A、B 选项属于水平式遮阳，可遮挡射向窗口的太阳辐射，但窗口周围墙体被阳光照射后，表面温度上升，加热了表面接触的空气，热空气在室外风压的作用下流入室内，B 选项比 A 选项改进之处是在遮阳板和墙面之间留有空隙，可利用空气的向上流动带走热空气，减少流入室内的热空气。C、D 选项为挡板式遮阳，从遮阳效果来说优于水平式遮阳，但 C 选项使用的挡板式遮阳在室内一侧，遮阳板吸收的太阳辐射热将主要散失到室内；D 选项使用的挡板式遮阳在室外一侧，它所吸收的太阳辐射散发在室外，并且能通过上、下方形成的空气流动及时排除。综上所述，较为有效的利用建筑构造做法是 D 选项。

答案：D

37. 解析：根据本丛书教材第 3 分册《建筑物理与建筑设备》第一节第五部分内容，小区给水设计用水量，应根据下列用水量确定：①居民生活用水量；②公共建筑生活用水量；③绿化用水量；④水景、娱乐设施用水量；⑤道路、广场用水量；⑥公用设施用水量；⑦未预见用水量及管网漏失水量；⑧消防用水量。其中，消防用水量仅用于校核管网计算，不计入正常用水量。

答案：C

38. 解析：根据《给排水标准》条文说明第 3.2.2 条，目前我国旅馆、医院等大多数实行洗衣社会化，委托专业洗衣房洗衣，减少了这部分建筑面积、设备、人员和能耗、水耗，故本条中旅馆、医院的用水定额未包含这部分用水量。如果实际设计项目中仍有洗衣房的话，那还应考虑这一部分的水量，用水定额可按表 3.2.2 第 10 项的规定确定。

    答案：D

39. 解析：根据《给排水标准》第 3.1.2 条，自备水源的供水管道严禁与城镇给水管道直接连接；第 3.1.3 条，中水、回用雨水等非生活饮用水管道严禁与生活饮用水管道连接。

    答案：B

40. 解析：根据本丛书教材第 3 册《建筑物理与建筑设备》第六节第一部分，国家现行有关节水型生活用水器具的标准有：《节水型生活用水器具》CJ/T 164、《节水型卫生洁具》GB/T 31436、《节水型产品通用技术条件》GB/T 18870、《水嘴水效限定值及水效等级》GB 25501、《坐便器水效限定值及水效等级》GB 25502、《小便器水效限定值及水效等级》GB 28377、《便器冲洗阀用水效率限定值及用水效率等级》GB 28379、《淋浴器水效限定值及水效等级》GB 28378、《蹲便器水效限定值及水效等级》GB 30717、《电动洗衣机能效水效限定值及等级》GB 12021.4、《反渗透净水机水效限定值及水效等级》GB 34914 等。生活用水器具所允许的最大流量（坐便器为用水量）应符合产品的用水效率限定值，节水型用水器具应按选用的用水效率等级确定产品的最大流量（坐便器为用水量）。

    答案：D

41. 解析：根据《给排水标准》第 3.1.7 条，小区给水系统设计应综合利用各种水资源，充分利用再生水、雨水等非传统水源；优先采用循环和重复利用给水系统。

    答案：A

42. 解析：根据《给排水标准》第 6.6.6 条，太阳能热水系统辅助热源宜因地制宜选择，分散集热、分散供热太阳能热水系统和集中集热、分散供热太阳能热水系统宜采用燃气、电；集中集热、集中供热太阳能热水系统宜采用城市热力管网、燃气、燃油、热泵等。

    答案：A

43. 解析：根据《给排水标准》第 4.4.12 条，下列构筑物和设备的排水管与生活排水管道系统应采取间接排水的方式：

    （1）生活饮用水贮水箱（池）的泄水管和溢流管；
    （2）开水器、热水器排水；
    （3）医疗灭菌消毒设备的排水；
    （4）蒸发式冷却器、空调设备冷凝水的排水；
    （5）贮存食品或饮料的冷藏库房的地面排水和冷风机溶霜水盘的排水。

    答案：C

44. 解析：根据本丛书教材第 3 分册《建筑物理与建筑设备》第五节，生活污水是指大便器（槽）、小便器（槽）等排放的粪便水；生活废水是指洗脸盆、洗衣机、浴盆、淋浴器、洗涤盆等排水，与粪便水相比，水质污染程度较轻。

答案：A

45. 解析：根据《消防给水及消火栓系统技术规程》GB 50974—2014 第 4.1.3 条，消防水源应符合下列规定：

（1）市政给水、消防水池、天然水源等可作为消防水源，并宜采用市政给水；

（2）雨水清水池、中水清水池、水景和游泳池可作为备用消防水源。

答案：B

46. 解析：根据《消防给水及消火栓规范》第 4.3.9 条，消防水池的出水、排水和水位应符合下列规定：

（1）消防水池的出水管应保证消防水池的有效容积能被全部利用；

（2）消防水池应设置就地水位显示装置，并应在消防控制中心或值班室等地点设置显示消防水池水位的装置，同时应有最高和最低报警水位；

（3）消防水池应设置溢流水管和排水设施，并应采用间接排水。

答案：D

47. 解析：根据《消防给水及消火栓规范》第 7.4.1 条，室内消火栓的选型应根据使用者、火灾危险性、火灾类型和不同灭火功能等因素综合确定。

答案：A

48. 解析：根据《消防给水及消火栓规范》第 9.2.1 条，下列建筑物和场所应采取消防排水措施：

（1）消防水泵房；

（2）设有消防给水系统的地下室；

（3）消防电梯的井底；

（4）仓库。

电石的成分是 $CaC_2$，遇水会发生激烈反应造成燃烧，不能用水灭火。

答案：C

49. 解析：根据《消防给水及消火栓规范》第 8.1.6 条，消防水泵房的设置应符合下列规定：

（1）单独建造的消防水泵房，其耐火等级不应低于二级；

（2）附设在建筑内的消防水泵房，不应设置在地下三层及以下或室内地面与室外出入口地坪高差大于 10m 的地下楼层；

（3）疏散门应直通室外或安全出口。

答案：B

50. 解析：根据《自动喷水灭火规范》第 10.1.1 条，系统用水应无污染、无腐蚀、无悬浮物。

答案：C

51. 解析：根据《给排水标准》第 4.10.13 条，化粪池与地下取水构筑物的净距不得小于 30m。第 4.10.14 条，化粪池的设置应符合下列规定：

（1）化粪池宜设置在接户管的下游端，便于机动车清掏的位置；

（2）化粪池池外壁距建筑物外墙不宜小于 5m，并不得影响建筑物基础；

(3) 化粪池应设通气管，通气管排出口设置位置应满足安全、环保要求。

答案：D

52. 解析：根据本丛书教材第 3 分册《建筑物理与建筑设备》第五节第一部分，医院污水消毒宜采用氯消毒（成品次氯酸钠、氯片、漂白粉、漂粉精或液氯）。

答案：B

53. 解析：根据《给排水标准》GB 50015—2019 第 4.3.7 条，地漏应设置在易溅水的器具或冲洗水嘴附近，且应在地面的最低处。洗衣机排水属于生活废水，为防止水质污染，不能排入室内雨水管。

答案：D

54. 解析：根据《建筑机电工程抗震设计规范》GB 50981—2014 第 4.1.1 条，8 度及 8 度以下地区的多层建筑应按现行国家标准《建筑给水排水设计标准》GB 50015 规定的材质选用。

答案：A

55. 解析：根据《给排水标准》第 5.2.13 条，屋面雨水排水管道系统设计流态应符合下列规定：

(1) 檐沟外排水宜按重力流系统设计；

(2) 高层建筑屋面雨水排水宜按重力流系统设计；

(3) 长天沟外排水宜按满管压力流设计；

(4) 工业厂房、库房、公共建筑的大型屋面雨水排水宜按满管压力流设计；

(5) 在风沙大、粉尘大、降雨量小的地区不宜采用满管压力流排水系统。

答案：B

56. 解析：根据本丛书一级教材《第 3 分册 建筑物理与建筑设备》第六节第三部分，中水可用冲厕、道路清扫、消防、绿化、车辆冲洗、建筑施工等，水质应符合《城市污水再生利用 城市杂用水水质》GB/T 18920 的规定。高压人工喷雾形成的气溶胶容易进入人体，考虑到健康因素和目前的水质标准，不能采用中水。

答案：B

57. 解析：游泳池补水直接与人体接触，考虑到健康因素和目前的水质标准，雨水不能用于游泳池补水。当雨水水质符合《城市污水再生利用 城市杂用水水质》GB/T 18920 的规定时，可以用于冲洗城市道路、消防、冲洗车辆。

答案：C

58. 解析：《暖通规范》第 8.1.1 条："供暖空调冷源与热源应根据建筑物规模、用途、建设地点的能源条件、结构、价格以及国家节能减排和环保政策的相关规定等，通过综合论证确定，并应符合下列规定：有可供利用的废热或工业余热的区域，热源宜采用废热或工业余热"。

答案：D

59. 解析：《暖通规范》第 5.3.9 条："除幼儿园、老年人和特殊功能要求的建筑外，散热器应明装"。

答案：C

60. 解析：《暖通规范》第 5.3.7 条第 2 款："布置散热器时，应符合下列规定：两道外门之间的门斗内，不应设置散热器"。

答案：D

61. 解析：《暖通规范》第6.3.9条第2款："事故排风的室外排风口应符合下列规定：排风口与机械送风系统的进风口的水平距离不应小于20m；当水平距离不足20m时，排风口应高出进风口，并不宜小于6m"。

答案：A

62. 解析：《暖通规范》第6.3.1条："机械送风系统进风口的位置，应符合下列规定：①应设在室外空气较清洁的地点；②应避免进风、排风短路；③进风口的下缘距室外地坪不宜小于2m，当设在绿化地带时，不宜小于1m"。

答案：C

63. 解析：B选项辐射管中有空调冷水；C选项多联机有冷凝水管；D选项风机盘管有空调冷热水管、冷凝水管；A选项空调冷热水管、冷凝水管都在空调机房。所以A选项没有漏水风险。

答案：A

64. 解析：乌鲁木齐市属温带大陆性干旱气候区，夏季空调室外计算湿球温度低，室外空气干燥，便于利用蒸发冷却技术将室内热量散发到室外大气中。

答案：B

65. 解析：《暖通规范》第7.3.3条："空气中含有易燃易爆或有毒有害物质的空调区，应独立设置空调系统"。

答案：D

66. 解析：《暖通规范》第8.3.4条："地埋管地源热泵系统设计时，应进行全年供暖空调动态负荷计算，最小计算周期为一年。计算周期内，地源热泵系统总释热量和总吸热量宜基本平衡"。这里指一年内总释热量和总吸热量基本平衡，不是冬夏空调冷热负荷基本平衡（或说相差不大）。热量是冬夏两季度冷热负荷累积值，负荷是冬夏两季度基本最大冷热负荷瞬时值，不是同一个概念。

答案：D

67. 解析：冷热源设备布置在地下层承压最高，不利于降低冷热源设备的承压。

答案：A

68. 解析：《暖通规范》第8.10.1条："（1）制冷机房宜设在空调负荷的中心；（2）宜设置值班室或控制室；（4）机房应预留安装孔、洞及运输通道"。制冷机有大有小，对机房净高没有不小于5.0m的具体要求。

答案：C

69. 解析：冷却塔运行有飘水、噪声、体积高大遮挡采光等问题，靠近塔楼会影响塔楼内环境。

答案：D

70. 解析：石膏板等轻质隔墙不利于空调机房隔声，重质材料利于隔声。

答案：D

71. 解析：根据《防火规范》第3.1.1条及条文说明：油品的闪点不同可分为甲类、乙类、丙类三类厂房，油箱油泵未提及闪点多少或哪一类油，本身无法判断属于哪类生产厂房。A、D 选项是正确的；C 选项未说明何处用的观察窗，如果是控制室观察窗，对玻璃层数、开启固定无要求。

答案：B

72. 解析：根据《公建节能标准》第 3.3.1 条～第 3.3.2 条：甲类公共建筑维护结构热工性能对温和地区 B 区不作要求，乙类公共建筑维护结构热工性能对温和地区无要求。

答案：D

73. 解析：《公建节能标准》第 4.3.25 条："设有集中排风的空调系统经技术经济比较合理时，宜设置空气－空气能量回收装置"。温和地区冬季、夏季室外空气温度分别与室内空气温度温差较小，回收效率低，回收成本高，经济比较不合理，不宜设排风热回收装置。

答案：D

74. 解析：防排烟系统火灾时使用，不涉及绿色建筑评价标准。

答案：B

75. 解析：《防排烟标准》第 4.1.4 条：除地上特定建筑外"当设置机械排烟系统时，要求在外墙或屋顶设置固定窗"，不能是内窗。

答案：C

76. 解析：《防排烟标准》第 3.3.5 条："加压送风进风口与排烟系统出口水平布置时，两者边缘最小水平距离不应小于 20.0m"。

答案：D

77. 解析：《防排烟标准》第 4.6.9 条："走道、室内空间净高不大于 3m 的区域，其最小清晰高度不宜小于净高的 1/2，其他区域最小清晰高度应按下式计算：1.6m＋净高的 1/10"。净高为 5.5m，最小清晰高度为：1.6m＋0.55m＝2.15m。

答案：C

78. 解析：《防排烟标准》第 4.4.14 条："顶层区域的固定窗应布置在屋顶或顶层的外墙上，但未设置自动喷水灭火系统的以及钢结构屋顶或预应力钢筋混凝土屋面板的建筑应布置在屋顶"。

答案：A

79. 解析：《燃气规范》第 10.2.14 条："燃气引入管不得敷设在卧室、卫生间、易燃或易爆品的仓库、有腐蚀性介质的房间、发电间、配电间、变电室、不使用燃气的空调机房、通风机房、计算机房、电缆沟、暖气沟、烟道和进风道、垃圾道等地方"。

答案：D

80. 解析：光通量的单位是流明；照度的单位是勒克斯；光强的单位是坎德拉；功率的单位是瓦特。

答案：B

81. 解析：根据《电气标准》附录 A，特大型、大型、中型及小型会展建筑的主要展览用电为二级负荷。

答案：C

82. 解析：依据《医疗建筑电气设计规范》JGJ 312—2013 第 4.2.1 条，三级、二级医院的空气净化机组用电为二级负荷。

答案：C

83. **解析**：根据《电气标准》第 4.2.2 条"变电所可以放在地下层，但不宜放在最底层"的要求，可以防止变电所遭水淹渍、散热不良的现象发生；当地下只有一层时，应抬高变电所的地面。

    **答案**：B

84. **解析**：根据《电气标准》第 4.10.3 条第 2 款："变电所位于多层建筑物的二层或更高层时，通向其他相邻房间的门应为甲级防火门，通向过道的门应为乙级防火门"。D 选项正确。第 4.10.9 条："变压器室、配电装置室、电容器室的门应向外开，并应装锁。相邻配电装置室之间设有防火隔墙时，隔墙上的门应为甲级防火门，并向低电压配电室开启"。A 选项正确。第 4.10.11 条："长度大于 7m 的配电装置室，应设 2 个出口，并宜布置在配电室的两端；长度大于 60m 的配电装置室宜设 3 个出口，相邻安全出口的门间距离不应大于 40m。独立式变电所采用双层布置时，位于楼上的配电装置室应至少设一个通向室外的平台或通道的出口"。B 选项正确，C 选项错误。

    **答案**：C

85. **解析**：电气装置的外露可导电部分接地是一种故障防护措施，为了保证可触及的可导电部分（如金属外壳）在正常情况下或在单一故障情况下不带危险电位。干燥场所的直流额定电压 110V 及以下的电气装置，有爆炸危险的场所除外，外露可导电部分可不做接地。

    **答案**：C

86. **解析**：根据《火灾自动报警系统设计规范》GB 50116—2013 第 11.2.2 条："火灾自动报警系统的供电线路、消防联动控制线路应采用耐火铜芯电线电缆，报警总结、消防应急广播和消防专用电话等传输线路应采用阻燃或阻燃耐火电线电缆"。B 选项错误。第 11.2.3 条："线路暗敷设时，应采用金属管、可挠（金属）电气导管或 B1 级以上的刚性塑料管保护，并应敷设在不燃烧体的结构层内，且保护层厚度不宜小于 30mm；线路明敷设时，应采用金属管、可挠（金属）电气导管或金属封闭线槽保护。矿物绝缘类不燃性电缆可直接明敷"。A、D 选项正确。第 11.2.4 条："火灾自动报警系统用的电缆竖井，宜与电力、照明用的低压配电线路电缆竖井分别设置。受条件限制必须合用时，应将火灾自动报警系统用的电缆和电力、照明用的低压配电线路电缆分别布置在竖井的两侧"。C 选项正确。

    **答案**：B

87. **解析**：根据《火灾自动报警系统设计规范》GB 50116—2013 第 11.2.2 条："火灾自动报警系统的供电线路、消防联动控制线路应采用耐火铜芯电线电缆"。

    **答案**：D

88. **解析**：根据《电气标准》第 9.5.4 条："乐池内谱架灯和观众厅座位牌号灯宜采用 24V 及以下电压供电，光源可采用 24V 的半导体发光照明装置（LED），当采用 220V 供电时，供电回路应增设剩余电流动作保护器。"B 选项中灯具电源离人较近，应采用安全电压。

    **答案**：D

89. **解析**：保护性的等电位联结是将人体可同时触及的可导电部分连通的联结，是用来消除或尽可能地降低不同电位部分的电位差，进而防止引起电击危险。总接地端子和进入建筑物的供应设施的金属管道导电部分和常使用时可触及的电气装置外可导电部分等应实施保护等电位联结。健身房无金属管道，无需设置等电位联结。

答案：C

90. 解析：排烟噪声在柴油机总噪声中属于最强烈的一种噪声，其频谱是连续的，排烟噪声的强度最高可达 110～130dB，对机房和周围环境有较大的影响。所以应设消声器，以减少噪声。排烟管的热膨胀可由弯头或来回弯补偿，也可设补偿器、波纹管、套筒伸缩节补偿。所以排烟管与柴油机排烟口连接处应装设弹性连接，而不是机组与外部管道采用刚性连接。

答案：B

91. 解析：游泳池水下或与水接触的灯具应符合现行国家标准《灯具第 2-18 部分：特殊要求 游泳池和类似场所用灯具》GB 7000.218 的规定。灯具应为防触电保护的Ⅲ类灯具，其外部和内部线路的工作电压应不超过 12V。

答案：A

92. 解析：电气竖井的位置和数量应根据建筑物规模，各支线供电半径及建筑物的变形缝位置和防火分区等因素确定。

答案：A

93. 解析：舞台灯光需要调光控制，不是感应式自动控制。

答案：C

94. 解析：根据《电气标准》第 20.3.6 条，用户电话交换系统机房的选址与设置要求：单体建筑的机房宜设置在裙房或地下一层（建筑物有多地下层时），同时宜靠近信息接入机房、弱电间或电信间，并方便各类管线进出的位置；不应设置在建筑物的顶层。

答案：D

95. 解析：根据《智能建筑设计标准》GB/T 50314—2015，通用办公建筑智能化系统规定配置中，不含出入口控制的内容。

答案：A

96. 解析：《火灾自动报警系统设计规范》GB 50116—2013 第 4.8.8 条："消防应急广播系统的联动控制信号应由消防联动控制器发出。当确认火灾后，应同时向全楼进行广播"。

答案：A

97. 解析：厨房运行时有大量烟雾存在，不适宜选择点型感烟火灾探测器。

答案：A

98. 解析：保护接地的做法是将电气设备故障情况下可能呈现危险电压的金属部位经接地线、接地体同大地紧密地连接起来，是防止间接接触电击的安全技术措施。

答案：C

99. 解析：对一旦发生切断电源时，会造成事故或重大经济损失的电气装置或场所，应安装报警式漏电保护器。如：

(1) 公共场所的通道照明、应急照明；

（2）消防用电梯及确保公共场所安全的设备；
（3）用于消防设备的电源，如火灾报警装置、消防水泵、消防通道照明等；
（4）用于防盗报警的电源；
（5）其他不允许停电的特殊设备和场所。

**答案**：D

100. **解析**：《防火规范》第 10.3.1 条第 1、2 款："除建筑高度小于 27m 的住宅建筑外，民用建筑、厂房和丙类仓库的下列部位应设置疏散照明：封闭楼梯间、防烟楼梯间及其前室、消防电梯间的前室或合用前室、避难走道、避难层（间）；观众厅、展览厅、多功能厅和建筑面积 $>200m^2$ 的营业厅、餐厅、演播室等人员密集的场所……"

**答案**：C

# 2018年试题、解析及答案

## 2018年试题

1. 下列名词中，表示声源发声能力的是（　　）。
   A 声压　　　　　　B 声功率　　　　　C 声强　　　　　　D 声能密度

2. 两台相同的机器，每台单独工作时在某位置上的声压级均为93dB，则两台一起工作时该位置的声压级是（　　）。
   A 93dB　　　　　　B 95dB　　　　　　C 96dB　　　　　　D 186dB

3. 在空旷平整的地面上，有一个点声源稳定发声。当接收点与声源的距离加倍，则声压级降低（　　）。
   A 8dB　　　　　　 B 6dB　　　　　　 C 3dB　　　　　　 D 2dB

4. 房间中一声源稳定，此时房间中央的声压级大小为90dB，当声源停止发声0.5s后声压级降为70dB，则该房间的混响时间是（　　）。
   A 0.5s　　　　　　B 1.0s　　　　　　C 1.5s　　　　　　D 2.0s

5. 关于多孔材料吸声性能的说法，正确的是（　　）。
   A 吸声机理是表面粗糙
   B 流阻越高吸声性能越好
   C 高频吸声性能随材料厚度增加而提高
   D 低频吸声性能随材料厚度增加而提高

6. 对于穿孔板吸声结构，穿孔板背后的空腔中填充多孔吸声材料的作用是（　　）。
   A 提高共振频率
   B 提高整个吸声频率范围内的吸声系数
   C 降低高频吸声系数
   D 降低共振时的吸声系数

7. 单层均质密实墙在一定的频率范围内其隔声量符合质量定律，与隔声量无关的是（　　）。
   A 墙的面积　　　　　　　　　　　　B 墙的厚度
   C 墙的密度　　　　　　　　　　　　D 入射声波的波长

8. 关于楼板撞击声的隔声，下列哪种措施的隔声效果最差？
   A 采用浮筑楼板　　　　　　　　　　B 楼板上铺设地毯
   C 楼板下设置隔声吊顶　　　　　　　D 增加楼板的厚度

9. 风机和基座组成弹性隔振系统，其固有频率为5Hz，则风机转速高于多少时该系统才开始具有隔振作用？
   A 212转/分钟　　　　　　　　　　　B 300转/分钟
   C 425转/分钟　　　　　　　　　　　D 850转/分钟

10. 隔声罩某频带的隔声量为30dB，罩内该频带的吸声系数为0.1，则其降噪效果用插入损失 $IL$ 表示为（　　）。
    A 10dB　　　　　　B 20dB　　　　　　C 30dB　　　　　　D 40dB

11. 厅堂体形与音质密切相关。下列哪项不能通过厅堂体形设计而获得?
    A 每个观众席能得到直达声        B 前次反射声在观众席上均匀分布
    C 防止产生回声                    D 改善混响时间的频率特性

12. 教室、讲堂的主要音质指标是(　　)。
    A 空间感                          B 亲切感
    C 语言清晰度                      D 丰满度

13. 为降低小房间中频率简并及声染色现象对音质的不利影响,下列矩形录音室的长、宽、高比例中最合适的是(　　)。
    A 1∶1∶1                         B 2∶1∶1
    C 3∶2∶1                         D 1.6∶1.25∶1

14. 房间内通过吸声降噪处理可降低(　　)。
    A 混响声声能                      B 直达声声能
    C 直达声声压级                    D 混响声和直达声声压级

15. 在明视觉的相同环境下,人眼对以下哪种颜色的光感觉最亮?
    A 红色          B 橙色          C 蓝绿色        D 蓝色

16. 可见度就是人眼辨认物体的难易程度,它不受下列哪个因素影响?
    A 物体的亮度                      B 物体的形状
    C 物件的相对尺寸                  D 识别时间

17. 灯具配光曲线描述的是以下哪个物理量在空间的分布?
    A 发光强度      B 光通量        C 亮度          D 照度

18. 以下场所中采光系数标准值不属于强制性执行的是(　　)。
    A 住宅起居室                      B 普通教室
    C 老年人阅览室                    D 医院病房

19. 计算侧面采光的采光系数时,以下哪个因素不参与计算?
    A 窗洞口面积                      B 顶棚饰面材料反射比
    C 窗地面积比                      D 窗对面遮挡物与窗的距离

20. 以下哪个房间最适合用天窗采光?
    A 旅馆中的会议室                  B 办公建筑中的办公室
    C 住宅建筑中的卧室                D 医院建筑中的普通病房

21. 以下哪种措施不能减少由于天然光利用引起的眩光?
    A 避免以窗口作为工作人员的视觉背景
    B 采用遮阳措施
    C 窗结构内表面采用深色饰面
    D 工业车间长轴为南北向时,采用横向天窗或锯齿天窗

22. 关于光源选择的说法,以下选项中错误的是(　　)。
    A 长时间工作的室内办公场所选用一般显色指数不低于80的光源
    B 选用同类光源的色容差不大于5SDCM
    C 对电磁干扰有严格要求的场所不应采用普通照明用白炽灯
    D 应急照明选用快速点亮的光源

23. 层高较高的工业厂房照明应选用以下哪种灯具?
    A 扩散型灯具　　　　　　　　　B 半直接灯具
    C 半间接灯具　　　　　　　　　D 直接型灯具

24. 建筑夜景照明时,下列哪类区域中建筑立面不应设置夜景照明?
    A E1区　　　　　　　　　　　　B E2区
    C E3区　　　　　　　　　　　　D E4区

25. 室内人工照明场所中,以下哪种措施不能有效降低直射眩光?
    A 降低光源表面亮度　　　　　　B 加大灯具的遮光角
    C 增加灯具的背景亮度　　　　　D 降低光源的发光面积

26. 以下哪种做法对照明节能最不利?
    A 同类直管荧光灯选用单灯功率较大的灯具
    B 居住建筑的走廊安装感应式自动控制LED
    C 在餐厅使用卤钨灯做照明
    D 在篮球馆采用金属卤化物泛光灯做照明

27. 以下选项中不属于室内照明节能措施的是(　　)。
    A 采用合理的控制措施,进行照明分区控制
    B 采用间接型灯具
    C 合理的照度设计,控制照明功率密度
    D 室内顶棚、墙面采用浅色装饰

28. 美术馆采光设计中,以下哪种措施不能有效减小展品上的眩光?
    A 采用高侧窗采光　　　　　　　B 降低观众区的照度
    C 将展品画面稍加倾斜　　　　　D 在采光口上加装活动百叶

29. 某墙体材料的厚度为100mm,导热系数为0.04W/(m·K),当其内、外表面换热阻分别为0.11(m²·K)/W和0.04(m²·K)/W时,冬季正确的传热阻值W/(m·K)是(　　)。
    A $R_0=2.5$　　　　　　　　　　B $R_0=2.55$
    C $R_0=2.6$　　　　　　　　　　D $R_0=2.65$

30. 下列供暖房间保温墙体中温度分布曲线正确的是(　　)。

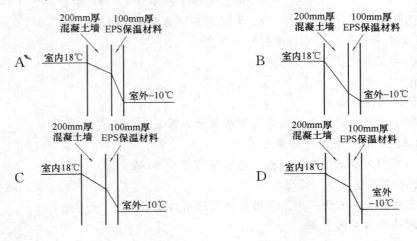

31. 现行国家标准对热工计算基本参数室内空气温度平均值 $t_i$ 和室外空气温度平均值 $t_e$ 的取值作出了规定，下列夏季室内设计参数中错误的是（    ）。
    A  非空调房间 $t_i=t_e+1.5K$    B  空调房间 $t_i$ 取 26℃
    C  相对湿度宜为 50%            D  相对湿度应取 60%

32. 根据围护结构对室内热稳定性的影响，习惯上用热惰性指标 $D$ 来界定重质围护结构和轻质围护结构，下列热惰性指标中，能准确判断重质围护结构的是（    ）。
    A  $D<2.5$    B  $D=2.5$    C  $D\geqslant 2.5$    D  $D>2.5$

33. 现行国家标准《民用建筑热工设计规范》中，根据 $HDD18$ 和 $CDD26$ 指标将全国建筑气候区细分为 11 个子分区，对不同子区提出了冬季保温和夏季防热的设计要求，其中"宜满足隔热设计要求"的子区是（    ）。
    A  严寒B区（1B）              B  寒冷B区（2B）
    C  温和A区（5A）              D  温和B区（5B）

34. 对建筑的东南、西南朝向外窗设置固定遮阳时，正确的遮阳形式是（    ）。
    A  水平式        B  综合式        C  组合式        D  挡板式

35. 在不同气候分区超低能耗建筑设计时，下列建筑年供暖需求能耗指标[单位：kWh/(m²·a)]中错误的是（    ）。
    A  严寒地区≤18              B  寒冷地区≤15
    C  夏热冬冷地区≤10          D  夏热冬暖地区≤5

36. 在夏热冬冷地区冬夏之交"梅雨"季节，夏热冬暖地区沿海地区初春季节"回南天"，外墙内表面、地面上产生结露现象（俗称泛潮），以下形成原因中哪一个不正确？
    A  空气湿度太大              B  地面、外墙内表面温度过低
    C  未设置防水（潮）层        D  房间通风与否不影响结露

37. 在围护结构隔热设计中，当 $t_i$ 为外墙内表面温度，$t_e$ 为外墙外表面温度时，外墙内表面最高温度 $\theta_{i.max}$（℃）的限值，下列哪一项不符合规定？
    A  $\leqslant t_i+2$    B  $\leqslant t_{e.max}$    C  $\leqslant t_i+3$    D  $\leqslant t_i+4$

38. 在恒温室对热工性能要求较高的房间，经常采用技术经济合理的混合型保温构造。题 38 图中，隔汽用塑料薄膜应设置在哪个位置？

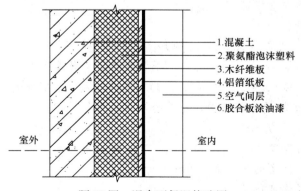

题 38 图  混合型保温构造图

A 1与2之间　　B 2与3之间　　　C 3与4之间　　　D 4与5之间

39. 工程中常用种植屋面的构造设计保证屋面的隔热效果。下列防热途径不属于种植屋面作用的是（　　）。
    A 减少屋面存在的热桥
    B 使屋面热应力均匀
    C 植物蒸腾作用降低夏季屋顶表面温度
    D 利用屋面架空通风层来防热

40. 下列哪一项设计策略，不属于被动式建筑围护结构气密性能范畴？
    A 檐口与墙体节点　　　　　B 楼板与墙体节点
    C 地面与墙体节点　　　　　D 窗框与墙体节点

41. 以下哪项不属于被动式防热节能技术？
    A 夜间房间的自然通风
    B 采用冷风机降温
    C 采用种植屋面隔热
    D 利用建筑外表面通过长波辐射向天空散热

42. 严寒和寒冷地区居住建筑节能与室内热环境设计指标中，下列指标哪一个是正确的？
    A 冬季采暖室内空气相对湿度为50%
    B 冬季采暖室内计算温度为22℃
    C 冬季采暖室内换气次数为0.5次/小时
    D 冬季采暖室内空气流速为0.5m/秒

43. （修改）建筑屋面雨水排水系统的管材，不宜选用哪项？
    A 排水塑料管（重力流内排水）
    B 承压塑料管（重力流内排水）
    C 内壁较光滑的带内衬的承压排水铸铁管（满管压力流）
    D 涂塑钢管（重力流内排水）

44. 关于高层建筑雨水系统设计要求，以下哪条错误？
    A 裙房屋面雨水应单独排放
    B 阳台排水系统应单独设置
    C 阳台雨水排水立管底部应间接排水
    D 宜按压力流设计

45. 关于通气立管的设置，错误的是（　　）。
    A 可接纳雨水　　　　　　　B 不得接纳器具污水
    C 不得接纳器具废水　　　　D 不得与风道、烟道连接

46. 生活污水排水系统的通气管设置，不符合要求的是（　　）。
    A 高出屋面不小于0.3m
    B 高出最大积雪厚度
    C 高出经常有人停留的平屋面1.5m
    D 顶端应设置风帽或网罩

47. （修改）以下哪条是建筑物内采用生活污水与生活废水分流的必要条件？

  A 气候条件        B 设有集中空调系统
  C 生活废水要回收利用     D 排水需经化粪池处理

48. （修改）小区排水管线布置应遵循的原则，下列哪条错误？
  A 地形高差、排水排向     B 尽可能压力排除
  C 管线短          D 埋深小（保证在冰冻线以下）

49. 下列多层民用建筑或场所应设置自动灭火系统，但不宜采用自动喷水灭火系统的是(　　)。
  A 大、中型幼儿园
  B 建筑总面积大于 500m² 的老年人建筑
  C 特、甲等剧场
  D 飞机发动机试验台的试车部位

50. 消防水池有效容量大于以下哪条，应设置两座能独立使用的消防水池？
  A 1000m³   B 800m³   C 600m³   D 500m³

51. 室内消火栓系统设置消防水泵接合器的条件，以下哪条错误？
  A 超过 2 层或建筑面积≥10000m² 的地下建筑（室）
  B 超过 5 层的公共建筑
  C 其他高层建筑
  D 超过 5 层的厂房或仓库

52. 室外消火栓系统组成，不含以下哪项？
  A 水源           B 水泵接合器
  C 消防车          D 室外消火栓

53. 构筑物与设备为防止污染，以下允许直接与污废水管道连接的是？
  A 饮用水贮水箱泄水管和溢流管
  B 开水器热水器排水
  C 贮存食品饮料的储存冷库地面排水
  D 医疗灭菌消毒设备房地面排水

54. 当热源为太阳能时，影响水加热系统选择的条件，下列哪条错误？
  A 气候条件
  B 宜采用中水
  C 冷热水压力保持平衡
  D 维护管理、节能、节水、技术经济比较

55. 太阳能生活热水加热系统集热器的设置，下列哪条错误？
  A 应与建筑专业统一规划协调
  B 与施工单位协商确定
  C 不得影响结构安全和建筑美观
  D 集热器总面积按照规范规定条件计算决定

56. 利用废热（高温无毒液、废气、烟气）作为生活热水热媒时，应采取的措施，下列哪条错误？
  A 加热设备应防腐

B 设备构造应便于清扫水垢和杂物
C 防止热媒管道渗漏污染
D 消除热媒管道压力涂抹油料

57. 为综合利用水资源，小区给水系统宜实行分质供水，其中应优先采用的系统是（    ）。
   A 雨水　　　　　　　　　　　B 地下水
   C 重复利用循环水　　　　　　D 再生水

58. 国家对满足使用条件下的卫生器具流量作出了上限规定，不包括以下哪条？
   A 家用洗衣机　　　　　　　　B 便器及便器系统
   C 饮水器喷嘴　　　　　　　　D 水龙头

59. 关于建筑物内生活饮用水箱（池）设置要求，下列哪条错误？
   A 与其他水箱（池）并列设置时可共用隔墙
   B 宜设置在专用房间内
   C 上方不应设浴室
   D 上方不应设盥洗室

60. 公共建筑的用水定额中不含食堂用水的是（    ）。
   A 商场　　　　B 养老院　　　　C 托儿所　　　　D 幼儿园

61. 小区给水设计用水量中，不属于正常用水量的是（    ）。
   A 绿化　　　　B 消防　　　　C 水景　　　　D 管网漏水

62. 从供暖效果考虑，散热器安装方式最优的是（    ）。
   A 在装饰罩中　　　　　　　　B 在内墙侧
   C 外墙窗台下　　　　　　　　D 在外墙内侧

63. 热水地板辐射供暖系统中，下列地面构造由下而上的做法错误的是（    ）。
   A 大堂下层为无供暖车库时：绝热层、加热管、填充层、面层
   B 大堂下为土壤时：防潮层、绝热层、加热管、填充层、面层
   C 卫生间上下层均有供暖时：防潮层、绝热层、加热管、填充层、面层
   D 起居室上下层均为住宅起居室（有供暖）时：绝热层、加热管、填充层、面层

64. 题64图所示项目处于严寒B区，散热器设置位置错误的是（    ）。

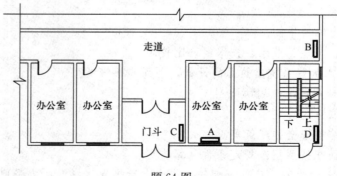

题64图

   A A处　　　　B B处　　　　C C处　　　　D D处

65. 要求矩形风管长短边之比不宜大于4，最主要原因是（    ）。

A 避免降低风管强度  B 提高材料利用率
C 防止风管阻力过大  D 降低气流噪声

66. 关于排除有爆炸危险气体的排风系统，下列说法正确的是(　　)。
   A 排风管道应采用非金属管道
   B 排风设备不应设置在地下室内
   C 排风设备应设置在室外
   D 排风管道应暗设在竖井内

67. 下列建筑的空调冷热源设置，不合理的是(　　)。
   A 寒冷地区的宾馆建筑采用风冷热泵为过渡季供暖
   B 严寒地区的小型办公建筑采用多联空调系统供暖
   C 夏热冬暖地区的酒店建筑采用热回收型冷水机组供冷
   D 夏热冬冷地区的商业建筑采用多联空调系统提供冷热源

68. 多个空调区域，应分别设置空调系统的情况是(　　)。
   A 新风量标准不同时  B 空气洁净度标准不同时
   C 人员密度不同时  D 排风量标准不同时

69. 不适合用于高大空间全空气空调系统送风的风口是(　　)。
   A 喷口  B 旋流风口  C 散流器  D 地板送风口

70. 题70图项目中，开式冷却塔位置最合适的是(　　)。

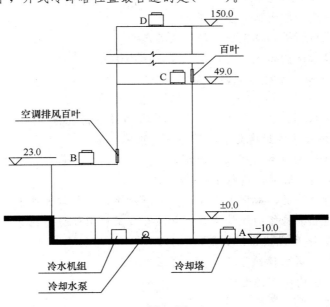

题70图

   A A处  B B处  C C处  D D处

71. 应设置泄压措施的房间是(　　)。
   A 地下氟制冷机房  B 地下燃气厨房
   C 地上燃气锅炉房  D 地上燃气表间

72. 采用多联机空调系统时，下列限制条件中错误的是(　　)。

A 室外机和室内机之间有最大高差的限制
B 室外机和室内机之间有最远距离的限制
C 室外机和室内机之间有最近距离的限制
D 同一系统室内机之间有最大高差的限制

73. 下列冷源方式中冷却塔占地面积最大的是（　　）。
A 水冷电压缩式冷水机组 B 溴化锂吸收式机组
C 地埋管地源热泵机组 D 污水源热泵机组

74. 关于围护结构的热工性能，下列说法正确的是（　　）。
A 非透光围护结构的热工性能以传热系数和太阳得热系数来衡量
B 围护结构热工限值中传热系数未特别注明时指主断面传热系数
C 考虑覆土保温隔热作用，地下室周边墙体不作热工性能要求
D 有外遮阳的外窗，其太阳得热系数不等于外窗本身的太阳得热系数

75. 下列哪一项不是确定维护结构最小传热热阻的影响因素？
A 内表面防结露 B 室内人员基本热舒适
C 室外计算温度 D 保温材料导热系数

76. 某空调风系统的单位风量耗功率 $W_s$ 超过了限值。为满足 $W_s$ 限值要求可以采用的措施是（　　）。
A 机组余压不变，减小风量
B 机组风量不变，增大送风管道断面
C 增大空调机组断面，降低机组迎风面速度
D 将机组内袋式除尘器改为静电除尘器，减小阻力

77. 从业主角度，采用冰蓄冷系统的主要优点是（　　）。
A 节约电耗 B 节约电费
C 节约机房面积 D 节约设备初投资

78. 关于管道井在楼板处的封堵要求，下列说法正确的是（　　）。
A 未设置检修门的管井，可以不封堵
B 未设置检修门的管井，应每2～3层封堵
C 设置检修门的楼层，地板和顶板处应进行封堵，其余楼板可不封堵
D 不论管井是否有检修门或检修口，必须在每层楼板处进行封堵

79. 关于防烟分区，下列说法错误的是（　　）。
A 汽车库防烟分区的建筑面积不宜大于 $2000m^2$
B 每个防烟分区均应有排烟口
C 自然排烟的防火分区可不划分防烟分区
D 有隔墙和门与其他区域隔开的房间自成一个防烟分区

80. 某建筑高度为29m的病房楼，下列区域可不设置机械防烟系统的是（　　）。
A 无自然通风条件的防烟楼梯间前室 B 无自然通风条件的封闭楼梯间
C 前室为敞开外廊的防烟楼梯间 D 封闭避难间

81. 关于可燃气体管道穿防火墙的做法，下列正确的是（　　）。
A 在穿防火墙处加套管

B 在防火墙两侧设置手动快速切断装置
C 在防火墙一侧设置紧急自动切断阀
D 可燃气体管道严禁穿越防火墙

82. 电器产品受海拔高度影响，下列哪种说法是错误的？
    A 一般电气产品均规定其使用的海拔高度
    B 低气压会提高空气介电强度和冷却作用
    C 低气压会使以空气为冷却介质的电气装置的温升升高
    D 低气压会使以空气为冷却介质的开关灭弧发生困难

83. 下列哪种情况下，用户需要设置自备电源？
    A 有两回线路供电，除二、三级负荷外还有一级负荷
    B 有两回线路供电，除三级负荷外还有二级负荷
    C 有二级负荷，但地区供电条件困难，只有1回10kV专用的架空线路供电
    D 有二级负荷，但负荷较小，只有1回10kV专用的架空线路供电

84. 我国常用的低压配电系统采用以下哪种电压等级？
    A 110/220V              B 127/220V
    C 220/380V              D 240/415V

85. 在民用建筑内设置油浸变压器，下列说法错误的是（ ）。
    A 确需设置时，不应布置在人员密集场所的上一层、下一层或贴邻
    B 确需设置时，其总容量不应大于1250kVA，单台容量不应大于630kVA
    C 油浸变压器下面应设置能储存变压器全部油量的事故储油设施
    D 民用建筑内严禁设置油浸变压器

86. 有人值班的配变所应设单独的值班室，下列说法错误的是（ ）。
    A 值班室可以和高压配电装置室合并
    B 值班室可经过走道与配电装置室相通
    C 值班室可以和低压配电装置室合并
    D 值班室的门应直通室外或走道

87. 电气竖井位置和数量的确定，与建筑规模、用电性质等因素有关，与下列哪个因素无关？
    A 防烟分区              B 防火分区
    C 建筑物变形缝位置      D 供电半径

88. 电缆桥架多层敷设时，电力电缆桥架层间距离不应小于（ ）。
    A 0.4m                 B 0.3m
    C 0.2m                 D 0.1m

89. 用电负荷分为一级负荷、二级负荷、三级负荷，负荷等级依次降低。在同一栋二类高层建筑中，下列哪项设备的用电负荷等级最高？
    A 客梯        B 消防电梯        C 自动扶梯        D 自动人行道

90. 当高层建筑内的客梯兼作消防电梯时，应符合防灾设置标准，下列哪项措施不符合要求？
    A 发现灾情后，客梯应能迅速停落在就近楼层

B 客梯应具有防灾时工作程序的转换装置

C 正常电源转换为防灾系统电源时,消防电梯应能及时投入

D 电梯轿厢内应设置与消防控制室的直通电话

91. 除另有规定外,下列电气装置的外露可导电部分可不接地的是( )。
    A 配电设备的金属框架
    B 手持式及移动式电器
    C 干燥场所的直流额定电压110V及以下的电气装置
    D 类照明灯具的金属外壳

92. 对于允许人进入的喷水池,应采用安全特低电压供电,交流电压不应大于( )。
    A 6V            B 12V           C 24V           D 36V

93. 下列场所的照明适合用节能自熄灭开关的是( )。
    A 住宅建筑共用部位              B 消防控制室
    C 酒店大堂                      D 宴会厅前厅

94. 下列哪种光源不能作为应急照明的光源?
    A 卤钨灯                        B LED灯
    C 金属卤化物灯                  D 紧凑型荧光灯

95. 建筑物的防雷等级分为第一类、第二类、第三类,在确定防雷等级时,下列哪项因素可不考虑?
    A 建筑物的使用性质              B 建筑物的结构形式
    C 建筑物的地点                  D 建筑物的长、宽、高

96. 在高土壤电阻率的场地,降低防直击雷冲击接地电阻不应采用以下哪种形式?
    A 接地体埋于较深的低电阻率土壤中
    B 换土
    C 建筑物场地周围地下增设裸铝导体
    D 采用降阻剂

97. 关于消防控制室的说法下列哪项不正确?
    A 设有火灾自动报警系统的保护对象必须设置消防控制室
    B 消防控制室应设有用于火灾报警的外线电话
    C 消防控制室严禁穿过与消防设施无关的电气线路及管路
    D 消防控制室送、回风管的穿墙处应设防火阀

98. 当确认火灾后,关于疏散通道的消防应急照明和疏散指示系统,下列说法正确的是( )。
    A 只启动发生火灾的报警区域
    B 启动发生火灾的报警区域和所有疏散楼梯区域
    C 由发生火灾的报警区域开始,顺序启动全楼疏散通道区域
    D 由发生火灾的报警区域开始,顺序启动疏散楼梯和首层疏散通道区域

99. 综合布线系统中信息点(如电脑信息插口)与楼层配线设备之间的水平缆线不应大于( )。
    A 70m           B 80m           C 90m           D 100m

100. 关于电子信息设备机房的选址，下列哪项不符合要求？
    A　靠近电信间，方便各种线路进出
    B　不应设置在变压器室的楼上、楼下或隔壁场所
    C　不应设置在浴厕或其他潮湿、积水场所的正下方，但可以贴邻
    D　设备吊装、运输方便

# 2018 年试题解析及答案

1. **解析**：声压、声强、声能密度都是声波在传播介质中的物理量。声功率是声源发声能力的物理量。
   **答案**：B

2. **解析**：几个相同声音叠加后的声压级为：
   $$L_p = L_{p1} + 10\lg n \text{ (dB)}$$
   两个相同声压级叠加后的声压级：
   $$L_p = L_{p1} + 10\lg 2 \text{ (dB)} = 93 + 3 = 96 \text{ (dB)}$$
   **答案**：C

3. **解析**：点声源观测点与声源的距离增加一倍，声压级降低 6dB：
   设原声压级：$L_{p1} = L_W - 20\lg r - 11$
   距离增加一倍后的声压级：$L_{p2} = L_W - 20\lg(2r) - 11$
   $= L_W - 6 - 20\lg r - 11$
   $= L_{p1} - 6$。
   **答案**：B

4. **解析**：对一个稳定声场，当声源停止发声后声能密度衰减 60dB 即声压级衰减 60dB 所需的时间为混响时间，且这是一线性衰减过程。本题中声压级从 90dB 衰减到 70dB，即衰减 20dB 需要 0.5s，则衰减 60dB 需要 0.5×3=1.5s。
   **答案**：C

5. **解析**：多孔材料吸声机理是表面有内外连通的孔，不需要表面粗糙；多孔材料有一个最佳流阻；材料的厚度对高频声的吸收影响较小；低频吸声性能随材料厚度增加而提高。故 D 选项正确。
   **答案**：D

6. **解析**：穿孔板背后的空腔中填充多孔吸声材料，可以降低共振频率，增大吸声频率范围，在较宽的频率范围提高吸声系数。
   **答案**：B

7. **解析**：根据质量定律：
   $$R = 20\lg m + 20\lg f - 48$$
   墙体单位面积的质量越大，隔声量越大；频率越高，波长越短，隔声量越大。墙体的厚度会影响单位面积的质量，厚度越大，单位面积的质量越大，隔声量越大。密度越大，单位面积的质量越大，隔声量越大。隔声量与面积无关。
   **答案**：A

8. **解析**：降低楼板撞击声隔声量的有效措施是：采用浮筑楼板，楼板上铺设地毯，楼板下设置隔声吊顶。增加楼板的厚度对隔绝空气声比较有效，但对隔绝楼板的撞击声作用甚微。

    **答案**：D

9. **解析**：将风机转速转换为频率：

    A 选项 $f_A=212$ 转/分钟$=3.53$ 转/秒$=3.53\text{Hz}$
    B 选项 $f_B=300$ 转/分钟$=5$ 转/秒$=5\text{Hz}$
    C 选项 $f_C=425$ 转/分钟$=7.08$ 转/秒$=7.08\text{Hz}$
    D 选项 $f_D=850$ 转/分钟$=14.17$ 转/秒$=14.17\text{Hz}$

    当设备（风机）频率 $f$ 大于系统固有频率（5Hz）$f_0$ 的 $\sqrt{2}$ 倍时，该系统才开始具有隔振作用，$\sqrt{2}$ 等于 1.414。

    $$7.08/5 =1.416>1.414$$

    **答案**：C

10. **解析**：隔声罩的插入损失

    $$IL=R+10\lg\alpha$$

    式中　$R$——隔声罩的隔声量；
    　　　$\alpha$——罩内表面的平均吸声系数。
    本题中：$IL=R+10\lg\alpha=30+10\lg 0.1=20$。

    **答案**：B

11. **解析**：厅堂体形设计的主要内容有：保证每个听众席获得直达声，使厅堂中的前次反射声在观众席上均匀分布，防止能产生的回声及其他声学缺陷。

    厅堂音质设计除体形设计外，还有一个重要内容就是混响设计，混响设计涉及最佳混响时间的确定、混响时间频率特性的设计，以及吸声材料的选择和运用。

    **答案**：D

12. **解析**：教室和讲堂主要用来讲课和演讲，音质设计的目的是保证人们能听清讲课和演讲内容，要保证足够的语言清晰度、一定的亲切感和适度的丰满感。丰满感过强会影响清晰度，过低会导致语言干瘪无力，影响听觉效果。在以语言用途为主的厅堂中对空间感没有特殊要求。

    **答案**：A

13. **解析**：为降低小房间中频率简并及声染色现象对音质的不利影响，房间的三方尺寸不应成简单的整数比。

    **答案**：D

14. **解析**：吸声降噪只能吸掉反射声能，不能吸掉直达声能。混响声是一种不会产生回声的反射声。

    **答案**：A

15. **解析**：明视觉环境下，人眼最敏感的光色为黄绿色（555nm），蓝绿色相比红色、橙色、蓝色，相对光谱光视效率更高。

    **答案**：C

16. **解析**：影响人眼可见度的因素包括：亮度、物体的相对尺寸、亮度对比、识别时间和眩光影响。同等其他条件下，物体的形状是"圆"是"方"，对其可见度没有直接影响。

答案：B

17. 解析：用曲线或表格表示光源或灯具在空间各方向的发光强度值，称为该灯具的光强分布，也称配光，该曲线为该灯具的配光曲线，其表征的是发光强度的空间分布。

答案：A

18. 解析：《采光标准》针对住宅卧室、起居室（厅），教育建筑的普通教室，医疗建筑的一般病房提出了强制性执行的采光系数标准值，对老年人阅览室未提出强制执行规定。

答案：C

19. 解析：窗洞口面积、包括顶棚饰面材料在内的室内各表面反射比、窗中心点计算的垂直可见天空角度（由窗对面遮挡物与窗距离及其高度之比决定）都是参与计算采光系数的变量。窗地面积比是建筑设计中方便直接的采光参考指标，但是与采光系数的计算过程没有直接关系。

答案：C

20. 解析：同功能的空间设计可以千差万别，其实无法笼统地判定某种功能房间是否比其他功能房间更适合用天窗采光。本题可以从以下方面进行对比判断：天窗相对侧窗，具有采光效率高的优势，但却更容易形成自上向下的眩光，同时只能设置在单层或顶层房间中。卧室、病房的采光等级规定为Ⅳ级，视觉活动对采光要求相对较低，从功能上看设置天窗的需求相对较小，同时在躺卧姿势下更易受天窗方向直射光眩光影响，存在设置天窗的弊端；办公建筑普遍为多层建筑，无法普遍采用天窗采光，而且普通办公室进深一般均能满足采光有效进深的要求；而旅馆中会议室房间往往具有较大跨度，采光等级为Ⅲ级，设置天窗采光能够有效提升采光效率和均匀性。《采光标准》中也仅对本题四个选项中的旅馆会议室提出了顶部采光标准值的规定。

答案：A

21. 解析：《采光标准》第5.0.2条，采光设计时，应采取下列减小窗的不舒适眩光的措施：作业区应减少或避免直射阳光；工作人员的视觉背景不宜为窗口；可采用室内外遮挡设施；窗结构的内表面或窗周围的内墙面，宜采用浅色饰面。

可知A、B选项能够减少眩光；C选项中窗结构内表面采用深色饰面，会更加凸显暗的窗框和亮的窗玻璃的对比，更易形成眩光；D选项中，在长轴南北的工业车间屋顶设置南北向横向天窗或者北向锯齿天窗，能够避免太阳直射光入室形成眩光影响。

答案：C

22. 解析：《照明标准》第4.4.2条，长期工作或停留的房间或场所，照明光源的显色指数（$R_a$）不应小于80；第4.4.3条，选用同类光源的色容差不应大于5SDCM；第3.2.2条，照明设计不应采用普通照明白炽灯，对电磁干扰有严格要求，且其他光源无法满足的特殊场所除外；第3.2.3条，应急照明应选用能快速点亮的光源。所以C选项说法是不确切的。

答案：C

341

23. **解析**：层高较高的房间，采用间接、半间接灯具，反射光路径过长，效率很低，所以应以提升照明整体效率为出发点，选择直接型灯具；同时工业厂房以功能照明为主，对照明环境的舒适性、艺术性（间接照明光线柔和，视觉舒适性最佳）要求不占主导地位。

   **答案**：D

24. **解析**：《城市夜景照明设计规范》JGJ/T 163—2008 第 6.2.2 条规定：为保护 E1 区生态环境，建筑立面不应设置夜景照明。该规范将城市环境区域根据环境亮度和活动内容划分为：E1 区为天然暗环境区，如国家公园、自然保护区和天文台所在地区等；E2 区为低亮度环境区，如乡村的工业或居住区等；E3 区为中等亮度环境区，如城郊工业或居住区等；E4 区为高亮度环境区，如城市中心和商业区等。

   **答案**：A

25. **解析**：根据统一眩光值 UGR 的定义和公式（《照明标准》附录 A，UGR 值越高，眩光感受越强烈）可知，眩光与背景亮度、每个灯具发光部分对观察者眼睛形成的立体角、灯具在观察者眼睛方向的亮度、位置指数等有关。降低光源表面亮度（A 选项）、增加灯具背景亮度（C 选项）均能够有效降低 UGR 值，进而降低眩光影响。降低光源发光面积（D 选项）说法不确切，应是降低光源发光面积在观察者眼睛中成像的面积（即立体角）方能降低眩光。加大灯具遮光角（B 选项），定向投光，能够限制直接型灯具的投光方向，不产生溢散光造成眩光（《照明标准》第 4.3.1 条）。

$$UGR = 8\lg \frac{0.25}{L_b} \sum \frac{L_a^2 \cdot \omega}{P^2}$$

   式中　$L_b$——背景亮度（$cd/m^2$）；
   　　　$\omega$——每个灯具发光部分对观察者眼睛所形成的立体角（sr）；
   　　　$L_a$——灯具在观察者眼睛方向的亮度（$cd/m^2$）；
   　　　$P$——每个单独灯具的位置指数。

   **答案**：D

26. **解析**：《照明标准》第 3.2.2 条，灯具安装高度较高的场所，应按使用要求，采用金属卤化物灯、高压钠灯或高频大功率细管直管荧光灯，指出高频大功率节能性更高（A 选项有利），如篮球馆等灯具安装高度高的场所，宜用金属卤化物灯（D 选项有利）；居住建筑走廊的使用时间不连续，采用感应式自动控制的高光效光源（如 LED）是该场所最佳的照明节能方式（B 选项有利）；卤钨灯是热辐射光源，与白炽灯的基本原理相似，光源光效相比 LED 等光源过低，当今已不属于节能光源（C 选项最不利）。

   **答案**：C

27. **解析**："采用合理的控制措施，进行照明分区控制"能够根据空间使用需求实时开关灯，从控制上节能；"采用间接型灯具"能够避免眩光干扰，增加照明舒适性，但效率最低，最不节能；"合理的照度设计，控制照明功率密度"指的是能够在满足照度需求的基础上，通过光源与灯具选择，达到最小的功率密度（$W/m^2$），满足节能需求；室内顶棚、墙面是主要的反光面，浅色装饰可提高反射率，能够更好地实现反光效果。

答案：B

28. **解析**：美术馆采光设计中，需要避免在观看展品时明亮的窗口处于视看范围内，所以一般选择高侧窗或顶部采光；同时需要避免一次反射眩光，可将展品画稍加倾斜，使得光源处在观众视线与画面法线夹角对称位置之外；还需要避免二次反射眩光，可降低观察者处的照度，降低观众在展品表面看到自己的影子的可能性（出自中国建筑工业出版社出版的《建筑物理》教材）；而在采光口上加装活动百叶，能够部分降低眩光源的发光面积，但是眩光源依旧存在，设置不当依旧会产生直接眩光或者一、二次反射眩光，D选项所述内容确有规定，但并不是为了减小眩光，《采光标准》指出："博物馆和美术馆对光线的控制要求严格，利用窗口的遮光百叶等装置调节光线，以保证室内天然光的稳定……"

    答案：D

29. **解析**：根据稳定传热的理论，围护结构的传热阻 $R_0 = R_i + R + R_e$。其中，材料层导热热阻计算公式为 $R = \delta/\lambda$，$\delta$ 为材料层厚度（m），$\lambda$ 为材料的导热系数 $[W/(m \cdot K)]$，$R_i$、$R_e$ 为冬季内、外表面换热阻。所以该墙体传热阻值为：

    $$R_0 = R_i + R + R_e = R_i + \delta/\lambda + R_e = 0.11 + 0.1/0.04 + 0.04 = 2.65$$

    答案：D

30. **解析**：在稳定传热中，沿热流通过的方向，温度分布一定是逐渐下降的。热量从传到墙体内表面有内表面换热阻，内表面温度高于室内温度，热量从外表面传到室外有外表面换热阻，墙体外表面温度高于室外温度；多层平壁内每个材料层内的温度分布为直线，直线的斜率与该材料层的导热系数成反比，导热系数越小，温度分布线越倾斜。由于保温材料层的导热系数小于混凝土的导热系数，因此，保温材料内的温度分布线应比混凝土倾斜。

    答案：D

31. **解析**：《热工规范》第3.3节规定夏季室内设计参数如下。

    非空调房间：空气温度平均值应取室外空气温度平均值+1.5K，并将其逐时化。温度波幅应取室外空气温度波幅−1.5K，并将其逐时化。空调房间：空气温度应取26℃；相对湿度应取60%。

    答案：C

32. **解析**：《热工规范》第6.1节规定，$D \geqslant 2.5$ 为重质围护结构，$D < 2.5$ 为轻质围护结构。

    答案：C

33. **解析**：《热工规范》第4.1.2条规定，寒冷B区(2B)宜满足隔热设计要求。严寒B区(1B)不考虑防热设计；温和A区(5A)和温和B区(5B)可不考虑防热设计。

    答案：B

34. **解析**：遮阳的形式主要有4种：

    水平式：适合太阳高度角大，从窗口上方来的太阳辐射；
    垂直式：适合太阳高度角较小，从窗口侧方来的太阳辐射；
    组合式：适合太阳高度角中等，窗前斜方来的太阳辐射；
    挡板式：适合太阳高度角较小，正射窗口的太阳辐射。

当建筑的东南、西南朝向外窗有太阳照射时，太阳高度角中等，并从窗前上方照射而来，所以正确的遮阳形式是组合式遮阳。

答案：C

35. 解析：住房和城乡建设部2015年11月10日印发的《被动式超低能耗绿色建筑技术导则（试行）（居住建筑）》中规定不同气候分区超低能耗建筑设计的年供暖需求[kWh/(m²·a)]为：严寒地区≤18；寒冷地区≤15；夏热冬冷地区、夏热冬暖地区和温和地区≤5。

答案：C

36. 解析：当湿空气接触到的物体表面温度低于湿空气的露点温度时，就会在物体表面产生结露。在夏热冬冷地区冬夏之交"梅雨"季节，室外空气的温度和湿度骤然增加，有的甚至接近饱和，而室内墙体内表面和地表面的温度却因为本身热惰性的影响上升缓慢，以致物体表面温度滞后，若干时间一直低于室外空气的露点温度。因此，当高温高湿的室外空气进入室内并流经这些低温表面时，必然会在物体表面冷凝，形成大量的冷凝水。

答案：B

37. 解析：《热工规范》第6.1.1条规定：

自然通风房间：外墙内表面最高温度 $\theta_{i\cdot max} \leq t_{e\cdot max}$；

空调房间：重质围护结构（$D \geq 2.5$）时，$\theta_{i\cdot max} \leq t_i + 2$；轻质围护结构（$D < 2.5$）时，$\theta_{i\cdot max} \leq t_i + 3$。

答案：D

38. 解析：隔汽层的作用是阻挡水蒸气进入保温层以防止其受潮。因此，隔汽层应放在沿水蒸气流入的一侧、进入保温层以前的材料层交界面上。按题图所示，水蒸气渗透的方向为室内流向室外，所以，隔汽层应放2与3之间才能防止保温层受潮。

答案：B

39. 解析：在建筑屋面和地下工程顶板的防水层上铺以种植土，并种植植物，使其起到防水、保温、隔热和生态环保作用的屋面称为种植屋面。种植屋面的构造比普通屋面增加了耐根穿刺防水层、排（蓄）水层、种植土以及植被层，这些构造层不仅增加了屋顶的热阻和热惰性指标，而且使屋面的受热更加均匀，因而减少因温度差异产生的热应力；屋面热桥部位通常是指的屋面四周与外墙搭接角的区域范围及洞口位置，种植屋面的铺设可减少屋面存在的热桥；植物的遮阳与蒸腾作用又能降低夏季屋顶的表面温度。架空屋面是用烧结普通砖或混凝土的薄型制品，覆盖在屋面防水层上，并架设一定高度的空间，利用空气流动加快散热，起到隔热作用的屋面，防热途径不属于种植屋面作用。

答案：D

40. 解析：气密性是被动房的关键指标之一，被动式建筑外围护结构是要建造一个包裹整栋建筑的围护结构气密层。其中，关键要选择气密性能良好的门窗，并强调对墙体与门窗洞口的连接之处、墙体与檐口、墙体与地面进行密封处理，从室内屋面板到外墙，再到楼板进行无断点的抹灰处理作为气密层。

答案：B

41. 解析：被动式建筑节能技术是指以非机械电气设备干预手段实现建筑能耗降低的节能技术。主要通过合理选择建筑朝向、采取建筑围护结构的保温隔热措施、设置建筑遮阳和组织自然通风等设计，降低建筑需要的采暖、空调、通风等能耗。采用冷风机降温需要消耗设备能耗，不属于被动式防热节能技术。

    答案：B

42. 解析：《严寒和寒冷节能标准》第4.3.6条规定：冬季采暖室内计算温度为18℃，室内换气次数为0.5次/h。对室内空气相对湿度和空气流速没有规定。

    答案：C

43. 解析：根据《给排水标准》第5.2.39条，雨水排水管材选用应符合下列规定：

    （1）重力流雨水排水系统当采用外排水时，可选用建筑排水塑料管；当采用内排水雨水系统时，宜采用承压塑料管、金属管或涂塑钢管等管材；

    （2）满管压力流雨水排水系统宜采用承压塑料管、金属管、涂塑钢管、内壁较光滑的带内衬的承压排水铸铁管等，用于满管压力流排水的塑料管，其管材抗负压力应大于-80kPa。

    答案：A

44. 解析：根据《给排水标准》第5.2.22条，裙房屋面的雨水应单独排放，不得汇入高层建筑屋面排水管道系统。

    根据《给排水标准》第5.2.24条第1、6款，阳台、露台雨水系统设置应符合下列规定：高层建筑阳台、露台雨水系统应单独设置；A、B选项正确。

    当生活阳台设有生活排水设备及地漏时，应设专用排水立管接入污水排水系统，可不另设阳台雨水排水地漏；C选项正确。

    第5.2.13条第2款，屋面雨水排水管道系统设计流态应符合下列规定：高层建筑屋面雨水排水宜按重力流系统设计；D选项错误。

    答案：D

45. 解析：根据《给排水标准》第4.7.6条，通气立管不得接纳器具污水、废水和雨水，不得与风道和烟道连接。

    答案：A

46. 解析：根据《给排水标准》第4.7.12条第1、3款，高出屋面的通气管设置应符合下列规定：通气管高出屋面不得小于0.3m，且应大于最大积雪厚度，通气管顶端应装设风帽或网罩；A、B、D选项正确。

    在经常有人停留的平屋面上，通气管口应高出屋面2m，当屋面通气管有碍于人们活动时，可按本标准第4.7.2条规定执行；C选项错误。

    答案：C

47. 解析：根据《给排水标准》第4.2.2条，下列情况宜采用生活污水与生活废水分流的排水系统：当政府有关部门要求污水、废水分流且生活污水需经化粪池处理后才能排入城镇排水管道时；生活废水需回收利用时。

    答案：C

48. 解析：根据《给排水标准》第4.1.6条，小区生活排水管的布置应根据小区规划、地形标高、排水流向，按管线短、埋深小、尽可能自流排出的原则确定。当生活排水管道不能以重力自流排入市政排水管道时,应设置生活排水泵站。

**答案:** B

49. **解析:** 根据《防火规范》第8.3.4条第1、5款,除本规范另有规定和不宜用水保护或灭火的场所外,下列单、多层民用建筑或场所应设置自动灭火系统,并宜采用自动喷水灭火系统:特等、甲等剧场,起过1500个座位的其他等级的剧场,超过2000个座位的会堂或礼堂,超过3000个座位的体育馆,超过5000人的体育场的室内人员休息室与器材间等(C选项);大、中型幼儿园,老年人照料设施(A、B选项);第8.3.8条第2款,下列场所应设置自动灭火系统,并宜采用水喷雾灭火系统:飞机发动机试验台的试车部位(D选项);所以D选项符合题意。

**答案:** D

50. **解析:** 根据《消防给水及消火栓系统技术规程》GB 50974—2014第4.3.6条,消防水池的总蓄水有效容积大于500m³时,宜设两格能独立使用的消防水池;当大于1000m³时,应设置能独立使用的两座消防水池。每格(或座)消防水池应设置独立的出水管,并应设置满足最低有效水位的连通管,且其管径应能满足消防给水设计流量的要求。

**答案:** A

51. **解析:** 根据《消防给水及消火栓系统技术规程》GB 50974—2014第5.4.1条,下列场所的室内消火栓给水系统应设置消防水泵接合器:

(1) 高层民用建筑(C选项正确);
(2) 设有消防给水的住宅、超过5层的其他多层民用建筑(B选项正确);
(3) 超过2层或建筑面积大于10000m²的地下或半地下建筑(室)、室内消火栓设计流量大于10L/s平战结合的人防工程(A选项正确);
(4) 高层工业建筑和超过4层的多层工业建筑(D选项错误);
(5) 城市交通隧道。

**答案:** D

52. **解析:** 根据本丛书教材第3分册《建筑物理与建筑设备》第四节第三部分,室内消火栓给水系统一般由消火栓设备、消防管道及附件、消防增压贮水设备、水泵接合器等组成。水泵接合器是连接消防车向室内加压供水的装置,属于室内消火栓系统的组成部分。

**答案:** B

53. **解析:** 根据《给排水标准》第4.4.12条,下列构筑物和设备的排水管与生活排水管道系统应采取间接排水的方式:

(1) 生活饮用水贮水箱(池)的泄水管和溢流管(A选项);
(2) 开水器、热水器排水(B选项);
(3) 医疗灭菌消毒设备的排水(D选项为设备房地面排水,允许直接连接);
(4) 蒸发式冷却器、空调设备冷凝水的排水;
(5) 贮存食品或饮料的冷藏库房的地面排水和冷风机溶霜水盘的排水(C选项)。

**答案:** D

54. **解析:** 根据已废止的《建筑给水排水设计规范》GB 50015—2003(2009年版)第

5.4.2 条，当热源为太阳能时，其水加热系统应根据冷水水质硬度、气候条件、冷热水压力平衡要求、节能、节水、维护管理等经技术经济比较确定。现行《给排水标准》已没有上述条款。

**答案：** B

55. **解析：** 根据已废止的《建筑给水排水设计规范》GB 50015—2003（2009 年版）第 5.4.2A 条第 1 款，太阳能集热器的设置应和建筑专业统一规划协调，并在满足水加热系统要求的同时不得影响结构安全和建筑美观；集热器总面积应根据日用水量、当地年平均日太阳辐射量和集热器集热效率等因素按公式计算。现行《给排水标准》已没有上述条款。

    **答案：** B

56. **解析：** 根据《给排水标准》第 6.3.4 条，当采用废气、烟气、高温无毒废液等废热作为热媒时，应符合下列规定：

    （1）加热设备应防腐，其构造应便于清理水垢和杂物；
    （2）应采取措施防止热媒管道渗漏而污染水质；
    （3）应采取措施消除废气压力波动或除油。

    **答案：** D

57. **解析：** 根据《给排水标准》第 3.1.7 条，小区给水系统设计应综合利用各种水资源，充分利用再生水、雨水等非传统水源；优先采用循环和重复利用给水系统。

    **答案：** C

58. **解析：** 根据本丛书教材第 3 分册《建筑物理与建筑设备》第六节第一部分，国家现行有关节水型生活用水器具的标准有：《节水型生活用水器具》CJ/T 164、《节水型卫生洁具》GB/T 31436、《节水型产品通用技术条件》GB/T 18870、《水嘴水效限定值及水效等级》GB 25501、《坐便器水效限定值及水效等级》GB 25502、《小便器水效限定值及水效等级》GB 28377、《淋浴器水效限定值及水效等级》GB 28378、《便器冲洗阀用水效率限定值及用水效率等级》GB 28379、《蹲便器水效限定值及水效等级》GB 30717、《电动洗衣机能效水效限定值及等级》GB 12021.4、《反渗透净水机水效限定值及水效等级》GB 34914 等。生活用水器具所允许的最大流量（坐便器为用水量）应符合产品的用水效率限定值，节水型用水器具应按选用的用水效率等级确定产品的最大流量（坐便器为用水量）。

    **答案：** C

59. **解析：** 根据《给排水标准》第 3.3.16 条，建筑物内的生活饮用水水池（箱）体，应采用独立结构形式，不得利用建筑物的本体结构作为水池（箱）的壁板、底板及顶盖。生活饮用水水池（箱）与消防用水水池（箱）并列设置时，应有各自独立的池（箱）壁。A 选项错误。

    第 3.3.17 条，建筑物内的生活饮用水水池（箱）及生活给水设施，不应设置于与厕所、垃圾间、污（废）水泵房、污（废）水处理机房及其他污染源毗邻的房间内；其上层不应有上述用房及浴室、盥洗室、厨房、洗衣房和其他产生污染源的房间。C、D 选项正确

    第 3.8.1 条第 2 款，生活用水水池（箱）应符合下列规定：

建筑物内的水池（箱）应设置在专用房间内，房间应无污染、不结冻、通风良好并应维修方便；室外设置的水池（箱）及管道应采取防冻、隔热措施。B选项正确。

答案：A

60. 解析：根据已废止的《建筑给水排水设计规范》GB 50015—2003（2009年版）第3.1.10条注，除养老院、托儿所、幼儿园的用水定额中含食堂用水，其他均不含食堂用水。现行《给排水标准》已没有上述条款。

答案：A

61. 解析：根据本丛书教材第3分册《建筑物理与建筑设备》第一节第五部分内容，小区给水设计用水量，应根据下列用水量确定：①居民生活用水量；②公共建筑生活用水量；③绿化用水量；④水景、娱乐设施用水量；⑤道路、广场用水量；⑥公用设施用水量；⑦未预见用水量及管网漏失水量；⑧消防用水量。其中，消防用水量仅用于校核管网计算，不计入正常用水量。

答案：B

62. 解析：《暖通规范》第5.3.7条："散热器宜安装在外墙窗台下，当安装或布置有困难时，也可靠内墙安装"。散热器安装在外墙窗台下，上升的对流热气流阻止从玻璃下降的冷气流，使外窗附近的空气比较暖和，给人以舒适的感觉，所以最好安装在外墙窗台下。

答案：C

63. 解析：《辐射供暖供冷技术规程》JGJ 142—2012 第5.9.1条："卫生间应做两层隔离层（防水层）"。本条条文说明附图如下：

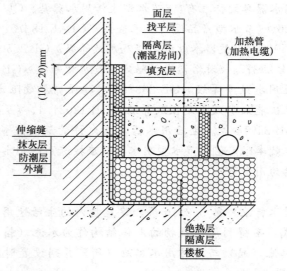

题63解图

答案：C

64. 解析：《暖通规范》第5.3.7条："两道外门之间的门斗内，不应设置散热器"。两道外门之间的门斗内冷风渗透比较明显，散热器易冻裂。

答案：C

65. **解析：**《暖通规范》第 6.6.1 条："通风、空调系统的风管，宜采用圆形、扁圆形或长、短边之比不宜大于 4 的矩形截面"。相同的截面积，表面积越小，与空气接触的越少，表面与空气接触的越少阻力越小，从减小阻力来讲，风管选用顺序是圆形、扁圆形、正方形、矩形，矩形风管方便布置但不能太扁，长、短边之比不宜大于 4，否则阻力太大。

    **答案：** C

66. **解析：**《工业建筑供暖通风与空气调节设计规范》GB 50019—2015 第 6.9.16 条："用于厂房中有爆炸危险区域的排风设备不应布置在建筑物的地下室、半地下室，宜设置在生产厂房外或单独的通风机房中"。排风设备不应设置在地下室内，B 选项不正确。第 6.9.21 条："排除有爆炸危险物质的排风管应采用金属风道，并应直接通到室外的安全处，不应暗设"。A 选项"排风管道应采用非金属管道"、D 选项"排风管道应暗设在竖井内"都不正确。故选 C。

    **答案：** C

67. **解析：** A 选项风冷热泵供暖、B 选项多联空调系统供暖都是从室外空气中提取热量，室外空气越低，从室外空气中提取热量越困难，效率越低甚至提取不出来；A 选项是寒冷地区且只过渡季节使用，合理；B 选项是严寒地区且冬季使用，不合理。C 选项是夏热冬暖地区酒店，采用热回收型冷水机组供冷的同时回收部分热量供生活热水，合理。D 选项夏热冬冷地区多联空调系统提供冷热源，合理。

    **答案：** B

68. **解析：**《暖通规范》第 7.3.2 条第 3 款："符合下列情况之一的空调区，宜分别设置空调风系统：空气洁净度标准要求不同"。

    **答案：** B

69. **解析：**《暖通规范》第 7.4.2 条："空调区的送风口选型，高大空间宜采用喷口送风、旋流风口送风或下部送风"。喷口送风、旋流风口送风，由于风口截面大，出口风速高，气流射程长，与室内空气强烈掺混，能在室内形成较大的回流区，达到布置少量风口可满足气流均布的要求。置换通风、地板送风的下部送风方式，使送入室内的空气先在地板上均匀分布，然后被热源（人员等）加热，形成热烟羽形式向上的对流气流，更有效地将热量排出人员活动区，节能效果明显，同时有利于改善通风效率和室内空气质量。

    **答案：** C

70. **解析：** 开式冷却塔冷却水与空气直接接触，下部设有开口水盘，水盘内冷却水靠重力流到冷却水回水管、冷却水泵。A 处冷却塔放置地面与冷却水泵标高相同，冷却塔底盘水靠重力流回不到冷却水泵。C 处冷却塔设于室内，散热效果不好，不满足《暖通规范》第 8.6.6 条："冷却塔设置位置应保证通风良好、远离高温或有害气体，并避免飘水对周围环境的影响"。B 处通风良好，附近空调排风对冷却塔算不上有害气体。D 处超过 100m，压力太高，水管、冷却水泵、制冷机不容易满足压力要求。

    **答案：** B

71. **解析：**《锅炉房标准》第 15.1.2 条："锅炉房的外墙、楼地面或屋面应有相应的防爆措施，并应有相当于锅炉间占地面积 10% 的泄压面积"。

答案：C

72. 解析：《暖通规范》第7.3.11条："多联机空调系统设计室内、外机以及室内机之间的最大管长和最大高差，应符合产品技术要求；当产品技术资料无法满足核算要求时，系统冷媒管等效长度不宜超过70m"。

答案：C

73. 解析：C选项地埋管地源热泵机组利用地下岩土散热，不需要冷却塔；D选项污水源热泵机组利用污水散热，不需要冷却塔；A选项水冷电压缩式冷水机组利用冷却塔散热，由于采用"高品位"电作动力，效率高，室内冷负荷＋制冷机动力散热作为冷却塔散热，总量相对小，冷却塔相对小；B选项溴化锂吸收式机组利用冷却塔散热，由于采用"低品位"热作动力，效率低，室内冷负荷＋制冷机动力散热作为冷却塔散热，总量相对大，冷却塔相对大。

答案：B

74. 解析：A选项非透光围护结构的热工性能不以太阳得热系数来衡量；B选项围护结构热工限值中传热系数指平均传热系数；C选项供暖地下室周边墙体有防结露、节能热阻限值；D选项有外遮阳的外窗，其太阳得热系数乘以小于1的遮阳系数。

答案：D

75. 解析：A选项内表面防结露，应计算维护结构最小传热热阻以避免内表面结露；B选项室内人员基本热舒适与围护结构内表面温度有关，围护结构内表面温度与最小传热热阻有关；C选项室外计算温度与室内温差最小传热热阻有关；D选项保温材料导热系数只表示保温性能，传热热阻不仅与保温材料导热系数有关，与厚度也有关。

答案：D

76. 解析：《公建节能标准》第4.3.22条：

$W_s$ 计算公式：$W_s = P/(3600 \times \eta_{CD} \times \eta_F)$

式中　$W_s$——风道系统单位风量耗功率[W/(m³/h)]；

　　　$P$——空调机组的余压或通风系统风机的风压（Pa）；

　　　$\eta_{CD}$——电机及传动效率（%），$\eta_{CD}$取0.855；

　　　$\eta_F$——风机效率（%），按设计图中标注的效率选择。

A选项机组余压不变，减小风量；$W_s$计算公式与风量无关。

B选项机组风量不变，增大送风管道断面，减小风管阻力，减小空调机余压。

C选项增大空调机组断面，降低机组迎风面速度，减小机组阻力，机组节能，也是节能措施，但本题考点是减小空调机余压。

D选项将机组内袋式除尘器改为静电除尘器，减小机组阻力，机组节能，也是节能措施，但本题考点是减小空调机余压。

答案：B

77. 解析：冰蓄冷是在电网用电低谷（夜间）时段（低价电时段）制冰，电网用电高峰时段（高价电时段）融冰制成冷水供空调使用。机房面积、设备投资会增加，用电量略有增加。

答案：B

78. 解析：《防火规范》第6.2.9条："建筑内的电缆井、管道井应在每层楼板处采用不低于楼板耐火极限的不燃材料或防火封堵材料封堵"。

答案：D

79. 解析：A 选项为《汽车库、修车库、停车场设计防火规范》GB 50067—2014 第 8.2.2 条规定："防烟分区的建筑面积不宜大于 2000m²"。B 选项中每个防烟分区均应有排烟口是必须的。C 选项"自然排烟的防火分区可不划分防烟分区"是错误的，《防排烟标准》第 4.3.2 条："防烟分区内自然排烟窗（口）的面积、数量、位置应按规定计算确定"，说明自然排烟的防火分区要划分防烟分区。D 选项封闭空间是自然防烟分区。

答案：C

80. 解析：《防排烟标准》第 3.1.3 条："建筑高度小于或等于 50m 的公共建筑，当独立前室或合用前室满足下列条件时楼梯间可不设置防烟系统：采用全敞开的阳台或凹廊"。其他均应设置机械防烟系统。

答案：C

81. 解析：《防火规范》第 6.1.5 条："可燃气体和甲、乙、丙类液体的管道严禁穿过防火墙"。

答案：D

82. 解析：随着海拔高度的增加，大气的压力下降，空气密度和湿度相应地减少，其特征为：

①空气压力或空气密度较低；②空气温度较低，温度变化较大；③空气绝对湿度较小；④太阳辐射照度较高；⑤降水量较少；⑥年大风日多；⑦土壤温度较低，且冻结期长。这些特征对电工设备性能有四大影响规律：其一，空气压力或空气密度降低的影响；其二，空气温度降低及温度变化（包括日温差）增大的影响；其三，空气绝对湿度减小的影响；其四，太阳辐射照度，包括紫外线照度增加的影响。所以一般电器产品均规定其使用的海拔高度（A 选项正确）。题目选项中主要涉及空气压力或空气密度降低对电器的影响。

(1) 对绝缘介质强度的影响

空气压力或空气密度的降低，引起外绝缘强度的降低。在海拔 5000m 范围内，每升高 1000m，即平均气压每降低 7.7~10.5kPa，外绝缘强度降低 8%~13%（B 选项错误）。

(2) 对开关电器灭弧性能的影响

空气压力或空气密度的降低使空气介质灭弧的开关电器灭弧性能降低、通断能力下降和电寿命缩短（D 选项正确）。直流电弧的燃弧时间随海拔升高或气压降低而延长；直流和交流电弧的飞弧距离随海拔升高或气压降低而增加。

(3) 对介质冷却效应，即产品温升的影响

空气压力或空气密度的降低引起空气介质冷却效应的降低。对于以自然对流、强迫通风或空气散热器为主要散热方式的电工产品，由于散热能力的下降，温升增加。在海拔 5000m 范围内，每升高 1000m，即平均气压每降低 7.7~10.5kPa，温升增加 3%~10%（C 选项正确）。

答案：B

83. **解析：** 电力负荷分级的意义在于正确地反映它对供电可靠性要求的界限，并根据负荷等级采取相应的供电方式。

（1）一级负荷应由双重电源供电，当一个电源发生故障时，另一个电源不应同时受到损坏；

（2）二级负荷由双回线路供电；当负荷较小或地区供电条件困难时，二级负荷可由一回35kV、20kV或10kV专用的架空线路供电；

（3）三级负荷可采用单电源单回路供电。

题目中B、C、D选项均符合供电要求，A选项中有一级负荷，须由双重电源供电，而两回线路出自一个电源，需要增设自备电源以满足供电需求。

**答案：** A

84. **解析：** 我国将交流、工频1000V及以下的电压称为低电压。民用建筑常用的低压配电带电导体系统型式为三相四线制或三相三线制，采用标准电压为220/380V、380/660V、1000V。

**答案：** C

85. **解析：** 根据《电气标准》第4.3.5条："设置在民用建筑内的变压器，应选择干式变压器、气体绝缘变压器或非可燃性液体绝缘变压器"，D选项正确。第4.3.7条："当仅有一台时，不宜大于1250kVA……采用油浸式变压器时不宜大于630kVA"；标准规定是"不宜"，不是"不应"，B选项错误。第4.5.36条："变压器室应设置储存变压器全部油量的事故储油设施"，C选项正确。

**答案：** B

86. **解析：** 根据《电气标准》第4.5.8条："有人值班的变电所应设值班室。值班室应能直通或经过走道与配电装置室相通，且值班室应有直接通向室外或通向疏散走道的门。值班室也可与低压配电装置室合并，此时值班人员工作的一端，配电装置与墙的净距不应小于3m"。

**答案：** A

87. **解析：** 电气竖井的位置和数量应根据建筑物规模、各支线供电半径、建筑物的变形缝位置和防火分区等因素确定。

**答案：** A

88. **解析：** 根据《电气标准》第8.5.5条：电缆桥架多层敷设时，层间距离应满足敷设和维护需要，并符合下列规定：

（1）电力电缆的电缆桥架间距不应小于0.3m；

（2）电信电缆与电力电缆的电缆桥架间距不宜小于0.5m，当有屏蔽盖板时可减少到0.3m；

（3）控制电缆的电缆桥架间距不应小于0.2m；

（4）最上层的电缆桥架的上部距顶棚、楼板或梁等不宜小于0.15m。

**答案：** B

89. **解析：** 依据现行标准《电气标准》第9.3.1条，电梯、自动扶梯和自动人行道的负荷分级，应符合本标准附录A民用建筑各类建筑物的主要用电负荷分级的规定。附录A中二类高层建筑中客梯和消防电梯均属于二级负荷。第9.3.1条第3款，自动扶梯和自动人行道应为二级及以上负荷。本题同为二级负荷情况下，消防负荷更重要。从供电角度分析，如二类高层住宅建筑的消防电梯应由专用回路供电，其客梯如果受条件限制，可与其他动力共用电源。

答案：B

90. 解析：客梯兼作消防电梯时，应符合消防装置设置标准，并应采用下列相应的应急操作：

（1）客梯应具有消防工作程序的转换装置；

（2）正常电源转换为消防电源时，消防电梯应能及时投入；

（3）发现灾情后，客梯应能迅速停落至首层或事先规定的楼层。

答案：A

91. 解析：电气装置的外露可导电部分接地是一种故障防护措施，为了保证可触及的可导电部分（如金属外壳）在正常情况下或在单一故障情况下不带危险电位。干燥场所的直流额定电压110V及以下的电气装置，有爆炸危险的场所除外，外露可导电部分可不做接地。

答案：C

92. 解析：允许人进入的喷水池供电类似于游泳池，水下或与水接触的灯具应符合现行国家标准《灯具第2-18部分：特殊要求 游泳池和类似场所用灯具》GB 7000.218 的规定。灯具应为防触电保护的Ⅲ类灯具，其外部和内部线路的工作电压应不超过12V。所以，应采用安全特低压供电，交流电压不应大于12V。

答案：B

93. 解析：《住宅设计规范》GB 50096—2011 第 8.7.5 条："共用部位应设置人工照明，应采用高效节能的照明装置和节能控制设施。当应急照明采用节能自熄开关时，必须采用消防时应急点亮的措施"。

答案：A

94. 解析：金属卤化物光源启燃和再启燃时间较长，不适宜作为应急照明的光源。

答案：C

95. 解析：依据《电气标准》第11.2.1条，建筑物应根据其重要性、使用性质、发生雷电事故的可能性及后果，按防雷要求进行分类。A、C选项符合上述情况。同时建筑高度也是防雷等级分类的考虑因素，根据第11.2.3条第1款，高度超过100m的建筑物，应划为第二类防雷建筑物。

答案：B

96. 解析：根据《防雷规范》第5.4.6条，在高土壤电阻率地区，宜采用下列方法降低防雷接地网的接地电阻：

（1）采用多支线外引接地装置，外引长度不应大于有效长度（m）；

（2）接地体埋于较深的低电阻率土壤中；

（3）换土；

（4）采用降阻剂。

答案：C

97. 解析：火灾自动报警系统有三种形式。①区域报警系统：仅需要报警，不需要联动自动消防设备的保护对象的系统。②集中报警系统：不仅需要报警，同时需要联动自动消防设备且只设置一台具有集中控制功能的火灾报警控制器和消防联动控制器的保护对象的系统。③控制中心报警系统：设置两个及以上消防控制室的保护对象，或已设置两个及以上集中报警系统的保护对象的系统。区域报警系统的火灾报警控制器设置在有人值班的场所，即消防值班室。

**答案**：A

98. **解析**：当确认火灾后，由发生火灾的报警区域开始，顺序启动全楼疏散通道的消防应急照明和疏散指示系统，系统全部投入应急状态的启动时间不应大于5s。

    **答案**：C

99. **解析**：即信息点到楼层电信间的最大距离。当该层信息点数量不大于400个最长水平电缆长度小于或等于90m时，宜设置1个电信间；最长水平线缆长度大于90m时，宜设2个或多个电信间。

    **答案**：C

100. **解析**：机房位置选择应符合下列规定：

    (1) 机房宜设在建筑物首层及以上各层，当有多层地下层时，也可设在地下一层；

    (2) 机房不应设置在厕所、浴室或其他潮湿、易积水场所的正下方或与其贴邻；

    (3) 机房应远离强振动源和强噪声源的场所，当不能避免时，应采取有效的隔振、消声和隔声措施；

    (4) 机房应远离强电磁场干扰场所，当不能避免时，应采取有效的电磁屏蔽措施。

    **答案**：C

# 2014年试题、解析、答案及考点

## 2014年试题

**说明**：2014年试题中，43、56、57题已不符合新规范，已按新标准修订。

1. 设计A计权网络的频率响应特性时，所参考的人耳等响曲线为（　　）。
   A　响度级为85方的等响曲线
   B　响度级为70方的等响曲线
   C　响度级为55方的等响曲线
   D　响度级为40方的等响曲线

2. 在开阔的混凝土平面上有一声源向空中发出球面声波，声波从声源传播4m后，声压级为65dB，声波再传播4m后，声压级是（　　）。
   A　65dB　　　　B　62dB　　　　C　59dB　　　　D　56dB

3. 下列哪两个声音叠加后，声压级为60dB（　　）。
   A　54dB的声音与54dB的声音叠加　　　B　57dB的声音与57dB的声音叠加
   C　54dB的声音与57dB的声音叠加　　　D　30dB的声音与30dB的声音叠加

4. 若5mm厚玻璃对400Hz声音的隔声量为24dB，运用"质量定律"，从理论上估计8mm厚玻璃对500Hz声音的隔声量是（　　）。
   A　26dB　　　　B　28dB　　　　C　30dB　　　　D　32dB

5. 《民用建筑隔声设计规范》中住宅卧室楼板撞击声隔声的"低限标准"是（　　）。
   A　80dB　　　　B　75dB　　　　C　70dB　　　　D　65dB

6. 在一房间的厚外墙上分别装以下四种窗，在房间外的声压级相同条件下，透过的声能量最少的是（　　）。
   A　隔声量20dB、面积1m²的窗
   B　隔声量20dB、面积2m²的窗
   C　隔声量23dB、面积3m²的窗
   D　隔声量23dB、面积4m²的窗

7. 如果入射到建筑材料的声能为1J，被材料反射的声能为0.4J，透过材料的声能为0.5J，在材料内部损耗掉的声能为0.1J，则题7图中材料的吸声系数为（　　）。
   A　0.6　　　　B　0.5
   C　0.4　　　　D　0.1

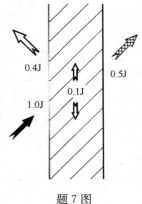

题7图

8. 当噪声源以低中频成分为主时，评价建筑构件的空气声隔声性能的参数，正确的是（　　）。
   A　计权隔声量＋粉红噪声频谱修正量
   B　计权隔声量＋交通噪声频谱修正量
   C　计权标准化声压级差＋粉红噪声频谱修正量

D 计权标准化声压级差+交通噪声频谱修正量

9. 对于穿孔板共振吸声构造，在穿孔板后铺设多孔吸声材料可以展宽其吸声频率范围，当穿孔板的穿孔率超过（　　）时，此穿孔板只作为多孔吸声材料的罩面层。
   A  15%　　　　　　B  20%　　　　　　C  25%　　　　　　D  30%

10. 在室内噪声较高的房间中采用"吸声降噪"的方法进行噪声控制，一般降噪效果约为（　　）。
    A  1～5dB　　　　B  6～10dB　　　　C  11～15dB　　　　D  16～20dB

11. 有一转速594r/min的风机，下列哪种固有频率的隔振器会几乎无衰减地将风机的振动传递给地基（　　）。
    A  4Hz　　　　　B  7Hz　　　　　　C  10Hz　　　　　　D  1.4Hz

12. 设计声屏障时，通常不考虑的声现象是（　　）。
    A  衍射　　　　　B  透射　　　　　　C  反射　　　　　　D  干涉

13. 房间内有一声源连续稳定发出声音，与房间内的混响声有关的因素是（　　）。
    A  声源的指向性因数　　　　　　　　B  离开声源的距离
    C  室内平均吸声系数　　　　　　　　D  声音的速度

14. 有一间30m长、20m宽、8m高的会议厅，其地面为大理石（吸声系数0.02），墙面为木质穿孔吸声板（吸声系数0.5），顶面为岩棉装饰吸声板（吸声系数0.3），该会议厅的混响时间是（　　）。
    A  0.9s　　　　　B  1.1s　　　　　　C  1.3s　　　　　　D  1.5s

15. 下列颜色光中，明视觉的光谱光视效率$V(\lambda)$最低的是（　　）。
    A  蓝颜色　　　　B  绿颜色　　　　　C  黄颜色　　　　　D  橙颜色

16. 关于光通量的说法，错误的是（　　）。
    A  不同光源发出相同光能量其光通量相同
    B  光源与被照面的距离不同而照度不同
    C  漫射材料被照面上不同视线方向的亮度相同
    D  漫射材料被照面上不同方向的发光强度不同

17. 关于光气候的说法，错误的是（　　）。
    A  光气候是指各地室外天然光状况
    B  光气候是按各地年平均总照度值分区
    C  光气候系数是按年平均总照度值确定的分区系数
    D  光气候系数值最大的是天然光状况最佳光气候区

18. 下列住宅建筑房间的采光中，不属于强制性直接采光的房间是（　　）。
    A  卧室　　　　　B  起居室（厅）　　C  餐厅　　　　　　D  厨房

19. 下列采光的房间中，采光系数标准值最大的是（　　）。
    A  办公室　　　　B  设计室　　　　　C  会议室　　　　　D  专用教室

20. 关于博物馆侧窗采光防止眩光的措施，错误的是（　　）。
    A  观众观看位置的亮度低于展品表面的亮度
    B  提高窗口亮度与展品亮度的亮度差
    C  窗口处于观众视线30°以外

D 窗口处于观众视线与展品表面法线夹角对称位置以外

21. 关于侧面采光系数平均值计算式中,与下列参数无直接关系的是( )。
    A 窗洞口面积　　　　　　　　　B 室内表面总面积
    C 窗的总透射比　　　　　　　　D 采光有效进深

22. 关于灯具光特性的说法,正确的是( )。
    A 配光曲线上各点表示为光通量
    B 灯具亮度越大要求遮光角越小
    C 截光角越大眩光越大
    D 灯具效率是大于1的数值

23. 关于学校教室照明的说法,错误的是( )。
    A 采用管形荧光灯　　　　　　　B 采用蝙蝠翼配光灯具
    C 灯具安装高度越低越好　　　　D 灯管长轴垂直于黑板布置

24. 下列医院建筑的房间中,照明功率密度值最大的是( )。
    A 药房　　　B 化验室　　　C 诊室　　　D 重症监护室

25. 关于建筑采光的节能措施,错误的是( )。
    A 侧面采光采用反光措施
    B 顶部采光采用平天窗
    C 采用透光折减系数小于标准规定数值的采光窗
    D 采光与照明结合的光控制系统

26. 关于采光可节省的年照明用电量的计算式中,与下列参数无关的是( )。
    A 照明的总面积　　　　　　　　B 利用天然采光的时数
    C 利用天然采光的采光依附系数　D 房间的照明安装总功率

27. 关于有高显色要求的高度较高工业车间照明节能光源的选用,正确的是( )。
    A 荧光灯　　　　　　　　　　　B 金属卤化物灯
    C 高压钠灯　　　　　　　　　　D 荧光高压汞灯

28. 关于办公建筑采用的照明节能措施,错误的是( )。
    A 细管径直管型荧光灯　　　　　B 普通电感镇流器
    C 直接型灯具　　　　　　　　　D 自动控制系统

29. 下列参数中,与热感觉(PMV)指数无关的是( )。
    A 室内空气温度　　　　　　　　B 露点温度
    C 气流速度　　　　　　　　　　D 空气湿度

30. 一均质发泡水泥保温板,其材料导热系数为0.06W/(m·K),热阻值为3.1(m·K)/W,厚度值正确的选择是( )。
    A 60mm　　　B 120mm　　　C 190mm　　　D 210mm

31. 在一个密闭的空间里,相对湿度随空气温度的降低而变化,正确的变化是( )。
    A 随之降低　　　　　　　　　　B 反而升高
    C 保持不变　　　　　　　　　　D 随之升高或降低的可能性都有

32. 对室内热环境、建筑物耐久性和建筑整体能耗起主要作用的室外热湿环境因素正确的是( )。

A 空气温度、太阳辐射、空气湿度、露点湿度
B 空气温度、太阳辐射、空气湿度、风
C 空气温度、空气湿度、风、降水
D 空气温度、空气湿度、日照、降水

33. 根据建筑物所在地区的气候条件的不同,对建筑热工设计的要求判断错误的是(　　)。
A 严寒地区:必须充分满足冬季保温要求,一般可不考虑夏季防热
B 寒冷地区:应满足冬季保温要求,一般不考虑夏季防热
C 夏热冬冷地区:必须满足夏季防热要求,适当兼顾冬季保温
D 夏热冬暖地区:必须满足夏季防热要求,一般可不考虑冬季保温

34. 下列指标中,不属于绿色建筑评价指标体系的是(　　)。
A 节能与能源利用　　　　　　B 节地与室外环境
C 废弃物与环境保护　　　　　D 室内环境质量

35. 下列太阳能利用技术中,不属于被动式太阳房采暖方式的是(　　)。
A 直接受益式　　　　　　　　B 活动横百叶挡板式
C 集热墙式　　　　　　　　　D 附加阳光间式

36. 关于适用于严寒地区被动式低能耗建筑技术措施的说法,错误的是(　　)。
A 提高外墙、屋面的保温性能　B 增加建筑整体的气密性
C 采用隔热性能好的外窗　　　D 设置新风置换系统

37. 夏热冬冷地区居住建筑节能设计标准对建筑物东、西向的窗墙面积比的要求较北向严格的原因是(　　)。
A 风力影响大　　B 太阳辐射强　　C 湿度不同　　D 需要保温

38. 架空屋面能够有效降低屋面板室内侧表面温度,其正确的隔热作用原理是(　　)。
A 减小太阳辐射影响　　　　　B 减小屋面传热系数
C 增加屋面热惰性　　　　　　D 防止保温层受潮

39. 下列地面防潮做法中,属于无效措施的是(　　)。
A 采用蓄热系数小的面层材料
B 加强垫层的隔潮能力
C 保持地表面温度始终高于空气的露点温度
D 减小保温材料的含水率

40. 题40图为一住宅南向全落地玻璃封闭阳台夏季通风采取的措施,其中不能起到热压自然通风作用的是(　　)。
A 阳台窗帘和外窗相距一定距离
B 采用反射率高的窗帘
C 外窗上下开通风窗
D 夜晚开大窗通风

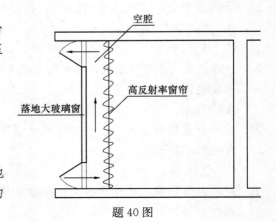

题40图

41. 下列建筑外遮阳形式图中,与我国南方地区传统建筑大挑檐做法的遮阳作用相同的是(　　)。

A 固定式建筑构件遮阳

B 活动式水平遮阳

C 活动式百叶遮阳

D 活动式窗帘遮阳

42. 利用计算机数值模拟技术进行规划辅助设计，在建筑工程设计过程中采用最普遍的模拟技术是（　　）。
    A 室内热环境　　　B 室内风环境　　　C 建筑日照　　　D 室外风环境
43. 下列哪类不计入建筑给水设计日常用水量？（按新规范修订）
    A 居民生活用水量　　　　　　　B 消防用水量
    C 绿化用水量　　　　　　　　　D 未预见用水及管网漏水
44. 下列场所用水定额不含食堂用水的是（　　）。
    A 酒店式公寓　　B 托儿所　　C 养老院　　D 幼儿园
45. 对生活节能型卫生器具流量无上限要求的器具是（　　）。
    A 水龙头　　　　　　　　　　　B 便器及便器系统
    C 家用洗衣机　　　　　　　　　D 饮水器喷嘴
46. 城市给水管道与用户自备水源管道连接的规定，正确的是（　　）。
    A 自备水源优于城市管网水质可连接
    B 严禁连接
    C 安装了防倒流器的可连接
    D 安装了止回阀的可连接
47. 超过100m的高层建筑生活给水供水方式宜采用（　　）。
    A 垂直串联供水　　　　　　　　B 垂直分区并联供水
    C 分区减压供水　　　　　　　　D 市政管网直接供水
48. 高层建筑给水立管不宜采用（　　）。
    A 铜管　　　　　　　　　　　　B 塑料和金属复合管
    C 不锈钢管　　　　　　　　　　D 塑料管

49. 下列建筑排水中，不包括应单独排水至水处理或回收构筑物的是（　　）。
   A 机械自动洗车台冲洗水
   B 用做回水水源的生活排水管
   C 营业餐厅厨房含大量油脂的洗涤废水
   D 温度在40℃以下的锅炉排水

50. 建筑物内排水管道不可以穿越的部位是（　　）。
   A 风道　　　　B 管槽　　　　C 管道井　　　　D 管沟

51. 连接卫生器具与排水管道的存水弯水封深度不得小于（　　）。
   A 30mm　　　　B 40mm　　　　C 45mm　　　　D 50mm

52. 小区生活排水系统排水定额与相应生活给水系统用水定额相比，正确的是（　　）。
   A 二者相等
   B 前者大于后者
   C 前者为后者的85%～95%
   D 前者小于后者的70%

53. 卫生间可以不设置生活污水通气立管的建筑是（　　）。
   A 建筑标准较高的多层住宅
   B 10层以下的高层建筑
   C 图书馆
   D 办公楼

54. 局部热水供应系统不宜采用的热源是（　　）。
   A 废热　　　　B 太阳能　　　　C 电能　　　　D 燃气

55. 屋面雨水应采用重力流排水的建筑是（　　）。
   A 工业厂房　　　B 库房　　　　C 高层建筑　　　D 公共建筑

56. 下列室内消火栓设置要求，错误的是（　　）。（按新规范修订）
   A 包括设备层在内的各层均应设置
   B 消防电梯间应设置
   C 栓口与设置消火栓墙面成90°角
   D 栓口离地面或操作基面1.5m

57. 向消防车供水的消防水池设置条件，错误的是（　　）。（按新规范修订）
   A 大于1000m³应分设两座独立消防水池
   B 寒冷地区应采取防冻保温措施
   C 保护半径按250m设置
   D 补充水时间不宜超过48h

58. 由于环保问题，目前被限制生产和使用的灭火剂是（　　）。
   A 二氧化碳　　　B 卤代烷　　　　C 干粉　　　　D 泡沫

59. 自动喷水灭火系统的水质无须达到（　　）。
   A 生活饮用水标准　　B 无污染　　　C 无悬浮物　　　D 无腐蚀

60. 二类高层建筑不设自动喷水灭火系统的部位是（　　）。
   A 公共活动房
   B 走道、办公室和旅馆客房
   C 自动扶梯顶部
   D 可燃物品库房

61. 不属于闭式洒水喷头的自动喷水灭火系统是（　　）。
   A 湿式系统、干式系统
   B 雨淋系统
   C 预作用系统
   D 重复启闭预作用系统

62. 民用建筑散热器连续集中热水供暖系统的供回水温度，不宜采用下列哪组？
   A  95/70℃　　　　B  85/60℃　　　　C  80/55℃　　　　D  75/50℃

63. 以夏季供冷为主的建筑采用毛细管热辐射系统，正确的系统设置方式是（　　）。
   A  考虑地面埋置方式，面积不足时再考虑顶棚和墙面
   B  考虑顶棚安装方式，面积不足时再考虑墙面和地面
   C  考虑墙面埋置方式，面积不足时再考虑顶棚和地面
   D  没有特别要求，根据业主喜好确定

64. 机械进风系统的室外新风口，其下缘距室外地坪的最小高度正确的是（　　）。
   A  1m　　　　　B  1.5m　　　　　C  2m　　　　　D  2.5m

65. 散发有害气体的实验室及其相邻的办公室，其通风系统的设计，正确的是（　　）。
   A  仅对实验室机械排风　　　　　B  仅对实验室机械送风
   C  仅对办公室机械排风　　　　　D  仅对办公室机械送风

66. 下列哪项不是限定通风和空气调节系统风管内风速的目的（　　）。
   A  减小系统阻力　　　　　　　　B  控制系统噪声
   C  降低风管承压　　　　　　　　D  防止风管振动

67. 设置全空气空调系统的大型档案库，应采用下列哪种空调系统（　　）。
   A  直流式全空气系统　　　　　　B  循环风式全空气系统
   C  一次回风式全空气系统　　　　D  二次回风式全空气系统

68. 建筑物内区全年供冷，外区冬季供热、夏季供冷，其空调水系统设计应优先采用下列哪种系统（　　）。
   A  三管制水系统　　　　　　　　B  四管制水系统
   C  分区三管制水系统　　　　　　D  分区两管制水系统

69. 推广蓄冷空调的主要目的是（　　）。
   A  降低制冷耗电量　　　　　　　B  减少冷源投资
   C  节省制冷机房面积　　　　　　D  平衡电网的用电负荷

70. 关于锅炉烟风道系统的说法，错误的是（　　）。
   A  锅炉的鼓风机、引风机宜单炉配置
   B  当多台锅炉合用一条总烟道时，每台锅炉支烟道出口应安装密闭可靠的烟道门
   C  燃油、燃气锅炉烟囱和烟道应采用钢制或钢筋混凝土构筑
   D  燃油、燃气锅炉可与燃煤锅炉共用烟道和烟囱

71. 下列直燃吸收式机组机房设计的规定，错误的是（　　）。
   A  机房宜设置在建筑主体之外
   B  不应设置吊顶
   C  泄压面积不应小于机组占地面积的10％
   D  机房单层面积大于200m² 时，应设置直接对外的安全出口

72. 下列氨制冷机房设计的规定中，错误的是（　　）。
   A  机房可设置在建筑物的地下一层
   B  机房内严禁采用明火供暖
   C  应设置事故排风装置

D 应设置紧急泄氨装置

73. 下列热水集中供暖系统热计量设计做法，正确的是（    ）。
    A 只对新建建筑安装热量计量装置
    B 热源和换热机房应设热量计量装置
    C 居住建筑应以每户为对象设置热量表
    D 热量表的流量传感器应安装在供水管上

74. 关于节能建筑围护结构的热工性能的说法，正确的是（    ）。
    A 外窗传热系数和遮阳系数越小越节能
    B 围护结构各部位传热系数均应随体形系数的减小而减小
    C 单一朝向外窗的辐射热以遮阳系数为主要影响因素
    D 遮阳系数就是可见光透射系数

75. 下列哪个参数能更好地描述室内空气的新鲜程度（    ）。
    A 新风量    B 送风量    C 排风量    D 新风换气次数

76. 寒冷地区公共建筑的供暖热源应优先采用下列哪种形式（    ）。
    A 市政热网    B 自备燃气锅炉    C 热泵机组    D 电锅炉

77. 某一朝向外窗的热工参数：传热系数为 2.7W/（m²·K），玻璃遮阳系数为 0.8；采取外遮阳（固定百叶遮阳）方式，假设外遮阳系数为 0.7，该朝向外窗的遮阳系数为（    ）。
    A 0.56    B 0.70    C 0.80    D 1.51

78. 关于排烟口的设置，正确的是（    ）。
    A 与最近安全出口的水平距离不应小于 1.0m
    B 可设置于外墙任何部位
    C 在防烟分区内最远点的水平距离不应超过 30m
    D 按均匀排烟原则设置排烟口

79. 下列通风空调系统防火措施中，错误的是（    ）。
    A 管道采用难燃材料绝热
    B 管道采用难燃材料制作
    C 管道与房间、走道相通的孔洞，其缝隙处采用不燃材料封堵
    D 穿过空调机房的风管在穿墙处设置防火阀

80. 高层建筑可不分段设置机械加压送风系统的最大高度是（    ）。
    A 50m    B 100m    C 120m    D 200m

81. 下列室内燃气管道布置方式中，正确的是（    ）。
    A 燃气立管可布置在用户厨房内
    B 燃气立管可布置在有外窗的卫生间
    C 燃气立管可穿越无人长时间停留的密闭储藏室
    D 管径小于 DN50 的燃气立管与防火电缆可共沟敷设

82. 下列单位中，用于表示无功功率的单位是（    ）。
    A kW    B kV    C kA    D kVar

83. 某一多层住宅，每户 4kW 用电设备容量，共 30 户，其供电电压应选择（    ）。

A 三相380V　　　B 单相220V　　　C 10kV　　　D 35kV

84. 某一多层住宅采用三相TN-C-S系统供电,其进线电缆的导体是(　　)。
    A 三根相线、一根中性线
    B 三根相线、一根中性线、一根保护线
    C 一根相线、一根中性线、一根保护线
    D 一根相线、一根中性线

85. 百级洁净度手术室空调系统用电负荷的等级是(　　)。
    A 一级负荷中的特别重要负荷　　　B 一级负荷
    C 二级负荷　　　　　　　　　　　D 三级负荷

86. 地上变电所中的下列房间,对通风无特殊要求的是(　　)。
    A 低压配电室　　　　　　　　　　B 柴油发电机房
    C 电容器室　　　　　　　　　　　D 变压器室

87. 高层建筑中向屋顶通风机供电的线路,其敷设路径应选择(　　)。
    A 沿电气竖井　　　　　　　　　　B 沿电梯井道
    C 沿给水井道　　　　　　　　　　D 沿排烟管道

88. 某一高层住宅,消防泵的配电线路导线从变电所到消防泵房,要经过一段公共区域,该线路应采用的敷设方式是(　　)。
    A 埋在混凝土内穿管暗敷　　　　　B 穿塑料管明敷
    C 沿普通金属线槽敷设　　　　　　D 沿电缆桥敷设

89. 下列绝缘介质的变压器中,不宜设在高层建筑变电所内的是(　　)。
    A 环氧树脂浇注干式变压器　　　　B 气体绝缘干式变压器
    C 非可燃液体绝缘变压器　　　　　D 可燃油油浸变压器

90. 带金属外壳的手持式单相家用电器,应采用插座的形式是(　　)。
    A 单相双孔插座　　　　　　　　　B 单相三孔插座
    C 四孔插座　　　　　　　　　　　D 五孔插座

91. 下列场所和设备设置的剩余电流(漏电)动作保护,在发生接地故障时,只报警而不切断电源的是(　　)。
    A 手持式用电设备　　　　　　　　B 潮湿场所的用电设备
    C 住宅内的插座回路　　　　　　　D 医院用于维持生命的电气设备回路

92. 住宅中插座回路用的剩余电流(漏电)动作保护,其动作电流应是(　　)。
    A 10mA　　　B 30mA　　　C 300mA　　　D 500mA

93. 建筑物内电气设备的金属外壳(外露可导电部分)和金属管道、金属构件(外界可导电部分)应实行等电位联结,其主要目的是(　　)。
    A 防干扰　　　B 防电击　　　C 防火灾　　　D 防静电

94. 建筑高度超过100m的高层民用建筑,为应急疏散照明供电的蓄电池其连续供电时间不应少于(　　)。
    A 15min　　　B 20min　　　C 30min　　　D 60min

95. 确认发生火灾后,消防控制切断非消防电源(包括一般照明)的部位是(　　)。
    A 整个建筑物　　　　　　　　　　B 火灾楼层及上下层

  C　发生火灾的楼层及以下各层　　　　D　发生火灾的防火分区或楼层

96. 特级综合体育场的比赛照明,应选择的光源是(　　)。
  A　LED 灯　　　　B　荧光灯　　　　C　金属卤化物灯　　　　D　白炽灯

97. 建筑物防雷装置专设引下线的敷设部位及敷设方式是(　　)。
  A　沿建筑物所有墙面明敷设　　　　B　沿建筑物所有墙面暗敷设
  C　沿建筑物外墙内表面明敷设　　　　D　沿建筑物外墙外表面明敷设

98. 在火灾发生时,下列消防用电设备中需要在消防控制室进行手动直接控制的是(　　)。
  A　消防电梯　　　　B　防火卷帘门　　　　C　应急照明　　　　D　防烟排烟风机

99. 建筑物内电信间的门应是(　　)。
  A　外开甲级防火门　　　　B　外开乙级防火门
  C　外开丙级防火门　　　　D　外开普通门

100. 电信机房、扩声控制室、电子信息机房位置选择时,不应设置在变配电室的楼上、楼下、隔壁场所,其原因是(　　)。
  A　防火　　　　B　防电磁干扰　　　　C　线路敷设方便　　　　D　防电击

## 2014 年试题解析、答案及考点

1. **解析**：A 计权网络是在考虑了人耳对低频不敏感的频率特性后,在对各种不同频率组合而成的复合声计算其总声级时,对不同频率的声压级在叠加时取不同的权重而形成的总声级,又称 A 声级,具体来说,A 声级是在各个频率的声压级进行叠加时对 500Hz 以下的声音作了较大衰减后进行叠加而形成的总声级,衰减比例参考了 40 方的等响曲线(倒立形状)。
  **答案**：D
  **考点**：A 计权网络(A 声级)的基本概念。

2. **解析**：开阔的混凝土平面近似为自由声场,球面声波为点声源发出,在自由声场中,点声源空间某点的声压级计算公式为：$L_p = L_w - 20\lg r - 11$,从式中可以看出,点声源的传播距离增加一倍,声压级降低 6dB,即声波传播 4m 后,$L_p = L_w - 20\lg 4 - 11 = 65$,再传播 4m 后,$L_p = L_w - 20\lg(2 \times 4) - 11 = L_w - 20\lg 4 - 11 - 20\lg 2 = 59$dB。
  **答案**：C
  **考点**：在自由声场中,点声源空间某点的声压级计算公式为：$L_p = L_w - 20\lg r - 11$,从式中可以看出,点声源的传播距离增加一倍,声压级降低 6dB。

3. **解析**：$n$ 个相同声压级 $L_{p1}$ 叠加后的声压级为：$L_p = L_{p1} + 10\lg n$ (dB),两个相同声压级的声音叠加后,声压级增加 3dB。
  **答案**：B
  **考点**：相同声压级的叠加：$L = L_1 + 10\lg n$。

4. **解析**：根据质量定律：$R = 20\lg(fm) + k$,频率由 400Hz 增加到 500Hz,500 是 400 的 1.25 倍,厚度由 5mm 增加到 8mm,8mm 是 5mm 的 1.6 倍,即质量增加到原来的 1.6 倍。设 5mm 厚 400Hz 的玻璃隔声量为 $R = 20\lg(fm) + k = 24$dB,则 8mm 厚

500Hz的玻璃隔声量为：$R=20\lg(1.25f\times1.6m)+k=20\lg(2fm)+k=20\lg2+20\lg(fm)+k=6+24=30$dB。

**答案**：C

**考点**：质量定律；$R=20\lg(fm)+k$。

5. **解析**：《隔声规范》第4.2.7条：住宅卧室楼板撞击声隔声的"低限标准"为75dB。

**答案**：B

**考点**：楼板撞击声隔声标准。

6. **解析**：根据隔声量的计算公式$R=10\lg(1/\tau)$，$\tau$为能量透射系数，透过的能量减少1倍（为原来的1/2），隔声量增加3dB，23dB的隔声量比20dB的隔声量在面积相同的情况下能量透射量减少了1倍，透射的能量多少与面积成正比，面积越大透过的能量越多。A比C的隔声量小3dB，因此透射的能量A比C大1倍，但C的面积是A的3倍，因此C透过的能量是A的3倍，综合这两个因素，A透过的能量小于C（A<B，C<D，A<C）。

**答案**：A

**考点**：隔声量$R$的定义；声能透射系数；面积越大透过的能量越多。

7. **解析**：吸声系数等于1减去反射系数，而非等于吸声系数，反射系数为0.4J，故吸声系数为0.6J。

**答案**：A

**考点**：吸声系数的定义。

8. **解析**：在《隔声规范》中，C、D选项内容是评价撞击声的参数指标。《隔声规范》第4.2.1条~第4.2.6条：所有外窗、外墙，分隔住宅和非居住用途的楼板以及住宅和非居住用途空间分隔楼板上下的房间之间，采用的评价参数是计权隔声量+交通噪声频谱修正量；其他一般的建筑构件的空气声隔声性能参数都是计权隔声量+粉红噪声频谱修正量。本题未明确外墙、外窗等这样的条件，对一般建筑构件的空气声隔声性能参数都是计权隔声量+粉红噪声频谱修正量，故A选项正确。

**答案**：A

**考点**：评价建筑构件空气声隔声性能的参数。

9. **解析**：作为共振吸声构造的穿孔板其穿孔率不应超过20%。当穿孔板的穿孔率超过20%时，穿孔板只作为多孔吸声材料的罩面层。

**答案**：B

**考点**：穿孔板的特性。

10. **解析**：在室内噪声较高的房间中采用"吸声降噪"的方法进行噪声控制，只能降低反射声的声能，无法降低直达声的声能，所以其降噪效果有限，一般降噪效果约为6~10dB。

**答案**：B

**考点**：吸声降噪的效果。

11. **解析**：当设备自身的转动频率$f$与系统固有频率$f_0$满足以下条件时，振动将无衰减地传播：$f/f_0<\sqrt{2}$时，本题设备的转速为594r/min，即每分钟594转，换算成转速频率为594/60（每秒594/60转）=9.9Hz，约等于10Hz。A、B、D选项计算出

$f/f_0 > \sqrt{2}$，减振器能起减振作用，C 选项计算的结果 $f/f_0$ 约等于 1，将会发生共振，不仅不起减振作用，振动还会大大加强，危害很大。

**答案：** C

**考点：** 频率概念；设备减振的条件：$f/f_0\sqrt{2}$。

12. **解析：** 声屏障的作用是隔挡声音，所以要考虑隔声的效果，隔声效果与声音的透射、反射有关；另外，声音有一定的绕射（或衍射）作用，这种作用导致声音有可能绕到屏障背后传播，从而影响其隔声效果，也使声屏障的隔声只在一定的范围内起作用。声音的干涉现象一般会发生在两个平行界面之间，且通常不会产生危害，故设计屏障时不会考虑干涉现象。

    **答案：** D

    **考点：** 声音的衍射（绕射）、透射、反射、干涉特性。

13. **解析：** 声源的指向性因素是指声源在房间中的位置对声能的影响，它只对直达声有影响，离开声源的距离只能影响直达声能的大小，当声音在一个房间里达到稳态稳定后，声音的速度对声音能量的大小没有影响。混响声（一种反射声）与房间容积、吸声量（与吸声系数和表面积有关）有关。

    **答案：** C

    **考点：** 室内声学原理；直达声和混响声（反射声）能的影响因素。

14. **解析：** 根据混响时间计算公式：$T_{60}=0.161V/[-S\ln(1-\alpha)+4mV]$

    式中 $V$——房间容积，$m^3$；

    　　　$S$——房间总表面积，$m^2$；

    　　　$\alpha$——房间平均吸声系数；

    　　　$4m$——空气声的吸声系数（仅考虑 2000～4000Hz 以上频率，2000Hz 以下 $4m=0$）；本题未作特殊说明时，$4m$ 取 0。

    经计算 $V=4800m^3$，$S=2000m^2$，$\alpha=0.296$，$T_{60}=1.1s$。

    **答案：** B

    **考点：** 混响时间计算。

15. **解析：** 可见光为人眼所能辨别到的电磁波范围，波长从 380nm（紫）到 780nm（红），人眼对不同波长单色光的敏感程度不同，由于明视觉环境和暗视觉环境人眼中起主要作用的视觉细胞不一样，所以分为两种情况：明亮环境下（明视觉）人眼对 555nm 的黄绿色光最敏感，较暗环境下（暗视觉）对 507nm 的蓝绿色光最敏感。也就是说，同样功率不同光色的光源在人眼里的亮暗程度是不一样的。这种特性用光谱光视效率曲

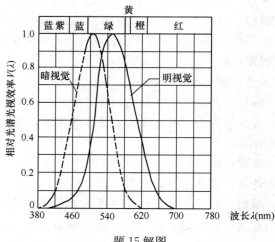

题 15 解图

线表示，如题15解图所示。根据曲线所示，在明视觉环境下，人眼敏感度从高到低的光色排序是：黄绿＞橙＞蓝＞紫（暗视觉环境下，人眼敏感度从高到低的光色排序是：蓝绿＞蓝＞黄＞橙＞红）。相比下 A 选项蓝色为答案。

此部分内容在历年考试中，曾出现明暗视觉下的光谱光视效率峰值的波长为多少（555nm 和 507nm），各类色光的光谱光视效率比较类型的试题。

**答案**：A

**考点**：可见光范围、光谱光视效率、明暗视觉等人眼的基本特性。

16. **解析**：A 选项中，光能量是光源发射出的辐射通量，是能量的概念，而光通量需要同时考虑光谱光视效率（见第15题），不完全受辐射通量决定，所以 A 的说法不正确；B 选项中，光源与被照面的距离和被照面上的照度值成平方反比关系，所以 B 正确；C 选项中，在漫反射或漫透射材料表面上，在不同视线方向上亮度（以 $L$ 表示）相同，如题16解图；D 选项中，漫射材料的被照面上不同方向的发光强度（以 $I$ 表示）是不同的，其值大小与各方向同被照面法线之间的夹角有关，如下图所述。

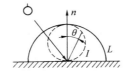

题 16 解图

其中，$I_\theta = I_0 \cdot \cos\theta$。

**答案**：A

**考点**：光通量、发光强度、亮度的概念，以及反射透射材料的特性。

17. **解析**：光气候概念用来描述各地室外天然光的状况，光气候分区指的是依据全国年平均总照度分布进行划分，并以此确定各区的光气候系数（$K$），用以在进行不同地区相同采光需求的建筑采光设计时作为系数乘入采光系数中，如解表所示。如，Ⅰ类光气候区（如拉萨）室外自然光较Ⅴ类光气候区（如重庆）大，为达到同样功能的室内环境一致的采光效果，采光系数拉萨需要小于重庆，则光气候系数（$K$）拉萨需要小于重庆。

题 17 解表

| 光气候区 | Ⅰ | Ⅱ | Ⅲ | Ⅳ | Ⅴ |
| --- | --- | --- | --- | --- | --- |
| $K$ 值 | 0.85 | 0.90 | 1.00 | 1.10 | 1.20 |
| 室外天然光设计照度值 $E_s$ (lx) | 18000 | 16500 | 15000 | 13500 | 12000 |

**答案**：D

**考点**：光气候分区及光气候系数的概念及使用方法。

18. **解析**：《采光标准》强制执行条文第 4.0.1 条：住宅建筑的卧室、起居室（厅）、厨房应有直接采光。直接采光是指在卧室、起居室（厅）、厨房空间直设有外窗，包括窗外设有外廊或设有阳台等外挑遮挡物。住宅中的卧室和起居室（厅）具有直接采光是居住者生理和心理健康的基本要求，直接采光可使居住者直接观看到室外自然景色，感受到大自然季节性的变化，舒缓情绪、减少压力，有助于身心健康，这也正是目前国外许多采光标准所强调的。住宅中的厨房也是居住者活动频繁的场所，需要采光口和室内外通风口。

**答案**：C

**考点**：住宅中必须直接采光的房间。

19. **解析**：《采光标准》表4.0.5及表4.0.8比较：办公室、会议室、专用教室采光系数标准值为3%，设计室为4%（题19解表）。

教育建筑采光标准值              题19解表1

| 采光等级 | 场所名称 | 侧面采光 | |
|---|---|---|---|
| | | 采光系数标准值（%） | 室内天然光照度标准值（lx） |
| Ⅲ | 专用教室、实验室、阶梯教室、教师办公室 | 3.0 | 450 |
| Ⅴ | 走道、楼梯间、卫生间 | 1.0 | 150 |

办公建筑采光标准值              题19解表2

| 采光等级 | 场所名称 | 侧面采光 | |
|---|---|---|---|
| | | 采光系数标准值（%） | 室内天然光照度标准值（lx） |
| Ⅱ | 设计室、绘图室 | 4.0 | 600 |
| Ⅲ | 办公室、会议室 | 3.0 | 450 |
| Ⅳ | 复印室、档案室 | 2.0 | 300 |
| Ⅴ | 走道、楼梯间、卫生间 | 1.0 | 150 |

**答案**：B

**考点**：各类主要功能房间的采光系数标准值。

20. **解析**：A选项描述中，观众观看位置的亮度高，可能在规则反射的展品（或保护窗）表面看到观众的影子，形成二次反射眩光，所以观众位置亮度应更低；B选项中，窗口亮度越高，根据UGR统一眩光值的计算公式，形成眩光的可能性就越大，所以此说法只会增大眩光影响，正确的说法应是"提高展品亮度与窗口亮度的亮度差"；C选项中，人视线方向30°以内范围是视觉清楚的区域，选项中描述合理，另《建筑物理》教材中描述："为避免直射光产生眩光，侧窗边沿与展品边沿在参观者眼中形成的夹角应小于14°"，也说明C选项正确；D选项描述正确，为了避免一次反射眩光，观众、展品、窗口三者不应形成规则反射的位置关系。

**答案**：B

**考点**：博物馆、展览馆建筑采光设置的防眩光措施。

21. **解析**：《采光标准》第6.0.2条中规定侧窗采光系数平均值的计算公式如下：

$$C_{av} = \frac{A_c \tau \theta}{A_z(1-\rho_j^2)}$$

式中   $\tau$——窗的总透射比；

    $A_c$——窗洞口面积（m²）；

    $A_z$——室内表面总表面积（m²）；

    $\rho_j$——室内各表面反射比的加权平均值；

    $\theta$——从窗中心点计算的垂直可见天空的角度值。

可见，采光系数平均值与A、B、C项均有直接关系。D选项中的采光有效进深（房间进深与参考平面至窗上沿高度的比值），是评价室内进深处（远光处）采光能力的重要指标和设计依据。

**答案**：D

**考点**：侧窗采光平均系数的计算公式。

22. **解析**：A选项中，配光曲线中各点值是发光强度。B选项中，遮光角指灯具出光口平面与刚好看不见发光体的视线之间的夹角，为避免眩光，亮度越大，遮光角应该也越大，如题22解表。C选项中，截光角是指光源发光体最外沿的一点和灯具出光口边沿的连线与通过光源光中心的垂线之间的夹角，其与遮光角互为余角，截光角越大，遮光角越小，形成眩光的可能性越大。D选项中，灯具效率指在规定的使用条件下，灯具发出的总光通量与灯具内所有光源发出的总光通量之比，也称灯具光输出比，所以其必然是小于1的。

**直接型灯具的遮光角** 题22解表

| 光源平均亮度（kcd/m²） | 遮光角（°） |
| --- | --- |
| 1~20 | 10 |
| 20~50 | 15 |
| 50~500 | 20 |
| ≥500 | 30 |

**答案**：C

**考点**：灯具配光曲线、遮光角、灯具效率的概念。

23. **解析**：教室照明中，应该注意节能、照度均匀、避免眩光。学校教室照明用灯具推荐采用直管型荧光灯（《照明标准》第3.2.2条）；并使用蝙蝠翼配光灯具，以达到避免形成光幕反射的目的；灯具安装高度越低，平均照度提高，但照度均匀度越差，不合理；灯光长轴垂直于黑板也有助于在工作面上形成斜入射光避免形成入眼的规则反射，同时灯管前后方向垂直于黑板放置可形成更多左右方向斜射光线，有助于课桌区桌面获得有效照明。

**答案**：C

**考点**：教室照明的主要设置方法。

24. **解析**：本题的出题依据为旧版《照明标准》，现行《照明标准》第6.3.6条规定了医院各类房间的照明功率密度，如题24解表所示。查表可知，药房LPD（W/m²）为15，化验室为15，诊室为9，重症监护室未作规定，但其功能接近治疗室和诊室，故LPD值应与治疗室与诊室相近。

**医疗建筑照明功率密度限值** 题24解表

| 房间或场所 | 照度标准值（lx） | 照明功率密度限值（W/m²） | |
| --- | --- | --- | --- |
| | | 现行值 | 目标值 |
| 治疗室、诊室 | 300 | ≤9.0 | ≤8.0 |
| 化验室 | 500 | ≤15.0 | ≤13.5 |
| 候诊室、挂号厅 | 200 | ≤6.5 | ≤5.5 |
| 病　房 | 100 | ≤5.0 | ≤4.5 |
| 护士站 | 300 | ≤9.0 | ≤8.0 |
| 药　房 | 500 | ≤15.0 | ≤13.5 |
| 走　廊 | 100 | ≤4.5 | ≤4.0 |

答案：A、B

考点：主要功能用房照明功率密度的指标。

25. 解析：侧面采光因易形成从近窗处到远窗处照度的递减，导致采光不均匀，可在窗口处设置反光板，将太阳光反射到天花，增加房间深处的采光；平天窗为采光效率最高的天窗，对建筑采光节能有益；透光折减系数越小，窗采光能力越差，没有透光折减时的透光折减系数应为1（《采光标准》第2.1.21条）；采光与照明结合的光控制系统是降低照明用电、最大化利用天然采光的策略之一。

答案：C

考点：采光与照明节能的一般策略与方法。

26. 解析：《采光标准》第7.0.7条：在建筑设计阶段评价采光节能效果时，宜进行采光节能计算，依据下列公式：

$$U_e = W_e/A$$

$$W_e = \Sigma(P_n \times t_D \times F_D + P_n \times t'_D \times F'_D)/1000$$

式中 $U_e$——单位面积上可节省的年照明用电量（kWh/m²·年）；

$A$——照明的总面积（m²）；

$W_e$——可节省的年照明用电量（kWh/年）；

$P_n$——房间或区域的照明安装总功率（W）；

$t_D$——全部利用天然采光的时数（h），可按《采光标准》附录E中表E.0.1取值；

$t'_D$——部分利用天然采光的时数（h），可按《采光标准》附录E中表E.0.2取值；

$F_D$——全部利用天然采光时的采光依附系数，取1；

$F'_D$——部分利用天然采光时的采光依附系数，在临界照度与设计照度之间的时段取0.5。

由式看出，采光可节省的年照明用电量$W_e$由利用天然采光的时数、利用天然采光的采光依附系数、房间的照明安装总功率等指标计算，而与照明的总面积A无直接关系。

答案：A

考点：采光节能的评价方法。

27. 解析：荧光灯显色性好，但功率小，无法适应高度较高的工业车间；金属卤化物灯显色性好，有大功率光源，能够适应题干描述环境；高压钠灯、荧光高压汞灯显色性均较差（《照明标准》第3.2.2条）。

答案：B

考点：各类常见光源的特性及适用场所。

28. 解析：《照明标准》第3.2.2条：灯具安装高度较低的房间宜采用细管直管形三基色荧光灯；普通电感镇流器的节能效果差于电子镇流器见《照明标准》第3.3.6条，荧光灯应配用电子镇流器或节能电感镇流器；直接型灯具指90%～100%的光向下直接照射到工作面的灯具类型，节能效果较其他类型（如间接型、半直接型等）更好；自动控制系统可从开关控制上保障人走灯灭、按需用灯的节能理念。

**答案：** B

**考点：** 典型功能用房的照明节能策略及灯具选择。

29. **解析：** 与人体热感觉指数（PMV）相关的室内物理因素有：室内空气温度、室内空气湿度、室内空气的流速和平均辐射温度（环境辐射温度）。

    **答案：** B

    **考点：** 与人体热感觉指数（PMV）相关的室内物理因素。

30. **解析：** 由匀质材料构成的一层材料的导热热阻计算公式为：$R=\delta/\lambda$。其中，$\delta$ 为材料层的厚度，$\lambda$ 为材料的导热系数。材料层的厚度 $\delta=R\cdot\lambda=0.06\times3.1=0.186\mathrm{m}=186\mathrm{mm}$。

    **答案：** C

    **考点：** 匀质材料层导热热阻的计算。

31. **解析：** 相对湿度的定义式是 $\varphi=\dfrac{P}{P_s}\times100\%$，式中，$P$ 为空气中的水蒸气的分压力，$P_s$ 为同温度下空气对应的饱和蒸汽压。饱和蒸汽压随温度的升高而增加。在一个密闭的空间里，湿空气中的水蒸气含量保持不变，即水蒸气的分压力 $P$ 不变，当空气温度升高时，该空气的饱和蒸汽压 $P_s$ 随之升高，因此空气的相对湿度 $\varphi$ 随之降低。

    **答案：** A

    **考点：** 相对湿度的定义。

32. **解析：** 对室内热环境、建筑物耐久性和建筑整体能耗起主要作用的室外热湿环境因素有：太阳辐射、空气温度、空气湿度、空气速度（风）。

    **答案：** B

    **考点：** 影响室内热环境的室外热环境因素。

33. **解析：**《热工规范》第4.1.1条中，关于建筑热工设计分区及设计要求（题33解表）：

    建筑热工设计分区及其热工设计要求　　　　　　　　　　题33解表

    | 一级区划名称 | 设 计 原 则 |
    | --- | --- |
    | 严寒地区（1） | 必须充分满足冬季保温要求，一般可以不考虑夏季防热 |
    | 寒冷地区（2） | 应满足冬季保温要求，部分地区兼顾夏季防热 |
    | 夏热冬冷地区（3） | 必须满足夏季防热要求，适当兼顾冬季保温 |
    | 夏热冬暖地区（4） | 必须充分满足夏季防热要求，一般可不考虑冬季保温 |
    | 温和地区（5） | 部分地区应考虑冬季保温，一般可不考虑夏季防热 |

    **答案：** B

    **考点：** 建筑热工设计分区及热工设计要求。

34. **解析：** 在《绿色建筑评价标准》GB/T 50378—2014中，绿色建筑评价指标体系包括：节地与室外环境、节能与能源利用、节水与水资源利用、节材与材料资源利用、室内环境质量、施工管理、运营管理。

    **答案：** C

    **考点：** 绿色建筑评价指标体系。

35. **解析：** 根据采集太阳能的方式划分，被动式太阳房的典型类型有：利用南窗直接接受太阳辐射能的"直接受益式"太阳房；利用南墙进行集热和蓄热的"集热蓄热墙式"

太阳房；利用附建在房屋南侧的阳光间进行集热和蓄热的"附加阳光间式"太阳房；利用屋顶进行集热和蓄热的"屋顶集热蓄热式"太阳房和利用热虹吸作用（自然循环）的"对流环路式"太阳房。

答案：B

考点：被动式太阳房的类型。

36. 解析：在严寒地区，被动式低能耗建筑除了要尽可能多地收集和蓄存太阳能外，更关键的问题是要采取措施，有效地减少建筑本身的热量损失，才能达到降低能耗的目的。提高外墙、屋面的保温性能、采用隔热性能好的外窗可大量减少通过外墙、屋面、外窗的传热损失；增加建筑整体的气密性能减少建筑整体因为冷风渗透消耗的热量，这些均是有利的措施。设置新风置换系统将增加室内空气的换气次数，为加热引入室内的冷空气需要消耗更多的能耗。

    答案：D

    考点：严寒地区被动式低能耗建筑技术措施。

37. 解析：夏热冬冷地区建筑热工设计的要求是：必须满足夏季防热要求，适当兼顾冬季保温。这说明夏季防热优先。由于窗户的传热系数比外墙大得多，窗墙面积比大势必造成通过窗户的传热过多，从而导致采暖和空调能耗变大，因此，必须限制窗墙面积比。夏热冬冷地区夏季太阳辐射强烈，通过窗户进入室内的太阳得热成为夏季室内过热的主要原因。由于不同朝向墙面的太阳辐射强度的峰值以东、西向墙面最大，西南（东南）向次之，西北（东北）向又次之，南向更次之，北向为最小。因此，对东、西向窗墙面积比的要求较北向严格是合理的。风力、湿度和保温与窗户的朝向关系不大。

    答案：B

    考点：夏热冬冷地区的窗墙面积比。

38. 解析：夏季，影响室内过热的主要原因是太阳辐射得热。屋顶使用架空层后，首先屋顶架空层的上部能够有效遮挡太阳辐射，大量减少架空层下部屋面太阳辐射得热；同时，架空间层内被加热的空气和室外冷空气形成流动，可及时带走架空层内的热量、降低架空层下部屋面的温度，最终达到降低屋面内表面温度的目的。夜间，温差传热的方向和白天相反，架空层内流动的空气又能及时带走从屋面传至架空层下部表面的热量，也有利于降低屋面板室内表面的温度。架空屋面对减小屋面传热系数、增加屋面热惰性、防止保温层受潮均无作用。

    答案：A

    考点：通风屋面的隔热原理。

39. 解析：地面产生结露的原因是因其温度低于室内空气的露点温度，蓄热系数小的材料其热惰性小，当室内空气温度升高时，材料表面温度也随之上升，这样就减少了材料表面与空气之间的温度差，从而减少了表面结露的机会。加强垫层的隔潮能力会降低因毛细管作用所导致的地面潮湿程度。只要保持地表面温度始终高于空气的露点温度，就不会出现地表面结露。保温材料的含水率在长期使用的过程中受室内外环境的影响，始终保持平衡湿度，减小保温材料的含水率只能短暂增加其热阻，对地面防潮效果甚微。

**答案：** D

**考点：** 夏季地面结露与防止措施。

40. **解析：** 热压通风是由于室内外温差导致室内外空气产生密度差，当进风口和出风口存在高度差（进风口低于出风口）时，所产生的空气压力差形成的热气向上流出、冷气从下补充的空气流动现象。

   阳台窗帘和外窗相距一定距离给空气的流动造就了一个通道，采用反射率高的窗帘可向通道反射太阳辐射，增加通道和室外温差以增加热压，外窗上下开通风窗是给流动的空气创造进风口和出风口。这三个因素都与热压通风有关。夜晚开大窗通风是利用风压产生的空气压力差进行自然通风的。

   **答案：** D

   **考点：** 热压通风与风压通风。

41. **解析：** 挑檐是指屋面（楼面）挑出外墙的部分，一般挑出宽度30~50cm，主要是为了方便做屋面排水，对外墙也起到保护作用。南方地区传统建筑大挑檐类似于固定式建筑遮阳，能遮挡前上方照射的阳光，降低外墙的温度，避免阳光过多地进入室内。所以A选项的作用和传统建筑大挑檐类似。B、C、D选项均为活动式遮阳。

   **答案：** A

   **考点：** 遮阳的基本形式。

42. **解析：** 建筑工程设计过程中采用最普遍的计算机数值模拟技术是建筑日照。

   **答案：** C

   **考点：** 计算机数值模拟技术在建筑工程设计中的应用。

43. **解析：** 根据《给排水标准》第3.7.1条，建筑给水设计用水量应根据下列各项确定：
   1　居民生活用水量；
   2　公共建筑用水量；
   3　绿化用水量；
   4　水景、娱乐设施用水量；
   5　道路、广场用水量；
   6　公用设施用水量；
   7　未预见用水量及管网漏失水量；
   8　消防用水量；
   9　其他用水量。

   条文说明第3.7.1条，消防用水量仅用于校核管网计算，不计入日常用水量。

   **答案：** B

   **考点：** 小区给水设计用水量构成。

44. **解析：** 根据已废止的《建筑给水排水设计规范》GB 50015—2003（2009年版）第3.1.10条注，除养老院、托儿所、幼儿园的用水定额中含食堂用水，其他均不含食堂用水，因此A选项符合题意。

   现行《给排水标准》已没有上述条款。

   **答案：** A

   **考点：** 用水定额的计算方法。

45. **解析**：根据已废止的《建筑给水排水设计规范》GB 50015—2003（2009年版）第3.1.14A条，卫生器具和配件应符合现行行业标准《节水型生活用水器具》CJ 164的有关规定；同时根据条文说明第3.1.14A条，城镇建设行业标准《节水型生活用水器具》CJ 164—2002已于2002年10月1日起正式实施。节水型生活用水器具是指"满足相同的饮用、厨用、洁厕、洗浴、洗衣等用水功能的前提下，较同类常规产品能减少用水量的器件、用具"。针对水嘴（水龙头）、便器及便器系统、便器冲洗阀、淋浴器、家用洗衣机等五种常用的生活用水器具的流量（或用水量）的上限作出了相应的规定。因此D选项正确。

    现行《给排水标准》虽然有类似条款（第3.2.13条），但其条文说明已修改，具体如下：

    第3.2.13条，卫生器具和配件应符合国家现行有关标准的节水型生活用水器具的规定。

    条文说明第3.2.13条，国家现行有关节水型生活用水器具的标准有：《节水型生活用水器具》CJ/T 164、《节水型产品通用技术条件》GB/T 18870、《水嘴用水效率限定值及用水效率等级》GB 25501、《坐便器水效限定值及水效等级》GB 25502、《小便器用水效率限定值及用水效率等级》GB 28377、《淋浴器用水效率限定值及用水效率等级》GB 28378、《便器冲洗阀用水效率限定值及用水效率等级》GB 28379等。生活用水器具所允许的最大流量（坐便器为用水量）应符合产品的用水效率限定值，节水型用水器具应按选用的用水效率等级确定产品的最大流量（坐便器为用水量）。当进行绿色建筑设计时，应按现行国家标准《绿色建筑评价标准》GB/T 50378的要求确定用水器具的用水效率等级。

    **答案**：D

    **考点**：节水型器具流量控制要求。

46. **解析**：根据《给排水标准》第3.1.2条，自备水源的供水管道严禁与城镇给水管道直接连接。

    **答案**：B

    **考点**：城镇给水管网水污染防治要点。

47. **解析**：根据《给排水标准》第3.4.6条，建筑高度不超过100m的建筑的生活给水系统，宜采用垂直分区并联供水或分区减压的供水方式；建筑高度超过100m的建筑，宜采用垂直串联供水方式。

    **答案**：A

    **考点**：高层建筑给水方式选择要求。

48. **解析**：根据《给排水标准》第3.5.2条，高层建筑给水立管不宜采用塑料管。

    **答案**：D

    **考点**：给水管材的选择要求。

49. **解析**：根据《给排水标准》第4.2.4条：下列建筑排水应单独排水至水处理或回收构筑物：

    1 职工食堂、营业餐厅的厨房含有油脂的废水；
    2 洗车冲洗水；

3 含有致病菌，放射性元素超过排放标准的医疗、科研机构的污水；
4 水温超过40℃的锅炉排污水；
5 用做中水水源的生活排水；
6 实验室有害有毒废水。

**答案**：D

**考点**：建筑内部排水体制——分流制的设置依据。

50. **解析**：根据《给排水标准》第4.4.1条第4款，室内排水管道布置应符合下列规定：排水管道不得穿过变形缝、烟道和风道；当排水管道必须穿过变形缝时，应采取相应技术措施。A选项符合题意。

**答案**：A

**考点**：建筑内排水管道布置要求。

51. **解析**：根据《给排水标准》第4.3.10条，下列设施与生活污水管道或其他可能产生有害气体的排水管道连接时，必须在排水口以下设存水弯：
1 构造内无存水弯的卫生器具或无水封的地漏；
2 其他设备的排水口或排水沟的排水口。

第4.3.11条，水封装置的水封深度不得小于50mm，严禁采用活动机械活瓣替代水封，严禁采用钟式结构地漏。

**答案**：D

**考点**：排水系统中存水弯设置要求。

52. **解析**：根据《给排水标准》第4.10.5条，小区室外生活排水管道系统的设计流量应按最大小时排水流量计算，并应按下列规定确定：
1 生活排水最大小时排水流量应按住宅生活给水最大小时流量与公共建筑生活给水最大小时流量之和的85%～95%确定；
2 住宅和公共建筑的生活排水定额和小时变化系数应与其相应生活给水用水定额和小时变化系数相同，按本标准第3.2.1条和第3.2.2条确定。

**答案**：C

**考点**：排水定额计算方法。

53. **解析**：根据已废止的《建筑给水排水设计规范》GB 50015—2003（2009年版）第4.6.2条，下列情况下应设置通气立管或特殊配件单立管排水系统：
1 生活排水立管所承担的卫生器具排水设计流量，当超过题53解表中仅设伸顶通气管的排水立管最大设计排水能力时；
2 建筑标准要求较高的多层住宅、公共建筑、10层及10层以上高层建筑的生活污水立管应设置通气立管。

**生活排水立管最大设计排水能力**　　　　　题53解表

| 排水立管系统类型 | | | 最大设计排水能力（L/s） | | | | |
| --- | --- | --- | --- | --- | --- | --- | --- |
| | | | 排水立管管径（mm） | | | | |
| | | | 50 | 75 | 100(110) | 125 | 150(160) |
| 伸顶通气 | 立管与横支管连接配件 | 90°顺水三通 | 0.8 | 1.3 | 3.2 | 4.0 | 5.7 |
| | | 45°斜三通 | 1.0 | 1.7 | 4.0 | 5.2 | 7.4 |

续表

| 排水立管系统类型 | | | 最大设计排水能力（L/s） | | | | |
|---|---|---|---|---|---|---|---|
| | | | 排水立管管径（mm） | | | | |
| | | | 50 | 75 | 100(110) | 125 | 150(160) |
| 专用通气 | 专用通气管 75mm | 结合通气管每层连接 | — | — | 5.5 | — | — |
| | | 结合通气管隔层连接 | — | 3.0 | 4.4 | — | — |
| | 专用通气管 100mm | 结合通气管每层连接 | — | — | 8.8 | — | — |
| | | 结合通气管隔层连接 | — | — | 4.8 | — | — |
| | 主、副通气立管+环形通气管 | | — | — | 11.5 | — | — |
| 自循环通气 | 专用通气形式 | | — | — | 4.4 | — | — |
| | 环形通气形式 | | — | — | 5.9 | — | — |
| 特殊单立管 | 混合器 | | — | — | 4.5 | — | — |
| | 内螺旋管+旋流器 | 普通型 | — | 1.7 | 3.5 | — | 8.0 |
| | | 加强型 | — | — | 6.3 | — | — |

因此 B 选项正确。

现行《给排水标准》已没有类似要求。

答案：B

考点：排水专用通气立管设置依据。

54. 解析：根据《给排水标准》第 6.3.2 条，局部热水供应系统的热源宜按下列顺序选择：

   1  符合本标准第 6.3.1 条第 2 款条件的地区宜采用太阳能；
   2  在夏热冬暖、夏热冬冷地区宜采用空气源热泵；
   3  采用燃气、电能作为热源或作为辅助热源；
   4  在有蒸汽供给的地方，可采用蒸汽作为热源。

   答案：A

   考点：热源选择要求。

55. 解析：根据《给排水标准》第 5.2.13 条，屋面雨水排水管道系统设计流态应符合下列规定：

   1  檐沟外排水宜按重力流系统设计；
   2  高层建筑屋面雨水排水宜按重力流系统设计；
   3  长天沟外排水宜按满管压力流设计；
   4  工业厂房、库房、公共建筑的大型屋面雨水排水宜按满管压力流设计；
   5  在风沙大、粉尘大、降雨量小地区不宜采用满管压力流排水系统。

   答案：C

   考点：建筑屋面雨水管道流态设计要求。

56. 解析：根据《消防给水及消火栓规范》第 7.4.3 条，设置室内消火栓的建筑，包括设备层在内的各层均应设置消火栓。

   第 7.4.5 条，消防电梯前室应设置室内消火栓，并应计入消火栓使用数量。

第7.4.8条，建筑室内消火栓栓口的安装高度应便于消防水龙带的连接和使用，其距地面高度宜为1.1m；其出水方向应便于消防水带的敷设，并宜与设置消火栓的墙面成90°角或向下。

**答案**：D

**考点**：消火栓布置与设置要点。

57. **解析**：根据《消防给水及消火栓规范》第4.3.6条，消防水池的总蓄水有效容积大于500m³时，宜设两格能独立使用的消防水池；当大于1000m³时，应设置能独立使用的两座消防水池。每格（或座）消防水池应设置独立的出水管，并应设置满足最低有效水位的连通管，且其管径应能满足消防给水设计流量的要求（A选项正确）。

    第4.1.5条，严寒、寒冷等冬季结冰地区的消防水池、水塔和高位消防水池等应采取防冻措施（B选项正确）。

    第6.1.5条第1款，市政消火栓或消防车从消防水池吸水向建筑供应室外消防给水时，应符合下列规定：供消防车吸水的室外消防水池的每个取水口宜按一个室外消火栓计算，且其保护半径不应大于150m（C选项错误）。

    第4.3.3条，消防水池进水管应根据其有效容积和补水时间确定，补水时间不宜大于48h，但当消防水池有效总容积大于2000m³时，不应大于96h。消防水池进水管管径应经计算确定，且不应小于DN100（D选项正确）。

    **答案**：C

    **考点**：消防水池设置要点。

58. **解析**：卤代烷灭火器已经进入国家明令淘汰的"落后生产工艺装备、落后产品"目录，由于环保问题目前被限制生产和使用。

    **答案**：B

    **考点**：灭火剂选择要点。

59. **解析**：根据《自动喷水灭火规范》第10.1.1条：系统用水应无污染、无腐蚀、无悬浮物。

    **答案**：A

    **考点**：自动喷水灭火系统的水质要求。

60. **解析**：根据《防火规范》第8.3.3条：以下部位宜采用自动喷水灭火系统：二类高层公共建筑及其地下、半地下室的公共活动用房、走道、办公室和旅馆的客房、可燃物品库房、自动扶梯底部。

    **答案**：C

    **考点**：自动喷水灭火系统的设置场所。

61. **解析**：根据本丛书教材第3分册《建筑物理与建筑设备》第二十章第四节，雨淋系统为开式系统。

    **答案**：B

    **考点**：自动喷水灭火系统的类型。

62. **解析**：《暖通规范》第5.3.1条，散热器集中供暖系统宜按75/50℃连续供暖进行设计，且供水温度不宜大于85℃。

    **答案**：A

考点：民用建筑散热器连续集中热水供暖系统的供回水温度。

63. 解析：《暖通规范》第5.4.4条，毛细管网辐射系统单独供暖时，宜首先考虑地面埋置方式，地面面积不足时再考虑墙面埋置方式；毛细管网同时用于冬季供暖和夏季供冷时，宜首先考虑顶棚安装方式，顶棚面积不足时再考虑墙面或地面埋置方式。

    答案：B

    考点：夏季供冷为主的毛细管热辐射。

64. 解析：《暖通规范》第6.3.1条，机械送风系统进风口的下缘距室外地坪不宜小于2m。

    答案：C

    考点：机械进风系统的室外新风口距室外地坪的最小高度。

65. 解析：实验室应保持负压，防止有害气体溢出，仅对实验室机械排风形成负压。

    答案：A

    考点：散发有害气体的实验室通风。

66. 解析：限定通风和空气调节系统风管内风速可降低空气与管壁摩擦，从而减小系统阻力、系统噪声和风管振动影响。通风和空气调节系统风管内风速对风管承压没影响（不包括非建筑通风系统）。

    答案：C

    考点：限定系统风管风速的目的。

67. 解析：《暖通规范》第7.3.18条，直流式（全新风）全空气系统仅用于回风不能利用场所；循环风式全空气系统仅用于没有新风要求的无人场所，只有加热或降温的工艺性空调；《暖通规范》第7.3.5条，允许采用较大送风温差时，应采用一次回风式全空气系统；《暖通规范》第7.3.5条，二次回风式全空气系统用于送风温差较小、相对湿度要求不严格的场所。

    答案：C

    考点：大型档案库适用的空气空调系统。

68. 解析：《暖通规范》第8.5.3条，当建筑物内一些区域的空调系统需全年供应空调冷水、其他区域仅要求按季节进行供冷和供热转换时，可采用分区两管制空调水系统。内区全年供冷水，外区冬季供热水、夏季供冷水，叫分区两管制水系统。

    答案：D

    考点：空调水系统分区两管制水系统适用条件。

69. 解析：蓄冷空调会增加制冷耗电量、冷源投资及制冷机房面积，但可以平衡电网的用电昼夜负荷。

    答案：D

    考点：蓄冷空调适用条件。

70. 解析：《锅炉房规范》第8.0.5条，燃油、燃气锅炉不得与使用固体燃料的设备共用烟道和烟囱。

    答案：D

    考点：锅炉烟风道规定。

71. 解析：直燃吸收式机组机与燃气锅炉有部分类似，套用《锅炉房规范》第15.1.2条：

应有相当于锅炉间占地面积的10%的泄压面积。

答案：C

考点：直燃吸收式机组机房设计要求。

72. 解析：《暖通规范》第8.10.3条，氨制冷机房单独设置且远离建筑群。

答案：A

考点：氨制冷机房设计设计要求。

73. 解析：《暖通规范》第5.10.2条，热水集中供暖系统热计量包括新建和既有改造建筑；居住建筑应以楼栋为对象设置热量表，每户由于有分摊情况，设置热量表只是分摊计量的一种；热量表的流量传感器应安装在回水管上。

答案：B

考点：热水集中供暖系统热计量设计要求。

74. 解析：外窗传热系数越小说明保温越好，遮阳系数越小阻挡阳光热量向室内的量越小，越节能。围护结构各部位传热系数均应随体型系数的增加而减小。北向外窗的辐射热不以遮阳系数为主要影响因素。遮阳系数不都是可见光透射系数。

答案：A

考点：围护结构热工性能的概念。

75. 解析：新风量、新风换气次数都是针对新风的，如《综合医院建筑设计规范》GB 51039—2014 第7.1.13条，医疗用房的集中空调系统的新风量每人不应低于$40m^3/h$或新风量不应小于2次/h。建议选A。

答案：A

考点：表示室内空气新鲜程度参数。

76. 解析：《暖通规范》第8.1.1条，不具备可再生能源、废热或余热时，宜优先采用城市或区域热网。

答案：A

考点：供暖热源应优先选用原则。

77. 解析：《热工规范》第2.1.36条，综合遮阳系数等于建筑遮阳系数与透光围护结构遮阳系数的乘积。

答案：A

考点：综合遮阳系数的概念。

78. 解析：《防排烟标准》第4.4.12条，与最近安全出口的水平距离不应小于1.5m；风速不宜大于10m/s；在防烟分区内距最远点的水平距离不应超过30m；《防火规范》第8.5.1条：防烟楼梯间设防烟设施。

答案：C

考点：机械排烟口的设置要求。

79. 解析：《防火规范》第9.3.14条，通风空调系统的风管应采用不燃材料。

答案：B

考点：通风空调系统防火措施。

80. 解析：《防排烟标准》第3.3.1条，建筑高度大于100m的建筑，其机械加压送风系统应竖向分段设置，且每段高度不应超过100m。

答案：C

考点：分段设置机械加压送风高度限制。

81. 解析：《燃气规范》第 10.2.14 条，燃气管道宜设于厨房。B、C、D 选项均不允许。

    答案：A

    考点：燃气管道可布置位置。

82. 解析：在交流电路中，由电源供给负载的电功率有两种；一种是有功功率，一种是无功功率。有功功率是保持用电设备正常运行所需的电功率，单位为瓦（W）或千瓦（kW）。无功功率是用于电路内电场与磁场的交换，并用来在电气设备中建立和维持磁场的电功率。单位为乏（Var）或千乏 kVar）。

    答案：D

    考点：电工基础知识——电功率。

83. 解析：见《住宅建筑电气设计规范》JGJ 242—2011 第 6.2.6 条，6 层及以下的住宅单元宜采用三相电源供配电，当住宅单元数为 3 及 3 的倍数时，住宅单元可采用单相电源供配电。

    答案：A

    考点：住宅建筑低压配电系统的要求。

84. 解析：TN-C-S 系统的形式：供电系统前部分是 TN-C 方式供电，在系统后部分总配电箱分出 PE 线，构成 TN-C-S 供电系统。题目中该住宅进线是 TN-C 方式，电缆是 4 根导体，即为三根相线、一根中性线。

    答案：A

    考点：低压配电系统的接地形式和基本要求。

85. 解析：《电气规范》附录 A，百级洁净度手术室空调系统用电负荷等级为一级负荷。

    答案：B

    考点：供配电系统负荷分级及供电要求。

86. 解析：《电气规范》中，对柴油发电机房、电容器室、变压器室的通风均有特殊要求。第 6.1.3 条：柴油发电机房宜利用自然通风排除发电机房的余热，当不能满足温度要求时，应设置机械通风装置。第 4.10.1 条，地上配变电所内的变压器室宜采用自然通风，地下配变电所的变压器室应设机械送排风系统，夏季的排风温度不宜高于 45℃，通风和排风的温差不宜大于 15℃。第 4.10.2 条，电容器室应有良好的自然通风，通风量应根据电容器温度类别按夏季排风温度不超过电容器所允许的最高环境空气温度计算。当自然通风不能满足排热要求时，可增设机械通风。

    答案：A

    考点：电气机房对暖通专业的要求。

87. 解析：《电气规范》第 8.12.2 条，电气竖井内布线不应和电梯井、管道井共用同一竖井。

    答案：A

    考点：电气竖井布线要求。

88. 解析：《防火规范》第 10.1.10 条，消防配电线路敷设应符合：明敷时应穿金属导管或采用封闭式金属槽盒保护，金属导管或封闭式金属槽盒应采取防火保护措施。暗敷时，应穿管并应敷设在不燃性结构内且保护层厚度不应小于30mm。

**答案：** A

**考点：** 火灾自动报警系统的导线选择及敷设要求。

89. **解析：**《20kV及以下变电所设计规范》GB 50053—2013第2.0.3条，在多层建筑物或高层建筑物的裙房中，不宜设置油浸变压器的变电所，当受条件限制必须设置时，应将油浸变压器的变电所设置在建筑物首层靠外墙的部位，且不得设置在人员密集场所的正上方、正下方、贴邻处以及疏散出口的两旁。高层主体建筑内不应设置油浸变压器的变电所。

    **答案：** D

    **考点：** 配变电所所址选择和变压器选择要求。

90. **解析：** 带金属外壳的手持式单相家用电器，其功率小，单相供电，为防止发生接地故障使金属外壳带电，供电系统需提供接地保护，所以采用单相三孔插座。

    **答案：** B

    **考点：** 电气设备分类及供电要求。

91. **解析：** 医院用于维持生命的电气设备回路，一旦发生剩余电流超过额定值切断电源时，因停电会造成生命危险，应安装报警式剩余电流保护装置，只报警而不切断电源。

    **答案：** D

    **考点：** 剩余电流保护装置的选择和应用。

92. **解析：** 住宅中插座回路用的剩余电流（漏电）动作保护装置是用于防止各种人身触电事故的发生。根据电流通过人体的效应，如电流为30mA、时间0.1s，即通常为无病理生理危险效应。

    **答案：** B

    **考点：** 电气安全基础知识——电流对人体的作用。

93. **解析：** 等电位联结是一种电击防护措施，它是靠降低接触电压来降低电击危险性。同时，还是造成短路，使过电流保护电器在短路电流作用下动作来切断电源。

    **答案：** B

    **考点：** 电气安全基础知识——接地与等电位联结。

94. **解析：** 因是2014年考题，按现行标准，本题没有答案。《防火规范》第10.1.5条：建筑内消防应急照明和灯光疏散指示标志的备用电源的连续供电时间应符合下列规定：建筑高度大于100m的民用建筑，不应小于1.5h。

    **答案：** 90min

    **考点：** 应急照明的供电时间。

95. **解析：** 消防控制切断非消防电源（包括一般照明）的部位是指发生火灾的防火分区或楼层。

    **答案：** D

    **考点：** 消防联动控制。

96. **解析：** 金属卤化物灯的光电参数适合体育馆高大空间使用且节能。

    **答案：** C

考点：室内照明光源的选择。

97. 解析：《防雷规范》第5.3.4条，专设引下线应沿建筑物外墙外表面明敷，并应以最短路径接地。

    答案：D

    考点：建筑防雷设计。

98. 解析：《火灾自动报警系统设计规范》GB 50116—2013 第4.5.3条，防烟系统、排烟系统的手动控制方式，应能在消防控制室内的消防联动控制器上手动控制送风口、电动挡烟垂壁、排烟口、排烟窗、排烟阀的开启或关闭及防烟风机、排烟风机等设备的启动或停止，防烟、排烟风机的启动、停止按钮应采用专用线路直接连接至设置在消防控制室内的消防联动控制器的手动控制盘，并应直接手动控制防烟、排烟风机的启动、停止。

    答案：D

    考点：消防联动控制对象。

99. 解析：《防火规范》第6.2.9条第2款，电缆井、管道井、排烟道、排气道、垃圾道，应分别独立设置。井壁上的检查门应采用丙级防火门。

    答案：C

    考点：电气竖井设计要求。

100. 解析：变配电室是产生电磁干扰的场所，电磁场的干扰强度若超过系统设备的承受能力，就会影响设备的正常运行。

    答案：B

    考点：电子信息设备机房选址要求。

# 2012年试题、解析、答案及考点

## 2012年试题

**说明：** 2012年试题中，33、35、36、47、49、50、56、58题已不符合新规范，已按新标准修订。

1. 人耳听到声音时，主观上产生的响度感觉与下列哪项为近似于正比的关系？
   A 声功率　　　　　B 声功率级　　　　C 声压　　　　　　D 声压级

2. 冷却塔有一直径1m的风扇，在其45°斜上方10m处，125Hz的声压级为70dB，在其45°斜上方的何处，125Hz的声压级为58dB？
   A 20m处　　　　　B 30m处　　　　　C 40m处　　　　　D 50m处

3. 一个声源在A点单独发声时，在B点的声压级为58dB；四个互不相干的同样声源在A点同时发声时，在B点的声压级是多少？
   A 61dB　　　　　　B 64dB　　　　　　C 67dB　　　　　　D 70dB

4. 两面材质相同的混凝土墙，其厚度分别为50mm和100mm，若100mm厚混凝土墙对125Hz声音的隔声量为38dB，那么从理论上估计50mm厚混凝土墙对250Hz声音的隔声量将是以下哪种情况？
   A 低于38dB　　　　B 等于38dB　　　　C 高于38dB　　　　D 无法判断

5. 下列哪项隔绝楼板撞击声的措施为空气声隔声措施？
   A 在钢筋混凝土楼板上铺地毯
   B 在钢筋混凝土楼板上铺有弹性垫层的木地板
   C 在钢筋混凝土面层与钢筋混凝土楼板之间加玻璃棉垫层
   D 在钢筋混凝土楼板下设隔声吊顶

6. 各种建筑构件空气声隔声性能的单值评价量是（　　）。
   A 计权隔声量　　　　　　　　　　　B 平均隔声量
   C 1000Hz的隔声量　　　　　　　　 D A声级的隔声量

7. 多孔吸声材料最基本的吸声机理特征是（　　）。
   A 纤维细密　　　　　　　　　　　　B 适宜的容重
   C 良好的通气性　　　　　　　　　　D 互不相通的多孔性

8. 下列哪项不是影响穿孔板吸声结构吸声特性的重要因素？
   A 穿孔板的厚度　　　　　　　　　　B 穿孔板的穿孔率
   C 穿孔板的面密度　　　　　　　　　D 穿孔板后的空气层厚度

9. 在建筑室内采用"吸声降噪"的方法，可以得到以下哪种效果？
   A 减少声源的噪声辐射　　　　　　　B 减少直达声
   C 减少混响声　　　　　　　　　　　D 同时减少直达声、混响声

10. 为隔绝水泵的振动可在水泵下设置隔振器，若隔振系统的固有频率为10Hz，则对以下哪个频率的隔振效果最好？
    A 6Hz　　　　　　B 10Hz　　　　　C 14Hz　　　　　D 18Hz

11. 下列隔振器件中，会出现"高频失效"现象的是（　　）。
    A　钢弹簧隔振器　　　　　　　　B　橡胶隔振器
    C　橡胶隔振垫　　　　　　　　　D　玻璃棉板
12. 体型设计是厅堂音质设计的一个重要方面，下列哪项不是厅堂体型设计的原则？
    A　保证厅堂获得合适的混响时间　　B　保证直达声能够到达每个观众
    C　保证前次反射声的分布　　　　　D　防止产生回声及其他声学缺陷
13. 房间内有一声源发出连续稳态声，房间内某点的声压级为80dB，关断声源后1秒该点上的声压级衰变至60dB，若假定该点上的声压级线性衰变，该点上的混响时间为（　　）。
    A　1秒　　　　B　2秒　　　　C　3秒　　　　D　4秒
14. 当计算容积为10000$m^3$大型厅堂的250Hz混响时间时，无须考虑以下哪个因素？
    A　房间容积　　　　　　　　　　B　室内总表面积
    C　室内平均吸声系数　　　　　　D　空气吸声
15. 下列光谱辐射的波长最短的是（　　）。
    A　紫外线　　　B　可见光　　　C　红外线　　　D　X射线
16. 下列哪个光度量所对应的单位是错误的？
    A　光通量：1m　B　亮度：1m/$m^2$　C　发光强度：cd　D　照度：lx
17. 孟塞尔颜色体系有三个独立的主观属性，其中不包括（　　）。
    A　色调　　　　B　色品　　　　C　明度　　　　D　彩度
18. 《建筑采光设计标准》中规定的采光系数是以下列哪种光线为依据来计算的？
    A　全阴天空漫射光　　　　　　　B　全晴天空漫射光
    C　全晴天空直射光　　　　　　　D　多云天空直射光
19. 在采光系数相同的条件下，上海地区的开窗面积比北京地区的开窗面积应（　　）。
    A　增加20%　　B　增加10%　　C　减少20%　　D　减少10%
20. 室内某点的采光系数取2%，当室外照度为15000lx时，室内照度是（　　）。
    A　100lx　　　B　300lx　　　C　500lx　　　D　750lx
21. 下列关于侧窗采光特性的说法，错误的是（　　）。
    A　窗台标高一致且窗洞面积相等时，正方形侧窗采光量最多
    B　高侧窗有利于提高房间深处的照度
    C　竖长方形侧窗宜用于窄而深的房间
    D　横长方形侧窗在房间宽度方向光线不均匀
22. 下列哪种天窗的采光均匀度最差？
    A　平天窗　　　B　锯齿形天窗　　C　矩形天窗　　D　梯形天窗
23. 下列哪种普通照明用光源的显色指数最高？
    A　荧光高压汞灯　　　　　　　　B　金属卤化物灯
    C　高压钠灯　　　　　　　　　　D　紧凑型荧光灯
24. 下列关于灯具的说法，错误的是（　　）。
    A　直接型灯具在房间内不易产生阴影
    B　半直接型灯具降低了房间上下部间的亮度对比差别
    C　半间接型灯具使房间的照度降低

D 间接型灯具的房间无眩光作用

25. 某办公室的照度标准值定为200lx时，其初始设计照度值是（　　）。
   A 150lx　　　　B 200lx　　　　C 250lx　　　　D 300lx

26. 采用"利用系数法"计算照度时，下列哪项与照度计算无直接关系？
   A 灯的数量　　　B 房间的维护系数　　C 灯的光效　　　D 房间面积

27. 下列哪项措施不利于照明节能？
   A 室内表面采用反射比小的饰面材料　　B 室内照明多设开关
   C 采用电子镇流器　　　　　　　　　　D 近窗灯具多设开关

28. 下列哪种房间的照明功率密度值最大？
   A 普通办公室　　　　　　　　　　　　B 一般商店营业厅
   C 学校教室　　　　　　　　　　　　　D 旅馆多功能厅

29. 下列哪项是热量传递的三种基本方式？
   A 吸热、放热、导热　　　　　　　　　B 导热、对流、辐射
   C 吸热、蓄热、散热　　　　　　　　　D 蓄热、导热、放热

30. 下列关于密闭空间里温度与相对湿度关系的说法中，正确的是（　　）。
   A 温度降低，相对湿度随之降低　　　　B 温度降低，相对湿度不改变
   C 温度升高，相对湿度随之升高　　　　D 温度升高，相对湿度反而降低

31. 多层材料组成的复合外墙墙体中，某层材料的热阻值取决于（　　）。
   A 该层材料的厚度和密度　　　　　　　B 该层材料的密度和导热系数
   C 该层材料的厚度和导热系数　　　　　D 该层材料位于墙体的内侧或外侧

32. 下列哪项参数不属于室内热环境的评价指标？
   A 空气温度　　　B 露点温度　　　C 环境辐射温度　　D 气流速度

33. 《公共建筑节能设计标准》GB 50189—2015对甲类公共建筑透明幕墙通风换气的设计要求，正确的是（　　）。（按新标准修订）
   A 有效通风换气面积≥所在房间外墙面积的10%
   B 有效通风换气面积≥所在房间外墙面积的20%
   C 有效通风换气面积≥外窗面积的30%
   D 有效通风换气面积＜外窗面积的30%，则必须设置机械通风装置

34. 在我国不同气候区的居住建筑节能设计标准中，未对外窗传热系数限值作出规定的区域是（　　）。
   A 夏热冬暖地区北区　　　　　　　　　B 夏热冬暖地区南区
   C 夏热冬冷地区　　　　　　　　　　　D 寒冷地区

35. 根据《公共建筑节能设计标准》规定，在严寒寒冷地区判断围护结构热工设计是否满足建筑节能要求时，下列哪种情况必须采用权衡判断法来判定？（按新标准修订）
   A 外墙、屋顶等围护结构的热阻符合相关规定
   B 建筑每个朝向的窗墙面积比≤0.6
   C 屋顶透明部分的面积≤屋顶总面积的20%
   D 建筑面积超过800m² 时，建筑体形系数＞0.4

36. 《严寒和寒冷地区居住建筑节能设计标准》中居住建筑体形系数限值是按照建筑层数

划分的,下列哪项是正确的划分依据?(按新标准修订)

A ≤3层,4~8层,≥9层　　　　B ≤3层,4~6层,7~12层,≥13层

C ≤3层,4~8层,9~13层,≥14层　D ≤3层,4~6层,7~19层,≥20层

37. 轻钢龙骨保温板构造如题37图所示,比较其内表面温度 $\tau_1$ 和 $\tau_2$,结论正确的是(　　)。

A $\tau_1 > \tau_2$　　　　B $\tau_1 < \tau_2$

C $\tau_1 = \tau_2$　　　　D $\tau_1$ 与 $\tau_2$ 的关系不确定

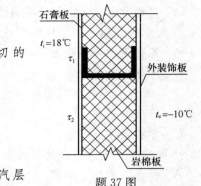

题37图

38. 下列关于植被屋顶隔热机理的表述中,不确切的是(　　)。

A 植物叶面对阳光的遮挡

B 植物叶面的光合作用和蒸腾

C 植被的覆盖密度

D 种植土的作用

39. 墙体构造如题39图所示,为防止保温层受潮,隔汽层设置的正确位置应为(　　)。

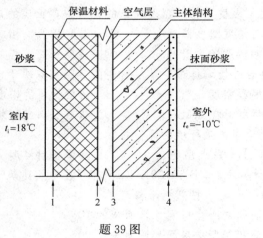

题39图

A 界面1　　B 界面2　　C 界面3　　D 界面4

40. 下列不属于窗口遮阳基本形式的是(　　)。

A 水平式遮阳　　　　　　B 垂直式遮阳

C 组合式遮阳　　　　　　D 百叶式遮阳

41. 在居住区规划设计阶段进行日照分析时,不必考虑的因素是(　　)。

A 地理位置　　　　　　　B 计算时间

C 建筑群模型　　　　　　D 太阳辐射照度

42. 利用计算机数值模拟技术对工程建设项目进行规划辅助设计时,与小区热岛强度直接相关的是(　　)。

A 建筑能耗模拟　　　　　B 建筑日照分析

C 室内热环境模拟　　　　D 小区风环境模拟

43. 绿化浇灌定额的确定因素中不包括下列哪项?

A 气象条件　　　　　　　B 植物种类、浇灌方式

C 土壤理化状态  D 水质

44. 以下哪种冲洗轿车的用水定额最低?
    A 蒸汽冲洗  B 抹车、微水冲洗
    C 循环用水冲洗补水  D 高压水枪

45. 以下饮用水箱示意图中配管正确的是:

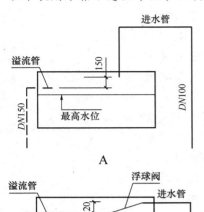

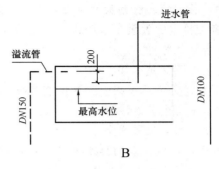

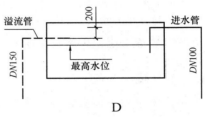

46. 下列对小区室外埋地给水管的管材要求，错误的是（　　）。
    A 具有耐腐蚀性  B 承受相应的地面荷载能力
    C 有衬里的铸铁给水管  D 不可使用塑料管

47. 下列有关阀门安装的叙述，正确的是（　　）。（按新规范修订）
    A 减压阀前不应设阀门  B 减压阀前不应设过滤器
    C 干管减压阀前后应设压力表  D 安全阀前应设阀门

48. 下图所示室外管沟中的管道排列，正确的是（　　）。

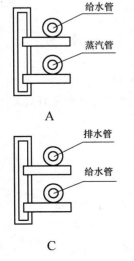

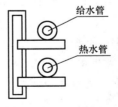

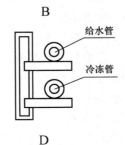

49. 下列关于排水系统的选择要求，错误的是（    ）。（按新规范修订）
    A  小区生活排水与雨水应分流排出
    B  用作回用水水源的生活废水，应与生活污水分流排放
    C  雨水回用时，应设置独立的雨水收集管道系统，处理后的水可在中水贮存池中与中水合并回用
    D  消防排水宜与生活废水合流，排至室外的生活排水管道

50. 下列有关排水管敷设要求的说法中，错误的是（    ）。（按新规范修订）
    A  不得穿越卧室                    B  不得穿越餐厅
    C  暗装时可穿越客厅                D  不宜穿越橱窗

51. 下列哪种情况，厂房内无须采用有盖排水沟排除废水？
    A  废水中有大量悬浮物              B  废水中有大量沉淀物
    C  设备排水点位置固定              D  地面需要经常冲洗

52. 以下哪个房间或设备的排水可与污、废水管道直接连接？
    A  食品冷藏库房地面排水            B  医疗设备消毒间地面排水
    C  开水器排水                      D  热水器排水

53. 下列哪类建筑物的卫生间无须设置生活污水排水通气立管？
    A  公共建筑                        B  建筑标准要求较高的多层建筑
    C  一般工业厂房                    D  10层及以上高层建筑

54. 以下哪项不是集中热水供应宜首先选用的热源？
    A  工业余热、废热                  B  地热
    C  太阳能                          D  电能、燃油热水锅炉

55. 下述关于屋面雨水排放的说法中，错误的是（    ）。
    A  高层建筑阳台排水系统应单独设置
    B  高层建筑裙房的屋面雨水应单独排放
    C  多层建筑阳台雨水宜单独排放
    D  阳台立管底部应直接接入下水道

56. 具有使用方便、器材简单、价格低廉、效果良好特点的主要灭火剂是（    ）。（按新规范修订）
    A  泡沫            B  干粉            C  水            D  二氧化碳

57. 下列消防给水设计需考虑的因素中，错误的是（    ）。
    A  火灾特性        B  危险等级        C  建筑高度        D  建筑面积

58. 根据《建筑设计防火规范》，下列哪类建筑不属于高层民用建筑？（按新规范修订）
    A  建筑高度大于54m的住宅建筑
    B  建筑高度大于27m的住宅建筑
    C  建筑高度大于24m的单层公共建筑
    D  建筑高度大于50m的公共建筑

59. 高层建筑室内灭火设施如全部开启，其消防用水总量的计算不包括下列何者？
    A  室内消火栓      B  自动喷水        C  消防卷盘        D  泡沫

60. 下列哪项不是利用天然水源作为消防水源需满足的条件？

A 枯水期有足够的水量　　　　　　　　B 有可靠的取水设施
C 有防冻措施　　　　　　　　　　　　D 无病毒

61. 下列哪项是一类高层建筑自动喷水灭火系统应设置的场所？
A 走道　　　　　　　　　　　　　　　B 集中空调住宅房内用房
C 面积小于5m²的卫生间　　　　　　　D 普通住宅

62. 某寒冷地区的住宅小区附近有热电厂，则小区的供暖应优选下列哪种热源？
A 集中燃煤热水锅炉　　　　　　　　　B 集中燃气热水锅炉
C 由热电厂供电的电锅炉　　　　　　　D 利用热电厂余热的热网

63. 设计寒冷地区居住建筑的集中供暖系统时，应采用下列哪种供暖方式？
A 热水间歇供暖　　　　　　　　　　　B 蒸汽间歇供暖
C 热水连续供暖　　　　　　　　　　　D 蒸汽连续供暖

64. 上供下回热水供暖系统的放气阀应按下列哪种方式设置？
A 在供水干管最高点设置自动放气阀
B 在回水干管最高点设置自动放气阀
C 在每组散热器设置手动放气阀
D 在顶层散热器设置手动放气阀

65. 民用建筑中，下列哪两个房间的排风系统可以合用一个排风系统？
A 给水泵房、消防泵房　　　　　　　　B 冷冻机房、燃气锅炉房
C 厨房、汽车库　　　　　　　　　　　D 库房、浴室

66. 下列哪类机房可以不设事故排风系统？
A 燃气直燃机房　　　　　　　　　　　B 氨制冷机房
C 燃气锅炉房　　　　　　　　　　　　D 柴油发电机房

67. 酒店建筑内的哪两类房间可以合用一个全空气空调系统？
A 厨房、餐厅　　　　　　　　　　　　B 大堂、精品店
C 会议室、健身房　　　　　　　　　　D 室内游泳池、保龄球室

68. 空调系统服务于多个房间且要求各空调房间独立控制温度时，下列哪个系统不适用？
A 全空气定风量空调系统　　　　　　　B 风机盘管空调系统
C 变制冷剂流量空调系统　　　　　　　D 水环热泵空调系统

69. 下列哪类房间不适合使用风机盘管空调系统？
A 开敞办公室　　　　　　　　　　　　B 小型会议室
C 酒店式公寓　　　　　　　　　　　　D 大型数据机房

70. 位于乌鲁木齐市的某体育馆空调系统，其空气冷却采用下列哪种方式最合理？
A 循环水蒸发冷却
B 电动压缩式冷水机组制备的冷水冷却
C 氟利昂直接蒸发盘管冷却
D 直燃式冷水机组制备的冷水冷却

71. 某建筑物周围有水量充足、水温适宜的地表水可供利用时，其空调的冷热源应优先选用以下哪种方式？
A 电动压缩式冷水机组＋燃气锅炉房　　B 电动压缩式冷水机组＋电锅炉

C 直燃型溴化锂冷（温）水机组　　　D 水源热泵冷（温）水机组

72. 闭式循环空调冷冻水系统采用开式膨胀水箱定压时，其水箱应按下列哪项原则设置？
    A 设于高于空调水系统最高点处　　B 设于空调水系统最高点处
    C 设于高于空调水系统最低点处　　D 设于空调水系统最低点处

73. 下列选择影剧院观众厅空调机房位置的表述中，正确的是（　　）。
    A 布置在观众厅正上方屋面上，以降低管道阻力。
    B 布置在观众厅正下方夹层内，以利用夹层空间。
    C 吊装于观众厅吊顶内，以节约机房面积。
    D 空调机房远离观众厅，以隔绝机房噪声。

74. 采用间歇空调的建筑，其围护结构应优先选用下列哪种做法？
    A 外围护结构内侧和内隔墙选用轻质材料
    B 外围护结构内侧和内隔墙选用重质材料
    C 外围护结构内侧选用轻质材料，内隔墙选用重质材料
    D 外围护结构内侧选用重质材料，内隔墙选用轻质材料

75. 寒冷地区某商业建筑有较大内区且内区照明散热量大，下列哪种空调系统能够利用其内区余热？
    A 定新风比全空气空调系统　　　　B 风机盘管加新风空调系统
    C 变风量全空气空调系统　　　　　D 水环热泵空调系统

76. 当住宅小区规模很大时，宜采用下列哪种集中供热方式？
    A 高温热水直接连接　　　　　　　B 低温热水直接连接
    C 高温热水间接连接　　　　　　　D 低温热水间接连接

77. 当集中热水供暖系统采用变流量系统时，热力入口不应装设下列哪种阀门？
    A 流量控制阀　　B 压差控制阀　　C 手动调节阀　　D 手动关断阀

78. 某一朝向外窗的热工参数：传热系数 2.7W/(m²·K)，玻璃遮阳系数为 0.8，设有外遮阳，假设外遮阳系数为 0.7，该朝向外窗的遮阳系数为（　　）。
    A 0.56　　　　B 0.70　　　　C 0.80　　　　D 1.51

79. 排烟系统用的排烟风机，在 280℃ 温度环境下应能连续运行多少分钟？
    A 20 分钟　　　B 30 分钟　　　C 40 分钟　　　D 50 分钟

80. 下列哪种情况应单独设置排风系统？
    A 室内散放余热余湿
    B 室内散放多种大小不同的木屑刨花时
    C 所排气体混合后易使蒸汽凝结并积聚粉尘时
    D 一般的机械加工车间内

81. 居住建筑的燃气引入管敷设在下列哪个位置是正确的？
    A 卧室　　　　B 客厅　　　　C 卫生间　　　D 厨房

82. 正弦交流电网电压值，如 380V、220V，此值指的是（　　）。
    A 电压的峰值　　　　　　　　　　B 电压的平均值
    C 电压的有效值　　　　　　　　　D 电压某一瞬间的瞬时值

83. 特级体育馆的空调用电负荷应为哪级负荷？

    A　一级负荷中特别重要负荷　　　　B　一级负荷
    C　二级负荷　　　　　　　　　　　　D　三级负荷

84. A级电子信息系统机房应采用下列哪种方式供电？
    A　单路电源供电
    B　两路电源供电
    C　两路电源＋柴油发电机供电
    D　两路电源＋柴油发电机＋UPS不间断电源系统供电

85. 当采用柴油发电机作为一类高层建筑消防负荷的备用电源时，其启动方式及与主电源的切换方式应采用下列哪种方式？
    A　自动启动、自动切换　　　　　　B　手动启动、手动切换
    C　自动启动、手动切换　　　　　　D　手动启动、自动切换

86. 自备应急柴油发电机电源与正常电源之间，应采用下列哪种防止并网运行的措施？
    A　电气连锁　　　B　机械连锁　　　C　钥匙连锁　　　D　人工保障

87. 位于高层建筑地下室的配变电所通向汽车库的门，应选用（　　　）。
    A　甲级防火门　　B　乙级防火门　　C　丙级防火门　　D　普通门

88. 关于配变电所的房间布置，下列哪项是正确的？
    A　不带可燃油的10（6）kV配电装置、低压配电装置和干式变压器可设置在同一房间内
    B　不带可燃油的10（6）kV配电装置、低压配电装置和干式变压器均需要设置在单独房间内
    C　不带可燃油的10（6）kV配电装置、低压配电装置可设置在同一房间内，干式变压器需要设置在单独房间内
    D　不带可燃油的10（6）kV配电装置需要设置在单独房间内，低压配电装置和干式变压器可设置在同一房间内

89. 建筑高度超过100m的高层建筑，其消防设备供电干线和分支干线应采用下列哪种电缆？
    A　矿物绝缘电缆　　　　　　　　　B　有机绝缘耐火类电缆
    C　阻燃电缆　　　　　　　　　　　D　普通电缆

90. 高层建筑内电气竖井的位置，下列叙述哪项是正确的？
    A　可以与电梯井共用同一竖井　　　B　可以与管道井共用同一竖井
    C　宜靠近用电负荷中心　　　　　　D　可以与烟道贴邻

91. 电缆隧道进入建筑物及配电所处，应采取哪种防火措施？
    A　应设耐火极限2.0h的隔墙　　　　B　应设带丙级防火门的防火墙
    C　应设带乙级防火门的防火墙　　　D　应设带甲级防火门的防火墙

92. 对充六氟化硫气体绝缘的10（6）kV配电装置室而言，其通风系统风口设置的说法，正确的是（　　　）。
    A　进风口与排风口均在上部　　　　B　进风口在底部、排风口在上部
    C　底部设排风口　　　　　　　　　D　上部设排风口

93. 消防电气设备的启、停控制，需要既能自动控制又能手动直接控制的是（　　　）。

A　全部消防电气设备
　　B　消防水泵、防烟和排烟风机、消防电梯、防火卷帘门
　　C　消防水泵、防烟和排烟风机
　　D　消防水泵、防烟和排烟风机、消防电梯、防火卷帘门、疏散应急照明

94. 综合体育馆、综合体育场比赛场地的照明，宜选择下列哪种光源？
　　A　LED光源　　　B　卤钨灯　　　C　金属卤化物灯　　　D　荧光灯

95. 在配备计算机终端设备的办公用房，宜限制灯具下垂线50°接近以上的亮度不应大于200cd/m²的目的是（　　）。
　　A　避免在屏幕上出现人物或杂物的映像　B　提高屏幕的垂直照度
　　C　提高房间水平照度的均匀度　　　　　D　提高垂直照度均匀度

96. 剧院舞台灯光控制室应设置在下列哪个位置？
　　A　舞台后部　　　　　　　　　　　B　舞台两侧上部
　　C　观众厅池座后部　　　　　　　　D　观众厅池座两侧

97. 下列关于防雷引下线敷设位置的叙述中，正确的是（　　）。
　　A　沿建筑物四周并最短的路径　　　B　沿建筑物内部柱子
　　C　沿电梯井的墙壁　　　　　　　　D　沿核心筒的墙壁

98. 建筑高度超过100m的高层建筑，可以不设置火灾自动报警系统的部位除游泳池、溜冰场外，还有（　　）。
　　A　卫生间、设备间　　　　　　　　B　卫生间、管道井
　　C　卫生间　　　　　　　　　　　　D　卫生间、设备间、管道井

99. 水泵房、风机房、配电室、发电站、消防控制室、电话总机房的备用照明持续供电时间应不小于（　　）。
　　A　20分钟　　　B　30分钟　　　C　60分钟　　　D　180分钟

100. 电话站、扩声控制室、电子计算机房等弱电机房位置选择时，都要求远离配变电所，这主要是考虑下列哪项因素？
　　A　防火　　　B　防电磁干扰　　　C　线路敷设方便　　　D　防电击

# 2012年试题解析、答案及考点

1. **解析**：声功率和声功率级是描述声源特性的物理量，声压是描述声音大小的客观物理量，声压级是考虑了人耳听觉特性的描述声音大小的物理量，主观上产生的响度感觉与声压级近似于正比的关系。
   **答案**：D
   **考点**：级的概念。

2. **解析**：冷却塔较高，在高空中风扇的声音传播类似于自由声场，125Hz声音波长为2.72m，显著大于风扇尺寸1m，故风扇近似为点声源，点声源观测点与声源的距离增加一倍，声压级降低6dB：
$$L_p = L_w - 20\lg r - 11 \text{ (dB)}$$

在10m处70dB，距离增加一倍的20m处为64dB，距离再增加一倍的40m处为58dB。

**答案**：C

**考点**：自由声场中，点声源观测点与声源的距离增加一倍，声压级降低6dB：$L_p = L_w - 20\lg r - 11$ (dB)。

3. **解析**：几个相同声音叠加后的声压级为：

$$L_p = L_{p1} + 10\lg n \text{ (dB)}$$

四个相同的声音叠加其声压级增加$10\lg 4$，即为6dB。

**答案**：B

**考点**：相同声压级的叠加。

4. **解析**：50mm厚的墙体质量减少了一半，250Hz频率增加了一倍，根据质量定律：

$$R = 20\lg m + 20\lg f - 48$$
$$= 20\lg(mf) - 48$$
$$R' = 20\lg[(m/2)(2f)] - 48$$
$$= 20\lg(mf) - 48$$

质量减少一半，隔声量减少6dB，频率增加一倍，隔声量增加6dB，因此隔声量没有变化。

**答案**：B

**考点**：质量定律：$R = 20\lg m + 20\lg f - 48$。

5. **解析**：作用在楼板上的撞击，首先使楼板产生振动，这种振动推动楼板下空气振动，空气振动波（声波）传入人耳听到声音。要减弱这种振动的噪声影响，可采取三种措施：①在楼板上铺设面层，如地毯等；②在结构层和面层之间加弹性垫层；③在楼板下加吊顶。铺地毯、铺弹性垫层的木地板、加玻璃棉垫层都是为了减弱直接作用在楼板上的撞击固体声，设隔声吊顶是为了阻隔由楼板振动向楼下辐射的空气声。

**答案**：D

**考点**：隔绝撞击声的基本原理。

6. **解析**：《隔声规范》中规定的建筑构件空气声隔声性能的单值评价量是计权隔声量。空气声由各种频率的声音构成，人耳对各种频率声音的敏感程度不一样，同一个声源作用下建筑构件对不同频率的隔声量也各不相同。为了计量方便，对各个频率的隔声量综合处理为单值评价量，该单值评价量是考虑了上述频率特性后按一定方法计算得出的一种计权隔声量。

**答案**：A

**考点**：建筑构件空气声隔声评价指标为计权隔声量。

7. **解析**：多孔材料具有内外连通的微孔，具有良好的通气性。声波入射到多孔材料上，声波能顺着微孔进入材料内部，引起空隙中空气振动摩擦，使声能转化为热能消耗掉。

**答案**：C

**考点**：多孔吸声材料的构造特征和吸声机理。

8. **解析**：穿孔板吸声存在共振峰，在共振峰及其附近吸声量最大。穿孔板的共振频率由下式计算：

$$f_0 = \left(\frac{c}{2\pi}\right)\sqrt{\frac{P}{L(t+\delta)}}$$

式中　$c$ 为声速，$P$ 为穿孔率，$L$ 为板后空气层厚度，$t$ 为板厚，$\delta$ 为开口末端修正量。穿孔板的面密度在公式中没有涉及，故不是影响穿孔板吸声结构吸声特性的重要因素。

**答案**：C

**考点**：影响穿孔板吸声结构吸声特性的重要因素。

9. **解析**：吸声降噪只能吸掉反射声能，不能吸掉直达声，更不能改变声源的辐射能量。混响声是反射声的一种。

    **答案**：C

    **考点**：吸声降噪只能吸掉反射声能，不能吸掉直达声，更不能改变声源的辐射能量。

10. **解析**：当设备（水泵）频率 $f$ 大于系统固有频率（10Hz）$f_0$ 的 $\sqrt{2}$ 倍时，即当 $f/f_0 > \sqrt{2}$ 时（$\sqrt{2}=1.414$），水泵设备的振动才会衰减，$f$ 与 $f_0$ 的比值越大，设备振动衰减的越多，隔振效果越好。根据选项 A、B、C 计算出的结果都是 $f/f_0 < \sqrt{2}$，故 D 项正确。

    **答案**：D

    **考点**：设备减振的条件：$f/f_0 > \sqrt{2}$。

11. **解析**：钢弹簧在高频时，弹簧逐渐呈刚性，弹性变差，隔振效果变差，出现所谓的高频失效现象。

    **答案**：A

    **考点**：钢弹簧隔振器高频隔振效果。

12. **解析**：厅堂音质设计由体型设计和混响设计两部分组成，体型设计内容包括：①充分利用直达声；②保证近次反射声（或前次反射声）均匀分布于观众席；③消除声缺陷。B、C、D 选项是体型设计内容，A 项是混响设计内容。

    **答案**：A

    **考点**：厅堂音质设计的基本内容。

13. **解析**：混响时间是厅堂声压级衰减 60dB 所需的时间，衰减 20dB 需 1s，衰减 60dB 则需 3s。

    **答案**：C

    **考点**：混响时间的概念。

14. **解析**：计算高频声 2000Hz 和 4000Hz 的混响时间时需考虑空气的吸收。计算 250Hz 低频声时不需考虑空气的吸收。

    **答案**：D

    **考点**：混响时间影响因素。

15. **解析**：根据《建筑物理》教材中光谱范围的描述，光谱波长从小到大以此为：X 射线、紫外线、可见光、红外线。如题 15 解图所示。

    **答案**：D

    **考点**：光的基本特性中关于波长的知识点。

16. **解析**：四个选项为建筑光学中的四个基本度量单位。其中：

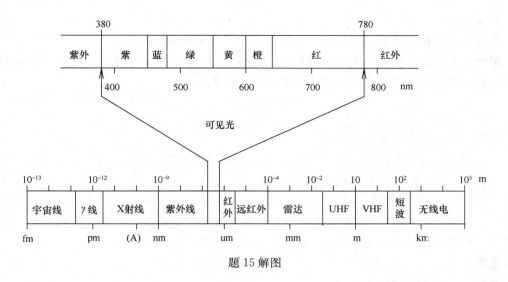

题15解图

  (1) 光通量表征光源发出光的多少，是描述光源的概念，单位为 lm；

  (2) 发光强度表征光在向某个方向传播时在空间中的分布密度，是描述灯具分配光在空间中的分布的概念，单位为 cd，1cd 即单位空间角中光通量为 1lm；

  (3) 照度表征被照面上单位面积得到光的多少，是衡量被照物体得到光照多少、强弱的概念，单位为 lx（也可写为 lux），1lx 即 $1m^2$ 被照面得到 1lm 的光通量；

  (4) 亮度表征视线方向上光的空间密度，衡量人眼看到光的亮暗，单位为 $cd/m^2$，即视线方向上单位面积的发光强度为 1cd。

  **答案：** B

  **考点：** 建筑光学的四个度量概念的单位。

17. **解析：** 孟塞尔颜色体系的三属性为色调（色相）H（Hue），明度 V（Value），彩度（饱和度）C（Chroma）。色品是用 CIE 标准色度系统所表示的颜色性质，由色品坐标定义的色刺激值，不在孟塞尔体系内。

  **答案：** B

  **考点：** 孟塞尔颜色体系的相关概念。

18. **解析：** 采光系数定义：在室内参考平面上的一点，由直接或间接地接收来自假定和已知天空亮度分布的天空漫射光而产生的照度与同一时刻该天空半球在室外无遮挡水平面上产生的天空漫射光照度之比。《采光标准》中的采光系数标准值均以全阴天空漫射光情况下来进行计算。题中其他选项均含有天空直射光，直射光易形成时间及空间上的分布不均，不宜用于标准中的指标确定。

  **答案：** A

  **考点：** 采光系数的基本概念。

19. **解析：** 题干意思准确表述应为"在采光需求相同的条件下"，根据现行《采光标准》，我国光气候分为五类。北京为Ⅲ类光气候区，上海为Ⅳ类光气候区，室外天然光情况北京优于上海。北京的光气候系数是 1.0，上海的光气候系数是 1.1，其开窗应比北京增加 10%，以达到同等的室内采光效果。

答案：B

考点：主要城市所属光气候区，以及各光气候区间的量化推导方法。

20. 解析：采光系数的定义见第18题解，室内某点的采光系数可为该点的水平照度值比当地当时室外无遮挡天空下的室外照度值，如下式：

$$C = \frac{E_n}{E_w} \cdot 100\%$$

式中　$C$——采光系数，%；

　　　$E_n$——室内照度，在全云天空漫射光照射下，室内给定平面上某一点由天空漫射光所产生的照度，lx；

　　　$E_w$——室外照度，在全云天空漫射光照射下，与室内某一点照度同一时间、同一地点、在室外无遮挡水平面上由天空漫射光所产生的室外照度，lx。

故计算结果为：15000lx×2%＝300lx。

答案：B

考点：采光系数的基本概念。

21. 解析：相同面积的采光窗，正方形窗采光量最多，竖长方形窗次之，横长方形窗最少；高侧窗可将入射天然光引入室内进深深处；竖长方形侧窗因窗高度高，适用于窄而深的房间，横长方形侧窗适用于宽而浅的房间。横长方形侧窗在宽度方向均匀性好，竖长方形侧窗在进深方向上均匀性好。如题21解表所示。

题21解表

| 窗的形式 | 正方形窗 | 竖长方形窗 | 横向带窗 |
| --- | --- | --- | --- |
| 进光量 | 多 | 中 | 少 |
| 纵向均匀性 | 中 | 好 | 差 |
| 横向均匀性 | 中 | 差 | 好 |

答案：D

考点：各类尺寸侧窗的采光特性。

22. 解析：集中在一处的平天窗采光均匀性较差，但均匀分布的平天窗均匀性非常好；锯齿形天窗可以将直射光线经斜顶棚反射后均匀的导入室内，均匀性很好；矩形天窗采光具有方向性，限制因素多，较难形成理想的均匀采光；梯形天窗介于平天窗和矩形天窗之间。题干限定条件不完整，若考虑在同样空间中布置尺寸相近的四类天窗，数量为一个的前提下，则平天窗均匀性最差。但题中未作说明，依据各种天窗的基本采光特征，本题选矩形天窗。

答案：C

考点：各类天窗的采光特性。

23. 解析：根据《建筑物理》教材相关章节描述，各类光源显色指数范围如下：

荧光高压汞灯：40～50；金属卤化物灯：60～95；高压钠灯：20，40，60；紧凑型荧光灯：50～93。横向比较，金属卤化物灯的平均显色指数最高。

答案：B

考点：各类人工电光源的显色特性。

24. 解析：直接型灯具发出的光线为方向性强的直射光，在房间内容易产生阴影；半直接型灯具为 60%～90%向下发光的灯具，相比直接型灯具，增加了对天花的照明，降低了上下亮度对比；半间接型灯具为 10%～40%向下发光的灯具，发光效率较前两种灯具低，导致房间照度降低；间接型灯具绝大部分光向天花照射，无直射光照到工作面，故而不会形成眩光影响。

答案：A

考点：直接型、半直接型、均匀、半间接型、间接型等灯具类型的特性。

25. 解析：《照明标准》规定的照度标准值是维持平均照度（《照明标准》第 5.1.1 条），初始设计照度值要大于维持平均照度，维持平均照度与初始设计照度的比值为维护系数。办公室属于清洁空间，维护系数为 0.8（《照明标准》表 4.1.6），故答案为 200lx÷0.8＝250lx。

答案：C

考点：维持平均照度的概念，以及办公室场所的维护系数指标值。

26. 解析："利用系数法"计算照度的计算公式为：

$$E_{av} = \frac{N \cdot \Phi \cdot U \cdot K}{A} \text{(lx)}$$

式中　$\Phi$——一个照明设施（灯具）内光源发出的光通量，lm；
　　　$E_{av}$——照明设计标准规定的照度标准值（参考平面上的平均照度），lx；
　　　$A$——工作面面积，m²，$A = L \cdot W$，其中 $L$ 为房间的长度，$W$ 为宽度；
　　　$N$——照明装置（灯具）数量；
　　　$U$——利用系数，无量纲，查选用的灯具光度数据表；
　　　$K$——维护系数，查《照明标准》中的表 4.1.6。

由上式可知，灯的光效与照度计算无直接关系，灯的光效指标对照明节能有较大影响。

答案：C

考点："利用系数法"计算照度的公式。

27. 解析：室内表面采用反射比小的饰面材料，室内反射光减少，降低了整体空间的照明效率；室内多设开关满足按需用灯的节能控制理念；采用电子镇流器较电感镇流器更加节能；近窗处采光较好，灯具多设开关也能达到最大化利用天然采光、减少照明电耗的目的。

答案：A

考点：室内采光、照明综合作用下节能的重要途径和方法。

28. 解析：根据《照明标准》第 6.3.3～6.3.5 条、第 6.3.7 条规定，各选项的照明功率密度现行值（W/m²）分别为：普通办公室、学校教室为 9；一般商店营业厅为 10；旅馆多功能厅为 13.5。

答案：D

考点：《照明标准》中照明功率密度强制性执行条文的指标值。

29. 解析：根据传热的机理，传热的基本方式有导热、对流和辐射。

答案：B

考点：传热的基本方式。

30. 解析：相对湿度 $\varphi$ 的定义式是：

$$\varphi = \frac{P}{P_s} \times 100\%$$

式中 $P$——空气中的水蒸气分压力；

$P_s$——空气温度对应的饱和蒸汽压。

在一个密闭的空间里，湿空气中的水蒸气含量保持不变，即水蒸气的分压力 $P$ 不变，当空气温度升高时，该空气的饱和蒸汽压 $P_s$ 随之升高，因此空气的相对湿度 $\varphi$ 随之降低。

答案：D

考点：相对湿度的定义。

31. 解析：由均质材料构成的单层材料的导热热阻计算公式为：$R=\delta/\lambda$。其中，$\delta$ 为材料层的厚度，$\lambda$ 为材料的导热系数。材料的密度只影响材料导热系数的取值；材料层的位置与热阻无关。

答案：C

考点：单层材料导热热阻的计算公式。

32. 解析：评价室内热环境的四要素是室内空气温度、空气湿度、气流速度和平均辐射温度（环境辐射温度）。

答案：B

考点：影响室内热环境的物理参数。

33. 解析：《公建节能标准》第3.2.8条规定，甲类公共建筑外窗（包括透光幕墙）应设可开启窗扇，其有效通风换气面积不宜小于所在房间外墙面积的10%；当透光幕墙受条件限制无法设置可开启窗扇时，应设置通风换气装置。

答案：A

考点：公共建筑外窗可开启面积的限值。

34. 解析：在《夏热冬暖节能标准》第4.0.8条中，表4.0.8-2对北区居住建筑物的外窗规定了平均传热系数和平均综合遮阳系数限值；针对南区的表4.0.8-2只规定了居住建筑外窗的平均综合遮阳系数限值，未对南区的外窗传热系数限值作出规定。

答案：B

考点：居住建筑外窗传热系数的要求。

35. 解析：根据《公建节能标准》第3.2.2条规定，严寒地区甲类公共建筑各单一立面窗墙面积比（包括透光幕墙）均不宜大于0.60，其他地区甲类公共建筑各单一立面窗墙面积比（包括透光幕墙）均不宜大于0.70。第3.2.7条规定，甲类公共建筑的屋顶透光部分面积不应大于屋顶总面积的20%。当不能满足本条规定时，必须按本标准规定的方法进行权衡判断。第3.2.1条规定，严寒和寒冷地区公共建筑体形系数应符合表3.2.1的规定，当建筑面积超过800m² 时，建筑体形系数≤0.40。A、B、C选项均符合标准，只有D选项不能满足要求，所以要采用权衡判断法来判定。

答案：D

考点：公共建筑节能设计标准的几个重要的强制性要求（体形系数、窗墙面积比、传热系数、屋顶透明部分的面积）。

36. 解析：《严寒和寒冷节能标准》表 4.1.3 规定，居住建筑体形系数按照层数划分，划分依据为≤3 层，≥4 层。

    答案：C

    考点：严寒和寒冷地区居住建筑体形系数的划分依据。

37. 解析：热桥为围护结构中保温性能远低于平壁部分的嵌入构件，如砖墙中的钢筋混凝土圈梁、门窗过梁、保温板中的轻钢龙骨等。因为热桥部分的热阻比围护结构平壁部分的热阻小很多，所以，在相同的室内外温差条件下，通过热桥部位传递的热量就比平壁多很多。由于在热桥的内表面失去的热量比平壁多，使得热桥内表面温度低于相邻平壁内表面的温度，而传到热桥外表面的热量比相邻平壁外表面多，因此热桥外表面的温度反而高于平壁外表面的温度。本题中的轻钢龙骨保温板的轻钢龙骨部位属于热桥，其内表面温度低于正常部位的内表面温度。

    答案：B

    考点：热桥的定义、传热特征和温度分布。

38. 解析：植物叶面及其覆盖密度对屋面阳光的遮挡和遮挡程度起作用，这两项对减少屋顶的太阳辐射、提高屋顶隔热性能都起作用。植物叶面的光合作用和蒸腾可带走土壤热量，对降低屋面温度有利，仅种植土的作用表述不确切。

    答案：D

    考点：植被屋顶隔热机理。

39. 解析：当根据围护结构内部冷凝检验的计算结果判断该结构内部出现冷凝、并决定设置隔汽层防止保温材料受潮时，隔汽层在材料层的位置十分重要。由于隔汽层的作用是阻挡水蒸气进入保温层以防止其受潮，因此，隔汽层应放在沿蒸汽流入的一侧、进入保温层之前的材料层交界面上。按题图所示，水蒸气渗透的方向为室内流向室外，所以，隔气层应放在石膏板与保温层的界面处。放在其他界面处，不仅不能保护保温层，还阻断了水蒸气继续向外渗透的可能，无法排除围护结构内的水蒸气。

    答案：A

    考点：为防止内部冷凝，隔汽层设置的正确位置。

40. 解析：窗口遮阳基本形式有水平式遮阳、垂直式遮阳、组合式遮阳和挡板式遮阳。百叶式遮阳属于挡板式遮阳的一种，但不是窗口遮阳的基本形式。

    答案：D

    考点：窗口遮阳基本形式。

    （注：新规范已经将综合式遮阳改为组合式遮阳）

41. 解析：根据日照原理，在居住区规划阶段进行日照分析时，需要根据居住区的地理位置、日照的计算时间来计算当地太阳的位置，并依照建筑群模型确定建筑物是否保证在规范规定的时间内有规定时间的日照。这些分析与表示太阳辐射强度的辐射照度无关。

    答案：D

    考点：日照的基本原理和应用。

42. 解析：小区热岛效应是城市热岛效应的一种典型情况，它是由于小区密集的建筑群、大量人为排热以及人工构筑物（如混凝土、柏油路面和各种建筑墙面）改变了下垫面的热力属性等而造成的小区建筑周围温度高于郊区温度的一种现象。在小区规划时，合理地规划小区布局以及建筑朝向，充分利用室外风场的作用，可以有效地散除小区各种排热，缓解小区热岛效应。所以，小区风环境模拟与小区的热岛强度有关。

**答案**：D

**考点**：小区热岛效应及相关因素。

43. **解析**：根据《给排水标准》第3.2.3条，绿化浇灌用水定额应根据气候条件、植物种类、土壤理化性状、浇灌方式和管理制度等因素综合确定。

    **答案**：D

    **考点**：给水定额确定的依据。

44. **解析**：根据《给排水标准》第3.2.7条表3.2.7，蒸汽冲洗用水量最低。

    第3.2.7条，汽车冲洗用水定额应根据冲洗方式、车辆用途、道路路面等级和沾污程度等确定，汽车冲洗最高日用水定额可按题44解表计算。

    汽车冲洗最高日用水定额　　　　　　　　　　题44解表

    | 冲洗方式 | 高压水枪冲洗<br>[L/(辆·次)] | 循环用水冲洗补水<br>[L/(辆·次)] | 抹车、微水冲洗<br>[L/(辆·次)] | 蒸汽冲洗<br>[L/(辆·次)] |
    |---|---|---|---|---|
    | 轿车 | 40～60 | 20～30 | 10～15 | 3～5 |
    | 公共汽车<br>载重汽车 | 80～120 | 40～60 | 15～30 | — |

    注：1. 汽车冲洗台自动冲洗设备用水定额有特殊要求时，其值应按产品要求确定；
    　　2. 在水泥和沥青路面行驶的汽车，宜选用下限值；路面等级较低时，宜选用上限值。

    **答案**：A

    **考点**：汽车冲洗方式对用水量的影响。

45. **解析**：根据《给排水标准》第3.3.5条，生活饮用水水池（箱）进水管口的最低点高出溢流边缘的空气间隙应等于进水管管径，但最小不应小于25mm，最大可不大于150mm。当进水管从最高水位以上进入水池（箱），管口为淹没出流时应采取真空破坏器等防虹吸回流措施。

    **答案**：A

    **考点**：水箱（池）水污染防治要点。

46. **解析**：根据《给排水标准》第3.13.22条，小区室外埋地给水管道可采用塑料给水管、有衬里的铸铁给水管、经可靠防腐处理的钢管。

    **答案**：D

    **考点**：给水管材选择要求。

47. **解析**：根据《给排水标准》第3.5.11条第2款，减压阀前应设阀门和过滤器；需要拆卸阀体才能检修的减压阀，应设管道伸缩器或软接头，支管减压阀可设置管道活接头；检修时阀后水会倒流时，阀后应设阀门。

    第3.5.11条第3款，干管减压阀节点处的前后应装设压力表，支管减压阀节点后应装设压力表。

    第3.5.13条，安全阀阀前、阀后不得设置阀门，泄压口应连接管道将泄压水

(气）引至安全地点排放。

答案：C

考点：给水附件设置要点。

48. 解析：根据《给排水标准》第3.3.20条，敷设在室外综合管廊（沟）内的给水管道，宜在热水、热力管道下方，冷冻管和排水管的上方。

答案：D

考点：各类管道敷设时的相互关系。

49. 解析：根据《给排水标准》第4.5.1条，小区生活排水与雨水排水系统应采用分流制；同时第4.2.1条也规定，生活排水应与雨水分流排出（A选项正确）。

第4.2.2条，下列情况宜采用生活污水与生活废水分流的排水系统：

1  当政府有关部门要求污水、废水分流且生活污水需经化粪池处理后才能排入城镇排水管道时；

2  生活废水需回收利用时（B选项正确）。

第4.2.3条，消防排水、生活水池（箱）排水、游泳池放空排水、空调冷凝排水、室内水景排水、无洗车的车库和无机修的机房地面排水等宜与生活废水分流，单独设置废水管道排入室外雨水管道（D选项错误）。

第5.1.3条，小区雨水排水系统应与生活污水系统分流。雨水回用时，应设置独立的雨水收集管道系统，雨水利用系统处理后的水可在中水贮存池中与中水合并回用（C选项正确）。

答案：D

考点：建筑内部排水体制——分流制的设置依据。

50. 解析：根据《给排水标准》第4.4.1条第6款，室内排水管、通气管不得穿越住户客厅、餐厅，排水立管不宜靠近与卧室相邻的内墙。

第4.4.1条第7款，排水管道不宜穿越橱窗、壁柜，不得穿越贮藏室。

第4.4.2条，排水管道不得穿越下列场所：

1  卧室、客房、病房和宿舍等人员居住的房间；

2  生活饮用水池（箱）上方；

3  遇水会引起燃烧、爆炸的原料、产品和设备的上面；

4  食堂厨房和饮食业厨房的主副食操作、烹调和备餐的上方。

答案：C

考点：排水管道布置与敷设要点。

51. 解析：根据《给排水标准》第4.4.15条，室内生活废水在下列情况下，宜采用有盖的排水沟排除：

1  废水中含有大量悬浮物或沉淀物需经常冲洗；

2  设备排水支管很多，用管道连接有困难；

3  设备排水点的位置不固定；

4  地面需要经常冲洗。

答案：C

考点：明沟敷设依据。

52. **解析：** 根据《给排水标准》第 4.4.12 条，下列构筑物和设备的排水管与生活排水管道系统应采取间接排水的方式：
    1 生活饮用水贮水箱（池）的泄水管和溢流管；
    2 开水器、热水器排水；
    3 医疗灭菌消毒设备的排水；
    4 蒸发式冷却器、空调设备冷凝水的排水；
    5 贮存食品或饮料的冷藏库房的地面排水和冷风机溶霜水盘的排水。
    **答案：** B
    **考点：** 间接排水设置条件。

53. **解析：** 根据已废止的《建筑给水排水设计规范》GB 50015—2003（2009 版）第 4.6.2 条，建筑标准要求较高的多层住宅、公共建筑、10 层及 10 层以上高层建筑卫生间的生活污水立管应设置通气立管。
    现行《给排水标准》已没有上述条款。
    **答案：** C
    **考点：** 排水专用通气立管设置依据。

54. **解析：** 根据《给排水标准》第 6.3.1 条，集中热水供应系统的热源应通过技术经济比较，并应按下列顺序选择：
    1 采用具有稳定、可靠的余热、废热、地热，当以地热为热源时，应按地热水的水温、水质和水压，采取相应的技术措施处理满足使用要求；
    2 当日照时数大于 1400h/a 且年太阳辐射量大于 $4200MJ/m^2$ 及年极端最低气温不低于—45℃的地区，采用太阳能，全国各地日照时数及年太阳能辐照量应按本标准附录 H 取值；
    3 在夏热冬暖、夏热冬冷地区采用空气源热泵；
    4 在地下水源充沛、水文地质条件适宜，并能保证回灌的地区，采用地下水源热泵；
    5 在沿江、沿海、沿湖，地表水源充足、水文地质条件适宜，以及有条件利用城市污水、再生水的地区，采用地表水源热泵；当采用地下水源和地表水源时，应经当地水务、交通航运等部门审批，必要时应进行生态环境、水质卫生方面的评估；
    6 采用能保证全年供热的热力管网热水；
    7 采用区域性锅炉房或附近的锅炉房供给蒸汽或高温水；
    8 采用燃油、燃气热水机组、低谷电蓄热设备制备的热水。
    **答案：** D
    **考点：** 热源选择要求。

55. **解析：** 根据《给排水标准》第 5.2.22 条，裙房屋面的雨水应单独排放，不得汇入高层建筑屋面排水管道系统（B 选项正确）。
    第 5.2.24 条，阳台、露台雨水系统设置应符合下列规定：
    1 高层建筑阳台、露台雨水系统应单独设置（A 选项正确）；
    2 多层建筑阳台、露台雨水宜单独设置（C 选项正确）；
    3 阳台雨水的立管可设置在阳台内部；

  4 当住宅阳台、露台雨水排入地面或雨水控制利用设施时，雨落水管应采取断接方式；当阳台、露台雨水排入小区污水管道时，应设水封井；

  5 当屋面雨落水管雨水间接排水且阳台排水有防返溢的技术措施时，阳台雨水可接入屋面雨落水管；

  6 当生活阳台设有生活排水设备及地漏时，应设专用排水立管接入污水排水系统，可不另设阳台雨水排水地漏（D选项错误）。

  答案：D

  考点：建筑雨水系统设置要求。

56. 解析：《消防给水及消火栓规范》条文说明第1.0.1条中提到：水是火灾扑救过程中的主要灭火剂。另从书教材第3分册《建筑物理与建筑设备》第二十章第四节。

  答案：C

  考点：灭火剂选择要点。

57. 解析：根据《防火规范》第8.1.1条，消防给水和消防设施的设置应根据建筑的用途及其重要性、火灾危险性、火灾特性和环境条件等因素综合确定。

  根据条文说明第8.1.1条，建筑的消防给水和其他主动消防设施设计，应充分考虑建筑的类型及火灾危险性、建筑高度、使用人员的数量与特性、发生火灾可能产生的危害和影响、建筑的周边环境条件和需配置的消防设施的适用性，使之早报警、快速灭火，及时排烟，从而保障人员及建筑的消防安全。

  综上，D选项符合题意。

  答案：D

  考点：消防给水和消防设施的设置条件。

58. 解析：《防火规范》第5.1.1条，民用建筑根据其建筑高度和层数可分为单、多层民用建筑和高层民用建筑。高层民用建筑根据其建筑高度、使用功能和楼层的建筑面积可分为一类和二类。民用建筑的分类应符合表5.1.1（题58解表）的规定。

民用建筑的分类　　　　　　　　　　　　　　　题58解表

| 名称 | 高层民用建筑 | | 单、多层民用建筑 |
| --- | --- | --- | --- |
| | 一类 | 二类 | |
| 住宅建筑 | 建筑高度大于54m的住宅建筑（包括设置商业服务网点的住宅建筑） | 建筑高度大于27m，但不大于54m的住宅建筑（包括设置商业服务网点的住宅建筑） | 建筑高度不大于27m的住宅建筑（包括设置商业服务网点的住宅建筑） |
| 公共建筑 | 1. 建筑高度大于50m的公共建筑<br>2. 任一楼层建筑面积大于1000m²的商店、展览、电信、邮政、财贸金融建筑和其他多种功能组合的建筑<br>3. 医疗建筑、重要公共建筑<br>4. 省级及以上的广播电视和防灾指挥调度建筑、网局级和省级电力调度建筑<br>5. 藏书超过100万册的图书馆、书库 | 除一类高层公共建筑外的其他高层公共建筑 | 1. 建筑高度大于24m的单层公共建筑<br>2. 建筑高度不大于24m的其他公共建筑 |

  注：1. 表中未列入的建筑，其类别应根据本表类比确定；

    2. 除本规范另有规定外，宿舍、公寓等非住宅类居住建筑的防火要求，应符合本规范有关公共建筑的规定；裙房的防火要求应符合本规范有关高层民用建筑的规定。

答案：C

考点：民用建筑分类。

59. 解析：根据《消防给水及消火栓规范》第3.1.2条，一起火灾灭火所需消防用水的设计流量应由建筑的室外消火栓系统、室内消火栓系统、自动喷水灭火系统、泡沫灭火系统、水喷雾灭火系统、固定消防炮灭火系统、固定冷却水系统等需要同时作用的各种水灭火系统的设计流量组成。第7.4.11条，消防软管卷盘用水量可不计入消防用水总量。

答案：C

考点：消防用水量计算要求。

60. 解析：《消防给水及消火栓规范》第4.4.3条，江河湖海水库等天然水源，可作为城乡市政消防和建筑室外消防永久性天然消防水源，其设计枯水流量保证率应根据城乡规模和工业项目的重要性、火灾危险性和经济合理性等综合因素确定，宜为90%～97%。但村镇的室外消防给水水源的设计枯水流量保证率可根据当地水源情况适当降低。

   第4.4.4条规定，当室外消防水源采用天然水源时，应采取防止冰凌、漂浮物、悬浮物等物质堵塞消防水泵的技术措施，并应采取确保安全取水的措施。

   第4.4.5条规定，当天然水源作为消防水源时，应符合下列规定：

   1 当地表水作为室外消防水源时，应采取确保消防车、固定和移动消防水泵在枯水位取水的技术措施；当消防车取水时，最大吸水高度不应超过6.0m；

   2 当井水作为消防水源时，还应设置探测水井水位的水位测试装置。

   第4.4.6条规定，天然水源消防车取水口的设置位置和设施，应符合现行国家标准《室外给水设计规范》GB 50013中有关地表水取水的规定，且取水头部宜设置格栅，其栅条间距不宜小于50mm，也可采用过滤管。

   第4.4.7条规定，设有消防车取水口的天然水源，应设置消防车到达取水口的消防车道和消防车回车场或回车道。

   无病毒不是消防水源需满足的条件。

答案：D

考点：消防水源选择要求。

61. 解析：《防火规范》第8.3.3条规定，除本规范另有规定和不宜用水保护或灭火的场所外，下列高层民用建筑或场所应设置自动灭火系统，并宜采用自动喷水灭火系统：

   1 一类高层公共建筑（除游泳池、溜冰场外）及其地下、半地下室；

   2 二类高层公共建筑及其地下、半地下室的公共活动用房、走道、办公室和旅馆的客房、可燃物品库房、自动扶梯底部；

   3 高层民用建筑内的歌舞娱乐放映游艺场所；

   4 建筑高度大于100m的住宅建筑。

答案：A

考点：自动喷水灭火系统设置场所。

62. 解析：《严寒寒冷节能标准》第5.1.3条，有可供利用的废热或低品位工业余热的区域，宜采用废热或工业余热。A选项燃煤锅炉不环保，C选项电锅炉不提倡，无废热或余热时可用B选项燃气锅炉。

答案：D

考点：供暖优选废热或余热。

63. 解析：《严寒寒冷节能标准》第5.1.7条，居住建筑的集中供暖系统应按热水连续供暖进行设计。A选项间歇供暖，B、D选项中的蒸汽供暖均不应采用。

答案：C

考点：住宅供暖热媒、供暖模式。

64. 解析：水系统最高点应设置放气装置，上供下回热水供暖系统供水干管在高处，此处放气最合理。B选项上供下回热水供暖系统回水干管在低处，放气效果有限；C选项在每组散热器设置手动放气阀，只解决本层放气问题；D选项在顶层散热器设置手动放气阀，顶层散热器到顶板下供水干管不能放气。

答案：A

考点：上供下回热水供暖系统放气阀的设置方式。

65. 解析：排风系统不运行时，相连的房间空气会连通，可燃、有毒、有害、有味空气影响其他房间。A选项中的给水泵房、消防泵房，因危险程度、有无异味、噪声要求等相同或相近，可以合用一个排风系统。B选项冷冻机房、燃气锅炉房中，锅炉房有燃气；C选项厨房、汽车库中，厨房有油烟；D选项库房、浴室中，浴室有湿气；均不能与对应房间合用排风系统。

答案：A

考点：合用排风系统的房间要求。

66. 解析：《暖通规范》第6.3.9条，可能突然放散大量有害气体或爆炸危险气体的场所应设置事故通风。燃气、氨泄露时达到一定浓度有爆炸危险，应设事故排风系统。柴油燃点较高，危险较小。

答案：D

考点：可能突然放散大量有害气体或爆炸危险气体的场所应设置事故通风。

67. 解析：全空气空调系统由于有回风，会把各个房间不同气味带到空调机，空调机经冷热处理后又送到各房间，所以危险程度、散发气味、噪声要求等相同或相近的房间才可以合用一个全空气空调系统。A选项厨房、餐厅，厨房有油烟；C选项会议室、健身房，健身房有噪声；D选项室内游泳池、保龄球室，保龄球室有噪声；均不能与对应房间合用一个全空气空调系统。

答案：B

考点：合用全空气空调系统的房间要求。

68. 解析：《暖通规范》第7.3.9条，空调区较多、建筑层高较低且各区温度要求独立控制时，宜采用风机盘管加新风。B选项适用。C、D选项类似B选项。只有A选项不适用。

答案：A

考点：多个房间且要求各空调房间独立控制温度时适用的空调系统。

69. 解析：《暖通规范》第7.3.9条，空调区较多、建筑层高较低且各区温度要求独立

405

控制时，宜采用风机盘管加新风。A选项开敞办公室、B选项小型会议室、C选项酒店式公寓均为空调区较多、建筑层高较低且各区温度要求独立控制，适于采用风机盘管系统。D选项大型数据机房发热量大，风机盘管送冷风，冷量不能满足要求。

答案：D

考点：风机盘管空调系统适用的房间。

70. 解析：《暖通规范》第7.3.16条，夏季空调室外设计露点温度较低的地区，经技术经济比较合理时，宜采用蒸发冷却空调系统。露点温度较低的地区即干热气候区。乌鲁木齐市适用A选项循环水蒸发冷却空调系统。其余选项不节能。

    答案：A

    考点：干热气候区适用的空调方式。

71. 解析：《暖通规范》第8.1.1条，有天然地表水等资源可供利用，可采用地表水地源热泵系统供冷、供热。水源热泵制热（温）水机组是从水中提取热量，消耗能源最少，属于可再生能源。A、B、C选项均不需要地表水。

    答案：D

    考点：适用水源热泵冷（温）水机组的自然条件。

72. 解析：《暖通规范》第8.5.18条，闭式空调水系统的定压和膨胀设计，定压点宜设在循环水泵的吸入口处，定压点最低压力宜使管道系统任一点的表压均高于5kPa（0.5m水柱）以上。A选项设于高于空调水系统最高点处、才能使水箱高于任一点。B选项等于空调水系统最高点处、C选项设于高于空调水系统最低点处、D选项设于空调水系统最低点处，均低于水系统，不仅不能定压反而水会流出。

    答案：A

    考点：水系统开式膨胀水箱设置位置。

73. 解析：《剧场建筑设计规范》JGJ 57—2016第9.4.5条，空调机房、风机房、冷却塔、冷冻机房、锅炉房等产生噪声或振动的设施，宜远离观众厅及舞台区域，并应采取有效的隔声、隔振、降噪措施。

    答案：D

    考点：对噪声震动要求较高场所设备机房的设置位置。

74. 解析：间歇空调的建筑外围护结构内侧和内隔墙选用轻质材料，空调工作时墙体吸收热量少，可使房间尽快满足温度要求。

    答案：A

    考点：间歇空调、连续空调对外围护结构内侧、内隔墙材料选用。

75. 解析：A选项定新风比全空气空调系统、B选项风机盘管加新风空调系统、C选项变风量全空气空调系统，均没有利用内区热量为外区供暖；D选项水环热泵空调系统，可将内区散热量转移到外区，外区供暖不消耗或少消耗其他热量。

    答案：D

    考点：水环热泵空调系统适用的工程。

76. 解析：A选项高温热水直接连接，输送能耗小，但不能直接用于散热器、地板辐射供暖；B选项低温热水直接连接，输送能耗大，可直接用散热器、地板辐射供暖；C选项高温热水间接链接，输送能耗小且不直接用于散热器、地板辐射供暖（经换热或混水），宜采用；D选项低温热水间接连接，输送能耗高。

答案：C

考点：住宅小区适用的供热方式。

77. 解析：《暖通规范》第5.10.6条，当室内供暖系统为变流量系统时，不应设自立式流量控制阀。

答案：A

考点：供暖采用变流量系统时不应设自立式流量控制阀。

78. 解析：《热工规范》第2.1.36条，综合遮阳系数为建筑遮阳系数和透光围护结构遮阳系数的乘积。

答案：A

考点：综合遮阳系数。

79. 解析：《防排烟标准》第4.4.6条，排烟风机应满足280℃时连续工作30分钟。

答案：B

考点：排烟风机要求。

80. 解析：《暖通规范》第6.1.6条，混合后易使蒸汽凝结并积聚粉尘时，应单独设置排风系统。

答案：C

考点：应单独设置排风系统的情况。

81. 解析：《燃气规范》第10.2.14条，燃气管道宜设于厨房。燃气管道不允许敷设于A选项卧室、B选项客厅、C选项卫生间。

答案：D

考点：燃气管道允许敷设的场所。

82. 解析：正弦交流电网电压值是指电压的有效值。

答案：C

考点：电工基础知识——交流电。

83. 解析：《体育建筑电气设计规范》JGJ 354—2014第3.2.1条第3款，对于直接影响比赛的空调系统、泳池水处理系统、冰场制冰系统等用电负荷，特级体育建筑的应为一级负荷，甲级体育建筑的应为二级负荷。

答案：B

考点：特级体育馆的空调用电负荷。

84. 解析：根据《电子信息系统机房设计规范》GB 50174—2008第8.1.1条、第8.1.7条、第8.1.12条，A级电子信息系统机房供电负荷等级为一级负荷口特别重要的负荷。且该规范要求电子信息设备应由不间断电源供电。

答案：D

考点：供配电系统负荷分级和供电要求。

85. 解析：一类高层建筑消防负荷为一级负荷，根据《民用建筑电气设计规范》JGJ 16—2008第6.1.8条和第6.1.10条，当消防应急电源由柴油发电机提供备用电源时，且消防用电负荷为一级时，应设自动启动装置，同时规定主电源与应急电源间，应采用自动切换方式。

**答案**：A

**考点**：认识柴油发电机组。

86. **解析**：根据《电气规范》第6.1.8条，自备应急柴油发电机电源与正常电源之间，应采用电气连锁防止并网运行的措施。

    **答案**：A

    **考点**：认识柴油发电机组。

87. **解析**：根据《防火规范》第6.2.7条，变配电室开向建筑内的门应采用甲级防火门。《电气规范》第4.9.2条：配变电所附近堆有易燃物品或通向汽车库的门，应为甲级防火门。

    **答案**：A

    **考点**：配变电所的土建要求。

88. **解析**：《电气规范》第4.5.2条，不带可燃油的10(6)kV配电装置、低压配电装置和干式变压器可设置在同一房间内。

    **答案**：A

    **考点**：配变电所电气设备和变压器的布置要求。

89. **解析**：矿物绝缘电缆不含有机材料，具有不燃、无烟、无毒和耐火的特性。

    **答案**：A

    **考点**：消防线路导线的选择和敷设。

90. **解析**：根据《电气规范》第8.12.2条，电气竖井的位置：宜靠近用电负荷中心；不应和电梯井、管道井共用同一竖井；邻近不应有烟道、热力管道及其他散热量大或潮湿的设施。

    **答案**：C

    **考点**：电气竖井的设计要求。

91. **解析**：根据《电气规范》第8.7.3条，电缆隧道进入建筑物及配电所处，应设带甲级防火门的防火墙。

    **答案**：D

    **考点**：配电线路布线系统。

92. **解析**：六氟化硫气体密度大于空气密度。

    **答案**：C

    **考点**：电气用房对通风的要求。

93. **解析**：根据《电气规范》第13.4.2条，消防电气设备的启、停控制，需要既能自动控制又能手动直接控制的是消防水泵、防烟和排烟风机。

    **答案**：C

    **考点**：消防联动控制。

94. **解析**：在净空高且对辨色有要求的空间，宜采用金属卤化物灯光源。

    **答案**：C

    **考点**：室内常用光源的选择。

95. **解析**：计算机工作时应避免光幕反射（题95解图）。

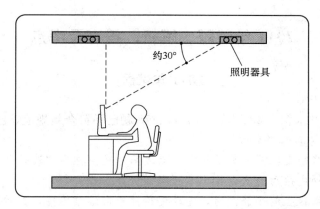

题95解图

**答案:** A

**考点:** 灯具布置。

96. **解析:** 根据《电气规范》第16.8.5条,剧院舞台灯光控制室设置应考虑灯光控制人员可容易地观察到舞台表演区及观众席情况。

    **答案:** C

    **考点:** 广播、扩声与会议系统控制室设计要求。

97. **解析:** 根据《防雷规范》第5.3.4条,防雷引下线应沿建筑物四周并应以最短路径接地。

    **答案:** A

    **考点:** 建筑防雷设计。

98. **解析:** 本题按2011年实施的标准,原《高层建筑设计防火规范》GB 50054中规定:建筑高度超过100m的高层建筑,除游泳池、溜冰场、卫生间外,均应设火灾自动报警系统。现行《建筑设计防火规范》GB 50016第8.4.1条对火灾自动报警系统的设置场所作了明确的规定,其中未明确具体部位的,除个别火灾危险性小的部位,如卫生间、游泳池、水泵房等外,需要在该建筑内全部设置火灾自动报警系统。

    **答案:** C

    **考点:** 火灾自动报警系统设计要求。

99. **解析:** 根据《电气规范》第6.1.12条,火灾时持续工作的备用照明持续供电时间应不小于3h。

    **答案:** D

    **考点:** 消防系统供电要求。

100. **解析:** 电子信息设备机房要求远离配变电所,是为了远离强电磁场干扰。

     **答案:** B

     **考点:** 电子信息设备机房选址要求。

# 2011年试题、解析、答案及考点

## 2011年试题

**说明：** 2011年试题中，35、43、55、57、77、78题已不符合新规范，已按新标准修订。

1. 下列声学的概念中，哪条错误？
   A 在声波传播路径上，两相邻同相位质点之间的距离称为"波长"
   B 物体在一秒钟内振动的次数称为"频率"
   C 当声波通过障板上的小孔洞时，能改变传播方向继续传播，这种现象称为"透射"
   D 弹性媒质中质点振动传播的速度称为"声速"

2. 通常室温下空气中的声音速度为（　　）。
   A 330m/s　　　B 340m/s　　　C 350m/s　　　D 360m/s

3. 已知甲声压是乙声压的2倍，甲声压的声压级为90dB，则乙声压的声压级为（　　）。
   A 84dB　　　B 87dB　　　C 93dB　　　D 96dB

4. 多孔吸声材料最基本的吸声机理特征是（　　）。
   A 良好的通气性　　　　　　　B 互不相通的多孔性
   C 纤维细密　　　　　　　　　D 适宜的容重

5. 《民用建筑隔声设计规范》中规定的建筑构件空气声隔声性能的单值评价量是（　　）。
   A 平均隔声量　　　　　　　　B 计权隔声量
   C 1000Hz的隔声量　　　　　　D A声级的隔声量

6. 下列关于建筑隔声的论述中，哪项有误？
   A 厚度相同时，黏土砖墙的计权隔声量小于混凝土墙的计权隔声量
   B 构件透射系数越小，隔声量越大
   C 由空气间层附加的隔声量与空气间层的厚度有关
   D 墙体材料密度越大，隔声量越大

7. 理论上单层匀质密实墙的面密度和入射声波频率都增加一倍时，其隔声量增加（　　）。
   A 3dB　　　B 6dB　　　C 9dB　　　D 12dB

8. 旅馆中同等级的各类房间如按允许噪声级别由大至小排列，下列哪组正确？
   A 客房、会议室、办公室、餐厅　　　B 客房、办公室、会议室、餐厅
   C 餐厅、会议室、办公室、客房　　　D 餐厅、多用途厅、会议室、客房

9. 以下为不同住宅楼楼板的规范化撞击声压级值 $L_n$，哪种隔声效果最好？
   A 甲住宅 65dB　　B 乙住宅 60dB　　C 丙住宅 55dB　　D 丁住宅 50dB

10. 室内混响时间与下列哪项因素无关？
    A 室内总表面积　　B 室内体积　　C 室内声压级　　D 声音频率

11. 下列哪项振动设备的减振措施最有效？
    A 尽量使设备振动频率与减振系统的固有频率接近
    B 尽量使设备振动频率比减振系统的固有频率大
    C 减振器选用劲度系数较大的弹簧

D 尽量使减振器具有较大的阻尼

12. 测得某厅堂声压级衰减 20dB 所需的时间为 0.4s，该厅堂的混响时间为多少？
    A 0.4s　　　　　B 0.6s　　　　　C 0.8s　　　　　D 1.2s

13. 下列哪项对声音三要素的表述是正确的？
    A 强弱、方向、音色　　　　　　　B 强弱、音色、音调
    C 强弱、方向、音调　　　　　　　D 方向、音色、音调

14. 对以"电声系统"为主的厅堂进行音质设计，下列哪项错误？
    A 注意厅堂体形，获得较好声场环境
    B 充分利用直达声，达到较好的传声效果
    C 设计成较长的厅堂混响时间
    D 增加厅堂内吸声材料，加强吸声效果

15. 下列哪个光度量所对应的单位是错误的？
    A 光通量：lm　　B 发光强度：cd　　C 亮度：lm/m²　　D 照度：lx

16. 对于辐射功率相同的单色光，因波长不同人们所感觉到的明亮程度也会不同，人们对下列哪个单色光的感觉最明亮？
    A 黄色　　　　　B 红色　　　　　C 紫色　　　　　D 蓝色

17. 下列哪项材料具有漫反射特性？
    A 镜面　　　　　B 透明玻璃　　　C 粉刷墙面　　　D 有机玻璃

18. 下列关于"采光系数"标准值选取的表述中，哪条正确？
    A 顶部采光取最低值　　　　　　　B 侧面采光取最低值
    C 顶部采光取最高值　　　　　　　D 侧面采光取最高值

19. 光气候分区的主要依据是（　　）。
    A 太阳高度角　　　　　　　　　　B 经纬度
    C 室外天然光的年平均总照度　　　D 室外日照时间的年平均值

20. 下列关于采光窗作用的描述哪项有误？
    A 平天窗采光量大　　　　　　　　B 侧窗采光不均匀
    C 锯齿形天窗可避免直射阳光　　　D 横向天窗全是直射光

21. 博物馆展厅宜采用下列哪种方式采光？
    A 普通单侧窗采光　　　　　　　　B 高侧窗采光
    C 普通双侧窗采光　　　　　　　　D 落地窗采光

22. 用流明法计算房间照度时，下列哪项参数与照度计算无直接关系？
    A 灯的数量　　　　　　　　　　　B 房间的维护系数
    C 灯具效率　　　　　　　　　　　D 房间面积

23. 下列关于照明方式的选择中哪项有误？
    A 工作场所通常应设置一般照明
    B 同一场所不同区域有不同照度要求时，应采用分区一般照明
    C 对于部分作业面照度要求较高、只采用一般照明不合理的场所，宜采用混合照明
    D 工作场所只采用局部照明

24. 在灯具配光曲线上的任一点可表示为某一方向的（　　）。

  A 亮度    B 照度    C 发光强度    D 光通量

25. 下列哪种光源的显色指数为最大？
  A 白炽灯    B 荧光灯    C 高压钠灯    D 金属卤化物灯

26. 某灯具在灯具开口平面上半部空间的光通量占总光通量的 60%～90%，这种灯具应称为（ ）。
  A 直接型灯具    B 半直接型灯具    C 间接型灯具    D 半间接型灯具

27. 在设有装饰灯具的场所内为达到节能目的，下列何值必须计入照明功率密度值中？
  A 装饰灯具总功率的 20%    B 房间照明总功率的 20%
  C 装饰灯具总功率的 50%    D 房间照明总功率的 50%

28. 下列哪项措施不利于节约用电？
  A 用高压汞灯代替白炽灯    B 用分区一般照明代替一般照明
  C 用可调光灯具代替不可调光灯具    D 用金属卤化物灯代替高压钠灯

29. 建筑材料的导热系数与下列哪项因素无关？
  A 品种    B 密度    C 含湿量    D 面积

30. 在室内环境中，人体得失热量的计算与下列哪项因素无关？
  A 辐射换热    B 对流换热    C 传导换热    D 蒸发散热

31. 以下围护结构的厚度相同，哪种材料的传热系数最大？
  A 加气混凝土    B 钢筋混凝土    C 岩棉板    D 砖砌体

32. 下列提高建筑外围护结构节能效果的措施中，哪项不切实际？
  A 采用中空玻璃    B 对热桥部位进行保温处理
  C 提高窗的气密性    D 增加墙体厚度

33. 在严寒地区居住建筑保温设计中，南向窗墙面积比的最大限值为（ ）。
  A 0.30    B 0.35    C 0.40    D 0.45

34. 依建筑热工设计一级区划的不同其热工设计要求也不同，下列表述中错误的是（ ）。
  A 严寒地区：一般不考虑夏季防热，但必须满足冬季保温
  B 寒冷地区：部分地区兼顾夏季防热，应满足冬季保温
  C 温和地区：既要考虑夏季防热，也要考虑冬季保温
  D 夏热冬暖地区：必须满足夏季防热，一般可不考虑冬季保温

35. 依据《严寒和寒冷地区居住建筑节能设计标准》，为满足建筑热工设计要求，严寒地区 14 层建筑物的体型系数宜（ ）（按新标准修订）。
  A ≤0.24    B ≤0.26    C ≤0.28    D ≤0.30

36. 多层材料组成的复合墙体，其中某一层材料热阻的大小取决于该层材料的（ ）。
  A 容重    B 导热系数和厚度    C 品种    D 位置

37. 除空气温度和平均辐射温度外，下列哪些参数还属于评价室内热环境的要素？
  A 有效温度、露点温度    B 空气湿度、有效温度
  C 空气湿度、露点温度    D 空气湿度、气流速度

38. 所谓"热波辐射降温"机理，主要是指房屋外表面通过下列何种方式散热降温？
  A 白天长波辐射    B 夜间长波辐射    C 白天短波辐射    D 夜间短波辐射

39. 下列降低建筑外围护结构温度的措施中哪项有误？

A 粉刷浅色涂料　　　　　　　　B 外围护结构内部设通风层
　　C 提高外围护结构的保温性能　　D 采用种植屋面

40. 为了防止炎热地区的住宅夏季室内过热，以下哪条措施是不正确的？
　　A 增加墙面对太阳辐射的反射　　B 减小屋顶的热阻，以利于散热
　　C 窗口外设遮阳装置　　　　　　D 屋顶绿化

41. 对于我国建筑日照阴影规律的一般性叙述中，下列哪项正确？
　　A 一天中有阴影的时间不会超过12小时
　　B 在同一时间地点，夏季阴影短而冬季阴影长
　　C 相比较，纬度高的地区阴影短
　　D 相比较，经度大的地区阴影长

42. 依据《夏热冬冷地区居住建筑节能设计标准》JGJ 134—2001，卧室、起居室的夏季空调室内热环境应满足几小时换气一次？
　　A 半小时　　　B 一小时　　　C 两小时　　　D 三小时

43. 在建筑给水用水量设计中，以下哪项不计入日常用水量（按新规范修订）？
　　A 绿化用水　　　　　　　　　　B 居民生活用水
　　C 消防用水　　　　　　　　　　D 未预见用水和管道漏水

44. 以下哪项用水定额中不包含食堂用水？
　　A 养老院　　　B 托儿所　　　C 幼儿园　　　D 医院住院部

45. 关于水景水池溢水口的作用，以下哪项错误？
　　A 维持一定水位　B 进行表面排污　C 便于清扫水池　D 保持水面清洁

46. 给水管道上设置过滤器的位置，以下哪项错误？
　　A 在泄压阀后　　　　　　　　　B 在减压阀前
　　C 在自动水位控制阀前　　　　　D 在温度调节阀前

47. 以下饮用水箱示意图中配管正确的是（　　）。

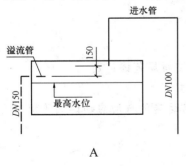

A

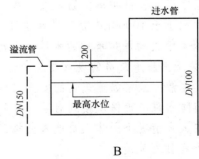

B

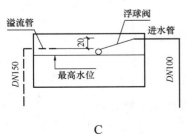

C

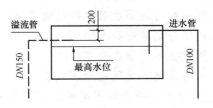

D

48. 下列室外明设给水管道的设置要求中哪项错误?
    A 非结冻区不必保温　　　　　　B 结冻区应保温
    C 应避免阳光照射　　　　　　　D 保温层应密封防渗透

49. 下列幼儿园卫生器具热水使用温度的表述中哪项错误?
    A 淋浴器 37℃　　　　　　　　B 浴盆 35℃
    C 盥洗槽水嘴 30℃　　　　　　D 洗涤盆 50℃

50. 下列管道直饮水系统的设计要求中哪项错误?
    A 水质应符合《饮用净水水质标准》的要求
    B 宜以天然水体作为管道直饮水原水
    C 应设循环管道
    D 宜采用调速泵组直接供水方式

51. 以下哪类排水可以与下水道直接连接?
    A 食品冷藏库房地面排水　　　　B 医疗灭菌消毒设备排水
    C 开水房带水封地漏　　　　　　D 生活饮用水贮水箱溢流管

52. 高层建筑最基本的灭火系统是（　　）。
    A 消火栓给水系统　　　　　　　B 自动喷水灭火系统
    C 二氧化碳灭火系统　　　　　　D 干粉灭火系统

53. 以下哪类建筑在采用自动喷水灭火系统时无须使用快速响应喷头?
    A 公共娱乐场所
    B 医院、疗养院病房
    C 高层住宅
    D 老年、少年、残疾人集体活动场所

54. 以下哪类场所可以不设室内消火栓给水系统?
    A 体积为 12000m³ 的办公楼
    B 国家级文物保护单位的重点砖木结构古建筑
    C 体积小于 10000m³ 的 5 层教学楼
    D 国家级文物保护单位的木结构古建筑

55. 下列关于消防水泵房的设计要求中哪项错误（按新规范修订）?
    A 其疏散门应紧靠建筑物的安全出口
    B 消防水泵应确保从接到启泵信号到水泵正常运转的自动启动时间不应大于 2min
    C 在火灾情况下操作人员能够坚持工作
    D 不宜独立建造

56. 关于化粪池的设置要求，以下哪项错误?
    A 化粪池离地下水取水构筑物不得小于 30m
    B 池壁与池底应防渗漏
    C 顶板上不得设人孔
    D 池与连接井之间应设通气孔

57. 关于排水通气管的设置要求，以下哪项正确（按新规范修订）?

A 通气立管可以接纳器具污水　　　　B 可以接纳废水
C 可以设置吸气阀代替环形通气管　　D 不得与风道烟道连接

58. 下列室外排水管道与检查井关系的表述中哪项错误？
A 管道管径变化与设置检查井无关　　B 管道转弯时应设置检查井
C 管道和支管连接时应设置检查井　　D 管道坡度改变时应设置检查井

59. 室内排水沟与室外排水管道连接处应设（　　）。
A 水封装置　　　B 除油装置　　　C 沉沙装置　　　D 格栅

60. 关于排水管的敷设要求，以下哪项错误？
A 住宅卫生间器具排水管均应穿过地板设于下一层顶板下
B 排水管宜地下埋设
C 排水管可在地面、楼板下明设
D 可设于气温较高且全年无结冻区域的建筑外墙上

61. 关于屋面雨水排放设计要求，以下哪项错误？
A 工业厂房的大型屋面采用满管压力流排水
B 工业库房的大型屋面采用满管压力流排水
C 高层住宅采用重力流排水
D 公共建筑的大型屋面采用重力流排水

62. 机械循环热水供暖系统是以下列哪项作为循环动力的？
A 热水锅炉　　　B 热泵　　　C 热水泵　　　D 供回水的容重差

63. 当居住建筑起居室的散热器采用暖气罩暗装方式时，设置在罩内的恒温阀应采用（　　）。
A 外置传感器　　B 湿度传感器　　C 压力传感器　　D 流量传感器

64. 居住建筑采用分户计量供暖系统时，以下哪项不应计入建筑物的总热负荷？
A 围护结构的基本耗热量　　　　B 高度附加引起的耗热量
C 朝向修正引起的耗热量　　　　D 邻户传热引起的传热量

65. 车间采用自然通风方式消除余热时，通风量的计算应考虑（　　）。
A 风压作用　　　　　　　　B 热压作用
C 风压、热压综合作用　　　D 室内外的空气湿度差

66. 实验室操作过程中散发有害物时，应采取以下哪项通风措施？
A 正压操作措施　B 负压操作措施　C 零压操作措施　D 自然通风措施

67. 关于机械送风系统进风口位置的设置，以下哪项描述是错误的？
A 应直接设在室外空气较清洁的地点
B 应高于排风口
C 进风口下缘距室外地坪不宜小于2m
D 进、排风口宜设于不同朝向

68. 室温允许波动范围为±0.1～0.2℃的精密空调房间，设置在建筑物的哪个位置最合理？
A 设于顶层，不应有外墙　　　B 设于顶层，靠北向外墙
C 设于底层，不应有外墙　　　D 设于底层，靠北向外墙

69. 空调面积较小且需设空调的房间布置又很分散时，不宜采用哪种系统？
    A 分散设置的风冷机　　　　　　　　B 分散设置的水冷机
    C 分体空调　　　　　　　　　　　　D 集中空调系统
70. 在空间高度较大的中庭内采用上送风方式时，宜选用以下哪种送风口？
    A 条缝形散流器　　　　　　　　　　B 方形散流器
    C 百叶风口　　　　　　　　　　　　D 旋流风口
71. 空调水系统的补水点一般设置在以下哪个位置？
    A 循环水泵吸入口　　　　　　　　　B 循环水泵出水口
    C 冷水机组入口　　　　　　　　　　D 冷水机组出口
72. 下列高层建筑的空调水系统中哪个能耗最大？
    A 二次泵变流量系统　　　　　　　　B 一次泵变流量系统
    C 开式循环系统　　　　　　　　　　D 闭式循环系统
73. 设计燃气锅炉房时，其泄压面积应满足锅炉间占地面积的（　　）。
    A 5%　　　　　　B 10%　　　　　　C 15%　　　　　　D 20%
74. 全空气定风量空调系统新风进风口的面积应满足（　　）。
    A 最小新风量的需要　　　　　　　　B 最大新风量的需要
    C 最小排风量的需要　　　　　　　　D 最大排风量的需要
75. 公共建筑地下室外墙的热阻限值按从小到大排序，与其相应的地区顺序为（　　）。
    A 严寒地区、寒冷地区、夏热冬冷地区、夏热冬暖地区
    B 严寒地区、寒冷地区、夏热冬暖地区、夏热冬冷地区
    C 夏热冬冷地区、夏热冬暖地区、寒冷地区、严寒地区
    D 夏热冬暖地区、夏热冬冷地区、寒冷地区、严寒地区
76. 某设有外遮阳装置的外窗，其玻璃遮阳系数为0.8，外遮阳系数为0.7，外窗的遮阳系数为（　　）。
    A 0.56　　　　　B 0.70　　　　　C 0.80　　　　　D 1.50
77. 在建筑的机械排烟系统设计中，顶棚上及墙上的排烟口与附近安全出口的水平距离最小值为（　　）（按新标准修订）。
    A 1.5m　　　　　B 3.0m　　　　　C 4.0m　　　　　D 5.0m
78. 某建筑机械排烟系统担负了两个及以上防烟分区的排烟任务，该系统排烟风机的最小计算风量应按以下哪项公式计算（按新标准修订）？
    A 最小防烟分区面积($m^2$)×120$m^3$/(h·$m^2$)
    B 两个防烟分区面积之和($m^2$)×120$m^3$/(h·$m^2$)
    C 任意两个相邻防烟分区的排烟量之和的最大值
    D 两个防烟分区面积之和($m^2$)×60$m^3$/(h·$m^2$)
79. 高层建筑消防电梯前室采用机械加压送风方式时，其送风口设置应（　　）。
    A 每四层设一个　　B 每三层设一个　　C 每二层设一个　　D 每层设一个
80. 高层建筑的排烟道、排气道、管道井等竖向管井应独立设置，其井壁上的检查门应选用（　　）。
    A 甲级防火门　　　B 乙级防火门　　　C 丙级防火门　　　D 普通门

81. 燃气管道布置在设备层时，下列哪种措施不符合规定？
    A 应设有良好的通风设施　　　　　　　　B 应设有独立的事故机械通风设施
    C 净高不宜小于 2.2m　　　　　　　　　　D 应设有固定普通照明设施

82. 下列单位中，哪一个用于表示无功功率？
    A kW　　　　　　B kV　　　　　　C kA　　　　　　D kVar

83. 下面哪一种电压不是我国现行采用的供电电压？
    A 220/380V　　　B 1000V　　　　C 6kV　　　　　D 10kV

84. 高层建筑中电缆竖井的门应为（　　）。
    A 普通门　　　　B 甲级防火门　　C 乙级防火门　　D 丙级防火门

85. 在确定柴油发电机房位置时，下列场所中最合适的是（　　）。
    A 地上一层靠外墙　　　　　　　　　　　B 地上一层不靠外墙
    C 地下三层靠外墙　　　　　　　　　　　D 屋顶

86. 向屋顶通风机供电的线路，其敷设部位下列哪项正确？
    A 沿电气竖井　　　　　　　　　　　　　B 沿电梯井道
    C 沿给排水或通风井道　　　　　　　　　D 沿排烟管道

87. 电缆隧道适合选择下列哪种火灾探测器？
    A 光电感烟火灾探测器　　　　　　　　　B 差温火灾探测器
    C 缆式线型火灾探测器　　　　　　　　　D 红外感烟火灾探测器

88. 下列电气设备中，哪个不宜设在高层建筑内的变电所里？
    A 真空断路器　　　　　　　　　　　　　B 六氟化硫断路器
    C 环氧树脂浇注干式变压器　　　　　　　D 可燃油高压电容器

89. 带金属外壳的交流220V家用电器，应选用下列哪种插座？
    A 单相双孔插座　　　　　　　　　　　　B 单相三孔插座
    C 四孔插座　　　　　　　　　　　　　　D 五孔插座

90. 下列用电设备中，哪一个功率因数最高？
    A 电烤箱　　　　B 电冰箱　　　　C 家用空调器　　D 电风扇

91. 住宅中插座回路用的剩余电流（漏电）保护器，其动作电流应为下列哪一个数值？
    A 10mA　　　　　B 30mA　　　　　C 300mA　　　　 D 500mA

92. 我国规定正常环境下的交流安全电压应为下列哪项？
    A 不超过25V　　 B 不超过50V　　 C 不超过75V　　 D 不超过100V

93. 保护接地导体应连接到用电设备的哪个部位？
    A 电源保护开关　B 带电部分　　　C 金属外壳　　　D 相线接入端

94. 在下列建筑场所内，可以不作辅助等电位联结的是（　　）。
    A 室内游泳池　　　　　　　　　　　　　B 办公室
    C Ⅰ类、Ⅱ类医疗场所　　　　　　　　　D 有洗浴设备的卫生间

95. 建筑物内电气设备的金属外壳、金属管道和金属构件应实行等电位联结，其主要目的是（　　）。
    A 防干扰　　　　B 防电击　　　　C 防火灾　　　　D 防静电

96. 下列为降低荧光灯频闪效应所采取的方法中，哪一种无效？

A 相邻的灯接在同一条相线上　　　　　B 相邻的灯接在不同的两条相线上
C 相邻的灯接在不同的三条相线上　　　D 采用高频电子镇流器

97. 下列照明光源中哪一种光效最高？
    A 白炽灯　　　　B 卤钨灯　　　　C 金属卤化物灯　　D 低压钠灯

98. 发生火灾时，下列哪个场所的应急照明应保证正常工作时的照度？
    A 展览厅　　　　B 防排烟机房　　　C 火车站候车室　　D 百货商场营业厅

99. 当利用金属屋面做接闪器时，金属屋面需要有一定厚度，这主要是因为（　　）。
    A 防止雷电流的热效应使屋面穿孔
    B 防止雷电流的电动力效应使屋面变形
    C 屏蔽雷电流的电磁干扰
    D 减轻雷击时巨大声响的影响

100. 电信机房、扩声控制室、电子计算机房不应设置在配变电室的楼上、楼下及贴邻的原因主要是（　　）。
    A 防火　　　　B 防电磁干扰　　　C 线路敷设方便　　D 防电击

# 2011年试题解析、答案及考点

1. **解析**：当声波通过障板上的小孔洞时，能改变传播方向继续传播，这种现象称为"绕射"，"透射"是声波透过物体传播的现象。
   **答案**：C
   **考点**：声波的绕射（衍射）和透射。

2. **解析**：在空气中声速与温度的关系如下：
   $$C = 331.4\sqrt{1+\theta/273}$$
   通常室温下空气中的声音速度为：340m/s。
   **答案**：B
   **考点**：声速的基本概念。

3. **解析**：根据声压级计算公式：$L_p=20\lg(P/P_0)$，当 $P$ 变为 $2P$ 时，其声压级增加 6dB。
   $$设 L_{p乙}=20\lg(P/P_0)$$
   $$L_{p甲}=20\lg(2P/P_0)=20\lg(P/P_0)+20\lg2=L_{p乙}+6=90$$
   $$故乙声压 L_{p乙} 为 84dB$$
   **答案**：A
   **考点**：声压级计算公式：$L_p=20\lg(P/P_0)$。

4. **解析**：多孔材料具有内外连通的微孔，具有良好的通气性，声波入射到多孔材料上，声波能顺着微孔进入材料内部，引起空隙中空气振动摩擦，使声能转化为热能消耗掉。
   **答案**：A
   **考点**：多孔吸声材料的构造特征和吸声机理。

5. **解析**：《隔声规范》中规定的建筑构件空气声隔声性能的单值评价量是计权隔声量。

   空气声由各种频率的声音构成，人耳对各种频率声音的敏感程度不一样，同一个声源作用下建筑构件对不同频率的隔声量也各不相同，为了计量方便，将各个频率的隔声量综合处理为单值评价量，该单值评价量是考虑了上述频率特性后按一定方法计算得出的一种计权隔声量。

   **答案**：B

   **考点**：建筑构件空气声隔声评价指标为计权隔声量。

6. **解析**：A 选项，厚度相同的黏土砖墙的单位面积质量小于混凝土墙，故根据质量定律，黏土砖墙的隔声量小于混凝土墙的隔声量，正确。

   B 选项，隔声量 $R$ 和透射系数 $\tau$ 的关系为：$R=10\lg(1/\tau)$，构件透射系数越小，隔声量越大，正确。

   C 选项，一般来说，空气层的隔声量随厚度的增加而增加，空气间层附加的隔声量与空气间层的厚度有关，正确。

   D 选项，根据质量定律，墙体单位面积的质量越大，隔声量越大，而不是密度越大，隔声量越大，故 D 是错误的。

   **答案**：D

   **考点**：隔声量 $R$ 和透射系数 $\tau$ 的关系为：$R=10\lg(1/\tau)$；质量定律。

7. **解析**：根据质量定律：
$$R=20\lg m+20\lg f-48$$

   $m$ 和 $f$ 都增加一倍，
$$R'=20\lg(2m)+20\lg(2f)-48$$
$$=20\lg m+20\lg f-48+20\lg 2+20\lg 2=R+12$$

   其隔声量增加 12dB。

   **答案**：D

   **考点**：质量定律。

8. **解析**：根据《隔声规范》第 7.1.1 条：旅馆建筑房间允许噪声级分为特殊、一级、二级 3 个标准，见题 8 解表。

题 8 解表

| | 房间类型 | | 特级 | 一级 | 二级 |
|---|---|---|---|---|---|
| 旅馆 | 客房 | 昼间 | ≤35 | ≤40 | ≤45 |
| | | 夜间 | ≤30 | ≤35 | ≤40 |
| | 办公室、会议室 | | ≤40 | ≤45 | ≤45 |
| | 多用途厅 | | ≤40 | ≤45 | ≤50 |
| | 餐厅、宴会厅 | | ≤45 | ≤50 | ≤55 |

   **答案**：D

   **考点**：旅馆各房间允许噪声级。

9. **解析**：用一个国际标准化组织规定的标准打击器敲打被测楼板，在楼板下面的测量室测定房间内的平均声压级 $L_{pl}$，平均声压级 $L$ 越小，楼板的隔声效果越好，在此基础上按公式计算得出规范化撞击声级 $L_{pn}$,因此,规范化撞击声压级值 $L_n$ 越小,隔声量越大,隔声效果越好。

撞击声级其物理含义类似于空气声的隔声量,但空气声隔声量是通过测量隔声构件两边发声室和受声室之间的声压级差得出,声压级差越大说明构件隔声性能越好,隔声量越大。空气声隔声量和撞击声级的大小变化与隔声效果的关系正好相反。

答案:D

考点:撞击声级越小隔声效果越好,空气声隔声量越大,隔声效果越好。

10. 解析:混响时间与室内体积和室内表面材料的总吸声量有关,材料的吸声量等于材料面积乘以吸声系数,吸声系数因频率不同而不同。

答案:C

考点:混响时间影响因素。

11. 解析:A选项,设备振动频率与减振系统的固有频率接近,将会产生共振,使设备振动加强;

B选项,尽量使设备振动频率比减振系统的固有频率大,当远大于 $\sqrt{2}$ 倍时,减振效果明显;

C选项,减振器的减振效果不由劲度系数一个因素决定;

D选项,减振器的阻尼必须在一个合适的范围内才能起到有效的减振效果。

答案:B

考点:设备减振的原理和减振的影响因素。

12. 解析:混响时间是厅堂声压级衰减60dB所需的时间,衰减20dB需0.4s,衰减60dB则需1.2s。

答案:D

考点:混响时间的概念。

13. 解析:声音的三要素是声音的强弱、音色的好坏、音调的高低。

答案:B

考点:声音三要素的基本概念。

14. 解析:为很好地发挥电声系统的作用,厅堂应具有较短的混响时间。

答案:C

考点:以"电声系统"为主的厅堂进行音质设计的原则方法。

15. 解析:四个选项为建筑光学中的四个基本度量单位。其中:

(1) 光通量表征光源发出光的多少,是描述光源的概念,单位为lm;

(2) 发光强度表征光在向某个方向传播时在空间中的分布密度,是描述灯具分配光在空间中的分布的概念,单位为cd,即单位空间角中光通量为1lm;

(3) 照度表征被照面上单位面积得到光的多少,是衡量被照物体得到光照多少、强弱的概念,单位为lx,即 $1m^2$ 被照面得到1lm的光通量;

(4) 亮度表征视线方向上光的空间密度,衡量人眼看到光的亮暗,单位为 $cd/m^2$,即视线方向上单位面积的发光强度为1cd。

答案:B

考点:建筑光学的四个度量概念的单位。

16. **解析**：见2014年真题15题。人眼对不同波长光的亮暗感受不一样，黄绿色光（555nm波长）感受最明亮，选择A选项黄色。

    **答案**：A

    **考点**：光谱光视效率的基本概念和各色光的光视效率比较。

17. **解析**：此题主要考查考生对不同材料的反光透光特性的掌握，反光材料特性（常见材料）为：规则反射（镜面、玻璃幕墙、抛光金属表面），漫反射（石膏、粉刷墙面、清水砖墙、粗糙纸张），混合反射（油漆表面、光滑的黑板、水磨石地面、光亮纸张等）；透光材料特性（常见材料）为：规则透射（各类表面光滑的玻璃），漫透射（乳白玻璃、半透明塑料），混合透射（毛玻璃）。

    光经过漫射材料反射（或透射）后，看不到光源的影像，各方向亮度一致，表面法线方向发光强度最大。

    **答案**：C

    **考点**：不同材料光学特性。

18. **解析**：2013年版的《采光标准》已将采光系数标准值改为"平均值"，此题仍按旧标准作答。根据《建筑采光设计标准》GB/T 50033—2001表3.1.3：计算侧面采光时取采光系数最低值，计算顶部采光时取采光系数平均值。

    **答案**：B

    **考点**：采光系数概念（因标准更新，已无时效性）。

19. **解析**：《采光标准》根据室外天然光年平均总照度值（从日出后半小时到日落前半小时全年日照平均值），将我国分为五个光气候区。光气候分区只与太阳光到达地面的多少有关，不参考经纬度、太阳高度角、室外日照时间等指标。

    **答案**：C

    **考点**：光气候分区的概念。

20. **解析**：平天窗因近似水平布置，易得到更多的太阳光，其采光效率较其他天窗最大；侧窗采光中，近窗处得光多，远窗处得光少；锯齿形天窗面北布置（或角度适宜得面南布置）时，太阳光通过锯齿形内屋面反射进入室内，可有效避免直射光；建筑纵向朝向南北的车间可采用横向矩形天窗，此时天窗玻璃朝向南北，在有直射光进入室内的同时，也可形成经屋顶反射进入室内的反射光。D选项描述过于绝对。

    **答案**：D

    **考点**：各类天窗的采光特性。

21. **解析**：在博物馆及展厅中，对光照射的方向有较多限制及要求，普通单侧窗和普通双侧窗占用布展墙面，同时窗口与展品近，易对参观者形成眩光影响；落地窗除了也存在上述问题外，也可能形成地面过高的照度和过于不均匀的照度分布，对室内展品的参观造成不利影响；高侧窗不占用布展墙面，窗口远离展品，采光光线可以照射到展厅等大空间进深深处，适合在该类空间中使用。

    **答案**：B

    **考点**：博物馆的设计要点和采光窗选型。

22. **解析**："利用系数法"计算照度的计算公式为：

$$E_{av} = \frac{N \cdot \Phi \cdot U \cdot K}{A} (\text{lx})$$

式中 $E_{av}$——照明设计标准规定的照度标准值（参考平面上的平均照度），lx；

$N$——照明装置（灯具）数量；

$\Phi$——一个照明设施（灯具）内光源发出的光通量，lm；

$U$——利用系数，无量纲，查选用的灯具光度数据表；

$K$——维护系数，查《照明标准》中的表4.1.6；

$A$——工作面面积，m²，$A=L \cdot W$，其中 $L$ 为房间的长度，$W$ 为宽度。

由上式看出，灯的光效与照度计算无直接关系，灯的光效指标对照明节能有较大影响。

答案：C

考点："利用系数法"计算照度的公式。

23. 解析：根据《照明标准》第3.1.1条：工作场所需要满足较好的照明均匀性，同时保障工作区域及附近照明无死角，宜采用一般照明方式；当同一场所照度要求有高有低时，从节能角度出发，可分区设置满足照度需求的照明，即分区一般照明；对于视觉工作区域小，照度要求高，其他场地无同样高的照度需求的场所，可以在一般照明的基础上，设置工作区域的重点照明，形成混合照明形式；局部照明仅可在宾馆客房、卧室等环境单独布置，工作场所内不可仅采用局部照明。

答案：D

考点：各类照明方式的使用场所。

24. 解析：配光曲线是按照光源发出光通量为1000lm，以极坐标的形式将灯具在各方向上的发光强度绘制在平面图上，连成曲线。所以其表示的是发光强度值。

答案：C

考点：配光曲线的概念。

25. 解析：人工电光源按发光原理，分热辐射光源、气体放电光源、固体发光光源等，其中热辐射光源发光原理与太阳光最相似，能够发射出光谱平滑的光，从发光原理上分析，其显色能力最好。选项中仅有白炽灯为热辐射光源。荧光灯、金属卤化物灯显色能力因光源产品质量和工艺有差别，高压钠灯光源显色能力较差。

答案：A

考点：各类光源的显色能力特性。

26. 解析：根据题26解表中各类灯具的光通分配，可知向上光通量占比60%～90%的灯具为半间接型灯具。

题 26 解表

| 灯具类别 | | 直接型 | 半直接型 | 漫射、直接—间接型 | 半间接型 | 间接型 |
|---|---|---|---|---|---|---|
| 光强分布 | | | | | | |
| 光通分配 (%) | 上 | 0～10 | 10～40 | 40～60 | 60～90 | 90～100 |
| | 下 | 100～90 | 90～60 | 60～40 | 40～10 | 10～0 |

答案：D

**考点**：各类灯具发光方向的特性。

27. **解析**：根据现行《照明标准》第 6.3.16 条：设装饰性灯具的场所，可按实际采用的装饰性灯具总功率的 50% 计入照明功率密度值的计算。此条规定的初衷是因装饰性灯具除作为灯具进行照明外，还有装饰性作用，此类灯具利用系数较低，所以按 50% 折算其照明功率密度值。

    **答案**：C

    **考点**：照明功率密度的特殊规定。

28. **解析**：仅就照明节电角度出发，光效高的光源优于光效低的光源，细致的布灯与控制方式更节能。高压汞灯发光效率为 31～52lm/W，白炽灯的发光效率为 7～21lm/W，所以 A 选项合理；分区一般照明较一般照明可对不同区域的不同需求提供更精准的照度，更具节能性；可调光灯具可以按需对光输出进行微调，节能性更强；光源金属卤化物灯的发光效率为 70～110lm/W，高压钠灯为 44～120lm/W，虽差别不大，但无法证明金属卤化物灯有更高的光效。

    **答案**：D

    **考点**：不同光源的功率特性及照明节能的一般方法。

29. **解析**：建筑材料的导热系数与建筑材料的种类、材料的密度（或容重）、材料的含湿量、材料的温度和通过材料的热流方向有关，与材料的面积无关。

    **答案**：D

    **考点**：影响建筑材料导热系数的因素。

30. **解析**：在室内环境中，人体得失热量取决于人体新陈代谢产生的热量和人体与周围环境进行热交换量之间的平衡关系：

    $$\Delta q = q_m - q_e \pm q_c \pm q_r$$

    式中　$q_m$——人体产热量；

    　　　$q_e$——人体蒸发散热量；

    　　　$q_c$——人体与周围空气的对流换热量；

    　　　$q_r$——人体与环境间的辐射换热量。

    **答案**：C

    **考点**：影响人体热平衡的因素。

31. **解析**：一层材料构成的围护结构的传热系数计算公式为：

    $$K_0 = \frac{1}{R_0} = \frac{1}{R_i + R + R_e}$$

    式中　$R_0$——围护结构传热阻；

    　　　$R_i$、$R_e$——内、外表面的换热阻，均为常数；查《热工规范》表 B4.1-1 和表 B4.1-2。

    　　　$R$——材料层的导热热阻，计算公式为：$R=\delta/\lambda$，$\delta$ 为材料层的厚度，$\lambda$ 为材料的导热系数。

    在材料层厚度 $\delta$ 相同的前提下，材料的导热系数 $\lambda$ 越小，材料层的导热热阻 $R$ 越大，围护结构传热阻 $R_0$ 就越大，传热系数 $K_0$ 就越小。根据《热工规范》附录 B 表 B.1 表，加气混凝土（700kg/m³）、钢筋混凝土、岩棉板、砖砌体的导热系数依次为

0.18、1.74、0.041、0.81 [单位 W/（m·k）]。因为岩棉板的导热系数最小，因此，它的传热系数最大。

**答案**：C

**考点**：传热系数、传热阻、材料层导热热阻的定义和计算。

32. **解析**：增加墙体厚度通常是指增加墙体承重材料层的厚度，而墙体承重材料层多由厚重材料构成，它的导热系数一般都比较大。由于导热热阻 $R=\delta/\lambda$，因此，它所增加的热阻十分有限，节能效果不佳，但由此却大大增加了墙体的自重，所以此项措施不切实际。

    中空玻璃的传热系数为 1.4~2.8W/(m²·K)，普通透明玻璃为 5.5~5.8W/(m²·K)，见《热工规范》附录 C 表 5.3-1。使用中空玻璃的窗户可以成倍降低窗户的传热系数，减少通过窗户的传热；对热桥部位进行保温处理能够保证热桥部位的热阻不小于平壁部位的热阻，可以防止热量从热桥部位大量流失，并避免热桥产生结露；提高窗的气密性可以有效减少窗户由于冷风渗透损失的热量，从而减小窗户的传热系数，上述三种措施均有利于节能。

    **答案**：D

    **考点**：围护结构保温设计的有效措施。

33. **解析**：见《严寒寒冷节能标准》第 4.1.4 条（题 33 解表）。

    窗墙面积比限值　　　　　　　　　　　　题 33 解表

    | 朝向 | 窗墙面积比 | |
    |---|---|---|
    | | 严寒地区（1区） | 寒冷地区（2区） |
    | 北 | 0.25 | 0.30 |
    | 东、西 | 0.30 | 0.35 |
    | 南 | 0.45 | 0.50 |

    **答案**：D

    **考点**：严寒和寒冷地区居住建筑节能设计要求的窗墙面积比限值。

34. **解析**：见《热工规范》表 4.1.1（题 34 解表）的建筑热工设计一级区划指标及设计原则：

    建筑热工设计一级区划指标及设计原则　　　　题 34 解表

    | 一级区划名称 | 设　计　原　则 |
    |---|---|
    | 严寒地区（1） | 必须充分满足冬季保温要求，一般可以不考虑夏季防热 |
    | 寒冷地区（2） | 应满足冬季保温要求，部分地区兼顾夏季防热 |
    | 夏热冬冷地区（3） | 必须满足夏季防热要求，适当兼顾冬季保温 |
    | 夏热冬暖地区（4） | 必须充分满足夏季防热要求，一般可不考虑冬季保温 |
    | 温和地区（5） | 部分地区应考虑冬季保温，一般可不考虑夏季防热 |

    **答案**：C

    **考点**：建筑热工设计分区及热工设计要求。

35. **解析**：见《严寒寒冷节能标准》第4.1.3条表4.1.3（题35解表）。

**严寒和寒冷地区居住建筑的体形系数限值**　　　　题35解表

| 气候区 | 建筑层数 | |
|---|---|---|
| | ≤3层 | ≥4层 |
| 严寒地区（1区） | 0.55 | 0.30 |
| 寒冷地区（2区） | 0.57 | 0.33 |

**答案**：D

**考点**：严寒和寒冷地区居住建筑节能设计要求的体形系数限值。

36. **解析**：由均质材料构成的一层材料的导热热阻计算公式为：$R=\delta/\lambda$。其中，$\delta$ 为材料层的厚度，$\lambda$ 为材料的导热系数。根据材料的品种、容重只能确定材料的导热系数；材料层的位置与热阻无关。

**答案**：B

**考点**：均质材料层导热热阻的计算。

37. **解析**：评价室内热环境的四个要素是室内空气温度、空气湿度、气流速度和平均辐射温度。

**答案**：D

**考点**：影响室内热环境的物理参数。

38. **解析**：物体发射辐射能的波长取决于它的温度，物体温度越高，辐射能量的波长越短；反之，物体温度越低，辐射能量的波长越长。据此，太阳辐射就是短波辐射，地面辐射和大气辐射则是长波辐射。无论白天还是夜间，房屋外表面本身的温度决定其只能以长波辐射的方式发射辐射能。白天，强烈的太阳辐射照射在房屋外表面上，外表面吸收大量的太阳辐射后升温，虽然外表面以长波辐射的方式向外发射辐射能，但由于室外气温高，从外表面通过围护结构向室内传递的热量居多，所以，白天达不到降温效果。夜间，没有太阳辐射的影响，室外气温下降到低于房屋外表面的温度时，房屋外表面以自身的温度向外发射的长波辐射能使房屋外表面散热，以此达到降温效果，称为辐射降温。

**答案**：B

**考点**：辐射机理。

39. **解析**：由于太阳辐射是短波辐射，因此，材料对太阳辐射的吸收率与颜色密切相关，如白色石灰粉刷墙面的太阳辐射吸收系数为0.48，红砖墙则为0.70～0.78。可见，粉刷浅色涂料是通过选择太阳辐射吸收系数低的材料减少太阳得热，降低外围护结构温度。A项正确。外围护结构内部设通风层是利用通风层内的空气流动，白天将通风层上表面传入的热量随气流及时带走，减少传入下表面的热量，从而降低围护结构内表面温度；夜间，从室内传入通风层下表面的热量也能够利用通风迅速排除，达到散热的目的。B项正确。采用种植屋面，一方面利用植被遮阳，减少屋顶的太阳得热；另一方面，植物生长的蒸腾作用可带走屋顶上方土壤的热量，降低屋顶温度。D项正确。

夏季，房屋传热属于周期性不稳定传热，从室外到围护结构外表面、内部、内表面都属于同一周期的简谐波动，仅提高外围护结构的保温性能只能减少通过围护结构以温差传热形式传递的热量，不能解决外围护结构的隔热问题，必须提高外围护结构的衰减倍数才能有效抵抗室外温度波动对围护结构的影响，降低外围护结构内表面的温度。C选项有误。

  **答案：** C

  **考点：** 周期性不稳定传热的特征，夏季建筑防热措施。

40. **解析：** 增加墙面对太阳辐射的反射可减少墙面吸收的太阳辐射，对降低墙面温度、减少墙体向室内的传热有利；窗户外设遮阳装置能够遮挡进入窗户的阳光，减少窗户进入室内的太阳得热；屋顶绿化可改善屋顶周围的小气候，利用植被遮阳降低屋顶的太阳得热，同时，植物生长的蒸腾作用可带走屋顶上方土壤的热量，降低屋顶温度。这三种措施对防止夏季室内过热均有利，A、C、D选项正确。

  减小屋顶的热阻虽有利于屋顶夜间散热，但会相应增加白天通过屋顶传热进入室内的热量，更加重要的是屋顶热阻的减小势必导致屋顶热惰性指标的减小，降低其衰减倍数，从而让屋顶抵抗外界温度波动的能力下降，因此对夏季防热是不利的，B选项错误。

  **答案：** B

  **考点：** 夏季建筑防热措施。

41. **解析：** 棒高 $H$ 和影长 $L$ 的关系为：

$$L = H \cdot \operatorname{ctg} h_s$$

  式中   $h_s$——太阳的高度角（deg）。

  计算公式为：$\sin h_s = \sin\phi \cdot \sin\delta + \cos\phi \cdot \cos\delta \cdot \cos\Omega$

  表示太阳高度角取决于观测地的地理纬度 $\phi$、观测日期的赤纬角 $\delta$ 和观测时间的时角 $\Omega$。太阳高度角 $h_s$ 大，则影长 $L$ 小。

  在一年中，从春分到秋分这段时间内，日出在6∶00以前，日没在18∶00以后，每天日照时间都大于12小时。所以，一天中有阴影的时间都会超过12小时。A选项错误。同一时间相比较，纬度高的地方太阳高度角小，所以阴影长。C选项错误。太阳高度角与经度无关，因此经度不影响阴影长度。D选项错误。

  在同一时间地点，夏季太阳高度角大，因此阴影的长度短，而冬季太阳高度角小，因此阴影的长度长。B选项正确。

  **答案：** B

  **考点：** 棒影图原理；太阳高度角的定义和影响因素。

42. **解析：** 根据《夏热冬冷节能标准》第3.0.2条：夏季空调室内热环境的换气次数应取1次/h。

  **答案：** B

  **考点：** 夏热冬冷地区居住建筑节能设计计算指标。

43. **解析：** 根据《给排水标准》第3.7.1条，建筑给水设计用水量应根据下列各项确定：

    1 居民生活用水量；

    2 公共建筑用水量；

    3 绿化用水量；

  4 水景、娱乐设施用水量；

  5 道路、广场用水量；

  6 公用设施用水量；

  7 未预见用水量及管网漏失水量；

  8 消防用水量；

  9 其他用水量。

  第 3.7.1 条的条文说明，消防用水量仅用于校核管网计算，不计入日常用水量。

**答案**：C

**考点**：小区给水设计用水量构成。

44. **解析**：根据已废止的《建筑给水排水设计规范》GB 50015—2003（2009 年版）第 3.1.10 条注，除养老院、托儿所、幼儿园的用水定额中含食堂用水，其他均不含食堂用水。D 选项正确。

  现行《给排水标准》已没有上述条款。

**答案**：D

**考点**：用水定额计算方法。

45. **解析**：根据已废止的《建筑给水排水设计规范》GB 50015—2003（2009 年版）条文说明第 3.11.7 条，水景水池设置溢水口的目的是维持一定的水位、进行表面排污、保持水面清洁，清扫水池应设置泄水口。

  现行《给排水标准》的类似条款是第 3.12.6 条，但条文说明中已没有上述解释。

**答案**：C

**考点**：水景水池设置要点。

46. **解析**：根据《给排水标准》第 3.5.15 条第 1 款，减压阀、持压泄压阀、倒流防止器、自动水位控制阀、温度调节阀等阀件前应设置过滤器。

**答案**：A

**考点**：给水附件设置要求。

47. **解析**：根据《给排水标准》第 3.3.5 条第 1 款，生活饮用水水箱进水管口的最低点高出溢流边缘的空气间隙不应小于进水管管径，且不应小于 25mm，可不大于 150mm。

**答案**：A

**考点**：水箱（水池）水污染防治要点。

48. **解析**：根据现行《给排水标准》第 3.6.19 条，在室外明设的给水管道，应避免受阳光直接照射，塑料给水管还应有有效保护措施；在结冻地区应做绝热层，绝热层的外壳应密封防渗。

  条文说明第 3.6.19 条，室外明设的管道，在结冻地区无疑要做保温层，在非结冻地区亦宜做保温层，以防止管道受阳光照射后管内水温高，导致用水时水温忽热忽冷，水温升高管内的水受到了"热污染"，还给细菌繁殖提供了良好的环境。室外明设的塑料给水管道不需保温时，亦应有遮光措施，以防塑料老化缩短使用寿命。

**答案**：A

**考点**：给水管道布置与敷设要求。

49. **解析**：《给排水标准》第 6.2.1 条表 6.2.1-2，幼儿园淋浴器的使用水温应为 35℃。

答案：A

考点：热水使用水温要求。

50. 解析：根据现行《给排水标准》第6.9.3条第1、2、6款，管道直饮水应对原水进行深度净化处理，水质应符合现行行业标准《饮用净水水质标准》CJ 94 的规定；管道直饮水宜采用调速泵组直接供水或处理设备置于屋顶的水箱重力式供水方式；管道直饮水应设循环管道，其供、回水管网应同程布置，当不能满足时，应采取保证循环效果的措施。循环管网内水的停留时间不应超过12h。从立管接至配水龙头的支管管段长度不宜大于3m。

   答案：B

   考点：饮水供应设置要求。

51. 解析：根据《给排水标准》第4.4.12条，下列构筑物和设备的排水管与生活排水管道系统应采取间接排水的方式：
   1 生活饮用水贮水箱（池）的泄水管和溢流管；
   2 开水器、热水器排水；
   3 医疗灭菌消毒设备的排水；
   4 蒸发式冷却器、空调设备冷凝水的排水；
   5 贮存食品或饮料的冷藏库房的地面排水和冷风机溶霜水盘的排水。

   答案：C

   考点：间接排水设置条件。

52. 解析：根据已经废止的《高层民用建筑设计防火规范》GB 50045—95（2005年版）第7.1.1条，高层建筑必须设置室内、室外消火栓给水系统。条文说明第7.1.1条，从目前我国经济、技术条件为出发点，消火栓系统是高层民用建筑最基本的灭火设备。

   现行《消防给水及消火栓规范》没有对应的条款及说明。

   答案：A

   考点：高层建筑基本灭火系统。

53. 解析：《自动喷水灭火规范》第6.1.7条：下列场所宜采用快速响应喷头：
   1 公共娱乐场所、中庭环廊；
   2 医院、疗养院的病房及治疗区域，老年、少儿、残疾人的集体活动场所；
   3 超出水泵接合器供水高度的楼层；
   4 地下的商业场所。

   答案：C

   考点：快速响应喷头设置条件。

54. 解析：依据《防火规范》第8.2.1条：下列建筑或场所应设置室内消火栓系统：
   1 建筑占地面积大于300m²的厂房和仓库；
   2 高层公共建筑和建筑高度大于21m的住宅建筑；
   注：建筑高度不大于27m的住宅建筑，设置室内消火栓系统确有困难时，可只设置干式消防竖管和不带消火栓箱的DN65的室内消火栓。
   3 体积大于5000m³的车站、码头、机场的候车（船、机）建筑、展览建筑、商

店建筑、旅馆建筑、医疗建筑和图书馆建筑等单、多层建筑;

　　4　特等、甲等剧场,超过800个座位的其他等级的剧场和电影院等以及超过1200个座位的礼堂、体育馆等单、多层建筑;

　　5　建筑高度大于15m或体积大于10000m³的办公建筑、教学建筑和其他单、多层民用建筑。

　　第8.2.3条规定:国家级文物保护单位的重点砖木或木结构的古建筑,宜设置室内消火栓系统。

**答案:** C

**考点:** 室内消火栓系统设置场所。

55. **提示:** 《消防给水及消火栓规范》第5.5.12条,消防水泵房应符合下列规定:

　　1　独立建造的消防水泵房耐火等级不应低于二级;

　　2　附设在建筑物内的消防水泵房,不应设置在地下三层及以下,或室内地面与室外出入口地坪高差大于10m的地下楼层;

　　3　附设在建筑物内的消防水泵房,应采用耐火极限不低于2.0h的隔墙和1.50h的楼板与其他部位隔开,其疏散门应直通安全出口,且开向疏散走道的门应采用甲级防火门。

　　第5.5.13条,当采用柴油机消防水泵时宜设置独立消防水泵房。

　　第11.0.3条,消防水泵应确保从接到启泵信号到水泵正常运转的自动启动时间不应大于2min。

　　考虑到消防水泵是消防给水系统的心脏。在火灾延续时间内人员和水泵机组都需要坚持工作。

**答案:** D

**考点:** 消防水泵及其泵房设置要点。

56. **解析:** 根据现行《给排水标准》第4.10.13条,化粪池与地下取水构筑物的净距不得小于30m。

　　第4.10.17条,化粪池的构造应符合下列规定:

　　1　化粪池的长度与深度、宽度的比例应按污水中悬浮物的沉降条件和积存数量,经水力计算确定;深度(水面至池底)不得小于1.30m,宽度不得小于0.75m,长度不得小于1.00m,圆形化粪池直径不得小于1.00m;

　　2　双格化粪池第一格的容量宜为计算总容量的75%;三格化粪池第一格的容量宜为总容量的60%,第二格和第三格各宜为总容量的20%;

　　3　化粪池格与格、池与连接井之间应设通气孔洞;

　　4　化粪池进水口、出水口应设置连接井与进水管、出水管相接;

　　5　化粪池进水管口应设导流装置,出水口处及格与格之间应设拦截污泥浮渣的设施;

　　6　化粪池池壁和池底应防止渗漏;

　　7　化粪池顶板上应设有人孔和盖板。

**答案:** C

**考点:** 化粪池设置要点。

57. 解析：根据现行《给排水标准》第4.7.6条，通气立管不得接纳器具污水、废水和雨水，不得与风道和烟道连接。第4.7.8条，在建筑物内不得用吸气阀替代器具通气管和环形通气管。

    答案：D

    考点：排水通气管设置要点。

58. 解析：根据现行《给排水标准》第4.10.3条，室外生活排水管道下列位置应设置检查井：

    1　在管道转弯和连接处；

    2　在管道的管径、坡度改变、跌水处；

    3　当检查井井间距超过表4.10.3（题58解表）时，在井距中间处。

    室外生活排水管道检查井井距　　　　　　　　　　题58解表

    | 管　径(mm) | 检查井井距(m) |
    | --- | --- |
    | ≤160(150) | ≤30 |
    | ≥200(200) | ≤40 |
    | 315(300) | ≤50 |

    注：表中括号内的数值是埋地塑料管内径系列。

    答案：A

    考点：检查井设置条件。

59. 解析：《给排水标准》第4.4.17条，室内排水沟与室外排水管道连接处，应设水封装置，故选A。

    答案：A

    考点：室内排水沟设置要点。

60. 解析：根据现行《给排水标准》第4.4.4条，生活排水管道敷设应符合下列规定：

    1　管道宜在地下或楼板填层中埋设，或在地面上、楼板下明设；

    2　当建筑有要求时，可在管槽、管道井、管窿、管沟或吊顶、架空层内暗设，但应便于安装和检修；

    3　在气温较高、全年不结冻的地区，管道可沿建筑物外墙敷设；

    4　管道不应敷设在楼层结构层或结构柱内。

    第4.4.5条，当卫生间的排水支管要求不穿越楼板进入下层用户时，应设置成同层排水。

    第4.4.6条，同层排水形式应根据卫生间空间、卫生器具布置、室外环境气温等因素，经技术经济比较确定。住宅卫生间宜采用不降板同层排水。

    答案：A

    考点：排污管布置与敷设要点。

61. 解析：根据《给排水标准》第5.2.13条，屋面雨水排水管道系统设计流态应符合下列规定：

    1　檐沟外排水宜按重力流系统设计；

    2　高层建筑屋面雨水排水宜按重力流系统设计；

3 长天沟外排水宜按满管压力流设计；
4 工业厂房、库房、公共建筑的大型屋面雨水排水宜按满管压力流设计；
5 在风沙大、粉尘大、降雨量小地区不宜采用满管压力流排水系统。

答案：D

考点：建筑屋面雨水流派设计要求。

62. 解析：热水采暖机械循环系统以C选项热水泵作为循环动力。A选项热水锅炉是加热热水的；B选项热泵是冷热源形式；D选项供回水的容重差也可作为循环动力，但只能形成自然循环而不是机械循环。

答案：C

考点：机械循环动力。

63. 解析：《暖通规范》第5.10.4条，散热器供暖系统，当散热器有罩时，应采用温包外置式恒温控制阀。A选项外置传感器，传感器即温包。B、C、D都不是温度参数。

答案：A

考点：散热器暗装时恒温阀安装方式。

64. 解析：《暖通规范》第5.2.10条，在确定分户热计量供暖系统的户内供暖设备容量和户内管道时，应考虑户间传热对供暖负荷的附加，但附加量不应超过50%，且不应统计在供暖系统的总热负荷内。

答案：D

考点：户间传热热负荷，户内附加、楼内不附加。

65. 解析：《暖通规范》条文说明第6.2.6条，若建筑层数较少，高度较低，考虑建筑周围风速通常较小且不稳定，可不考虑风压作用。

答案：B

考点：消除余热时仅考虑热压作用。

66. 解析：散发有害气体房间应保持负压，防止有害气体渗出。空调净化房间保持正压，防止室外未经过滤空气渗入。

答案：B

考点：保持正压或负压的场所。

67. 解析：《暖通规范》第6.3.1条，机械送风系统进风口的位置，应设在室外空气较清洁的地点；应避免进风、排风短路；进风口的下缘距室外地坪不宜小于2m，当在绿化地带时不宜小于1m。

答案：B

考点：机械送风系统进风口位置要求。

68. 解析：《暖通规范》第7.1.9条，室温允许波动范围±（0.1~0.2）℃空调区，不应有外墙，宜设于底层；±0.5℃空调区，不宜有外墙，如有外墙宜北向，宜设于底层；≥±1.0℃空调区，宜减少外墙，宜北向，宜避免顶层。

答案：C

考点：不同温度场所对外墙、朝向、层数的要求。

69. 解析：不宜采用集中空调系统。

答案：D

考点：空调较小且分散适用的空调系统。

70. 解析：《暖通规范》第7.4.2条，高大空间宜采用喷口送风、旋流风口送风或下部送风。A选项条缝形散流器，适用于层高不高、装饰性要求高、吹风感要求不严格的场所；B选项方形散流器，适用于层高不高、装饰性要求一般的场所；C选项百叶风口，适用于层高不高、装饰性普通、吹风感要求一般的场所。

    答案：D

    考点：高大空间送风口形式。

71. 解析：《暖通规范》第8.5.16条，空调水系统的补水点，宜设置在循环水泵的吸入口处。因循环水泵入口压力最低，循环水泵出口压力最高，沿水流方向压力越来越低。补水点压力越低，补水扬程越低、能耗越小。

    答案：A

    考点：水系统补水点的能耗最低处。

72. 解析：《暖通规范》第8.5.2条，除采用直接蒸发冷却器的系统外，空调水系统应采用闭式循环系统。A选项二次泵变流量系统、B选项一次泵变流量系统与D选项相同，都属于闭式循环系统。C选项开式循环系统水泵扬程最大，能耗最大。

    答案：C

    考点：空调供暖水系统应采用闭式循环系统。

73. 解析：《锅炉房规范》第15.1.2条，锅炉房的外墙、楼地面或屋面应有相应的防爆措施，并应有相当于锅炉间占地面积10%的泄压面积。

    答案：B

    考点：锅炉房泄压面积。

74. 解析：《暖通规范》第7.3.21条，新风进风口的面积应适应最大新风量的需要。

    答案：B

    考点：新风进风口的面积。

75. 解析：室外气温越低，要求外墙保温越好，要求外墙热阻越大。

    答案：D

    考点：外墙热阻。

76. 解析：《热工规范》第2.1.36条，综合遮阳系数为建筑遮阳系数和透光围护结构遮阳系数的乘积。

    答案：A

    考点：综合遮阳系数。

77. 解析：《防排烟标准》第4.4.12条，排烟口的设置宜使烟流方向与人员疏散方向相反，排烟口与附近安全出口相邻边缘之间的水平距离不应小于1.5m。

    答案：A

    考点：排烟口的设置位置。

78. 解析：《防排烟标准》第4.6.4条，当一个排烟系统担负多个防烟分区排烟时：相同净高并大于6m时，按排烟量最大的防烟分区计算；相同净高并不大于6m时，按任意两个相邻防烟分区的排烟量之和计算。

    答案：C

考点：担负多个防烟分区的排烟系统排烟量。

79. 解析：《防排烟标准》第3.3.6条，楼梯间宜每隔2～3层设一个常开式百叶送风口（直灌式加压送风方式除外）；前室应每层设一个常闭式加压送风口，并应设手动开启装置。

    答案：D

    考点：机械加压送风口设置。

80. 解析：《防火规范》第6.2.9条，电缆井、管道井、排烟道、排气道、垃圾道等竖向井道，门为丙级防火门。

    答案：C

    考点：管道间防火门级别。

81. 解析：《燃气规范》第10.2.21条，地下室、半地下室、设备层和地上密闭房间敷设燃气管道时，净高不宜小于2.2m，C选项正确；应有良好的通风设施 A选项正确；应设有独立的事故机械通风设施，B选项正确；应设有固定防爆照明设备，D选项错误。

    答案：D

    考点：燃气管道在设备层的规定。

82. 提示：有功功率单位为kW，无功功率单位为kVar，视在功率单位为kVA。

    答案：D

    考点：电工基础知识。

83. 提示：《全国供用电规则》规定，按照国家标准，供电局供电额定电压：①低压供电：单相为220V，三相为380V；②高压供电：为10kV、35（63）kV、110kV、220kV、330kV、500kV。③除发电厂直配电压可采用3kV、6kV外，其他等级的电压应逐步过渡到上列额定电压。本题我国现行采用的供电电压等级不含1000V。

    答案：B

    考点：供配电系统。

84. 提示：《电气规范》第8.12.4条，高层建筑中电缆竖井的门应为丙级防火门。

    答案：D

    考点：配电线路布线系统。

85. 提示：地上一层靠外墙位置较其他场所更安全和方便。

    答案：A

    考点：自备应急电源的布置。

86. 提示：屋顶通风机电源取自低压配电室，其供电线路沿电气竖井敷设。

    答案：A

    考点：配电线路布线系统。

87. 提示：《火灾自动报警系统设计规范》GB 50116—2013第5.3.3条第1款，电缆隧道、电缆竖井、电缆夹层、电缆桥架宜选择缆式线型感温探测器。

    答案：C

    考点：火灾探测器的选择。

88. 提示：可燃油高压电容器有潜在火灾隐患，不宜设在高层建筑内的变电所里。

答案：D

考点：配变电所布置要求。

89. 提示：Ⅰ类用电设备要有接地保护。

    答案：B

    考点：低压配电线路保护。

90. 提示：阻性负载功率因数最高。

    答案：A

    考点：电工基础知识。

91. 提示：根据电流通过人体的效应，如电流为30mA、时间0.1s，即通常为无病理生理危险效应。剩余电流（漏电）保护器，其动作电流应为30mA。

    答案：B

    考点：安全防护。

92. 提示：我国规定人体干燥环境内的接触电压限值为50V，人体潮湿环境内的接触电压限值为25V。

    答案：B

    考点：安全防护。

93. 提示：用电设备的金属外壳正常使用不应带电，一旦发生接地故障，金属外壳带电，保护接地导体可处理金属外壳故障电流，消除或减轻人的触电危险。

    答案：C

    考点：安全防护。

94. 提示：上述建筑场所内，只有办公室环境干燥，人体承受的接触电压可相对大些，总等电位联结即可降低电击危险。

    答案：B

    考点：等电位联结。

95. 提示：实行等电位联结可有效地降低接触电压，防止故障电压对人体造成的危害。

    答案：B

    考点：等电位联结。

96. 提示：相邻灯具接在不同的相线上，或采用高频电子镇流器均能降低荧光灯频闪效应。

    答案：A

    考点：电工基础知识。

97. 提示：低压钠灯光源是上述光源中光效最高的一种。

    答案：D

    考点：光源选择。

98. 提示：由于防排烟机房在火灾期间要保持正常工作，故应急照明应保证正常工作时的照度。

    答案：B

    考点：应急照明。

99. 提示：主要针对防雷安全，金属屋面需要有一定厚度，否则在与雷电闪击通道接触处由于熔化而烧穿金属板。

答案：A

考点：建筑防雷设计。

100. 提示：强、弱电机房设置位置过近，有电磁干扰。

答案：B

考点：电子信息机房布置要求。